中国轻工业“十四五”规划立项教材
高等学校新能源科学与工程专业教材

风力发电原理与技术

（第二版）

韩巧丽　马广兴　李　明　主　编

中国轻工业出版社

图书在版编目（CIP）数据

风力发电原理与技术/韩巧丽，马广兴，李明主编
.—2 版.—北京：中国轻工业出版社，2024.5
ISBN 978-7-5184-4904-0

Ⅰ.①风… Ⅱ.①韩… ②马… ③李… Ⅲ.①风力发电—高等学校—教材 Ⅳ.①TM614

中国国家版本馆 CIP 数据核字（2024）第 055317 号

责任编辑：江 娟
文字编辑：狄宇航　　责任终审：许春英　　封面设计：锋尚设计
版式设计：砚祥志远　　责任校对：朱 慧 朱燕春　　责任监印：张京华

出版发行：中国轻工业出版社（北京鲁谷东街 5 号，邮编：100040）
印　　刷：三河市国英印务有限公司
经　　销：各地新华书店
版　　次：2024 年 5 月第 2 版第 1 次印刷
开　　本：787×1092 1/16 印张：17
字　　数：412 千字
书　　号：ISBN 978-7-5184-4904-0 定价：45.00 元
邮购电话：010-85119873
发行电话：010-85119832 010-85119912
网　　址：http://www.chlip.com.cn
Email：club@chlip.com.cn

220146J1X201ZBW

第二版前言

本书是在第一版教材基础上，根据教育部新制定的“普通高等学校本科专业类教学质量国家标准”中能源动力类专业要求，并总结近几年教学研究和教学改革成果修订而成。在教学过程中发现，本书第一版内容在与当前工程实际结合方面还有很大改进空间，此外，有些章节的编排也有待改进，以便更符合教学规律。第二版主要做了如下改进：

（1）在维持原教材体系框架的基础上，增加了第八章垂直轴风力发电机组和第九章分散式及离网型风力发电系统。

（2）考虑到近些年海上风力发电的快速发展，增加了海上风力发电的发展趋势与现状，海上风力发电机组基础形式等内容。

（3）随着电网储能技术的快速发展，在本次修订中增加了抽水蓄能、化学储能、压缩空气储能等相关的原理及应用知识板块。

希望上述工作能使第二版教材在风力发电原理与技术课程的教学过程中得到大家的支持和肯定。

本教材第一章由甄琦编写；第二章第一节至第三节由李明编写，第二章第四节由马广兴编写；第三章由赵元星编写；第四章第一节至第四节由孙云峰编写，第四章第五节、第六节由甄琦编写；第五章由孙凯编写；第六章由闫彩霞编写；第七章第一节由李文慧编写，第七章第二节至第四节由李明编写；第八章由韩巧丽和任君合作编写；第九章由王旭编写。硕士生杨敏、冯晓梅、刘慧源、张明慧和郭志勇也参与了部分内容的文字整理工作。主编韩巧丽、马广兴审核本教材。

本教材在编写过程中，参考了国内外相关文献资料，在此谨向相关文献资料的作者表示诚挚的谢意。

由于编者水平所限，书中难免有不妥和疏漏之处，恳请广大读者批评指正。

编者

2024 年 4 月

第一版前言

能源是人类生存、社会发展的重要物质基础。人类利用能源经历了柴草时期、煤炭时期和石油时期，随着社会生产力的提高，消耗能源量也在增加。目前，人类依靠的能源主要是煤炭、石油等化石能源，化石能源面临逐渐枯竭的危机，也会对生态环境造成污染。能源与环境问题已经成为可持续发展面临的主要问题，日益引起国际社会的广泛关注。风能作为一种重要的可再生能源，具有清洁、无污染、安全、储量丰富等特点，受到了各国的普遍重视。风力发电是最具规模化开发利用条件的清洁、可再生能源之一。近年来，风力发电技术发展迅速，全世界的风电装机容量也快速增长，我国已经成为世界上风力发电发展较快的国家之一。

本书在介绍与风电有关的基础知识和风电机整体结构的基础上，系统阐述了风能资源与转换原理、机组设备与结构、风电场运行与维护等内容。通过阅读本书，可使广大读者了解风力发电的技术现状和发展趋势，理解风力发电的基本原理与技术。由于风力发电技术涉及多学科的内容，考虑到不同专业知识背景的读者，本书以最基本的原理和概念为主，减少烦琐的数学推导，力求理论联系实际，内容通俗易懂。鉴于风力发电技术发展迅速，本书重点围绕目前主流的并网风电系统展开，对风力发电领域其他的相关技术和设备只做简要介绍。本书既可以作为高等院校“新能源科学与工程”专业和其他相近专业的教材，也可供从事风力发电领域的工程技术人员参考。

全书共 7 章，其中第一章介绍风力发电技术的相关背景；第二章介绍风特性及风能；第三章介绍风力机的空气动力学；第四章介绍风电机组的结构；第五章介绍风电机组的控制及安全保护；第六章介绍风电场的控制与运行；第七章介绍风电场的规划与设计。

本书第一章、第三章由韩巧丽编写，第二章由马广兴编写，第四章和第七章由王涛和李明合作编写，第五章和第六章由闫彩霞和吕麟合作编写。李汪灏、邢为特、张正参与了部分内容的文字整理工作。

本书在编写过程中，参考了国内外有关文献资料，在此谨向相关文献资料的作者表示诚挚的谢意。

由于编者水平所限，书中难免有不妥和疏漏之处，恳请广大读者批评指正。

编者

2018 年 1 月

目　录

第一章　绪　论

第一节　能源与清洁能源

一、能源

能源，简而言之就是可以提供能量的资源，是国民生存最重要的物质基础之一。从日常生活所必需的电、水、气到人们所利用的交通、通信等都与能源息息相关。能源的掌控关系到国家命运，能源的开发和有效利用程度以及人均消费量是生产技术和生活水平的重要标志。随着社会的发展，对能源的需求量也不断增加，特别是进入信息化、数字化社会后此点尤为突出。

能源可按照其生成方式、来源、在当代人类社会经济生活中的地位、是否能够再生等进行分类。

1. 按照生成方式分

能源按照其生成方式，分为一次能源和二次能源。

一次能源，又称自然能源。它是自然界中以天然形态存在的能源，是直接来自自然界而未经人们加工转换的能源。煤炭、石油、天然气、水能、太阳能、风能、生物质能、海洋能、地热能等都是一次能源。二次能源是由一次能源转换成的符合人们使用要求的能量形式。电能、汽油、柴油、焦炭、煤气、蒸汽、氢能等都是二次能源。一次能源只在少数情况下以它原始的形式为人类服务，更多情况下则要根据不同的目的进行加工，转换成便于使用的二次能源，以满足需要或提高能源的使用效率。

2. 按照来源分

一次能源又可以按照其来源的不同，分为来自地球以外天体的能源、来自地球内部的能源和地球与其他天体相互作用产生的能源三大类。

（1）来自地球以外天体的能源主要是指太阳辐射能，各种植物通过光合作用把太阳能转变为化学能，在植物体内贮存下来。这部分能量为动物和人类的生存提供了能源。地球上的煤炭、石油、天然气等化石燃料，是由古代埋藏在地下的动植物经过漫长的地质年代而形成的，所以化石燃料实质是贮存下来的太阳能。太阳能、风能、水能、海水温差能、海洋波浪能以及生物质能等，也都直接或间接来自太阳。

（2）来自地球内部的能源主要是指地下热水、地下蒸汽、岩浆等地热能和铀等核燃料所具有的核能。

（3）地球与其他天体相互作用产生的能源主要是指由于地球和月亮以及太阳之间的引力作用造成的海水有规律的涨落而形成的潮汐能。

3. 按照在当代人类社会经济生活中的地位分

按照在当代人类社会经济生活中的地位，人们还常常把能源分为常规能源和新能源两大类。

（1）技术上比较成熟，已被人类广泛利用，在生产和生活中起着重要作用的能源，称为常规能源，例如煤炭、石油、天然气、水能和核裂变能等。目前，世界能源的消费主要靠这五大能源来供应。在今后一个相当长的时期内，它们仍将担任世界能源舞台上的主角。

（2）目前尚未被人类大规模利用，还有待进一步研究试验与开发利用的能源，称为新能源，例如太阳能、风能、地热能、海洋能及核聚变能等。新能源是相对于常规能源而言的，现在的常规能源如核裂变能，也曾是新能源，目前的新能源将来也会成为常规能源。

4. 按照是否能够再生分

按照是否能够再生循环使用，能源分为可再生能源和非再生能源。

所谓可再生能源，就是不会随着它本身的转化或人类的利用而日益减少的能源，具有自然的恢复能力，如太阳能、风能、水能、生物质能、海洋能以及地热能等都是可再生能源。而化石燃料和核燃料则不然，它们经过亿万年形成，在短期内无法再生，随着人类的利用越来越少。这些随着人类的利用而逐渐减少的能源称为非再生能源。

二、清洁能源

清洁能源的概念源于满足人类社会对能源可持续发展的需求，能够有效促进绿色经济的发展，同时还防止和减轻了燃烧化石能源造成的严重污染和生态破坏。世界各国政府、能源界和环保界均认识到能源可持续发展的重要性，因此大力发展清洁能源。清洁能源可分为狭义和广义两大类。狭义的清洁能源仅指可再生能源，包括水能、生物质能、太阳能、风能、地热能和海洋能等，它们消耗之后可以得到恢复补充，不产生或很少产生污染物，所以可再生能源被认为是未来能源结构的基础。广义的清洁能源是指在能源的生产、产品化及其消耗过程中，对生态环境尽可能低污染或无污染，包括低污染的天然气等化石能源，利用洁净能源技术处理的洁净煤和洁净油等化石能源、可再生能源和核能等。

太阳能和风能是大自然馈赠给我们的两种重要的天然能源，也是取之不尽的可再生的清洁能源。太阳能是地球上一切能源的来源，没有太阳，世间万物都将不复存在。而风能则是太阳能在地球表面的另外一种表现形式。从能源、电力产业看，20 世纪 90 年代，世界能源市场发展最迅速的已不再是石油、煤炭和天然气，太阳能、风能等可再生能源异军突起。

第二节　风能利用历史及技术发展

空气流动所形成的动能称为风能，风能其实是太阳能的一种转化形式。作为一种无污染的可再生能源，风能取之不尽、用之不竭，分布广泛。随着人类对生态环境的要求和能源的需要，风能的开发日益受到重视，据国际能源署（IEA）的数据，世界风能总量为 2×10^{13} W，大约是世界总能耗的 3 倍。如果风能的 1％被利用，则可以减少世界 3％的能源消耗；风能用于发电，可产生世界总电量的 8％～9％，风能的利用将可能改变人类长期依赖化石燃料和核燃料的局面。风能是人类利用历史最悠久的能源和动力之一，如风力磨坊、风力提水、风力助航以及后来的风力发电等。

一、风能利用历史

风能的利用，已有数千年的历史。风能最早的利用方式是“风帆行舟”。我国是最早使用帆船和风车的国家之一。至少在 3000 多年前的商代就出现了帆船，明代航海家郑和七下西洋，开创了中国辉煌的风帆时代。同时，风力机也得到了广泛的使用，人们利用风力机驱动水车灌溉农田。沿海地区利用风力提水灌溉和制盐的做法，一直延续到 20 世纪 50 年代。

公元 644 年，波斯人制造了立轴式磨面用风力机，如图 1-1 所示的古代风力机。以后又发展了一种水平轴风力机，它的风轮具有 10 根梁，其间用张线固定，每根梁上有一块小帆布。20 世纪 80～90 年代在江苏一带还可见到竹木帆布结构的风力机。这种风力机在农田灌溉和盐池提水方面起重要作用。11 世纪，在中东，古代风力机应用很广泛，到 13 世纪，这种风力机传到了欧洲。14 世纪，荷兰率先改进了古代风力机，并广泛利用这种改进后的风力机为莱茵河三角洲的沼泽地和湖泊抽水。在 16 世纪，荷兰先后建造了当时的第一个制油厂、第一个造纸厂以及锯木厂，这些都是利用风力机作动力的。到 19 世纪中叶，在荷兰有 9000 台传统风力机在运行，如图 1-2 所示为中世纪传统风力机。中国宋朝是风力机的全盛时期，当时流行着垂直轴风车。

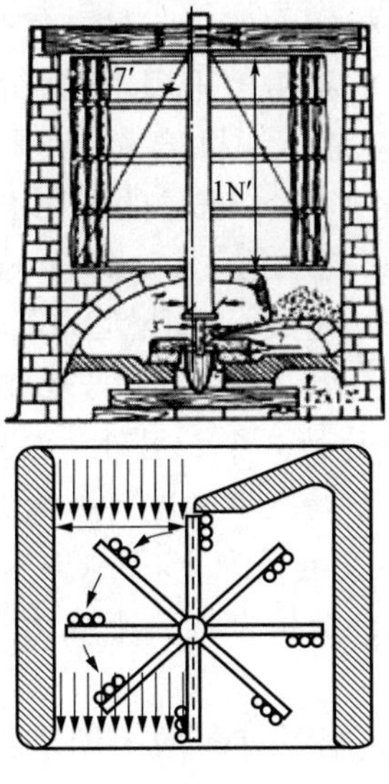

图 1-1　古代风力机

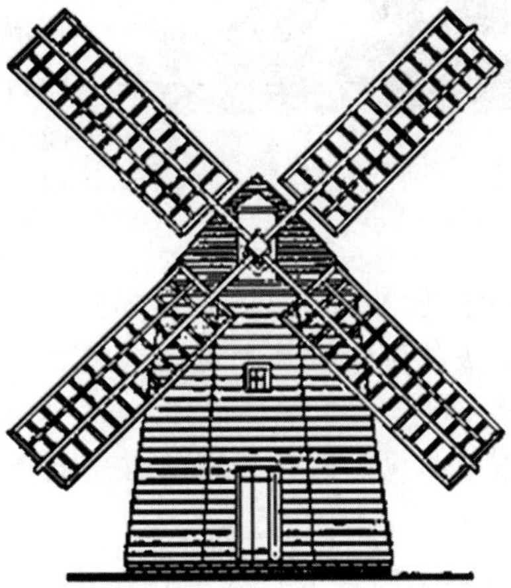

图 1-2　中世纪传统风力机

在工业革命期间，由于蒸汽机的出现，荷兰的风力机利用开始走下坡路。20 世纪，荷兰只有 2500 台风力机在运行。到 1960 年，仍在运行的风力机不到 1000 台。美国中西部的多叶式风力提水机，叶片由金属做成，风轮直径 3～5m，功率 500～1000W，到 18 世纪末期，风力提水机的数量曾多达数百万台。随着风力磨坊、风力提水机等风力机械的广泛应用，人们对风的特性有了进一步认识，从而也为风力发电奠定了理论基础。

二、风力发电技术发展现状

风能利用具有悠久的历史，而将风能用于发电却只有100多年时间。1887年，苏格兰学者詹姆斯·布莱斯（James Blyth）在其度假别墅里，建成了第一台风电机组，用于蓄电池充电和别墅照明。1888年，美国人查尔斯·布鲁斯（Charles Brush）在克里夫兰建成第一座可以发电的风电机组。它高17m，使用了144个叶片，发电能力为12kW。1891年丹麦物理学家保罗·拉·库尔通过风洞实验发现：转速慢且叶片多的风电机组的性能低于转速快且叶片少的风电机组的性能。基于此原理研制成功了世界上第一台现代意义的风电机组，这台30kW左右的风电机组，叶片数少，转速高，如图1-3所示。在19世纪末，丹麦拥有3000台工业用的风力机和3万台用于家庭和农场的风力机。1908年丹麦已建成几百个小型风力发电站。到1910年，丹麦已建成100座容量为5～25kW的风力发电站，风力发电量占全国总发电量的1/4。1891—1930年，小容量的风电机组技术已经基本成熟，并得到了广泛的推广和应用。

图1-3 30kW风电机组

自20世纪初至20世纪60年代末，一些国家对风能资源的开发，尚处于小规模的利用阶段。这一时期，美国、丹麦、英国、法国等欧美国家开始大力研发技术相对复杂的大、中型风电机组，渴望探索到廉价的能源。美国在20世纪30年代还有许多电网未到达的地区，独立运行的小型风电机组在实现农村电气化方面起了很大作用。当时的机组多采用木制叶片、固定轮毂和侧偏尾舵调速，单机容量范围为0.5～3kW。1941年，美国投入运行的风力机组，额定功率1250kW，额定风速13.5m/s，叶片数2个，叶片由铁质材料制成，直径达53m，进行变桨距控制，机组运行到1945年。丹麦在1957年投入运行的风力机组额定功率200kW，额定风速15m/s，叶片数3个。另外，法国、苏联和丹麦也研制过百千瓦级的机组，其中对后来风电机组技术发展产生过重要影响的是丹麦Gedser 200kW风电机组，从1957年运行到1966年，平均年发电量为45万kW·h。设计者采用异步发电机、定桨距风轮和叶片端部有制动翼片，这种结构方式后来成为丹麦风电机组的主流，在市场上获得巨大成功。

1973年，国际上出现了石油危机，不少国家面临能源短缺的困境，为此提出了能源多样化发展战略，因而风能的研究和开发工作又重新得到了重视。美国、荷兰、丹麦、英国、联邦德国、日本、苏联、加拿大等国都对大力开发风能制定了规划，制定了采取扶持资助的鼓励性政策和法规。中国也开始重视风能的研究和开发。美国Mod-0风电机组1975年投入运行，风轮直径38m，功率100kW。1975年5月，Mod-1型风电机组投入运行，其额定功率为2000kW，风轮直径61m，如图1-4所示，直到1987年投入Mod-5B型风电机组，风轮直径97.5m，功率2.5MW，如图1-5所示。加拿大研究垂直轴风电机组功率达到了4MW。1981年，美国研究了新型3MW水平轴风电机组，该机组利用液压驱动进行偏航对风。在一段时间内最佳叶片数没有确定，风力机的叶片数包括单叶片、双叶片及三叶片。在20世纪90年代，丹麦普及了由三叶片风轮、叶片失速调节、恒速运行笼式感应发电机、电容无功率补偿装置和软启动装置组成的风力发电系统，并成功应用在兆瓦级风电机组。随着机组容量的增加，为提高风能利用率，在兆瓦级以上机组采用变速变桨运行控制方式。

图1-4 Mod-1型风电机组

图1-5 Mod-5B型风电机组

我国利用风力发电始自20世纪70年代，发展微小型风电机组为内蒙古、青海的牧民提水饮用及发电照明，容量在50～500W，制造技术成熟，但是大、中型风电机组发展起步较晚。在1977年开始了首个中型18kW双叶片风电机组（FD13-18型）的研制，利用直升机退役的桨叶作为叶片，风轮直径为15.6m，使用半导体励磁恒压三相同步发电机，安装在浙江嵊泗岛茶园子镇的山上。1977年由国内8家单位联合研制的中国首台200kW大型风电机组在浙江苍南县鹤顶山完成2000h运行试验，标志着中国已具备自行研制装备大型风力发电机的能力。

1980年以来，国际上风电机组技术日益走向商业化，主要机组容量有300kW、600kW、750kW、850kW、1MW、2MW。1991年丹麦在Vindeby建成了世界上第一个海上风电场，由11台丹麦Bonus 450kW单机组成，总装机4.95MW，如图1-6所示。随后荷兰、瑞典、英国相继建成了自己的海上风电场。2004年年底，已经具备离岸风力发电设备商业生产能力的厂家，主要有丹麦的Vestas（包括被其整合的NEG-Micon），美国的GE风能，德国的Nordex、Repower、Pfleiderer/Prokon、Bonus和Enercon公司，单机额定功率覆盖范围从2MW、2.3MW、3.6MW、4.2MW、4.5MW到5MW，叶轮直径从80m、82.4m、100m、110m、114m、116m到126.5m。风电机组大型化、巨型化趋势十分明显。在2005年，由科技部863项目支持的沈阳工业大学风能研究所自行研制开发的1MW双馈变速恒频型风电机组和金风科技股份有限公司与国外公司联合研发的1.2MW永磁直驱型风电机组第一台样机分别投入运行，经改进后的第二台样机也在2006年投入使用。2009年，由国内企业哈飞工业有限责任公司自主开发的1.5MW半直驱变速恒频风电机组在依兰风场实现并网发电，各项指标均达到国际领先水平。

图 1-6　丹麦海上风电场

三、风力发电产业趋势

2010—2023 年世界风电累计装机容量发展情况、2010—2023 年世界新增风电装机容量发展情况和 2010—2023 年世界风电装机容量增长率发展情况，如图 1-7、图 1-8 和图 1-9 所示。

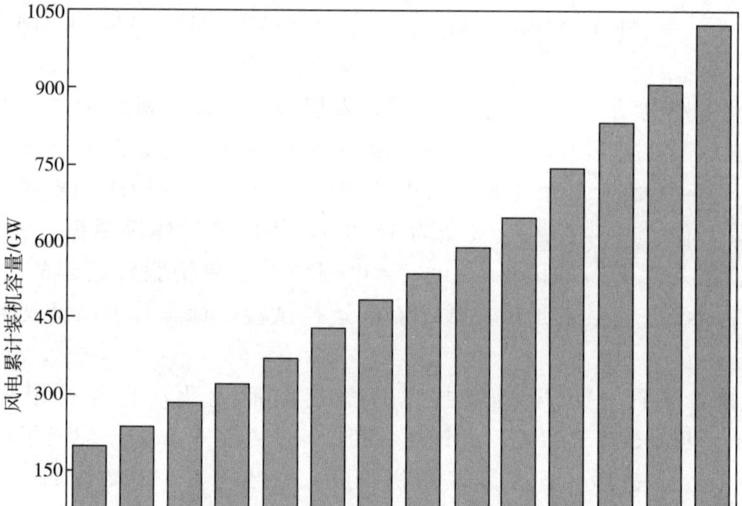

图 1-7　2010—2023 年世界风电累计装机容量发展情况

全球风电机组市场在 2023 年全年新增风电装机容量达 117GW，较去年同期增长 50%。其中陆上新增风电装机容量 106GW，首次单年装机容量超过了 100GW，海上新增风电装机容量为 10.8GW，是海上风电装机容量历史上第二好的一年。全球风力发电机组的总容量截至 2023 年，已达到 1021GW（2022 年为 906GW），全球风电累计总装机容量突破了第一个 TW 里程碑。

从增长率发展的角度来看，2023 年创造了近 13% 的增长率，而在 2022 年为 9%，

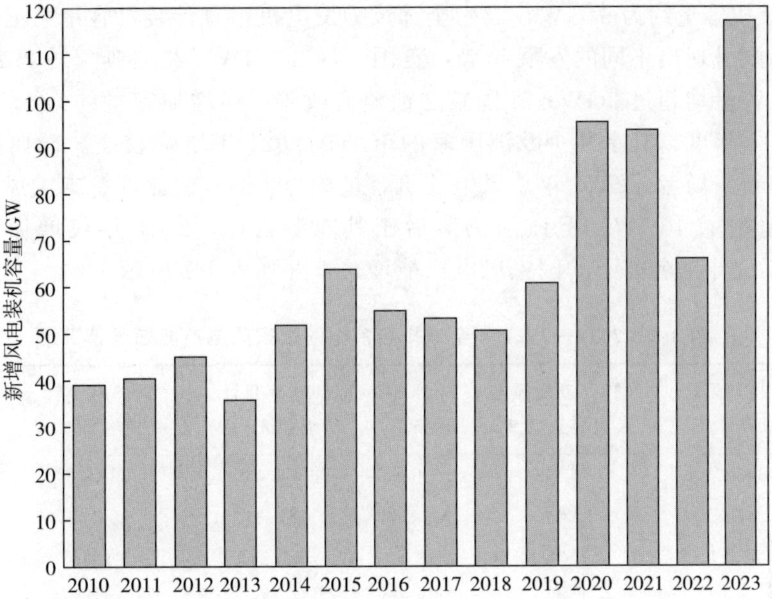

图 1-8　2010—2023 年世界新增风电装机容量发展情况

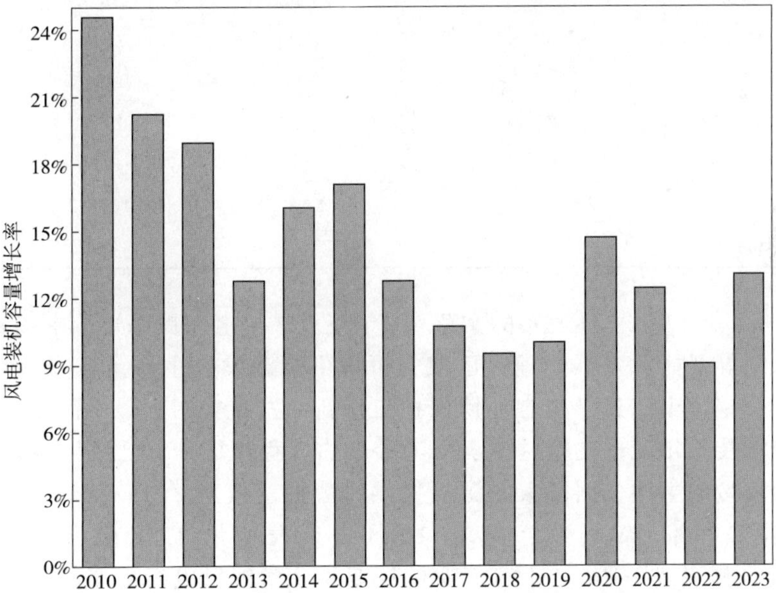

图 1-9　2010—2023 年世界风电装机容量增长率发展情况

2021 年则为 12%。除了 2018 年与 2022 年以外，世界装机容量增长率均保持在 10%以上的增速，可见风力发电在世界范围内都有较大的发展。

根据世界风能协会（WWEA）对各国的初步数据统计，中国在 2021 年新增风电装机容量 55.8GW，再次打破了 2020 年新增装机容量 52GW 的纪录，新增风电装机容量同比增长了 19.4%，2021 年中国总装机容量约为 344GW。此外，美国在 2021 年新增风电装机容量约为 12.5GW，总装机容量接近 135GW，位居总计风力发电装机容量第二名；德国新增约

1.72GW，总装机容量约为64GW，成为全球风力发电机组总计装机容量第三位。

欧洲市场则呈现出不同的发展趋势：英国（约2.6GW）和瑞典（约2.2GW）的新增风力发电装机容量均超过2GW；德国较之前略有改善，净增加容量约为1.7GW，但仍远低于2017/2018年度；其余几个欧洲国家的市场在2021年增幅较缓。瑞典作为进入前十大风电市场的新入局者，2021年总风电装机容量约为12GW。亚洲第二大风电国家印度总的装机容量超过了40GW，但该国仍落后于其能源目标，2021年仅增加了约1.5GW。2018—2021年全球排名前十的国家风电产能增长情况如表1-1所示。

表1-1 2018—2021年全球排名前十的国家风电产能增长情况

国家/区域	2021年累计装机容量/GW	2021年新增风电装机容量/GW	2021年增长率	2020年累计装机容量/GW	2019年累计装机容量/GW	2018年累计装机容量/GW
中国	343.83	55.8	19.40%	288.03	236.03	209.53
美国	134.85	12.52	10.2%	122.33	105.43	96.36
德国	63.93	1.72	2.8%	62.21	61.36	59.31
印度	40.10	1.48	3.8%	38.63	37.53	35.13
西班牙	28.20	0.75	2.7%	27.47	25.81	23.49
英国	26.81	2.65	10.9%	24.17	23.52	20.74
巴西	21.37	3.36	18.6%	18.01	15.45	14.71
法国	19.08	1.13	6.3%	17.95	16.65	15.31
加拿大	14.30	0.67	2.0%	13.63	13.41	12.82
瑞典	12.10	2.18	21.9%	9.92	8.99	7.41
其他地区	135.17	15.02	12.5%	120.15	105.62	94.72
总计	839.73	97.27	13.1%	742.46	649.79	589.55

人民网2021年1月11日发布的文章《“十三五”风电发展综述》中提到“‘十三五’以来，我国风电等新能源发展迅速，已成为可再生能源发展主体。”2020年10月21日，国务院新闻办公室“十三五”生态环境保护工作新闻发布会指出，“十三五”期间，我国可再生能源新增装机年度占比超过50%，总装机占比稳步提升，已成为能源转型的重要组成和未来电力增量的主体。据国家能源局提供的数据，截至2020年10月底，我国风电累计装机已达2.29亿kW，2020年前10月累计发电量3722亿kW·h，同比增长14.7%，行业发展又进一程。“十三五”的这5年，我国风电行业坚持创新、持续突破，累计装机突破2亿kW，2019年，我国风电年度发电量首次突破4000亿kW·h、达到了4057亿kW·h，占全部发电量的5.4%。“十三五”期间，我国风电装机规模继续领跑全球，发展的步伐较“十二五”时期更加稳健，而平稳的新增市场规模也成为产业进步的最大基础和推动力。2011—2020年中国及其他国家和地区风电新增吊装容量如图1-10所示。

截至2023年底，我国风电新增并网装机容量约7590万kW，同比增长102%，其中陆上风电新增装机容量7219万kW，占全部新增装机容量的91%，海上风电新增装机容量718.3万kW，占全部新增装机容量的9%。风电累计装机容量约44134万kW，同比增

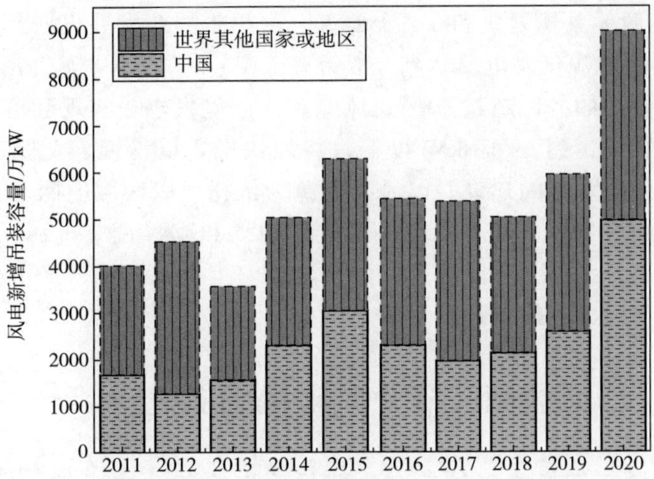

图 1-10 2011—2020 年中国及其他国家和地区风电新增吊装容量

长 20.7%（其中包含陆上风电累计装机容量 43690 万 kW、海上风电累计装机容量 3770 万 kW），占全部发电装机容量的比例为 15.1%，2010—2023 年中国风电新增与累计装机容量如图 1-11 所示。

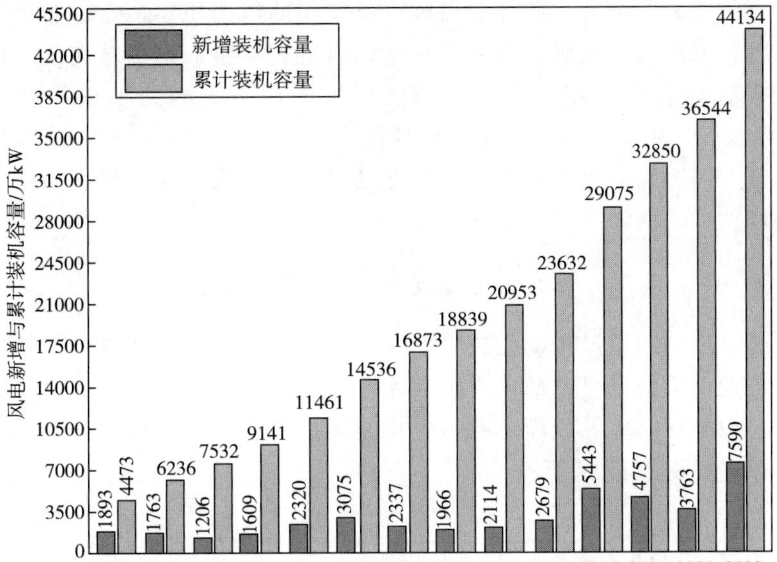

图 1-11 2010—2023 年中国风电新增与累计装机容量

我国风电技术研发也随着风电产业快速发展，目前已经可以自主设计开发制造兆瓦级的风电机组。和国际先进水平相比，尽管我国在风电技术基础研究领域和技术创新能力等方面仍有差距，但在风电产业快速发展和国家政策的支持下，在风电技术领域提高研发水平，我国有望实现自主创新和技术领先，从而提高我国在风电市场中的核心竞争力。

《中华人民共和国国民经济和社会发展第十四个五年规划和 2035 年远景目标纲要》、

《“十四五”现代能源体系规划》和《“十四五”可再生能源发展规划》等相关政策，明确提出：2025 年可再生能源年发电量达到 3.3 万亿 kW·h 左右，“十四五”期间发电量增量在全社会用电量增量中的占比超过 50%，风电和太阳能发电量实现翻倍。在 2030 年风电、太阳能发电总装机容量达到 12 亿 kW 以上，将加快推进以沙漠、戈壁、荒漠地区为重点的大型风电太阳能发电基地的建设。以风光资源为依托、以区域电网为支撑、以输电通道为牵引、以高效消纳为目标，统筹优化风电光伏布局和支撑调节电源，在内蒙古、青海、甘肃等西部北部沙漠、戈壁、荒漠地区，加快建设一批生态友好、经济优越、体现国家战略和国家意志的大型风电光伏基地项目。

第三节　风电机组概述

风电机组是将风能转换为机械能，再转换为电能的动力机械，俗称风车。广义地说，它是一种以太阳为热源，以大气为工作介质的发电机。风力发电利用的是可再生的自然能源，风力发电没有燃料消耗问题，也不会产生辐射或空气污染。但风电机组因风量的随机性，不能形成稳定的电能供给，需经过一系列复杂的转换过程，才能保证稳定使用。

在蒸汽机出现之前，风力机械是动力机械的一大支柱。然而随着煤、石油、天然气的大规模开采和廉价电力的供应，各种曾经被广泛使用的风力机，由于成本高、效率低、使用不方便等原因，无法与蒸汽机、内燃机和电动机等相竞争，渐渐被淘汰。但是，近半个世纪的实践表明，风力发电在解决偏远地区居民的用电上起到了重要的作用。特别是 20 世纪 70 年代以后，由于几次世界范围的能源危机和环境污染问题，使人们对风能利用又重新重视起来，风力发电更是进入了一个蓬勃发展的阶段，在世界不同地区建立了许多大中型的风电场。

一、风力发电的基本原理

风力发电的原理是利用风带动风轮中叶片旋转，再通过增速器将传动轴旋转的速度提高来带动发电机发电。依据目前的风力机技术，大约 3m/s 的微风速度便可以发电。风力发电的原理说起来非常简单，最简单的风电机组可由风轮和发电机两部分构成。典型的风电机组的工作原理如图 1-12 所示。

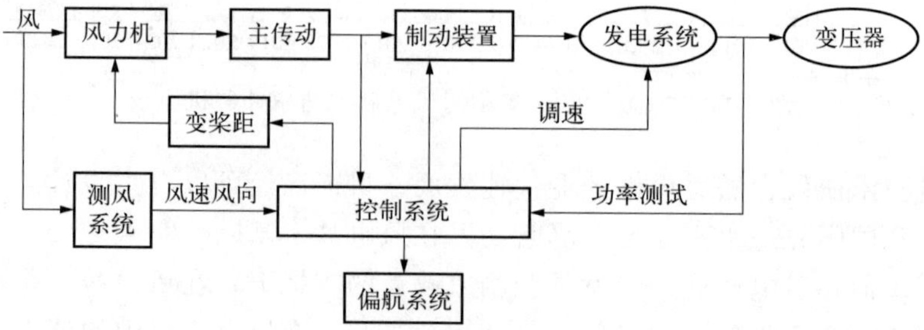

图 1-12　风电机组的工作原理

当风以一定的速度吹向风力机时，在风轮上产生的力矩驱动风轮转动。将风的动能变成风轮旋转的动能，两者都属于机械能。风轮的输出功率通过主传动系统传递。主传动系统将动力传递给发电系统，发电机把机械能转换为电能。

对于并网型风电机组，发电系统输出的电流经过变压器升压后，即可输入电网。控制系统的功能是过程控制和安全保护。过程控制包括启动、运行、暂停、停止等。在出现恶劣的外部环境和机组零部件突然失效时应紧急停机。风速、风向、风电机组的转速、发电功率等物理量通过传感器变成电信号传给控制系统，它们是控制系统的输入信息。控制系统实时对输入信息进行加工和比较，及时发出控制指令，这些指令是控制系统的输出信息。

对于变桨距机组，当风速大于额定风速时，控制系统发出变桨距指令，通过变桨距系统改变风轮叶片的桨距角，从而控制风电机组的输出功率。在启动和停止过程中，也需要改变叶片的桨距角。

对于变速型机组，当风速小于额定风速时，控制系统可以根据风的大小发出改变发电机转速的指令，以便使风力机最大限度地捕获风能。当风轮的轴向与风向偏离时，控制系统发出偏航指令，通过偏航系统校正风轮轴的指向，使风轮始终对准来风方向。当需要停机时，控制系统发出关机指令，除了借助变桨距制动外，还可以通过安装在传动轴上的制动装置实现制动。实际上，在风电机组中，能量流和信息流组成了闭环控制系统。同时，变桨距系统、偏航系统等也组成了若干闭环的子系统，以实现相应的控制功能。由于各种风电机组结构的不同，其工作过程也有差异。

二、风电机组的类型

风力发电机组（文中有时写作“风电机组”）的形式多样，一般来说，可按照风轮的旋转轴与风向的位置关系分为水平轴和垂直轴风电机组；按风轮工作原理分为升力型和阻力型风电机组；按有些水平轴风电机组的风轮与塔架迎风先后，分为上风式风电机组和下风式风电机组；根据风机受风的方向，有两种类型：“逆风型”——叶轮正面正对风向，和“顺风型”——叶轮背面正对风向；按功率调节模式，可分为定桨距调速型、变桨距型、主动失速型和独立变桨距型风电机组；按机械形式，根据风电机组是否包括齿轮箱，可分为带齿轮箱型、不带齿轮型和混合驱动型风电机组；根据风电机组发电机类型，可分为异步风电机组和同步风电机组。这里主要介绍水平轴和垂直轴风电机组，以及升力型和阻力型风电机组。

1. 水平轴和垂直轴风电机组

水平轴风力机可以是升力装置（即升力驱动风轮），也可以是阻力装置（阻力驱动风轮）。因升力相较阻力大得多，故升力型风力机居多。另外，阻力型风力发电装置的旋转速度一般没有风速快；升力型风力发电装置可以得到较大的尖速比（风轮叶片尖端速度与风速之比），因此输出功率与质量比大，价格和功率比较低。水平轴风力机的叶片数量可以不同，从具有配平物的单叶片风力机，到具有很多叶片（最多可达50片以上）的风力机均可见到。有些水平轴风力机没有对风装置，风力机不能跟随风向变化及时调整风轮的对风方向，一般说来，这种风力机只用于有一个主方向风的地方。而大多数水平轴风力机具有对风装置，能随风向改变而转动。这种对风装置，对于小型风力机以采用尾舵为主；而对于大型的风力机，则主要利用偏航装置。水平轴风电机组如图 1-13 所示。

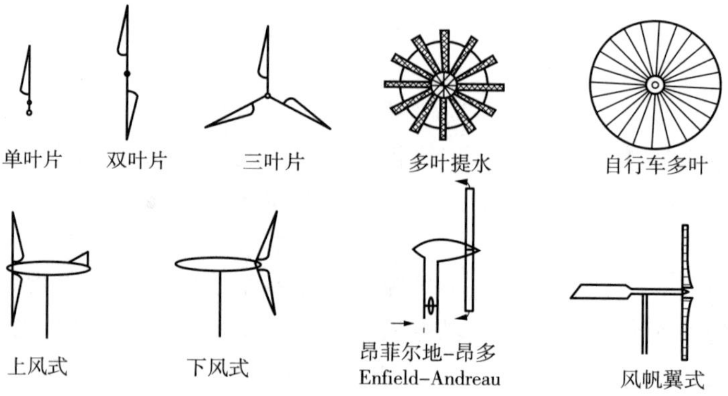

图 1-13 水平轴风电机组

2. 升力型和阻力型风电机组

当分析叶轮受到风的作用力时，可以将该力分解成与风垂直和与风平行的两个分力，垂直方向的分力称为升力，平行方向的分力称为阻力。这其中，主要依靠升力的作用而转动的风电机组称为升力型，螺旋桨型、达里厄（Darrieus）型和直线翼垂直轴型都属于这种类型。由于有升力的作用，风轮圆周速度可以达到风速的几倍至十倍，因此风力发电主要采用升力型。

相反，主要依靠阻力来转动的风电机组称为阻力型，主要包括多翼型、萨渥纽斯型和涡轮型等。虽然该类风电机组不能产生比风速高的转速，但风轮转轴的输出扭矩较大，因此常被提水、拉磨等动力用风电机组使用。

垂直轴风力机在风向改变时，无需对风。在这点上，相对水平轴风力机是一大优点。这使结构简化，同时也减少了风轮对风时的陀螺力。

利用阻力旋转风轮的垂直轴风力机有以下几种类型，其中有利用平板和杯子做成的风轮，这是一种纯阻力装置。S 形风轮，主要依靠阻力工作，但也兼具部分升力。这类装置与升力装置相比，启动力矩较大，但叶尖速比较低，在风轮尺寸、重量和成本一定的情况下，提供的功率输出较低。

达里厄型风轮是法国一位名叫 G. J. M. Darrieus 的工程师于 19 世纪 20 年代发明的。20 世纪 70 年代初，加拿大国家科学研究院对达里厄型风轮进行了大量的研究，现在是水平轴风力机的主要竞争者。达里厄型风轮是一种升力装置，弯曲叶片的剖面是翼型的，它的启动扭矩低，但尖速比可以很高，对于给定的风轮重量和成本，有较高的输出功率。现有多种达里厄型风力机，如 Φ 形、Δ 形、Y 形、◇形等。这些风轮可设计成单叶片、双叶片、三叶片或多叶片。

其他形式的垂直轴风轮有美格劳斯效应风轮，其由自旋的圆柱体组成。当它在气流中工作时，产生的移动力是由于美格劳斯效应引起的，其大小与风速成正比。垂直轴风电机组如图 1-14 所示。

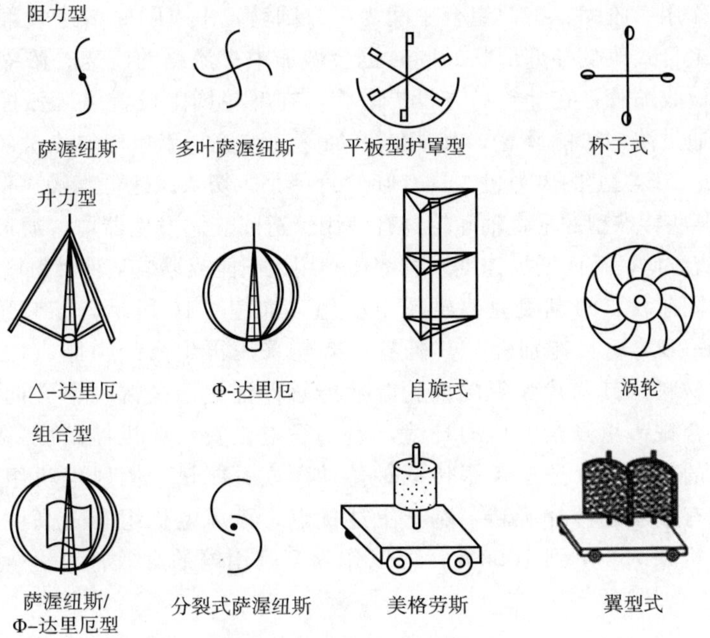

图 1-14 垂直轴风电机组

三、特殊型风电机组

特殊型风电机组多属于组合型，如图 1-15 所示。它们有的是带有反转叶片的水平轴风力机；有的是在一个塔架上安装多个叶轮，以便在输出功率一定的条件下，减少塔架的成本。某种 30kW 双叶轮风电机组于 2001 年 2 月安装运行，后一叶轮直径大于前一叶轮，前一叶轮内侧风速大幅度下降，外侧风速增加了 10%以上，利用外侧风速增加使整机气动力效率增加。有的水平轴风电机组带有锥形罩，通过对流经水平叶轮气流进行集中或扩散，

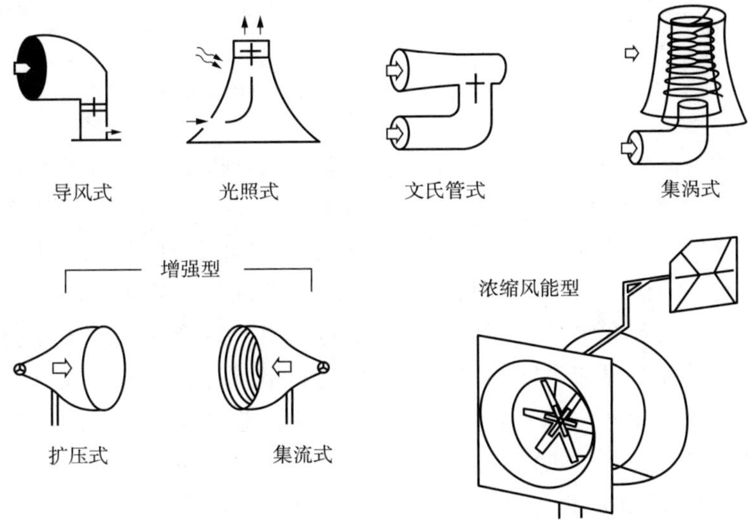

图 1-15 特殊型风电机组

使气流具有加速作用。收缩、扩散组合中间为中央圆筒，中央圆筒增速效果比单独扩散管增速效果更好。该组合式改变外部形状的同时也会增加中央流路的流速。浓缩风能型风电机组通过在叶轮前方设收缩管，在叶轮后方设扩散管，在叶轮周围设置增压弧板实现浓缩风能的效果。当自然风通过浓缩风能装置，其能够被加速、整流、流速均匀化，最终获得风速大且稳定的气流。因此，该类型的风力机，具有叶轮直径小、切入风速低、噪声低、安全性高、发电量大等优点。某些特殊型的垂直轴叶轮具有使用管道或旋涡发生器塔，通过套管或扩压器使水平气流变成垂直方向，从而增加速度。有些还利用太阳能或燃烧某种燃料增加气流流速。

源于英国的阿尔法 311 新型垂直轴风电机组，如图 1-16 所示，该装置整体体积较小，主体高度只有 1m 多，重量特别轻，其机身和叶轮采用再生涤纶树脂（PET）材料，表面蒙皮使用碳纤维材料。其八片弧形的风轮叶片能够保证无论是哪一个方向来风，都能够被捕捉到，特别适合城市里复杂的风力环境。它的发电机安装在机体的底部，除了起到能够稳定机体的重心的作用外，还避免因传动轴传动而损失能量。因风电机组自重较小，因此即使是微风都能有效驱动叶片旋转。基于上述优点，该风电机组布置高度不需要太高，而且装机功率可以达到 750W 到 1000W，可以作为家庭用电的有效补充。

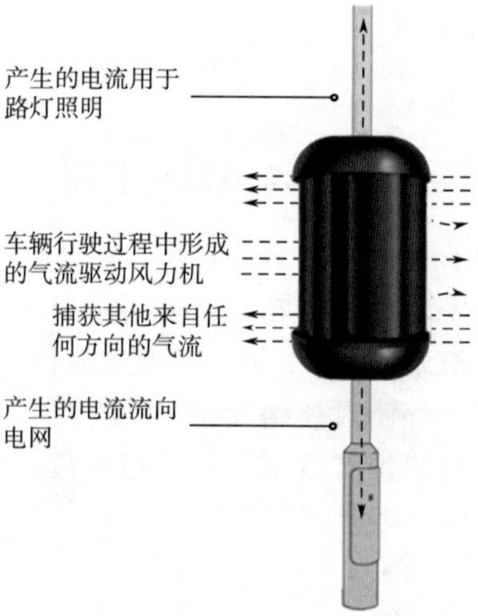

图 1-16　阿尔法 311 新型垂直轴风电机组原理示意图

西班牙公司 Vortex Bladeless 开发出一款无扇叶风电机组——涡度发电机（Vortex），如图 1-17 所示，其工作原理是利用结构的振荡捕获风的动能，从而利用感应发电机或压电发电机将风的动能转变成电能输出。该设计理念将减少常规涡轮机中很多零部件的使用，如叶片、机舱、轮毂、变速器、制动装置、转向系统等，从而使涡度发电机具有无磨损、性价比高、便于安装和维护、环境友好及土地利用率高等特点。与一般风力发电机组通过风轮的旋转运动捕获风能不同，涡度发电机是利用卡门涡街来实现风能的捕获。通过利用不稳定的气动力，无叶片风电机组 Vortex 可与风速“同步”以保持共振，将振荡最大化并进行机械能量的捕获，进而利用该机械能进行发电。涡度发电机的风电机组原型主要包括 5 个部分：基础（foundation）、固定桅杆（rod）、发电机（generation system）、调谐系统（tuning system）和桅杆（mast）。该锥体材质为复合玻璃纤维及碳纤维，让锥体能尽可能产生最大值振荡，若有足够的风量，空气流动时产生的涡量就能造成风电机组塔架结构振荡与摇晃，进而发电。通常在一般情况下，必须在风速达到特定的频率才能造成结构产生振荡。但涡度发电机利用塔架底部的两个环形相斥磁铁，当锥体朝其中一个方向摆荡，底部相斥的磁铁便会将其推往另一个方向，因此无论风速如何，锥体本身都能持续产生最大值振荡。一旦锥体开始振荡，振荡时产生的机械能就会通过锥体底部的发电机，将机械能转换为电能。

德国 SkySails Power 公司开发高空风力发电技术，采用轻量型的“高空风筝”进行发电，如图 1-18 所示。在该发电系统中，风筝的面积约为 $150m^2$，形状类似降落伞。风筝上不需要安装风电机组，拉拽风筝的绳索也不是电线。发电设施安装在地面，风筝在软件控制下放飞，在空中沿“8”字形轨迹做环绕飞行，以实现最大拉力带动发电机，并用最小的阻力拉动风筝，发电量远大于系统的耗电量。2021 年 12 月，上述公司将该风力发电装置升空，这也是全球第一个全自动化商业高空发电装置。该装置发电装机容量约为 100kW，能够满足约 50 户家庭的生活需求。高空风力发电系统投入运营的意义重大，指明了未来能源发展方向。

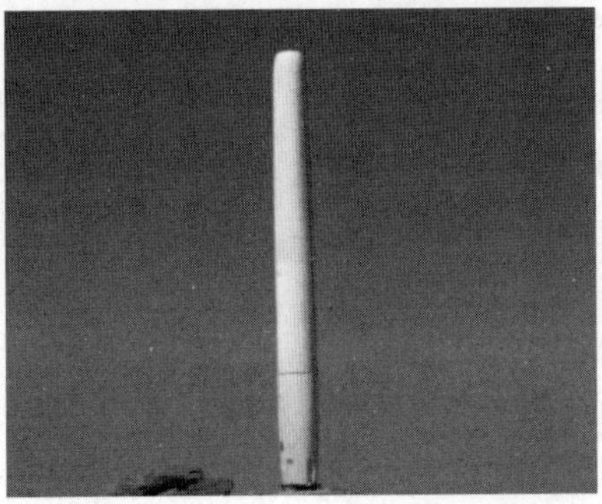

图 1-17 Vortex 发电机实拍图

图 1-18 “高空风筝”发电实拍图

四、风力发电运行模式的类型

风力发电因工作的场合不同，其运行模式也出现不同的类型，主要包括离网运行模式和并网运行模式等。

1. 离网运行模式

离网运行模式特指能够独立运行的单台小型风电机组，为一户或者几户提供电力需求，所发出的电能依靠蓄电池进行蓄能，不接入电网的发电运行模式。这类机组功率通常在 3～5kW 以下，专为农村、牧区、海岛、气象台站、导航灯塔、电视差转台、边防哨所等电网达不到的地区服务，而为了保证电能的稳定供应，常需与其他发电或储电装置联合运行，组成风力-其他发电系统联合运行模式，主要包括以下三种。

（1）风力发电-太阳电池发电联合运行模式 该模式是一种互补的新能源发电系统，风电机组可以和太阳电池组成联合供电系统。风能、太阳能都具有能量密度低、稳定性差的弱点，并受地理分布、季节变换、昼夜变化等因素的影响。中国属于季风气候区，冬季、春季风力强，但太阳辐射弱，夏季、秋季风力弱，而太阳辐射强，两者能量变化趋势相反，因而可以组成能量互补系统，并给出比较稳定的电能输出。利用自然能源的互补特性，增加了供电的可靠性。

（2）风力-柴油发电系统联合运行模式　该模式由风电机组、柴油发电机组、蓄能装置、控制系统、用户负荷（耗能负荷）等组成。各发电、供电系统既能单独工作，又能联合工作，互相不冲突。采用风力-柴油发电系统可以实现稳定持续供电。这种系统有两种不同的运行方式，风电机组与柴油发电机交替运行及风电机组与柴油发电机并联运行。

（3）风力-生物质能-柴油联合发电运行模式　该模式是在风力-柴油发电系统基础上增加更多功能的联合系统，在有生物质能的地方，在柴油发电系统上直接接入沼气、天然气或生物柴油等可燃气体或液体，就可以使柴油机工作并发电。

2. 并网运行模式

并网运行模式是为了克服风的随机性而带来的蓄能问题的最稳妥易行的运行模式。风电机组与电网连接，向电网输送电能，向大电网提供电力，这也是目前风力发电的主要发展方向。

按一定的排列方式或是成群在风能资源丰富的地区安装风电机组，组成集群构成风力发电场，少则3～5台，多达几十台、几百台甚至成千上万台。风力发电场内的风电机组单机容量为几十千瓦至兆瓦以上。并网型风电机组的基本要求是在当地风况、气候和电网条件下能够长期安全运行，取得最大的年发电量和最低的发电成本。这要求风力发电场一般选在较大盆地的风力进出口或较大海洋湖泊的风力进出口等，具体在高山环绕盆地（或海洋或湖泊）的狭谷低处，或有贯穿环山岩溶岩洞处，这样可获得较大的风力。风力发电场属于大规模利用风能，其发出的电能全部经变电设备送往大电网。

五、风力发电的技术发展趋势

目前在我国风电技术还不健全，一部分相关设备必须进口，风力发电场成本相对高，在一定程度上限制了风电技术的应用。随着近年来风力发电目标的确立，为我国风电行业的发展提供了难得的契机，风电步入了快速发展时期，为了更有效、更大规模地利用风电，风力发电技术将呈现以下发展态势。

1. 大型化风电产品

由于风电开发成本和平价上网的双重压力，为降低度电成本、改善风电场经济指标，加速开发大型化、长叶片、高塔筒风电产品将成为风电技术发展的必然选择。到2030年，力争实际应用并推广200～300m高空风力发电，10MW及以上级别的大型风电机组关键零部件实现设计技术与制造技术突破，推动我国成为风电技术创新和产业发展强国。根据全球风能理事会数据，过去十年全球风电单机容量较十年前平均增长了72%。除产品价格、质量等因素外，当前风电机组产品的竞争力主要体现在功率等级和风轮直径方面。陆上风电机组功率等级从4MW上升至7MW，风轮直径从150m级上升至200m级；海上风电机组功率等级从10MW上升至16MW，风轮直径从180m级上升至260m级。陆上大中型双馈机型和紧凑型半直驱机型、海上大中型半直驱风电机组是风电机组研发的主要方向。更大容量、更低成本的风电技术，将具有市场优势。

2. 智能化风电产品

近年来，随着设计和工艺技术的改进，风机正朝着大容量、高性能、定制化、快速响应的方向飞速发展。未来的风电机组从设计、制造到运维，均将大量使用智能化和数字化相关技术。目前，风电机组智能化、数字化工具方法贯穿风电机组的设计、制造与运维等各方面。设计方面，主要应用人工智能算法、制造执行系统（MES）等，提升设计精准度与后期制作关联度；风电机组制造智能化方面，主要是推进数字化车间转型、使用数字化设备，期间可使用数字孪生等系统，提升制造精准度与质量稳定性，中长期内降低成本；风电机组运维智能化方面，主要包括智慧风场建设与运行，包括通过机体预测、大数据维护等方式，对风电机组并网、穿越控制策略等方面实现智能化控制，在线监测数据、及时预测风险并提出预警、加以调整，期间可使用数字孪生等系统，降低运维人工成本、提升管理效率。在智慧化风电机组技术发展趋势中，风电叶片智能化快速变形设计平台、风电机组塔筒集成式自动设计软件、风电机组全生命周期追溯管理系统、风电机组自动检测与分析预测系统为重点发展方向。

3. 深远海漂浮式风电机组

深远海的风力条件更佳，存在更大的开发潜力，是风电产业未来发展趋势。漂浮式海上风电技术是深远海风资源开发的关键。随着海上风电设备向大型化发展，同时近海开发资源有限，海上风场的发展逐步扩展到深远海区域，漂浮式风电机组技术开始成为重点关注的技术方向，包括立柱式、半潜式、张力腿式和驳船式等不同形式。技术成熟度上，国外立柱式和半潜式技术相对成熟，已进入了小批量示范的阶段，张力腿式和驳船式处于示范样机阶段。而我国目前主要通过智能软件、监测系统等手段，着重研究建模设计、智能载荷控制、气动调整等方面对漂浮式海上风电机组进行技术研究。目前，立柱式和半潜式尚处于刚开始样机验证的起步阶段，张力腿式和驳船式处于研发阶段，未来还有很大的技术进步空间。

4. 变速恒频及多电平变流器拓扑技术

变速恒频技术集成了电子技术、信息处理技术、矢量转换技术等多学科技术，能够对风电机组实现风速捕捉、调节转速从而实现发电机变频运行。发电机实现对不同风速进行自动调整为恒定转速，能够使风力机的低转速转化为高转速，从而获得电力的稳定输出，使得风电机组的适应性极大增强，运行效率大大提升。风力发电的过程中，发电机器件的额定功率开关损耗是一个重点技术，因其关系到风力发电系统的标称功率。多电平变流器在研发及应用过程中，随着电压和电流的额定值使其标称功率逐步提高，进而提升多电平变流器拓扑功率，使风力电场和风电机组变流器之间的整体功率得以提升，损耗得以降低。

5. 风电机组的安全性能的提升

中国北方的沙尘暴、低温、冰雪、雷暴，东南沿海的台风、盐雾，西南地区的高海拔等恶劣气候环境对风电机组造成很大的影响，缩短了机组使用寿命。此外，由于风力发电技术的发展速度过快，使得一些相关技术的试验时间比较短，因此也可能会存在一些安全隐患。当前，这类问题主要存在于装机的各个技术环节中以及一些发电系统的管理上。如果风电机组的安全性无法保障，那么不仅仅会影响风电机组自身的可靠性，还会给工作人员带来安全隐患。因此，通过强化风力发电技术的安全管理可以提升系统的稳定性，并结合智能技术、大数据技术进一步提升风力发电技术的安全性。

第四节　海上风力发电历程

风能的开发、利用不仅局限于陆地风能，如今已拓展到海上风能。海上风电场一般都在水深10m、距海岸线10km左右的近海大陆架区域建设，如图1-19所示。与陆上相比，海上风电机组必须牢固地固定在海底，其支撑结构（主要包括塔架、基础和连接等）要求更加坚固。所发电能需要铺设海底电缆输送，加之建设和维护工作需要使用专业船只和设备，所以海上风电的建设成本一般是陆上风电的2～3倍。虽然海上风电起步较晚，因其具有不占用土地资源，基本不受地形地貌影响；有较高的风速，对环境的负面影响较少；风电机组距离海岸远，视觉干扰小；机组制造大型化巨型化，单位面积的总装机容量更高；单机容量更大，年利用小时数更高等诸多优点，使得海上风电具有的经济和社会价值越来越受到重视，成为风力发电发展的一个新的方向。与陆上风电场相比，海上风电场建设的技术难度较大。

图1-19　2021年国家电投山东半岛南3号海上风电项目

世界上对海上风电的研究与开发始于20世纪70年代末，发展可划分为5个时期：起步阶段（1977—1988年），欧洲对国家级海上风电场的资源和技术进行研究，丹麦在探讨海上风力发电的可行性时，得到的结论是：为了弥补海上风力发电的建设和输电成本，必须采用1～2MW的大型风力机，而在当时尚不具备生产这样大型风力机的能力；示范阶段（1989—1990年），欧洲开始实施第一批海上风电场示范计划，在此期间，瑞典安装的2.2MW海上风电机是世界上第一台海上风电机组；中等规模开发阶段（1991—1998年），中型海上风电场的开发工作逐步实施；规模开发阶段（1999—2005年），开发大型海上风电场和研制大型风力机，2002年，丹麦已经建设了5个海上风电场，海上风电总装机容量达250MW；大规模开发阶段（2006年至今），大型风力机海上风电场开发技术已逐步完善。从全球范围来看，自20世纪90年代以来，海上风电经过多年的探索，技术已日趋成熟。

我国海上有丰富的风能资源和广阔平坦的区域，而且距离电力负荷中心很近，使得近海风力发电技术成为近年来研究和应用的热点。海上风力发电场将成为未来风能应用和发展的重点，海上风力发电也是近年来我国风力发电产业发展的新领域，我国海上风能资源十分丰富，主要分布在经济发达、电网结构较强、又缺乏常规能源的东南沿海地区。根据2009年国家气候中心的评估结果，离岸50km范围内的可开发风能资源为7.58亿kW·h，是陆上风能资源的3倍，仅近海5～25m水深线以内区域装机容量可达2亿kW。在我国沿海，特别是东南沿海及附近岛屿，拥有非常丰富的风能资源。我国海岸线约为1800km，岛屿6000多个，海上风速高，很少有静风期，适合建设有效利用风能的海上风电场。这意味着在我国海上风力发电发展前景广阔。

我国于2007年安装了首个海上试验风电机组平台，目前已有上百个海上风电场投入运行，但总体上看，我国海上风电起步晚，相关产业发展不成熟，发展道路上的挑战和机遇并存。丰富的海上风能为我国的海上风电开发提供了可能性，经过数年发展，我国海上风电已经初具规模。到2014年年底，除了试验风电项目外，我国已建成数个规模化的海上风电场。其中，目前主要投运的海上项目如东海大桥风电场年有效风时超过8000h，发电效益高于陆上风电场30%以上。东海大桥一期和二期风电场海域水深约为10m，除此之外，其他已经建成的规模化风电场均位于潮间带。2007—2016年海上风电装机总容量从1.5MW发展到1627MW。我国正在积累海上风电建设经验，海上风能资源测量与评估以及海上风电机组国产化已起步，海上风电建设技术规范体系也逐步建立。

“十三五”期间重点推动江苏、浙江、福建、广东等省的海上风电建设，到2020年四省海上风电开工建设规模均达到百万千瓦以上；积极推动天津、河北、上海、海南等省（市）的海上风电建设；探索性推进辽宁、山东、广西等省（自治区）的海上风电项目。2021年我国海上风电新增装机容量达1690万kW，同比增长452.29%，是此前累计建成总规模的1.8倍。截至2021年年底，我国海上风电累计装机规模达到2638万kW，超越英国跃居世界第一，渗透率也从2016年的1.1%增长至2021年的8.0%左右。随着陆上风电政策补贴转向海上补贴，加之海上风电大叶片等趋势推进，我国海上风电渗透率在持续提升。目前根据各沿海省市发布的海风建设规划，到2025年末，预计全国新增海上风电机组约49GW。按照已发布规划，新增规模最大的前三个省份是广东、山东和江苏，海上风电新增规模分别约为17GW、10GW和9GW。

从海上风电机组装机容量的发展趋势来看，海上相较陆地更加开阔，有利于大型风电机组的安装和使用。截至2021年年底，海上风电机组的单机容量等级达到16～18MW，有学者认为到2030年，海上风电机组容量将突破20MW的里程碑水平。从技术发展的角度来看，海上风电机组将呈现直驱式结构和带增速齿轮箱式结构并存的局面，直驱式风电机组由于取消了增速齿轮箱，大大减少了维护工作量，更适合海上应用环境，但所需发电机尺寸和重量巨大，特别是随着稀土永磁材料价格的不断上涨，稀土永磁直驱电动机的成本大幅上升，影响了直驱式风电机组在海上的推广。另一方面，大风电机组不足之处在于不断增长的顶端重量，以及更大更重的基础构架的维护。到目前为止，由于更轻材料的发展与设计，叶片和发动机舱的重量已有明显的减轻。三叶片机组仍然是海上风电的主流机型，但也有部分设计公司诸如荷兰2-B能源、德国Aerodyn等风能公司在尝试两叶片式的设计方案。如果单机容量继续提高，需要应用一些创新性的技术。例如，美国GE公司正在利用高温超导发电机技术研发15MW海上风电机组，甚至有公司正在研制采用达里厄技术的10MW垂直轴式风电机组。

规划发展海上风电，首先要关注相关空域因素，包括台风、盐雾、覆冰以及空中航道、雷达影响范围的影响。其次要考察水面情况，包括海冰、海浪（风暴潮）、潮位和航道情况；水下则要考察洋流、潮流、海底冲刷和侵蚀、海洋生物、盐分、海底地形及地质以及管线分布情况。此外，海上风电的立项，还要综合考虑海洋功能区划、港口、码头、锚地、航道、自然保护区等敏感海域、滩涂围垦及养殖、军事用海、其他特殊用海等问题。海上风电代表了当今风电技术的最高水平，要求设备高可靠性、易安装、易维护，虽然市场规模庞大，但风险也极高，必须先制订完善的行业规范和发展规划。在风力发电的迅猛发展中，海上风电场比陆上风电场更具有发展的潜力和优势。海上风能对比陆地上的风能，在风速、风况和发电的年利用小时数上都有明显的优势。与陆上风电场相比，海上风电场由于所处的地理位置的优势而带来的成本下降和单机输出功率增长将进一步体现出来。因此，海上风力发电已成为未来风能利用的必然趋势。

第五节　风力发电产业与政策

可持续发展战略思想一直是能源利用的核心内容。这一思想最早是在党的十六届三中全会上提出的。党的二十大报告指出，“要坚持可持续发展，坚持节约优先、保护优先、自然恢复的方针”；“推动绿色发展，促进人与自然和谐共生”，积极稳妥推进碳达峰碳中和。近年来，国家出台了大量新能源政策，鼓励风电产业发展。随着我国新能源管理政策的出台，以风电为核心的发电行业近年来发展迅速，市场日趋规范和成熟，改变了以往的区域格局，形成了绿色核心模式。

一、国家风力发电产业与政策

自 2006 年《可再生能源法》实施以来，新能源政策就拉开了帷幕。风电作为可再生能源中最可靠和可行的能源之一，无论在规模、技术还是补贴等方面，不断受到政府的大力支持。2011 年 7 月，国家科技部颁布了《国家“十二五”科学和技术发展规划》，重点支持发展 5MW 以上风电机组整机及关键部件设计、陆上大型风电场和海上风电场设计和运营、核心装备部件制造、并网、电网调度和运维管理等关键技术，形成从风况分析到风电机组、风电场、风电并网技术的系统布局。2012 年 3 月由国家科技部颁布了《风力发电科技发展“十二五”专项支持规划》，主要内容是针对在风电场开发及运行方面，掌握大型风电场设计、建设、并网与运营关键技术，提高风电消纳能力，提高风电场的运营管理水平，支撑我国千万千瓦风电基地的建设。2014 年 12 月，国家能源局颁布了《关于印发全国海上风电开发建设方案（2014—2016）的通知》，要求开发企业认真做好海上风电开发建设方案内项目的建设工作；加大资金投入，制定合理工期，保证施工安全，推进项目建设；要加强科技攻关推进技术进步和降低成本，配合相关单位做好技术标准和相关政策研究工作。

2016 年 3 月由全国人大颁布的《中华人民共和国国民经济和社会发展第十三个五年规划纲要》对继续推进风电、光伏发电发展，积极支持光热发电进行了阐述。2016 年 11 月，国家能源局颁发了《风电发展“十三五”规划》，积极发展运行维护、技术改造、电力电量交易等专业化服务，做好市场管理与规则建设；创新运营模式与管理手段，充分共享行业服务资源；建立全国风电技术培训及人才培养基地，为风电从业人员提供技能培训和资质能力鉴定，与企业、高校、研究机构联合开展人才培养，健全产业服务体系。2016 年 12 月由国家能源局与国家海洋局联合颁发的《海上风电开发建设管理办法》，主要内容是鼓励海上风电项目采取招标方式选择开发投资企业，各省（自治区、直辖市）能源主管部门组织开展招投标工作，上网电价、工程方案、技术能力等作为重要考量指标。同时，国务院颁布了《“十三五”节能减排综合工作方案》，要求安全发展核电、有序发展水电和天然气发电。协调推进风电开发，推动太阳能大规模发展和多元化利用，增加清洁低碳电力供应。2017 年 1 月，国务院颁布了《全国国土规划纲要（2016—2030 年）》，有序建设华北、东北、西北地区大型风电和太阳能发电项目，加快推进海上风电规模化发展。2017 年 5 月，国家能源局颁发了《关于加快推进分散式接入风电项目建设有关要求的通知》，该通知要求相关开发企业要认真研究分散式风电项目定义和要求；严格按照规划方案和相关管理规定做好项目建设工作，在保证施工安全、工程建设质量和可靠性的前提下，有序推进项目建设；推进技术进步和成本下降，鼓励探索分散式风电发展新模式；特别是鼓励建设部分和全部电量自发自用，以及在微电网内就地平衡的分散式风电项目。与之同期，国务院还颁发了《兴边富民行动“十三五”规划》，将合理扩大边境地区光伏、风电等优势能源资源开发规模的政策提上了日程。

近几年内，有关风力发电的相关政策主要有 2020 年 3 月由国家能源局颁发的《关于 2020 年风电、光伏发电项目建设有关事项的通知》，其规定有关标准化管理机构要加快研究制定分散式风电设备、并网运行等方面的技术规范，尽快发布相关技术标准。2021 年 2 月，国务院颁布的《关于加快建立健全绿色低碳循环发展经济体系的指导意见》，要求提升可再生能源利用比例，大力推动风电、光伏发电发展，因地制宜发展水能、地热能、海洋能、氢能、生物质能、光热发电。2021 年 3 月，全国人大颁发了《中华人民共和国国民经济和社会发展第十四个五年规划和 2035 年远景目标纲要》，提出要加快发展非化石能源，坚持集中式和分布式并举，大力提升风电、光伏发电规模，加快发展东中部分布式能源，有序发展海上风电，加快西南水电基地建设，安全稳妥推动沿海核电建设，建设一批多能互补的清洁能源基地，非化石能源占能源消费总量比重提高到 20％左右的各项要求和指标。2021 年 5 月，国家能源局颁布《关于 2021 年风电、光伏发电开发建设有关事项的通知》，要求 2021 年全国风电、光伏发电发电量占全社会用电量的比重达到 11％左右，后续逐年提高，确保 2025 年非化石能源消费占一次能源消费的比重达到 20％左右。2021 年 10 月，国务院颁布了《2030 年前碳达峰行动方案》，其主旨是坚持陆海并重，推动风电协调快速发展。完善海上风电产业链，鼓动建设海上风电基地，到 2030 年，风电、太阳能发电总装机容量达到 12 亿 kW 以上。2022 年 3 月，国家发改委和能源局发布了《“十四五”现代能源体系规划》，其信息量巨大，主要提出要推进风电和太阳能发电大规模开发和高质量发展，优先就地利用，在负荷中心和周边发展分散式风电和分布式光伏。2022 年 4 月，国家发改委发出《关于 2022 年新建风电、光伏发电项目延续平价上网政策的函》，针对 2022 年新核准陆上风电项目、集中式光伏电站和工商业分布式光伏项目，延续平价上网政策，上网电价按当地燃煤发电基准价执行。新建项目可自愿通过参与市场化交易形成上网电价，以充分体现新能源的绿色电力价值。鼓励各地针对性扶持政策，支持风电、光伏发电产业高质量发展。2023 年 4 月，国家能源局关于印发《2023 年能源工作指导意见》的通知中指出，要深入推进能源绿色低碳转型，巩固风电光伏产业发展优势，持续扩大清洁低碳能源供应，积极推动生产生活用能低碳化清洁化，供需两侧协同发力巩固拓展绿色低碳转型强劲势头。

二、地方层面风力发电产业与政策

2021 年全国十大风力装机容量排名依次是内蒙古、河北、新疆、江苏、山西、山东、河南、甘肃、宁夏和广东。为了响应国家号召，各省市积极推动风电行业发展，内蒙古自治区在过去的几年间就新能源装机容量制定了不同的战略目标，其中在文件《内蒙古自治区能源发展“十三五”规划》中对最近几年内的能源发展目标作出重要指示，在自治区内需要集中增加对于太阳能、风能等能源的利用水平。2020年3月到2021年2月，内蒙古自治区人民政府分别颁布了《关于印发坚决打赢污染防治攻坚战2020年重点工作任务责任分工方案的通知》、《2021年内蒙古自治区国民经济和社会发展计划》和《内蒙古自治区国民经济和社会发展第十四个五年规划和2035年远景目标纲要》。从发展清洁能源和新能源，加大可再生能源消纳力度；加快能源智慧化和绿色转型发展，推动特高压配套风电基地、“源网荷储”一体化、“火风光储制研”一体化等项目建设；到实施数字能源工程，推进大型煤电、风电场、光伏电站等建设智慧电厂。在2022年6月由内蒙古自治区能源局发布的《关于2022年全区分散式风电、分布式光伏三年行动计划滚动调整的通知》强调要加快推进存量分散式风电建设，分散式风电项目必须于次年12月底建成并网。

河北省在2021年密集出台了多项政策推动风力发电行业的发展，如2021年3月由河北省工业和信息化厅发布了《河北省制造业技术改造投资导向目录（2021—2022年）》，提出要积极研发2MW以上大型风电设备。2021年4月，河北省政府颁布了《关于建立健全绿色低碳循环发展经济体系的实施意见》，要加快张家口可再生能源示范区、张承百万千瓦风电基地和光伏发电应用基地建设。在2021年7月，河北省发改委发布《关于做好2021年风电-光伏发电开发建设有关事项的通知》，要进一步推动风电、光伏发电高质量跃升发展，所发电量占全社会用电量比重逐年提高，确保完成国家规定的可再生能源电力消纳责任权重目标任务。

2019年新疆维吾尔自治区发改委制定了《新疆分散式风电项目2019—2021年实施方案》，下达新增分散式风电项目16.6万kW的方案。

江苏省南通市旨在打造海上风电运维和大数据中心，依托风电母港平台，加快海上风电运维基地建设。2020年5月，南通市人民政府制定了《南通市打造风电产业之都三年行动方案（2020—2022年）》，强调依托风电母港平台，加快海上风电运维基地建设，实现覆盖全沿海地区和全生命周期的风电机组维护、升压站维护、塔筒基础维护、海缆维护等“一站式”运维服务。

山西省将大力发展风电行业并促进相关产业链的整体发展，于2020年11月由山西省工信厅发布《山西省风电装备制造业发展三年行动计划（2020—2022年）》和山西省人民政府于2021年5月颁布《山西省“十四五”未来产业发展规划》，对省内风电机组装机总容量有了新的要求，并将大力发展“发电机、叶片、法兰、塔筒、制动器等零部件-风电整机-风电场”产业链。

河南省发布的《河南省“十四五”现代能源体系和碳达峰碳中和规划》有序推动风能资源开发利用，按照最大保护、最低影响、适度开发的原则，规划建设高质量风电项目，打造沿黄百万千瓦级高质量风电基地；在电力负荷集中、电网接入条件较好的地方，统一规划、协同开发分散式风电项目。

“十四五”时期，我国风电迈入平价上网时代。从地方层面来看，我国省区市积极响应国家层面号召，特别是内蒙古，提出了“十四五”期间将继续推进风电和太阳能发电基地建设，促进集中式风电和太阳能发电快速发展，因地制宜发展分布式太阳能发电和分散式风电，力争到2025年可再生能源装机突破1亿kW，力争可再生能源电力消纳责任权重达到国家下达的激励性目标。整体来看，各地出台了相应的政策支持当地风电的发展。还值得注意的是，我国海上风电建设高速成长，沿海省市作为资源优势丰富的地区，纷纷出台各项政策支持并鼓励海上风电产业的发展，围绕海洋可再生能源业，推进海上风电产业和光伏发电产业链式融合发展，建成国家海上风电特色产业基地，开展海上风电＋储能试点项目建设。未来，随着重点省市不断发力，我国海上风电运维的巨大市场将逐步展露，其与大数据、云计算等新兴信息技术的融合也进一步加快。

思考题

1. 能源是什么？清洁能源是什么？
2. 能源的分类有哪几种？具体是指什么？
3. 我国利用风力发电始于哪个年代？什么标志着中国已具备自行研制装备大型风电机组的能力？
4. “十三五”期间，中国可再生能源发电情况是怎样的？
5. 请绘制典型的风电机组的工作原理图。
6. 简述风电机组的类型。
7. 涡度发电机（Vortex）由几个部分组成？分别是什么？
8. 简述风力发电运行模式的类型。
9. 简述风力发电的技术发展趋势。

参考文献

［1］徐大平，柳亦兵，吕跃刚．风力发电原理［M］．北京：机械工业出版社，2023.
［2］韩巧丽，马广兴．风力发电原理与技术［M］．北京：中国轻工业出版社，2018.
［3］姚兴佳．风力发电机组原理与应用［M］．北京：机械工业出版社，2020.
［4］彭宽平．风力发电技术原理及应用［M］．武汉：华中科技大学出版社，2022.
［5］陈铁华．风力发电技术［M］．北京：机械工业出版社，2021.
［6］赵振宙，王同光，郑源．风力机原理［M］．北京：中国水利水电出版社，2016.
［7］王世明，曹宇．风力发电概论［M］．上海：上海科学技术出版社，2019.
［8］张正敏．中国风力发电经济激励政策研究［M］．北京：中国环境科学出版社，2002.
［9］都志杰，贾彦．风力发电系统设计、安装与运维［M］．北京：化学工业出版社，2019.

第二章　风的特性及风能

第一节　风的形成

风是一种自然现象，是指空气相对于地球表面的运动，太阳的辐射造成地球表面受热不均，引起大气层中压力分布不均使空气运动进而形成风。由于大气运动的垂直分量很小，特别是在近地面附近，因此通常所讲的风是指水平方向的空气运动。尽管大气运动很复杂，但其始终遵循大气动力学和热力学变化的规律。在旋转的地球表面，空气运动同时受到科里奥利力（Coriolis force）的影响，而从全球尺度上来说，风的特征受到两个因素的影响：一是赤道和两极间由于热力作用不同产生了巨大的压力差，二是地球的自转。在近地面处，摩擦力亦会作用于风，一方面使风速减弱，另一方面使风向更偏向于低压区。风能利用形式主要是将大气运动时所具有的动能转化为其他形式的能。

一、三圈环流

空气流动的原因是地球绕太阳运转时，由于日地距离和方位不同，地球上各纬度所接收的太阳辐射强度也各异。赤道和低纬度地区太阳辐射强度比极地和高纬度地区强，地面和大气接收的热量多，因而温度高。这种温差形成了南北半球间的气压梯度，在北半球等压面向北倾斜，空气向北流动，形成全球风带。由于地球自转形成的地转偏向力的存在，在北半球，气流向右偏转，而在南半球，气流向左偏转。所以，地球大气的运动，除受到气压梯度力的作用外，还受地转偏向力的影响。地转偏向力在赤道为零，随着纬度的升高而增大，在极地达到最大。

当空气由赤道两侧上升向极地流动时，开始因地转偏向力很小，空气基本受气压梯度力影响，在北半球，由南向北流动。随着纬度的升高，地转偏向力逐渐加大，空气运动也逐渐向右偏转，也就是逐渐转向东方。在纬度30°附近，偏角达到90°，地转偏向力与气压梯度力相当，空气运动方向与纬圈平行，所以在纬度30°附近上空，赤道来的气流受到阻塞而聚积，气流下沉，造成这一地区地面气压升高，就是所谓的副热带高压。

副热带高压下沉气流分为两支，一支从副热带高压向南流动，指向赤道。在地转偏向力的作用下，北半球吹东北风，南半球吹东南风，风速稳定且不大，为3～4级，这是所谓的信风，所以在南北纬30°之间的地带称为信风带。这一支气流补充了迟到上升气流，构成了一个闭合的环流圈，称为哈德来（Hadley）环流，也称为正环流圈。此环流圈南面上升、北面下沉。

另一支从副热带高压向北流动的气流，在地转偏向力的作用下，北半球吹西风，且风速较大，这就是所谓的西风带。在北纬60°附近处，西风带遇到了由极地向南吹来的冷空气，被迫沿冷空气上面爬升，在北纬 60°地面出现一个副极地低压带。

副极地低压带的上升气流到了高空又分成两股，一股向南，一股向北。向南的一股气流到达极地后冷却下沉，形成极地高压带。这股气流补偿了地面流向副极地带的气流，而且形成了一个闭合圈，此环流圈南面气流上升、北面气流下沉，与哈德来环流流向类似，因此也称正环流。在北半球，此气流由北向南，受地转偏向力的作用，吹偏东风，在北纬 60°～90°之间，形成了极地东风带。

综上所述，地球上由于地面受热不均，导致地面与高空之间产生大气环流。这种环流在地球自转偏向力的作用下，形成了赤道到北纬 30°的环流圈（哈德来环流）、30°～60°的环流圈和纬度 60°～90°的环流圈，这就是三圈环流。三圈环流示意图如图 2-1 所示。

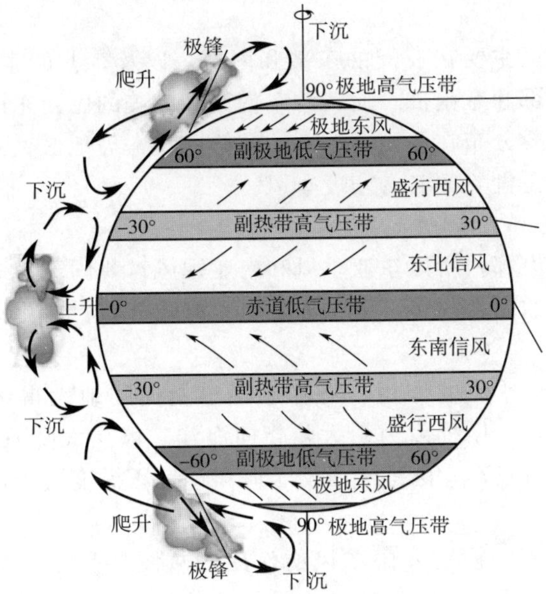

图 2-1　三圈环流示意图

当然，三圈环流是一种理论上的环流模型，反映了大气环流的宏观情况。实际上，受到地形和海洋等因素（如海陆分布不均匀、海陆受热温度变化不同和大陆地形）的影响，引起大气层中空气压力不均衡，形成了以热带最高，中纬度次之，极地最低。

二、季风环流

1. 季风

在一个大范围地区内，由于大陆和海洋在一年之中增热和冷却程度不同，在大陆和海洋之间大范围的、风向随季节有规律改变的风，称为季风，如图 2-2 所示。季风盛行地区的气候又称季风气候。

形成季风最根本的原因，是地球表面性质不同，热力反映的差异。由海陆分布、大气环流、大陆地形等因素造成的，以一年为周期的大范围的冬夏季节盛行风向相反的现象。季风分为夏季风和冬季风。夏季陆地温度较高形成低压，故夏季风从副热带海洋吹向陆地（偏南风）；冬季陆地寒冷形成高压，故冬季风从高纬度大陆吹向海洋（偏北风），冬季风

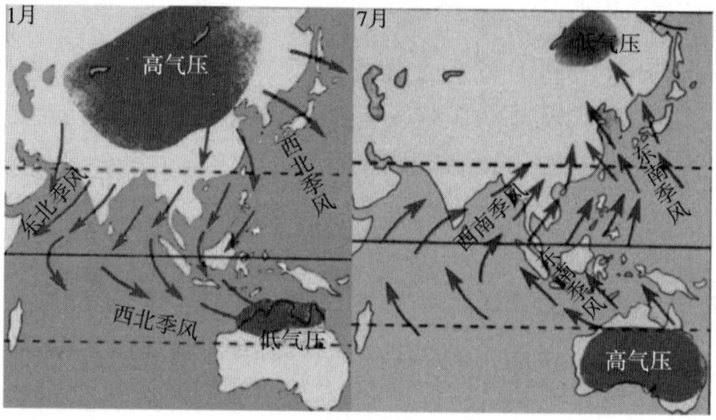

图 2-2 季风的形成

力较强。全球明显季风区主要在亚洲的东部和南部，以及东非的索马里和西非的几内亚。季风区有澳大利亚的北部和东南部、北美的东南岸和南美的巴西东岸等地。

亚洲东部的季风主要分布在我国的东部、朝鲜、日本等地区；亚洲南部的季风分布以印度半岛最为显著，这是世界闻名的印度季风。

2. 我国季风的形成

我国位于亚洲的东南部，所以东亚季风和南亚季风对我国天气和气候变化都有很大影响。形成我国季风环流的因素很多，其主要是由于海陆分布、行星风带的季节转换以及地形特征等综合形成的。

（1）海陆分布对我国季风的作用　海洋的热容量比陆地大得多，冬季，陆地比海洋冷，大陆气压高于海洋，气压梯度力由大陆指向海洋，风从大陆吹向海洋；夏季则相反，陆地很快变暖，海洋相对较冷，陆地气压低于海洋，气压梯度力由海洋指向大陆，风从海洋吹向大陆。

（2）行星风带的季节转换对我国季风的作用　从图 2-1 可以看出，地球上存在信风带、盛行西风带、极地东风带，南半球和北半球呈对称分布。这些风带，在北半球的夏季都向北移动，而冬季则向南移动。这样，冬季西风带的南缘地带，夏季可以变成东风带。因此，冬夏盛行风就会发生 180°的变化。冬季我国主要在西风带影响下，强大的西伯利亚高压笼罩着全国，盛行偏北气流。夏季西风带北移，我国在大陆热低压控制之下，副热带高压也北移，盛行偏南风。

（3）地形特征对我国季风的作用　青藏高原占我国陆地面积的 1/4，平均海拔在 4000m 以上，对周围地区具有热力作用。在冬季，高原上温度较低，周围大气温度较高，这样形成下沉气流，从而加强了地面高压系统，使冬季风增强；在夏季，高原相对于周围自由大气是一个热源，加强了高原周围地区的低区系统，使夏季风得到加强。另外，在夏季，西南季风由孟加拉湾向北推进时，沿着青藏高原东部南北走向的横断山脉流向我国的西南地区。

三、局地环流

1. 海陆风

海陆风的形成与季风相同，也是大陆与海洋之间的温度差异的转变引起的。不过海陆风的范围小，以日为周期，势力也薄弱。

由于海陆物理属性的差异，造成海陆受热不均，白天陆上增温较海洋快，空气上升，而海洋上空气温度相对较低，使地面有风从海洋吹向大陆，补充大陆地区的上升气流，而陆上的上升气流流向海洋上空而下沉，补充海上吹向大陆的气流，形成一个完整的热力环流；夜间环流的方向正好相反，风从陆地吹向海洋。这种白天从海洋吹向大陆的风称为海风，夜间从陆地吹向海洋的风称为陆风，所以，一天中海陆之间的周期性环流总称为海陆风，如图 2-3 所示。

海陆风的强度在海岸最大，随着离岸的距离而减弱，一般影响距离为 20～50km。海风的风速比陆风大，在典型的情况下，风速可达 4～7m/s，而陆风风速一般仅为 2m/s 左右。海陆风最强烈的地区，发生在温度日变化最大及昼夜海陆温度最大的地区。低纬度日射强，所以海陆风较为明显，尤以夏季为甚。此外，在大湖附近同样日间有风自湖面吹向陆地，称为湖风；夜间自陆地吹向湖面的风称为陆风，合称湖陆风。

2. 山谷风

山谷风的形成原理跟海陆风是类似的。白天，山坡接受太阳光热较多，空气增温较多；而山谷上空，同高度上的空气因离地较远，增温较少。于是山坡上的暖空气不断上升，并从山坡上空流向谷底上空，谷底的空气则沿山坡向山顶补充，这样便在山坡与山谷之间形成一个热力环流。下层风由谷底吹向山坡，称为谷风。到了夜间，山坡上的空气受山坡辐射冷却影响，空气降温较多；而谷底上空，同高度的空气因离地面较远，降温较少。于是山坡上的冷空气因密度大，顺山坡流入谷底，谷底的空气因汇合而上升，并从上面向山顶上空流去，形成与白天相反的热力环流。下层风由山坡吹向谷底，称为山风。故白天风从山谷吹向山坡，这种风称为谷风；到夜间，风自山坡吹向山谷，这种风称为山风。山风和谷风又总称为山谷风（如图 2-4 所示）。山谷风风速一般较弱，谷风比山风大一些，谷风一般为 2～4m/s，有时可达 6～7m/s。谷风通过山隘时，风速加大。山风一般仅 1～2m/s。但在峡谷中，风力还能增大一些。

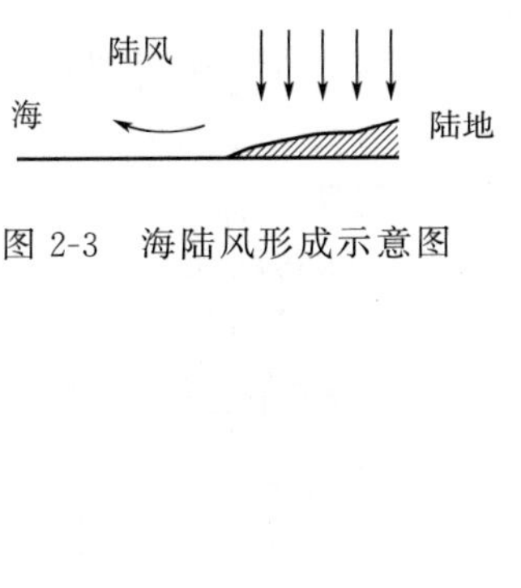

图 2-3 海陆风形成示意图

图 2-4 山谷风形成示意图

第二节 风的特性

一、大气边界层

大气运动的能量来自太阳。由于地球是球形的，其表面接收的太阳辐射能量随着纬度的不同而存在差异，因此永远存在南北方向的气压梯度，推动大气运动。

除了气压梯度力外，大气运动还受到地转偏向力、摩擦力和离心力的影响。地转偏向力是由地球自转产生的，垂直于运动方向，其大小取决于地球的转速、纬度、物体运动的速度和质量。摩擦力是地球表面对气流的拖拽力（地面摩擦力）或气团之间的混乱运动产生的力。离心力是使气流方向发生变化的力。空气相对于地球表面运动的过程中，在接近地球表面的区域，由于地表植被、建筑物等影响会使风速降低。通常把受地表摩擦阻力影响的大气层称为大气边界层，如图 2-5 所示。

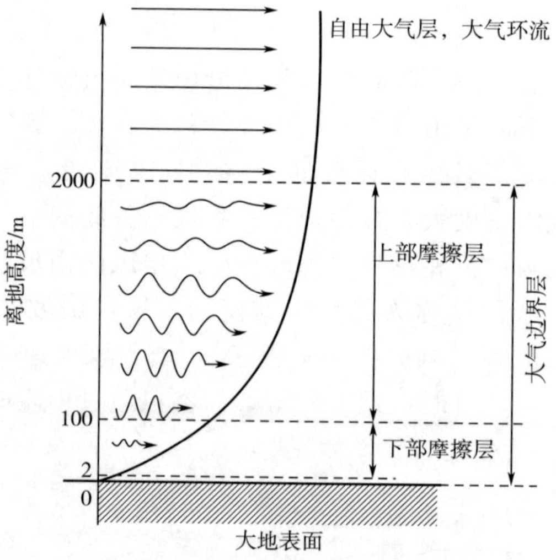

图 2-5 大气边界层

从工程的角度，通常把大气边界层划分为三个区域：①离地面 2m 以内的，称为底层；②离地面 2～100m 的区域，称为下部摩擦层；③离地面 100m～2km 的区域，称为上部摩擦层。底层和下部摩擦层又统称为地面边界层。把 2km 以上的区域看作不受地表摩擦影响的自由大气层。

大气边界层内空气的运动规律十分复杂，目前主要用统计学的方法来描述，在高度方向上的主要特征有以下几个方面：

（1）由于气温随高度变化引起的空气上下对流运动；

（2）由于地表摩擦阻力引起的空气水平运动速度随高度变化；

（3）由于地球自转的科里奥利力随高度变化引起的风向随高度变化；

（4）由于湍流运动动量垂直变化引起的大气湍流特性随高度变化。

二、风的尺度

地球表面的大气运动在时间上是不断变化的，在不同的时间和空间尺度范围内，大气运动的变化规律不一样，形成了地球上不同的天气和气候现象，也对风能的利用产生了影响，一般而言，气流运动的空间尺度越大，维持的时间也越长。大气运动空间尺度的分类并无统一标准，一般分为以下四类。

（1）小尺度　空间数米到数千米，时间维持数秒到数天。气流运动主要包括地方性风和小尺度漩涡、尘卷等。这一尺度范围的风特性对于风力发电机组的设计产生主要影响。

（2）中尺度　空间数千米到数百千米，时间维持数分钟到一周。气流运动的主要形式包括台风和雷暴等，破坏力巨大。

（3）天气尺度　空间数百千米到数千千米，时间维持数天到数周。

（4）行星尺度　空间数千千米以上，时间维持数周。该尺度的大气运动可以支配全球的季节性天气变化，甚至气候变化。

三、风的大小

风的大小通常指风速的大小，它表示空气在单位时间内流过的距离，单位为 m/s 或 km/h。风速可以用风速计测量。图 2-6 表示的是某一时段水平方向的实际风速和风向时间历程曲线。由图可知，风速和风向在时间及空间上的变化均是随机的。在研究大气边界层特性时，通常把风看作是由平均风和脉动风两部分组成，用式（2-1）来描述。

$$v(t) = \overline{v} + v'(t) \tag{2-1}$$

式中　$v(t)$——瞬时风速，即某时刻空间某点的实际风速，m/s

$\overline{v}$——平均风速，即某时距内空间某点各瞬时风速的平均值，m/s

$v'(t)$——脉动风速，即某时刻空间某点瞬时风速与平均风速的差值，m/s

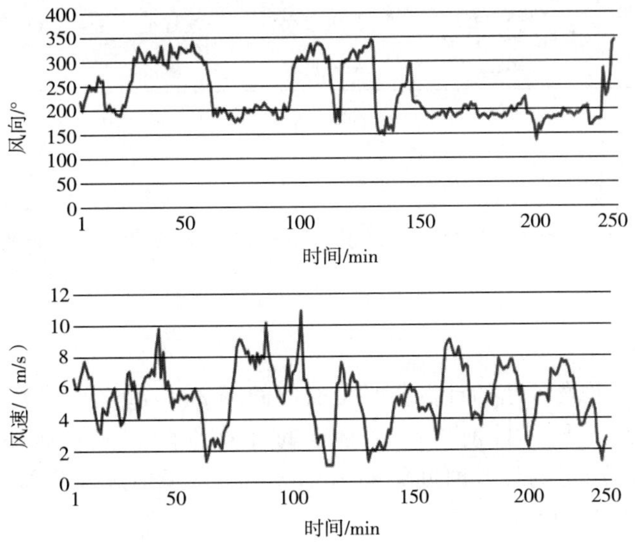

图 2-6　风速和风向时间历程曲线

某地平均风速的大小除取决于时距外，还与所测点的高度有关，我国规定的标准高度为10m。为表征风的大小，在气象学中对风力做了分级。风力等级是依据风对地面或海面物体影响而引起的各种现象确定的。目前国际上采用的风速等级仍然是1805年英国人蒲福拟定的，把风力分为12级，如表2-1所示。随着测风技术的发展，1946年，人们又将第12级风（飓风）分为6级。

由于风力变幻莫测，于是在实际运用中就有瞬时风速与平均风速这两个概念。前者可以用风速计在较短时间（0.5～1.0s）内测得，后者实际上是某一时间间隔内各瞬时风速的平均值。因此就有日平均风速、月平均风速、年平均风速等。

平均风速是指瞬时风速的时间平均值，主要用算术平均法或矢量平均法计算平均风速。目前习惯使用平均风速的概念来衡量一个地方的风能资源状态。

表2-1 风力等级表

风级	名称	风速/（m/s）	陆地地面物象	海面波浪	浪高/m	最高/m
0	无风	0.1～0.2	静，烟直上	平静	0	0
1	软风	0.3～1.5	烟示风向	微波峰无飞沫	0.1	0.1
2	轻风	1.6～3.3	感觉有风	小波峰未破碎	0.2	0.3
3	微风	3.4～5.4	旌旗展开	小波峰顶破裂	0.6	1
4	和风	5.5～7.9	吹起尘土	小浪白沫波峰	1	1.5
5	清风	8.0～10.7	小树摇摆	中浪折沫峰群	2	2.5
6	强风	10.8～13.8	电线有声	大浪白沫离峰	3	4
7	劲风	13.9～17.1	步行困难	破峰白沫成条	4	5.5
8	大风	17.2～20.7	折毁树枝	浪长高有浪花	5.5	7.5
9	烈风	20.8～24.4	小损房屋	浪峰倒卷	7	10
10	狂风	24.5～28.4	拔起树木	海浪翻滚咆哮	9	12.5
11	暴风	28.5～32.6	损毁重大	波峰全呈飞沫	11.5	16
12	飓风	＞32.6	摧毁极大	海浪滔天	14	—

（一）平均风速

1. 平均风速的定义

平均风速是指在某一时间间隔中，空间某点瞬时水平方向风速的数值平均值，用下式表示：

$$\overline{v}=\frac{1}{t_2-t_1}\int_{t_1}^{t_2}v(t)\mathrm{d}t \tag{2-2}$$

式（2-2）表明，平均风速的计算与平均时间间隔 $\Delta t=t_2-t_1$ 有关，不同的时间间隔，计算的平均风速存在差异。目前国际上通行的计算平均风速的时间间隔都取在10～120min范围内。我国规定的计算时间间隔为10min。在评估风能资源时，为减少计算量，常用60min间隔计算平均风速。

2. 平均风速随高度的变化规律

在近地层中，风速随高度有显著的变化。造成风在近地层中垂直变化的原因有动力因素和热力因素。前者主要来源于地面的摩擦效应，即地面的粗糙度；后者主要表现为与近地层大气垂直稳定度的关系。当大气层结构为中性时，乱流将完全依靠动力因素来发展，这种风速随高度的变化表示为风速廓线分布，风速廓线可通过对数律分布或指数律分布来描述。

（1）对数律分布［普朗特（Prandtl）对数律］

$$v=\frac{v^*}{K}\ln\left(\frac{Z}{Z_0}\right) \tag{2-3}$$

$$v^*=\sqrt{\frac{\tau_0}{\rho}} \tag{2-4}$$

式中　v——离地面高度 Z 处的平均风速，m/s

K——卡门（Kaman）常数，其值为 0.4 左右

v^*——摩擦速度，m/s

ρ——空气密度（kg/m^3），一般取 1.225kg/m^3

τ_0——地面剪切应力，N/m^2

Z_0——粗糙度参数，m，如表 2-2 所示

表 2-2　不同地表面状态下的粗糙度

地形	沿海区	开阔地	建筑物不多的郊区	建筑物较多的郊区	大城市中心
Z_0/m	0.005～0.01	0.03～0.10	0.20～0.40	0.80～1.20	2.00～3.00

（2）指数律分布　用指数律分布计算风速廓线时比较简便，因此，目前多数国家采用经验的指数律分布描述近地层中平均风速随高度的变化，风速廓线的指数律分布可表示为

$$v_n=v_1\left(\frac{Z_n}{Z_1}\right)^{\alpha} \tag{2-5}$$

式中　v_n——离地高度 Z_n 处平均风速，m/s

v_1——离地参考高度 Z_1 处平均风速，m/s

α——风速廓线指数

α 值的变化与地面粗糙度有关，地面粗糙度是随地面的粗糙程度变化的常数，在不同的地面粗糙度风速随高度变化差异很大。粗糙的表面比光滑表面更易在近地层中形成湍流，使得垂直混合更为充分，混合作用加强，近地层风速梯度就减小，而梯度风的高度就较高，也就是说粗糙的地面比光滑的地面到达梯度的高度要高，所以使得粗糙的地面层中的风速比光滑地面的风速小。

按照《建筑结构载荷规范》规定，将地面粗糙度分为 A、B、C、D 四类，分别对应四类地貌：A 类指近海海面、海岛、海岸、湖岸及沙漠地区，取 $\alpha_A=0.12$；B 类指田野、乡村、丛林、丘陵以及房屋比较稀疏的中小城镇和大城市郊区，取 $\alpha_B=0.16$；C 类指密集建筑物群的城市市区，$\alpha_C=0.20$；D 类指有密集建筑群且建筑面较高的城市市区，取 $\alpha_D=0.30$。如图 2-7 所示为地表上高度与风速的关系。

风速垂直变化取决于 α 值。α 值的大小反映风速随高度增加的快慢，α 值大表示风速随高度增加得快，即风速梯度大；α 值小表示风速随高度增加得慢，即风速梯度小。

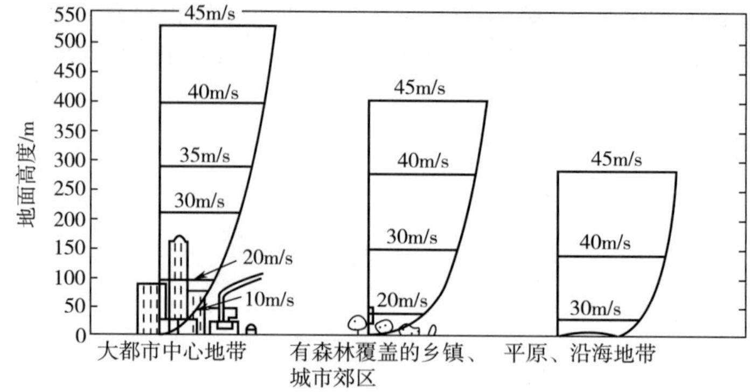

图 2-7 地表上高度与风速的关系

3. 平均风速的分布

平均风速的变化是随机的，但其分布特性存在一定的统计规律性。用概率论和数理统计中的概率分布函数和概率密度函数可以描述风速的统计分布特性。图 2-8 给出了某地实测平均风速概率密度曲线。可以用数理统计的方法，用一定的函数关系拟合实测概率密度曲线。

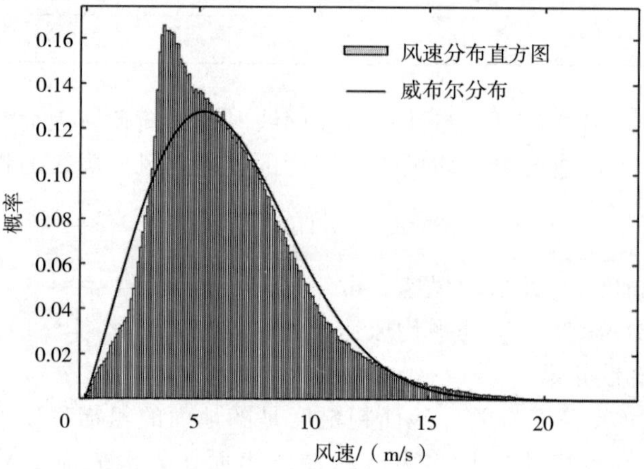

图 2-8 某地实测平均风速概率密度曲线图

在应用中，通常以双参数威布尔（Weibull）分布或瑞利（Rayleigh）分布来描述平均风速分布。

威布尔分布用下式表示：

$$P(v)=\frac{k}{c}\left(\frac{v}{c}\right)^{k-1}e^{-\left(\frac{v}{c}\right)^{k}} \tag{2-6}$$

式中 k——形状系数

c——尺度系数

v——风速，m/s

威布尔分布用形状系数 k 和尺度系数 c 来表征。当 $c=1$ 时，称为标准威布尔分布。形状系数 k 的改变对分布曲线的形式有很大影响。当 $0<k<1$ 时，分布密度为 v 的递减函

数；当 $k=1.0$ 时，分布呈指数型；当 $k=2.0$ 时，便成为瑞利分布；当 $k=3.5$ 时，威布尔分布接近于正态分布。如图 2-9 所示。

估计风速的威布尔分布参数的方法有多种，依据不同的风速统计资料进行选择。通常采用三种方法：①最小二乘法，即累积分布函数拟合威布尔分布曲线法；②平均风速和标准差估计法；③平均风速和最大风速估计法。根据国内外大量验算结果，上述方法中最小二乘法误差最大。在具体使用当中，前两种方法需要有完整的风速观测资料，需要进行大量的统计工作；后一种方法中的平均风速和最大风速可以从常规气象资料获得，因此，这种方法较前面两种方法有优越性。

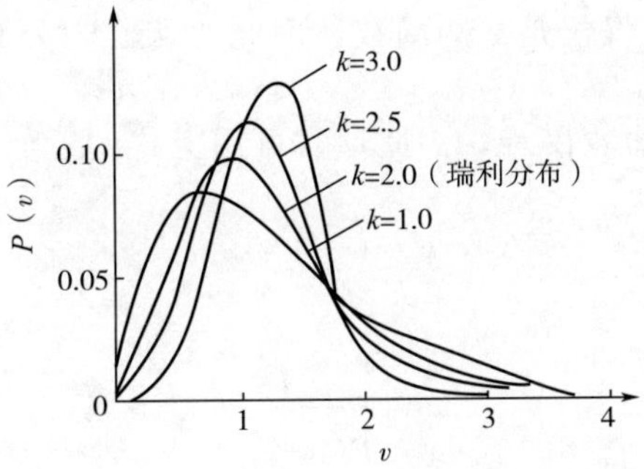

图 2-9　威布尔分布函数概率密度曲线

(1) 用最小二乘法估计威布尔参数　根据风速的威布尔分布，风速小于 v_g（观测的最大风速）的累积概率分布函数为

$$P(v \leqslant v_g) = 1 - \exp\left[-\left(\frac{v_g}{c}\right)^k\right] \tag{2-7}$$

进行对数整理后，有

$$\ln\{-\ln[1 - P(v \leqslant v_g)]\} = k\ln v_g - k\ln c \tag{2-8}$$

令 $y=\ln\{-\ln[1-P(v \leqslant v_g)]\}$，$x=\ln v_g$，$a=-k\ln c$，$b=k$，于是系数 k 和 c 可以由最小二乘法拟合 $y=a+bx$ 得到，具体做法如下：

将观测到的风速出现范围划分成 n 个风速间隔：$0\sim v_1$，$v_1\sim v_2$，…，$v_{n-1}\sim v_n$，统计每个间隔中风速观测值出现的频率 f_1，f_2，…，f_n 和累积频率 $P_1=f_1$，$P_2=P_1+f_2$，…，$P_n=P_{n-1}+f_n$，取变换

$$x_i = \ln v_i \tag{2-9}$$

并令

$$a = -k\ln c \qquad b = k \tag{2-10}$$

因此，根据式 (2-9) 及风速累积频率观测资料，便可得到 a、b 的最小二乘法估计值为

$$a = \frac{\sum_{i=1}^{n} x_i^2 \sum_{i=1}^{n} y_i - \sum_{i=1}^{n} x_i \sum_{i=1}^{n} x_i y_i}{n\sum_{i=1}^{n} x_i^2 - \left(\sum_{i=1}^{n} x_i\right)^2} \tag{2-11}$$

$$b = \frac{-\sum_{i=1}^{n} x_i \sum_{i=1}^{n} y_i + n\sum_{i=1}^{n} x_i y_i}{n\sum_{i=1}^{n} x_i^2 - (\sum_{i=1}^{n} x_i)^2} \tag{2-12}$$

由式（2-11）得

$$c = \exp\left(-\frac{a}{b}\right) \tag{2-13}$$

（2）根据平均风速 $\overline{v}$ 和标准差 S_i 估计威布尔分布参数为

$$\left(\frac{\sigma}{\mu}\right)^2 = \left\{\Gamma\left(1+\frac{2}{k}\right) / \left[\Gamma\left(1+\frac{1}{k}\right)\right]^2\right\} - 1 \tag{2-14}$$

从式（2-14）可见，$\frac{\sigma}{\mu}$ 仅仅是 k 的函数，因此，若已知分布的均值和方差，便可求解 k 。由于直接用 $\frac{\sigma}{\mu}$ 求解 k 比较困难，因此通常可用上式的近似关系求解 k ，即

$$k = \left(\frac{\sigma}{\mu}\right)^{-1.086} \tag{2-15}$$

由式（2-15）有

$$c = \frac{\mu}{\Gamma(1+\frac{2}{k})}$$

以平均风速 $\overline{v}$ 估计 μ ，以样本标准差 S_v 估计 σ ，即

$$v = \frac{1}{N}\sum_{i=1}^{n} n_j v_j$$

$$S_v = \sqrt{\frac{1}{N}\sum_{i=1}^{n} n_j v_j^3 \left(\frac{1}{N}\sum_{i=1}^{n} n_j v_j\right)^2}$$

式中 v_j ——各风速间隔的值（m/s），以该间隔中值代表间隔平均值

n_j ——各间隔出现的频数

（3）用平均风速和最大风速估计威布尔参数我国气象观测规范规定，最大风速的挑选指的是一日任意时间的 10min 最大风速值。设 v_{max} 为湍流时间 T 内观测到的 10min 平均最大风速，显然它出现的概率为

$$P(v \geqslant v_{max}) = \exp\left[-\left(\frac{v_{max}}{c}\right)^k\right] = \frac{1}{T} \tag{2-16}$$

对式（2-16）作变换，得

$$\frac{v_{max}}{\mu} = (\ln T)^{\frac{1}{k}} / \Gamma(1+k) \tag{2-17}$$

因此，只要知道 v_{max} 和 v ，以 v 作为 μ 的估计值，由式（2-17）就可解出 k 。直接由式（2-17）计算比较麻烦，而大量的观测表明，k 值的变动范围通常为 1.0～2.6。此时，$\Gamma\left(1+\frac{1}{k}\right)=0.90$，于是从式（2-17）得 k 的近似解为

$$k = \ln(\ln T)/\ln(0.90 v_{max}/\overline{v}) \tag{2-18}$$

c 则由式（2-19）求得

$$c = \frac{\overline{v}}{\Gamma\left(1+\frac{1}{k}\right)} \tag{2-19}$$

考虑到 v_{max} 的抽样随机性很大，又有较大的年际变化，为了减少抽样随机性误差，在估计一地的平均风能潜力时，应根据 v 和 v_{max} 的多年平均值（最好 10 年以上）来估计风速的威布尔参数，可有较好的代表性。

4. 平均风速日变化

在大气边界层中，平均风速有明显的日变化规律。平均风速日变化的原因主要是太阳辐射的日变化而造成的地面热力不均匀。日出后，地面热力不均匀性渐趋明显，地面温度高于空气温度，气流上下发生对流，进行动量交换，上层动量向下传递，使上层风速减小，下层风速增大；入夜后，则相反。在高、低层中间则有一个过渡层，那里风速变化不明显，一般过渡层在 50～150m 高度范围。平均风速日变化在夏季无云时要增强，而在冬季多云时则要减弱。

如果把长年的资料平均起来便会显出一个趋势。一般来说，风速日变化有陆、海两种基本类型：一种是陆地白天午后风速大，夜间风速小，因为午后地面最热，上下对流最强，高空大风的动量下传也最多；另一种是海洋上白天风速小，夜间风速大，这是由于白天大气层的稳定度大，因为白天海面上气温比海温高所致。如果风速日变化与电网的日负载曲线特性相一致时，对于风能利用来说是较好的。

5. 平均风速月变化

有些地区，一个月中有时也会发生周期为 1d 至几天的平均风速变化，其原因是热带气旋和热带波动的影响所造成的。例如，位于中纬度的某一地区，一个月中平均风速变化有几个不同的时间周期，但是每 10d 左右有一次强风是很显著的。每个地区月平均风速随时间的变化虽有一定的规律，但是各个地区的变化规律不尽相同，很难找出普适性的规律。

6. 平均风速季度变化

全球很多地区的平均风速随季度变化。平均风速随季度变化的大小取决于纬度和地貌特征，通常在北半球中高纬度大陆地区，由于冬季有利于高压形成，夏季有利于低压形成，因此，冬季平均风速要大一些，夏季平均风速要小一些。我国大部分地区，最大风速多在春季的 3、4 月，最小风速则多在夏季的 7、8 月。

7. 年平均风速

年平均风速是由一年中各次观测的风速之和除以观测次数而得，它是最直观、简单表示风能大小的指标之一。我国在建设风电场时，一般要求当地 10m 高处的年平均风速在 6m/s 左右。这时，风功率密度为 200～250W/m^2，相当于风力发电机组满功率运行的时间在 2000～2500h，从经济分析来看是有益的。

但是，用年平均风速来要求也存在一定的缺陷，它没有包含空气密度和风频在内，所以年平均风速即使相同，其风速概率密度函数 P（v）也并不一定相同，计算出的可利用风能小时数和风能有很大的差异。

（二）脉动风速

脉动风速是指在某时刻 f，空间某点上的瞬时风速与平均风速的差值。脉动风也是随机变化的，当大气比较稳定时，可以把脉动风看作平稳随机过程，即可用某点长时间的观测样本来代表整个脉动风的统计特征。

1. 脉动风速公式

由式（2-1）可知，脉动风速为

$$v'(t) = v(t) - \overline{v} \tag{2-20}$$

脉动风速的时间平均值为零，即

$$\overline{v'} = \frac{1}{t_2 - t_1}\int_{t_1}^{t_2} v'(t)\mathrm{d}t = 0 \tag{2-21}$$

脉动风速的概率密度函数非常接近于高斯分布或正态分布。所以，根据正态分布密度函数可以将脉动风速的概率密度函数表示为

$$P(v') = \frac{1}{\sigma\sqrt{2\pi}}\exp\left(-\frac{v'^2}{2\sigma^2}\right) \tag{2-22}$$

式中 σ —— v' 的均方根值

2. 湍流强度

湍流是重要的风况特征，是指风速、风向及其垂直分量的迅速扰动或不规律性，它很大程度上取决于环境的粗糙度、地层稳定性和障碍物。湍流强度用来描述风速随时间和空间变化的程度，反映脉动风速的相对强度，是确定结构所受脉动风载荷的关键参数，湍流强度 ε 为 10min 时距的脉动风速均方根值与平均风速之比，即

$$\varepsilon = \frac{\sqrt{(\overline{u'^2} + \overline{v'^2} + \overline{w'^2})/3}}{\sqrt{\overline{u}^2 + \overline{v}^2 + \overline{w}^2}} = \frac{\sqrt{(\overline{u'^2} + \overline{v'^2} + \overline{w'^2})/3}}{\overline{v}} \tag{2-23}$$

式中 u、v、w ——纵向、横向和竖向 3 个正交风向上的瞬间风速分量，m/s

u'、v'、w' ——对应的 3 个正交方向上的脉动风速分量，m/s

$\overline{v}$ ——平均风速，m/s

横向脉动风速与平均风速如图 2-10 所示。

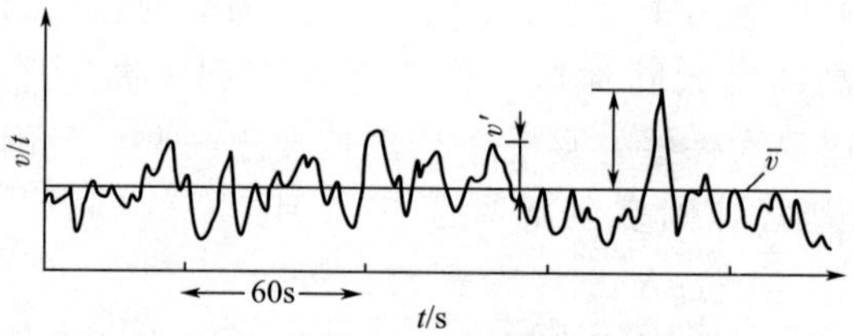

图 2-10 平均风速与横向脉动风速

3 个正交风向上的瞬间风速分量的湍流强度分别定义为

$$\left.\begin{aligned} \varepsilon_u &= \frac{\overline{u'^2}}{\overline{v}} \\ \varepsilon_v &= \frac{\overline{v'^2}}{\overline{v}} \\ \varepsilon_w &= \frac{\overline{w'^2}}{\overline{v}} \end{aligned}\right\} \tag{2-24}$$

在大气边界层的地表层中，3 个方向的湍流强度不相等，一般 $\varepsilon_u > \varepsilon_v > \varepsilon_w$，在地表层上面，3 个方向的湍流强度逐渐减小，并随着高度的增加趋于相等。湍流强度不仅与离地高度 H 有关，还与地表面粗糙度 α 有关，纵向湍流强度的表达式如式（2-24）所示。在风力发电工程研究中，主要考虑与平均风速方向的纵向湍流强度 ε_u，其表达式为

$$\varepsilon_u = \frac{1}{\ln(H/n)}[0.867 + 0.5561\lg H - 0.246(\lg H)^2]\lambda \tag{2-25}$$

式（2-25）中，当 $n \geqslant 0.02$ 时，$\lambda = \frac{0.76}{\alpha^{0.07}}$（$\alpha$ 指地表面粗糙度）。

图 2-11 为纵向湍流强度随高度和地表面粗糙度变化的曲线，由图可知，纵向湍流强度随高度增加而减小，随地表面粗糙度的增加而增大。

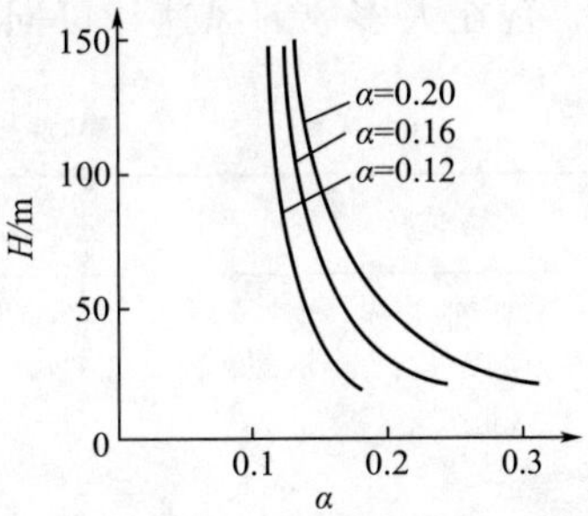

图 2-11　纵向湍流强度随高度和地表面粗糙度的变化曲线

3. 阵风系数

在结构设计中，需要考虑阵风的影响，因此，引入阵风系数（阵风因子）G。阵风系数是指阵风风速与平均风速之比，它与湍流强度有关，湍流强度越大，则阵风系数越大；阵风持续时间越长，阵风系数越小。阵风系数表达式如下：

$$G(T) = 1 + 0.42\varepsilon_u \ln\frac{3600}{T} \tag{2-26}$$

式中　ε_u——纵向湍流强度

T——阵风持续时间，s

四、风向

1. 风向概述

风向是描述风能特性的又一个重要参数。气象上把风吹来的方向定为风向。例如，风来自北方，由北吹向南，称为北风；若风来自南方，由南吹向北，称为南风。气象台预报风时，若风向在某个方向左右摆动不能确定，则加以“偏”字，如在北风方位左右摆动，则叫偏北风。在风向的测量中，陆地一般用 16 个方位表示风向，海上则多用 36 个方位表示。若风向用 16 个方位表示，则用方向的英文首字母大写的组合来表示方向，风向的 16 方位图如图 2-12 所示，其对应角度范围如表 2-3 所示。

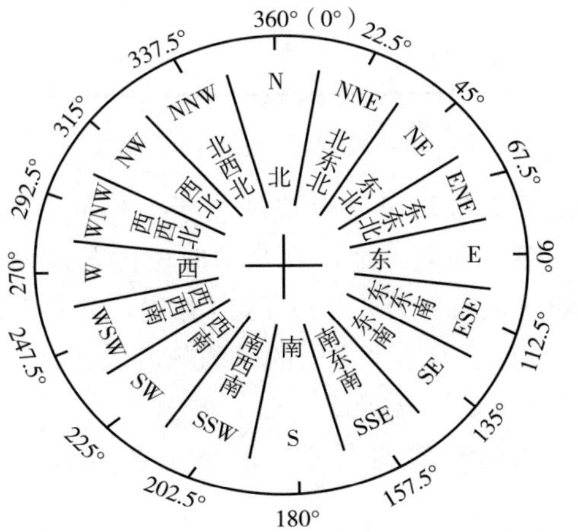

图 2-12　风向 16 方位图

静风记作C。也可以用角度来表示，以正北为基准，顺时针方向旋转，东风为90°，南风为180°，西风为270°。风向也是风电场选址的一个重要因素，风电机组如果从某一特定方向获取所需的风能，则必须避免此气流方向上有任意的障碍物。早期用风向标来确定风向，现在大多数的风速计可同时记录风向和风速。

表2-3 风向符号与角度对照表（16扇区） 单位：°

方位	符号	中心角度	角度范围
北	N	0（360）	348.75～11.25
北东北	NNE	22.5	11.25～33.75
东北	NE	45	33.75～56.25
东东北	ENE	67.5	56.25～78.75
东	E	90	78.75～101.25
东东南	ESE	112.5	101.25～123.75
东南	SE	135	123.75～146.25
南东南	SSE	157.5	146.25～168.75
南	S	180	168.75～191.25
南西南	SSW	202.5	191.25～213.75
西南	SW	225	213.75～236.25
西西南	WSW	247.5	236.25～258.75
西	W	270	258.75～281.25
西西北	WNW	292.5	281.25～303.75
西北	NW	315	303.75～326.25
北西北	NNW	337.5	326.25～348.75

2. 平均风向（风向玫瑰图）

风向在某时段内出现的频率常用风向玫瑰图表示。风向玫瑰图又称风向频率玫瑰图，是在风向方位坐标底图上点绘出的某一地区在某一时段内各风向出现的频率统计图，因图形似玫瑰花朵而得名。一般将风向分为8个或16个方位，在各方向线上按方向的出现频率，截取相应的长度，每条直线的长度与这个方向的风的频度成正比，静风的频度放在中间，将相邻方向线上的截点用直线连接成闭合折线图形，如图2-13（1）所示。从风向玫瑰图可以得知当地的主导风向。有些风向玫瑰图上还指示出了各风向的风速范围，如图2-13（2）所示。

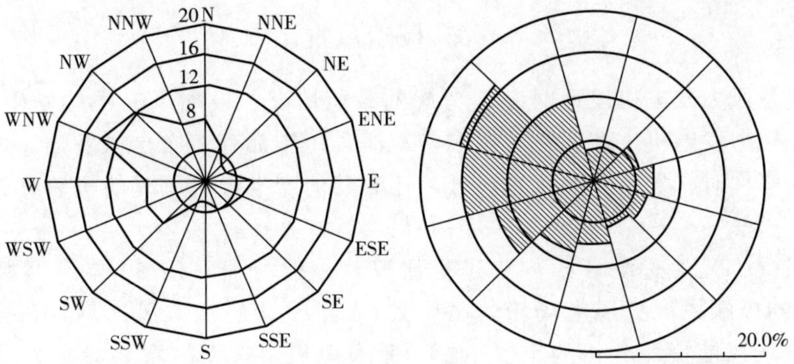

（1）形式1（风速单位：m/s）　　（2）形式2

图 2-13　风向玫瑰图

五、风能与风功率密度

1. 风能

风能是流动的气体所具有的动能，表达式为

$$E = \frac{1}{2}\rho A v^3 t \tag{2-27}$$

式中　ρ——空气密度，kg/m^3

A——风轮面积，m^2

v——风速，m/s

t——时间，s

2. 风功率密度

风功率密度为单位时间内通过与风向垂直的单位叶轮面积的空气动能，W/m^2。速度为 v 空气密度为 ρ 时的风功率密度为

$$P = \frac{1}{2}\rho v^3 \tag{2-28}$$

设定时间段内的平均风功率密度表达式为

$$\overline{P} = \frac{1}{2n}\sum_{i=1}^{n}\rho_i {v_i}^3 \tag{2-29}$$

式中　n——设定时间段内的风速记录总数

ρ_i——第 i 次记录时的空气密度

v_i——第 i 次记录的风速值

若要计算年（或月）平均风功率密度，需要考虑实际风频分布以及空气密度的变化，不可用年（或月）平均风速直接计算年（或月）平均风功率密度，平均风功率密度的计算应是设定时段内逐十分钟或小时风功率密度的平均值。

如果忽略空气密度的变化，威布尔分布的平均风功率密度的计算公式是

$$\overline{P} = \frac{1}{2}\rho c^3 \Gamma\left(1 + \frac{3}{k}\right) \tag{2-30}$$

六、极端风况

极端风况是风力发电机设计时必须考虑的载荷情况。极端风况虽然发生的概率很小，但却足以威胁风力发电机生存。在我国东南沿海，每年都有多次台风登陆。风力发电机遭到台风破坏的事件时有发生。除了台风外，还有其他产生极端风况的机制存在，如龙卷风和超强的对流风暴等。

对极端风况都是通过统计学方法进行研究，一般习惯采用50年一遇极端风况，即2%发生概率的极端风况。风电场轮毂高度处50年一遇的极大风速（10min平均风速最大值）是风电场风能资源分析的重要指标，是风电机组选型的重要参考，是保证风电机组安全有效运行的重要前提，也是计算极限载荷的重要依据，关系到风机在未来运行的20年中遭遇极端风速的情况下风机的安全运行性能。如何利用风电场建设前期的短期测风数据来计算风电场50年一遇最大风速成为解决问题的主要探讨途径。

当风力发电机正常运转时，叶片尖部的风速就可以达到60m/s，因此极大风速一般不会对叶片造成破坏。极大风速下，风力发电机的塔筒和基础等支撑部件受到的压力最大，因此在进行塔筒和基础设计时，要充分考虑50年一遇的极端风况。由于气象站资料及数据难以获得，因此根据已有项目经验等，总结出几个在不使用气象站资料情况下进行50年一遇最大风速的计算方法。

1. Gumbel法

在《全国风能资源评价技术规定》中给出了气象站50年一遇最大风速的计算公式，气象站50年一遇最大风速 $v_{50-\max}$ 计算公式如式（2-31）所示，其中要求统计气象站连续15年以上最大风速样本。

$$v_{50-\max}=u-\frac{1}{a}\ln\left[\ln\left(\frac{50}{50-1}\right)\right] \tag{2-31}$$

式中 u——分布密度的众数

a——尺度参数

根据上式计算出气象站10m高度处50年一遇最大风速，再由气象站与风电场测风塔10m高度的风速相关关系计算得出风电场10m高度50年一遇最大风速。

2. 最大风速比值修正法

当风电场与气象站共处一个风带，且距离较近时，可根据气象站50年一遇最大风速（$v_{50-\text{气象站}}$），以测风塔与气象站同时段实测最大风速的比值进行修正，计算公式如下：

$$v_{50-\max}=v_{50-\text{气象站}}\times(v_{\text{测风塔}}/v_{\text{气象站}}) \tag{2-32}$$

式中 $v_{\text{测风塔}}$——测风塔同期实测最大风速，m/s

$v_{\text{气象站}}$——气象站同期实测最大风速，m/s

3. 切变推求法

根据气象站50年一遇最大风速（$v_{50-\text{气象站}}$），用风电场10m高度与气象站小时平均风速相关推求得到10m高度的50年一遇最大风速，再根据风切变指数推求其他高度。

4. 风压推求法

风压就是垂直于气流方向的平面所受到的风的压力。根据伯努利方程得出的风压关系，风压公式为

$$p=\frac{1}{2}\rho v^2 \tag{2-33}$$

式中　p——风压，N/m^2

ρ——空气密度，kg/m^3

v——风速，m/s

各地风压可以从建筑标准中的全国风压数值表或全国风压等值线图上查找。

在计算得到场址空气密度下风电场 50 年一遇最大风速后，还需利用风压公式将它订正为标准空气密度下的 50 年一遇最大风速。换算公式如下：

$$v_0=v_{max}\times\left(\frac{\rho}{\rho_0}\right)^{0.5} \tag{2-34}$$

式中　v_0、ρ_0——标准空气密度下的 50 年一遇最大风速（m/s）和标准空气密度（kg/m^3）

v_{max}、ρ——场址 50 年一遇最大风速（m/s）和场址空气密度（kg/m^3）

5.5 倍平均风速法

威布尔曲线是一种用于拟合风速频率分布的线型，由形状参数 k 和尺度参数 a 决定。中国地区的 k 值通常在 1.0～2.6 之间。欧洲风电机组标准Ⅱ中建议，在中纬度（南北纬 30°～60°之间）的地区，地形比较平坦的风电场，当威布尔分布的形状参数 $k\geqslant1.77$ 时，可以用 5 倍平均风速（v_{ave}）来计算 50 年一遇最大风速，即 $\frac{v_{50-max}}{v_{ave}}=5$ 是合适的。

如果所建风电场地形比较复杂，威布尔分布的形状参数 $1.4\leqslant k\leqslant1.5$ 时，必须提高这一比率，即 $\frac{v_{50-max}}{v_{ave}}=6.6$，才能符合风电场要求。

风电场 50 年一遇最大风速的计算方法有很多，除上述总结的几种方法外，还可以借助 WasP Engineering、Windographer 等软件计算风电场 50 年一遇最大风速。随着风力发电的迅速发展，复杂地形和海上风电项目日益增多，同时受城市发展对气象站大风观测真实性的影响，以及复杂地形下风电场与气象站风的差距较大，风电场 50 年一遇最大风速的计算方法还需要进一步研究探讨。

第三节　风的测量

一、测风系统

风电场宏观选址时，采用气象台、站提供的较大区域内的风能资源。对初选的风电场选址区即微观选址一般要求用高精度的自动测风系统进行风的测量。风的测量包括风向测量和风速测量。风向测量是指测量风的来向，风速测量是测量单位时间内空气在水平方向上所移动的距离。

自动测风系统主要由五部分组成，包括传感器、主机、数据存储装置、电源、安全与保护装置。

传感器分风速传感器、风向传感器、温度传感器（即温度计）、气压传感器。输出信号为频率（数字）或模拟信号。主机利用微处理器对传感器发送的信号进行采集、计算和存储，由数据记录装置、数据读取装置、微处理器、就地显示装置组成。

由于测风系统安装在野外，因此数据存储装置（数据存储盒）应有足够的存储容量，而且为了野外操作方便，采用可插接形式。测风系统电源一般采用电池供电。为提高系统工作可靠性，应配备一套或两套备用电源，如太阳能光电板等。主电源和备用电源互为备用，可自动切换。

测风系统输入信号可能会受到各种干扰，设备会随时遭受破坏，如恶劣的冰雪天气会影响传感器信号、雷电天气干扰传输信号出现误差甚至毁坏设备等。因此，一般在传感器输入信号和主机之间增设保护和隔离装置，从而提高系统运行可靠性。

二、风速测量

1. 风速计

（1）旋转式风速计　常有风杯和螺旋桨叶片两种类型。风杯旋转轴垂直于风的来向，螺旋桨叶片的旋转轴平行于风的来向。

测定风速最常用的传感器是风杯，杯形风速计的主要优点是与风向无关。杯形风速计一般由 3 个或 4 个半球形或抛物锥形的空心杯壳组成。杯形风速计固定在互成 120°的三叉星形支架上或互成 90°的十字形支架，杯的凹面顺着同一方向，整个横臂架则固定在能旋转的垂直轴上。

由于凹面和凸面所受的风压力不相等，风杯受到扭力作用而开始旋转，它的转速与风速成一定的关系。推导风标转速与风速关系可以有多种途径，大都在设计风速计时进行详细的推导。一般测量风速选用旋转式风速计。

（2）压力式风速仪　这是利用风的压力测定风速的仪器，其利用流体的全压力与静压力之差来测定风的动压。

压力式风速仪利用皮托静压管，总压管口迎着气流的来向，感应着气流的全压力（p_0）；静压管口与来流的方向垂直，它感应的压力（p），因为有抽吸作用，比静压力稍低些。来流风的动压

$$\begin{aligned} \Delta p &= p_0 - p = \frac{1}{2}\rho v^2(1+c) \\ v &= \left[\frac{2\Delta p}{\rho(1+c)}\right]^{1/2} \end{aligned} \tag{2-35}$$

由式（2-35）可计算出风速，由式可看出 v 与 Δp 不是线性关系，c 是修正系数。

（3）散热式风速计　一个被加热物体的散热速率与周围空气的流速有关，利用这种特性可以测量风速。它主要适用于小风速的测量，而且不能测量风向。

2. 风速记录

风速记录是通过信号的转换方法来实现的，一般有 4 种方法：

（1）机械式　当风速感应器旋转时，通过蜗杆带动蜗轮转动，再通过齿轮系统带动指针旋转，从刻度盘上直接读出风的行程，除以时间得到平均风速。

（2）电接式　由风杯驱动的蜗杆，通过齿轮系统连接到一个偏心凸轮上，风杯旋转一定圈数，凸轮使相当于开关作用的两个接点闭合或打开，完成一次接触，表示一定的风程。

（3）电机式　风速感应器驱动一个小型发电机中的转子，输出与风速感应器转速成正

比的交变电流，输送到风速的指示系统。

(4) 光电式 风速旋转轴上装有一圆盘，盘上有等距的孔，孔上面有一红外光源，正下方有一光电半导体，风杯带动圆盘旋转时，由于孔的不连续性，形成光脉冲信号，经光电半导体元件接收放大后变成电脉冲信号输出，每一个脉冲信号表示一定的风的行程。

3. 风速的表示

各国表示速度的单位不尽相同，如用 m/s、nmile/h、km/h、ft/s、mile/h 等。各种风速单位换算的关系如表 2-4 所示。

表 2-4 各种风速单位换算表

单位	m/s	nmile/h	km/h	ft/s	mile/h
m/s	1	1.944	3.600	3.281	2.237
nmile/h	0.514	1	1.852	1.688	1.151
km/h	0.278	0.540	1	0.911	0.621
ft/s	0.305	0.592	1.097	1	0.682
mile/h	0.447	0.869	1.609	1.467	1

风速大小与风速计安装高度和观测时间有关。世界各国基本上都以 10m 高度处观测为基准，但取多长时间的平均风速不统一，有取 1min、2min、10min 平均风速的，有取 1h 平均风速的，也有取瞬时风速的等。

我国气象站观测时有三种风速，1 日 4 次定时 2min 平均风速、自记 10min 平均风速和瞬时风速。风能资源计算时，选用自记 10min 平均风速。安全风速计算时用最大风速（10min 平均最大风速）或瞬时风速。

4. 风向测量

风向标是测量风向的最通用的装置，有单翼型、双翼型和流线型等。风向标一般是由尾翼、指向杆、平衡锤及旋转主轴 4 部分组成的首尾不对称的平衡装置。其重心在支撑轴的轴心上，整个风向标可以绕垂直轴自由摆动。在风的动压力作用下取得指向风的来向的一个平衡位置，即为风向的指示。传送和指示风向标所在方位的方法很多，有电触点盘、环形电位、自整角机和光电码盘 4 种类型，其中最常用的是光电码盘。

风向杆的安装方位指向正北。风速仪（风速和风向）一般安装在离地 10m 的高度上。

第四节 风能资源储量分析

为了决策风能开发的可能性、规模和潜在能力，对一个地区乃至全国的风能资源储量的了解是必要的。风能资源的储量取决于这一地区风速的大小和有效风速的持续时间。风能利用究竟有多大的发展前景，需要对总储量进行宏观估计。

根据风的气候特点，过短的观测资料不能准确反映该地的风况，必须有足够长时间的观测资料才有较好的代表性。一般来说，需要有 5～10 年的观测资料才能较客观地反映该地的真实状况。根据实际的大量计算结果检验表明，在计算风能时可以选取 10 年风速资料中年平均风速最大、最小和中间的 3 个年份为代表年份，分别计算该 3 个年份的风能然后加以平均，其结果与长年平均值十分接近。

为了进一步具体估算中国风能资源的储量，力求客观准确地反映各省区所具有的风资源潜力，根据上述绘制完成的全国年平均风能密度分布图，对中国各省及全国的风能储量进行了细致的估算。由于地球表面大气层厚度很大，不同高度的风能量不同，风能资源量估算是观测离地 10m 高度，而非整个大气层或整个近地层内的风能量。全国风能总储量约为 25.3×10^4MW，各地区的风能储量参考如表 2-5 所示。

表 2-5 中国各地区风能储量 单位：$\times10^4$MW

地区	实际可开发量	地区	实际可开发量
内蒙古	6.1775	河南	0.3675
辽宁	0.6058	宁夏	0.1484
黑龙江	1.7228	江苏	0.2376
吉林	0.6375	新疆	3.4330
青海	2.4214	安徽	0.2505
西藏	4.0845	海南	0.0640
甘肃	1.1430	江西	0.2929
台湾	0.1048	浙江	0.1635
河北	0.6119	陕西	0.2342
山东	0.3936	湖南	0.2465
山西	0.3871	福建	0.1372

思考题

1. 风形成的主要原因是什么？
2. 空气运动的主要形式有哪些？各有什么特点？
3. 大气边界层内风的特性有哪些？
4. 如何描述风？

参考文献

[1] 刘永前．风力发电场［M］．北京：机械工业出版社，2019.
[2] 曹云．风电场规划设计与施工［M］．2 版．北京：中国水利水电出版社，2010.
[3] 郑源，张燎军，许昌，等．风电场规划与设计［M］．北京：中国水利水电出版社，2021.
[4] 高虎．中国风资源测量和评估实务［M］．北京：化学工业出版社，2009.
[5] 徐大平．风力发电原理［M］．北京：机械工业出版社，2022.

第三章　风力机气动力学原理

第一节　风力机叶片翼型和气动力特性

翼型作为风力机叶片外形设计的基础，对叶片的气动力特性、质量及风轮的风能利用率有重要影响。叶片翼型的设计决定了风力机功率特性和载荷特性，一直是风电行业以及航空业学者们研究的热点。为了很好地理解叶片的功能，必须懂得翼型的基本气动力学知识。

一、翼型的起源

风力机叶片沿展向某一位置的剖面的形状称之为翼型，如图 3-1 所示。

风力机叶片将风能转化为机械能，而叶片是由不同扭角、不同弦长和不同外形的翼型沿展向排列而成。翼型的气动性能对风力机整机的性能具有决定性的影响。同一雷诺数下的不同翼型，其升力系数、阻力系数不尽相同。即便是同一翼型，形状稍有变动（受侵蚀或结冰），其产生的升力或阻力也不尽相同，甚至出现升力减小、阻力增大的不利情况。在航天器中，翼型的气动性能决定了飞行器飞行过程中飞行速度的快慢、能耗的大小、航时长短等问题。

图 3-1　叶片翼型

翼型的研究再造起始于 19 世纪初期。人们发现将平板在入射气流中调整合适的角度便会产生一定的升力，随后相关学者们便猜想，若将板截面形状调整为具有一定的弧线，与鸟类的翅膀类似，板的升力特征会更加明显。

英国航空协会成员维纳姆（F. H. Wenhanm，1824—1908）于 1871 年设计并制造了世界上第一座风洞。维纳姆在自制风洞中测试了大量不同外形的早期翼型，并发现经特殊处理后的翼型在 15°攻角下，升阻比可达到 5 左右。另一位英国航空先驱菲利普斯（H. F. Philips，1845—1912），在 1880 年前后设计和改造了维纳姆式风洞，大大改善了试样气流的均匀性和平衡性。不过，菲利普斯更大的贡献在于对翼型的研究。他曾试验过上百种的翼型，单弯度、各种双弯度，甚至菱形形式。通过这些实验，他发现双弯度翼型即使在很小的攻角下也能产生升力。为检验获得的结论，菲利普斯制作了两个由蒸汽驱动的大型旋臂机（旋臂机，可以自动测量、试验试件的速度、倾角、升力和阻力的数据）。

美国工程师、航天专家奥克塔夫·陈纳（Octave Chanute，1832—1910）于 1893 年发表文章“飞行器进展”，指出大部分航空试验研究变截面机翼更有意义，飞行器的成功与否取决于机翼能否提供持续的最大升力。

在翼型研究方面，“滑翔机之父”奥托·李林塔尔（Otto Lilienthal，1848—1896）与奥克塔夫持有相同观点。奥托·李林塔尔从观察研究鸟类飞行开始，积累了大量关于鸟类的翅膀形状、面积和升力大小的数据，进入了航空研究领域。

1861—1873 年期间，李林塔尔和弟弟古斯塔夫（G. Lilienthal，1849—1933）制造了多架动力飞机模型，但所依据的是前人留下的关于平板空气阻力和升力的实验数据，这些模型都不能飞起来。随后，他们决定自己制作翼型并试验，取得了气动力方面的第一手数据。他们在定量试验基础上，获得了以下结论：升力与速度的平方成正比；利用平板机翼进行飞行是不可能的；弯曲翼面的升力特性比平板好得多。

1889 年，李林塔尔出版了《鸟类飞行——航空的基础》一书，该著作集中讨论了鸟翼的结构、鸟的飞行方式和所体现的气动力学原理，论述了人类飞行的种种问题，特别讨论了人造飞行机器翼面形状、面积大小和升力的关系。该书成了他同时代和比他稍晚的航空先驱们的必读书，为航空发展做出了相当大的贡献。

之后，莱特兄弟发明的飞机较为全面地继承了李林塔尔的翼型思想，同时做出了一些补充。1903 年，莱特兄弟研制出了薄而带正弯度的翼型，并将该翼型运用在第一架依靠自身动力进行载人飞行的飞机——飞行者 1 号上，由此拉开了人类动力航空史的帷幕。

二、风力机翼型设计与选择

最初风力机翼型采用传统的航空翼型，后来发展到风力机专用翼型。风力机叶片要发挥何种程度的性能首先是由叶片的翼型来决定。

风力机翼型与传统的航空翼型相比，有着不同的工作条件和性能要求，具体表现在：风力机叶片是在相对较高的雷诺数下运行的，一般在 10^6 量级，这时翼型边界层的特征发生了变化；风力机叶片在大入流角下运行，这时翼型的深失速特性显得十分重要；风力机做偏航运动时，叶片各剖面处的入流角呈周期性变化，需要考虑翼型的动态失速特性；风力机叶片在大气近地层运行时，沙尘、碎石、雨滴、油污等会使叶片表面处的粗糙度增加，影响翼型的气动力学性能；从结构强度和刚度方面考虑，风力机的翼型相对厚度大，在叶片根部一般可达到 30%左右。基于以上这些不同点，在翼型的设计过程中，了解风力机翼型周围流场的变化和各气动性能参数就显得尤为重要。

许多年以来，风力发电行业都依靠着气动力学实验来进行风力机叶片的气动力学设计。现在对于风力机翼型设计来说，气动力学设计依旧相当重要。翼型的设计离不开风洞试验。风洞试验是进行气动力试验，进而获取气动性能数据最常用、最有效的工具。在飞机诞生以来相当长的一段时间内，风洞试验都是翼型设计最主要的手段。

国内翼型设计研究方面的工作起步较晚。中国气动力研究与发展中心的贺德馨等在翼型上表面的恢复区内应用修改后的 Stratford 理想压力分布，采用 Weber 已知压力分布求解翼型外形的理论设计出一套在低雷诺数时的新翼型，并对雷诺数为 $Re=5.6\times10^5$ 的情况进行了试验研究。西北工业大学的乔志德等针对兆瓦级大型风力机，研究发展了以具有优良雷诺数和高升力气动性能为特点的 WPU-WA 翼型系列，并进行了风洞试验对比研究，表明该翼型系列具有很高的气动性能。此外，国内还有一些学者对此进行了很多有价值的研究，都值得参考与借鉴。

随着计算方法和计算机技术的不断进步，利用电子计算机和离散化的数值方法来模拟流体运动的计算流体力学得到了很大的发展。CFD 技术的应用，减少了风洞以及其他的一些实验的使用，降低了气动设计成本，缩短了计算周期，提高了设计质量。

（一）风轮叶片专用翼型

风力机翼型的发展在某种程度上来说是建立在低速翼型应用基础上的，如滑翔机翼型、FX-77 翼型以及 NASA 翼型等。鉴于传统航空翼型作为风轮叶片翼型不能良好满足使用要求，为了适应风力机运行工况的要求，在翼型开发方面，一些发达国家从 20 世纪 80 年代中期开始研制风力机专用翼型，并开发了一系列翼型，例如美国的 SERI 和 NREL 翼型、丹麦的 RISΦ 系列翼型、瑞典的 FFA-W 翼型以及荷兰丹麦科技大学（Delft）研发的 DU 系列翼型等在世界上比较领先。

1. SERI 翼型

SERI 翼型系列提供了三种针对不同叶片长度的翼型，该系列翼型的特点是具有较高的升阻比和较大的升力系数，且失速时对翼型表面的粗糙度敏感性低。

直径 10～30m 的风力叶片设计，对 SERI 翼型系列的应用提出下列特性要求：主要用于 10m 高度处年平均风速 4.5～6.2m/s 的风场；主要用于定桨距失速控制的叶片，叶尖速比约为 8 时风能利用系数最大。认为主要功率产生区域集中在叶片的 75%半径外侧，并且希望在该位置的翼型具有较高升阻比、有限的最大升力系数、失速时对表面粗糙度较低的敏感性和适当的相对厚度。为了满足上述叶片要求，设计了 SERI S805A 翼型。

在满足叶片根部和叶尖翼型局部气动设计要求的同时，还要求叶片气动性能从根部到叶尖应为单调变化，且具有流线型的叶片表面。因此，出于结构设计因素的考虑，用于叶片根部的翼型应当较厚，且具有较高的最大升力系数。叶尖处翼型则相对较薄，具有较低的最小阻力和最大升力系数。根据这些要求，设计了分别用于叶尖（$r/R=0.95$）的 SERI S806A 翼型和用于根部（$r/R=0.40$）的 SERI S807 翼型。图 3-2 所示为上述几种翼型系列的外形。

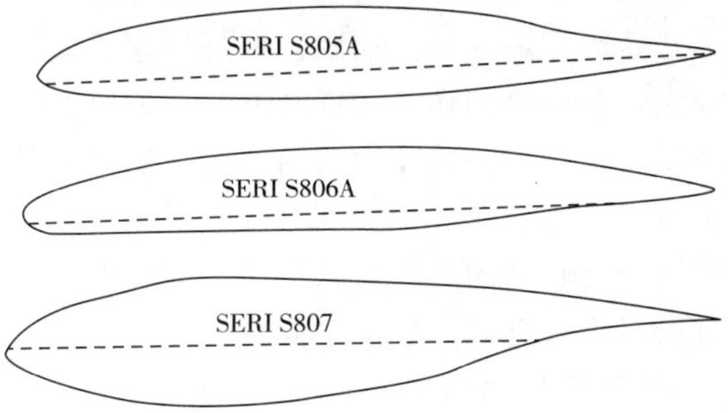

图 3-2　SERI S805 A/S806 A/S807 翼型系列外形

对于直径 21～35m 的风轮，翼型的相对厚度对叶片强度和刚度设计具有重要意义。为此，设计了外形与 SERI S805 A/S806 A/S807 翼型系列相似的厚翼型族，命名为 SERI S812、S813、S814，其中 S812 的最大相对厚度为 0.21，是 S805A 最大相对厚度的 1.5 倍左右。它们的外形如图 3-3 所示。

对于风轮直径 36m 以上的风力，为对翼型进行优化以实现叶片气动性能与结构强度的优化组合，设计了第三族翼型，分别命名为 SERI S816、S817、S818，其外形如图 3-4 所示。

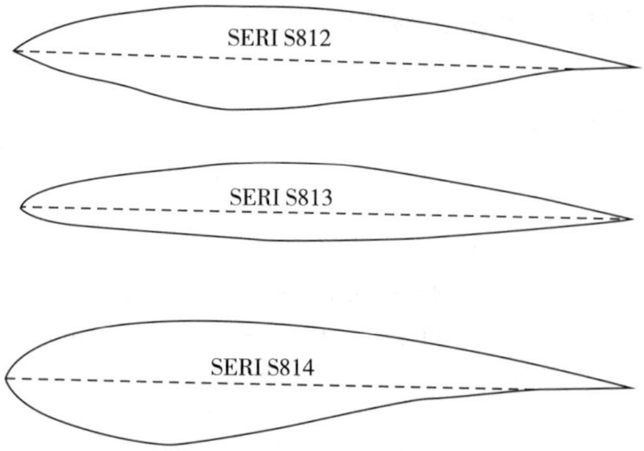

图 3-3 SERI S812/S813/S814 翼型系列外形

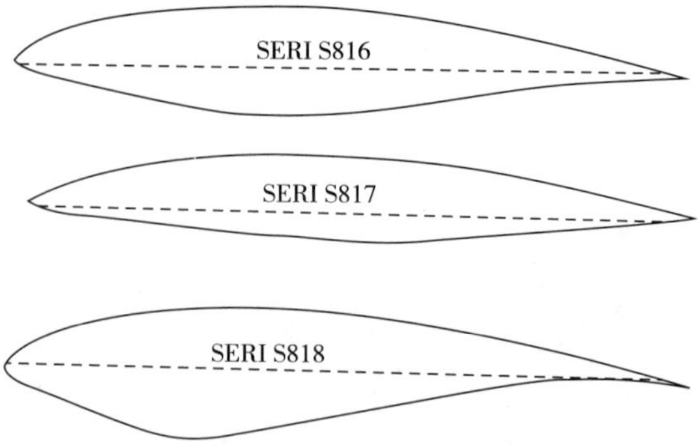

图 3-4 SERI S816/S817/S818 翼型系列外形

2. NREL 翼型

水平轴风力机专用翼型设计是美国国家可再生能源实验室（NREL）［前身是太阳能研究协会（SERI）］联合翼型设计公司 Tangier、Somers（1995）合作开启的。从那时起，设计了 9 组翼型来满足不同尺寸的风力机的主要要求，即在前缘表面比较粗糙时仍能拥有比较大的升力系数。因此，NREL 翼型具有最大升力系数对粗糙度不敏感的特点。翼型的升力系数接近或达到最大时，从层流到湍流转捩点的位置非常接近翼型的前缘，可以保证最大升力系数对粗糙度的不敏感性。表面清洁时，该系列翼型有较小的摩擦力。在翼型设计时，延长层流段的长度，可以有效地减小翼型表面的摩擦阻力。

NREL 翼型主要设计工具的基础是 Eppler（1990）成功发明的一种求解任意二维黏性流动方法，包括失速时的气流分离。此外，一些不同的翼型系列也已经被设计出来，像失速调节、变桨距以及变速风力机。

对于失速调节风力机，改进后的滞后失速功率控制是通过叶片外部的翼型设计限制最大升力系数来实现的。随着后缘分离的逐渐加剧，翼型失速平缓，升力系数不会出现较大的波动性。当来流波动较大，风力机的功率接近峰值时，失速特性良好这一特点可以减小有叶片间歇性失速诱发的风力机功率和载荷的波动。对于变桨距和变速风力机，外部部分翼型有较高的最大升力系数，以弥补低叶片实度对升力系数的影响。

一般来说，翼型的横截面有较高的厚度与弦长比，结构设计为高刚性及高强度的，同时不造成重量过大，并且低厚度翼型阻力也会降低。

公布的 NREL 翼型系列年能量捕获提高的排序为：23％～35％的失速调节风力机、8％～20％变桨距风力机以及 8％～10％变速风力机。失速调节风力机的进展已经在实地测试中得到验证。

NREL 翼型的翼型形状的坐标在位于科罗拉多州的国家风能技术中心（NWTC）网站上都可以查到，一些翼型测量的翼型数据同样也可查到。但是要想得到那些受限制的翼型信息，需要购买许可证。

NREL 翼型系列外形如图 3-5 所示，包括薄翼型族和厚翼型族，分别用于大中型叶片。左边三种为薄翼型族，右边三种为厚翼型族，从上到下分别为用于靠近叶片叶尖部分（95％半径处）、叶片主要外部区域（75％半径处）和根部（40％半径处）的翼型。

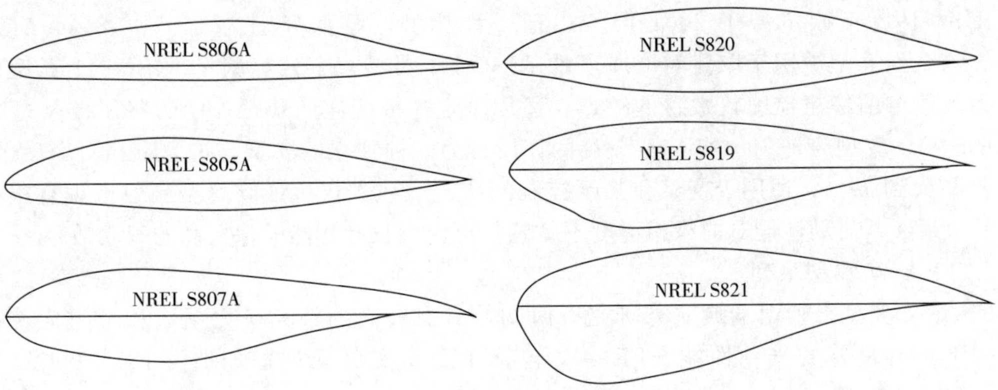

图 3-5 NREL 翼型系列外形

3. RISΦ 翼型

丹麦 RISΦ 国家实验室的 Fugslang 和 Bak（2004）也为风力机设计了翼型族，与 NREL 系列类似。尽管两个实验室的气动力学设计技术不同，但是两者的实际设计相差并不大。

RISΦ 翼型的设计工具是由 Drela 开发的 X-FOIL 代码，是在 Eppler（1990）的工作和丹麦科技大学 Sφrensen（1995）开发的 Ellipsys-2D CFD 代码的基础上发展而来的。

RISΦ 已经发展了三种不同的翼型：RISΦ-A1、RISΦ-P、RISΦ-B1。

RISΦ-A1 翼型族定型于 1998 年，并且针对所有的失速型风力机，然而，在实地测试中其表面粗糙的敏感程度比预期的高。整个翼型族包括 7 个翼型，相对厚度范围为 12%～30%，适用于定转速、失速或变桨控制、功率在 600kW 以上的风力机，如图 3-6 所示。RISΦ-A1 翼型系列的几何特征是具有较尖锐的前缘，能够使流体迅速加速并产生负压峰值。气动性能方面，该翼型系列在接近失速时具有最大的升阻比，攻角为 10°时的设计升力系数约为 1.55，而最大升力系数为 1.65。同时 RISΦ-A1 翼型系列具有对前缘粗糙度的不敏感性。

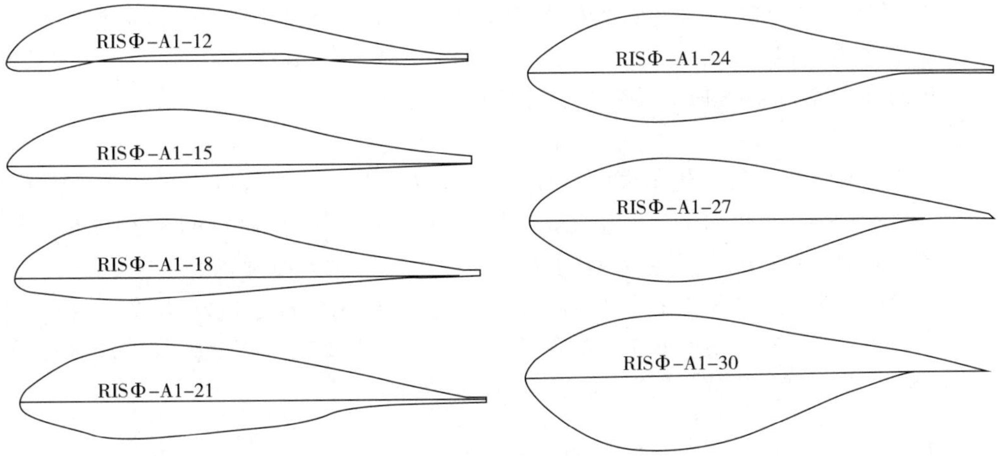

图 3-6 RISΦ-A1 翼型系列外形

RISΦ-P 翼型族定型于 2001 年，共有 4 种翼型，厚度分别为 15%、18%、21% 和 24%。该系列翼型被用于取代对应厚度的 RISΦ-A1 翼型，有效克服了 RISΦ-A1 翼型族最大升力系数对前缘粗糙度较敏感的缺点，适用于定速或变速的桨距控制的兆瓦级风力机。

RISΦ-B1 翼型族是 2001 年完成设计的，设计为 6 种独立的翼型，扩大了相对厚度范围，由 15%扩大到 36%，适用于变桨和桨距控制的兆瓦级风力机。该族翼型一般来说有很高的最大升力系数，气动性能对前缘粗糙度不敏感，可使细长叶片能够保持高的气动效率。

4. FFA-W 翼型系列

FFA-W 翼型系列由瑞典航空研究所研制，具有较高的最大升力系数和升阻比，在失速工况下具有良好的气动性能。FFA-W 包括了 3 个翼型系列，分别为 FFA-W1、FFA-W2 和 FFA-W3。

FFA-W1 系列有 6 种翼型，相对厚度为 12.8%～27.1%。该翼型系列的设计升力系数较高，可以满足低叶尖速比风力发电机组的设计需求。翼型系列中，薄翼型在表面光滑和层流条件下具有高升阻比，同时对昆虫残骸或制造误差造成的前缘粗糙不敏感；较厚翼型在前缘粗糙情况下具有较高的最大升力系数和较低的阻力系数。

FFA-W2 翼型系列含 2 种翼型，相对厚度分别为 15.2%和 21.1%。该翼型系列与 FFA-W1 翼型系列的设计要求和设计目标相同，只是设计升力系数稍低，以满足不同的使用要求。

FFA-W3 翼型系列包括 7 种翼型，相对厚度为 19.5%～36.0%，其中相对厚度为 19.5%的翼型，是采用相对厚度 18%的 NACA 63-618 翼型和相对厚度为 21.1%的 FFA-W3-211 设计，通过对其中弧线和厚度分布进行内插得到。图 3-7 所示为 FFA-W3-211 翼型外形。

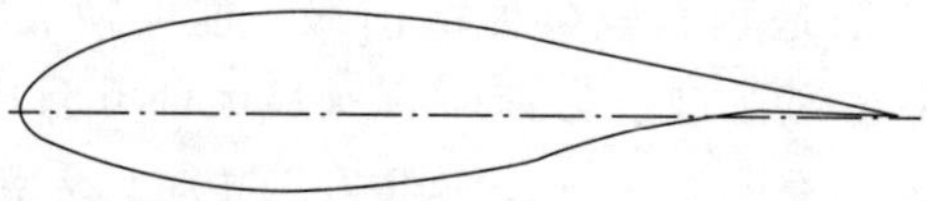

图 3-7　FFA-W3-211 翼型外形

相对厚度为 19.5%和 21.1%的两种翼型为薄翼型，可用在风轮叶片的叶尖部分。较厚的集中翼型在给定相对厚度下，比 NACA 63-6××系列的厚翼型具有更好的气动性能。因此，在相对厚度超过 18%时，一般使用 FFA-W3 翼型系列。

5. DU 翼型系列

20 世纪 90 年代初，荷兰代尔夫特（Delft）科技大学也开展了风力机叶片的翼型研究（Timmer and vanRooij，2003）。先后发展了相对厚度 15%～40%的 DU 系列翼型。DU 系列翼型设计工具是 R-FOIL 代码，并且对 X-FOIL 代码针对失速延迟进行了改进。该系列翼型包括 15 种翼型，其中有 5 个在 Delft 大学的 LST 风洞完成了气动试验，有 4 个翼型在 STUTTGART 的 IAG 低速风洞中完成了试验。有 2 个翼型在两个风洞中都进行了试验验证。DU 翼型族使用范围广泛，风轮直接从 29m 到 100m 以上，在功率 350kW～3.5MW 的风力机上均有使用。

像 NREL 和 RISΦ 翼型一样，该设计的主要特点是翼型表面粗糙度敏感性，但侧重点在于追求厚翼型来获取结构优势。该翼型系列剖面如图 3-8 所示。

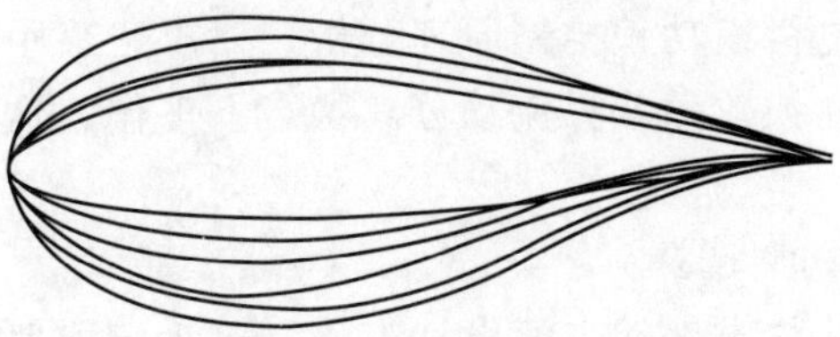

图 3-8　DU 系列部分翼型剖面

（二）翼型的设计

在设计风轮叶片时，必须事先选择好翼型。目前翼型设计比较流行的范围就是 NACA 系列，是美国国家航空咨询委员会（NACA）开发的一系列翼型。NACA 翼型的流行主要归功于在 20 世纪 30 年代 NACA 建造的增压风洞，使得其有大量的优质数据可用。NACA 技术报告在 NASA 网站上是免费提供的（表 3-1）。

表 3-1　NACA 翼型的相关数据

直径	类型	翼型厚度	主要的翼型	叶尖	叶根
3～10m	变速变桨距	厚	—	S822	S823
10～20m	变速变桨距	薄	S802	S802	S804
	失速调节	薄	S805	S806	S807
			S805A	S806A	S808
	失速调节	厚	S819	S820	S821
20～30m	失速调节	厚	S809	S810	S811
	失速调节	厚	S812	S813	S814
					S815
20～40m	变速变桨距	—	S825	S826	S814
					S815
30～50m	失速调节	厚	S816	S817	S818
40～50m	失速调节	厚	S827	S828	S818
	变速变桨距	厚	S830	S831	S818
				S832	

（三）翼型的选择

大型风力机叶片很长，其不同展向未知的气动要求有别。因此，理论上叶片的各剖面应选择不同的翼型。叶片翼型选择不仅需要研究其相应气动性能，还应考虑相应的功率控制方式等问题。针对目前大型风力发电机组的功率控制方式，以下分别讨论定桨距和变桨距风轮叶片的翼型选择问题。

1. 定桨距风轮叶片的翼型选择

一般采用被动失速控制的风力发电机组时多采用定桨距叶片，即叶片与轮毂为刚性连接，需要利用叶片失速特性实现对风力功率的调节和控制。

根据被动失速风力发电机组功率控制原理分析，要求定桨距风力发电机组在额定风速时，叶片的大部分截面应在大攻角临界流动分离状态下工作。这对翼型的失速性能设计提出了较高要求。

2. 变桨距风轮叶片的翼型选择

变桨距叶片是现阶段叶片发展的主流设计方式。对于一般要求的叶片设计，可以选择统一翼型方案。如选用气动特性优良的 NACA 等作为设计翼型系列，并对相应的弦长和扭角进行优化。

一些大功率叶片采取了组合翼型的设计方案，即将叶片分为根部、中部和尖部三部分。根据叶片气动性能和力学结构对不同部位的要求，选用不同翼型的组合设计，以使叶片的功率性能得到进一步优化。但应注意，针对这三部分的设计翼型，需要分别设计相应的弦长和扭角，同时需要在相接部位确定过渡段，以实现平滑连接。

3. 风力机叶片翼型布置

为使叶片外沿处保持高的气动性能，大多数风力机翼型设计在叶片靠近根部截面承载较大的弯矩，设置较大的刚度和强度。同时，翼型的设计也需满足较大的弯矩承载能力，往往该处翼型具有大的相对厚度，并且采用平脊后缘。

叶片根部翼型不仅要有较高的升力系数，同时需满足良好的失速特性。在正常工作状态下，叶片根部运行在大攻角下。较高的升力系数和良好的失速特性不仅有助于维持叶片的良好动力输出，对结构失效也有抑制作用。

三、叶片翼型几何参数

叶片的几何参数是经叶片设计和试验后确定的，是叶片图样的重要组成部分，是对叶片生产加工、检查验收、模具制造和工艺装备的依据。叶片的几何参数如下：

1. 风轮直径（D）

叶片尖端在风轮转动中所形成圆的直径称为叶片直径，也称风轮直径。叶尖风力发电机的叶片距离风轮回转轴线的最远点称为叶尖。

2. 叶片长度（L）

叶片长度为叶片在风轮径向方向上的最大长度，即从叶片根部到叶尖的长度。叶片长度决定叶片的扫掠面积，体现收集风能的能力，决定配套风电机组的功率。随着风力机叶片设计技术的提高，风力发电机组不断向大功率、长叶片的方向发展。

叶片长度的增加必然增加叶片的重量，一般对于长度为 10～60m 的叶片，增加的叶片重量与增加的长度的三次方成正比。此外，叶片重量还与材质有关。叶片的轻量化对运行、疲劳寿命、能量输出都有重要的影响，还可相应减轻轮毂、机舱、塔架等部件的重量。

叶片的长度受叶尖最高线速度的限制，实践证明叶尖最高线速度超过 100m/s 时容易损坏，考虑到安全系数，叶尖最高线速度一般不超过 65m/s。叶片长度与叶片转速的乘积即为叶尖最高线速度，因此叶尖最高线速度限定了叶片的最高转速。风力发电机组的切出风速一般在 25～30m/s，由此可以推算出叶片适宜的最大长度。

3. 叶片翼型

叶片翼型就是用垂直于叶片长度方向的平面截取的叶片截面形状。典型的翼型是具有弯度的扭曲形翼型，其表面为一条弯曲的曲线，气动力特性较好，但加工工艺较复杂。

凸出的翼型表面为上翼面，平缓的翼型表面为下翼面。中弧线为翼型周线内切圆圆心连线，前缘为中弧线的最前端，后缘为中弧线的最后端，如图 3-9 所示。

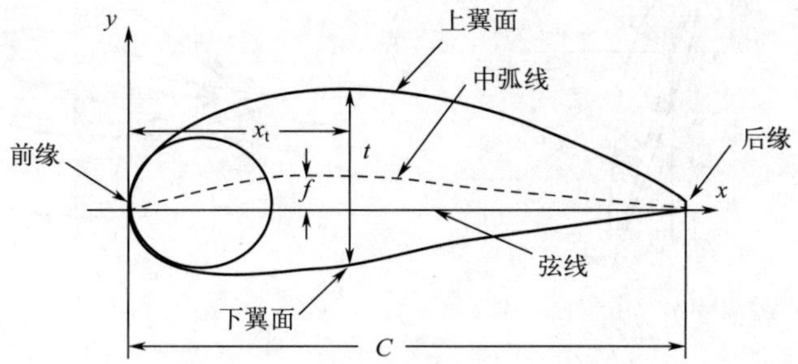

图 3-9　叶片翼型几何参数

4. 叶片弦长（C）

叶片弦长为连接叶片前缘与后缘的直线长度。最大弦长为叶片宽度，最小弦长在叶尖。叶片弦长沿叶片展向的变化，能使叶片所接受的风能平均地分配到整个叶片上，叶片最大弦长多在叶片长度的 1/15～1/10 选取。叶片根部宽、尖部窄的设计，既满足叶片整体力学和气动力学的要求，又减小了离心力，如图 3-9 所示。

5. 叶片厚度（t）

叶片弦长垂直方向的最大值称为叶片厚度。它是一个变量，沿叶片展向每一个截面都有各自的厚度。翼型的最大厚度所在的位置到前缘的距离称为最大厚度位置（x_t），通常以其与翼弦的比值来表示，一般叶片最大厚度在弦长的 30%处，如图 3-9 所示。

6. 叶片弯度（f）

中弧线到弦线的最大垂直距离称为翼型弯度，弯度与弦长的比值称为相对弯度。一般用相对弯度的大小表示翼型的不对称程度。

7. 叶片攻角（α）

如图 3-10 所示，Φ 角为入流角，翼弦与前方来流速度方向之间的夹角即为攻角。

8. 叶片安装角（β）

风轮旋转平面与翼弦的夹角称为叶片的安装角或桨距角。安装角与风力机的启动转矩有关，如图 3-10 所示。

9. 叶片扭角

叶片尖部几何弦与根部几何弦夹角的绝对值称为叶片扭角，扭转叶片的扭转角一般在 6°～18°，越向叶尖处，随着叶尖速比 λ 的增大，叶片的攻角越小。叶片扭角如图 3-11 所示。叶片扭角是为改善叶片气动力学特性而设计，同时具有预变形作用。

10. 叶片投影面积

叶片在风轮扫掠面积上的投影面积称为叶片投影面积。

11. 基准平面

叶片根部未开始扭转处几何弦长与叶片根部接口处中心点所构成的平面称为基准平面。

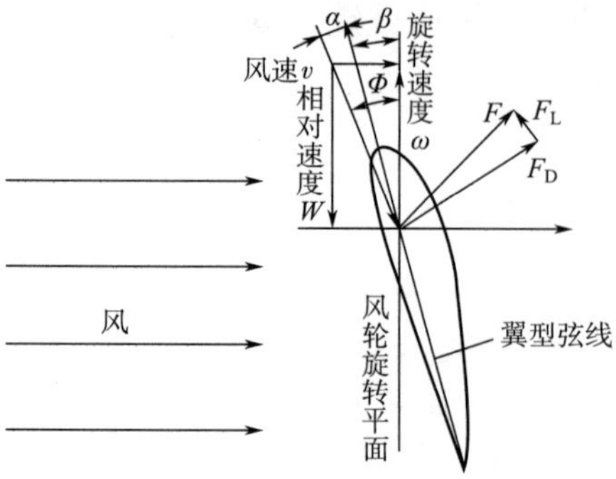

图 3-10 翼型受力分析

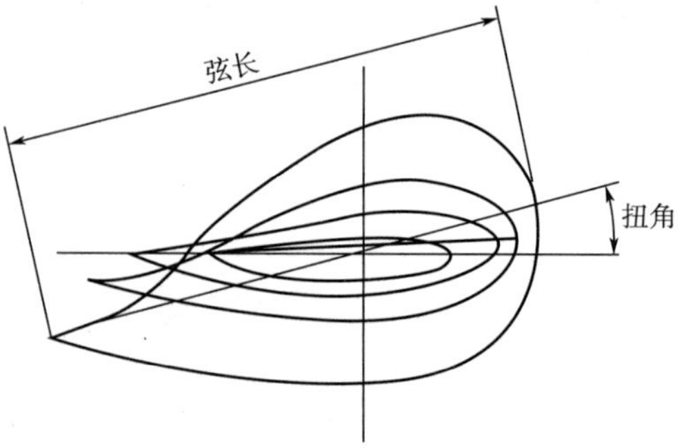

图 3-11 叶片扭角

四、升力和阻力

1. 翼型的升力和阻力

风轮叶片是风力机最重要的部件之一，它的平面形状与剖面几何形状和风力机气动力特性密切相关，特别是剖面几何形状即翼型气动特性的好坏，将直接影响风力机的风能利用。风力机的风轮一般由 3 个叶片组成。为了理解叶片的功能，即它们是怎样将风能转变成机械能的，必须了解有关翼型气动力学的知识。

任何一个气流中的物体所受到的力都可以分解为平行于气流流动方向的阻力和垂直于气流流动方向的升力。假定桨叶处于静止状态，空气以相同的相对速度吹向叶片时，作用在桨叶上的气动力取决于空气相对速度和气流攻角的大小。

按照伯努利理论，翼型上表面的气流速度较高，下表面的气流速度则比来流速度低。因此，围绕桨叶的流动可看成由两个不同的流动组合而成：一个是将叶型置于均匀流场中时围绕桨叶的零升力流动，另一个是空气环绕桨叶表面的流动。而桨叶升力则由于在桨叶表面上存在一个速度环量，如图 3-12 所示。此时，作用在桨叶表面上的空气压力是不均匀的，上表面压力减小，下表面压力增加。

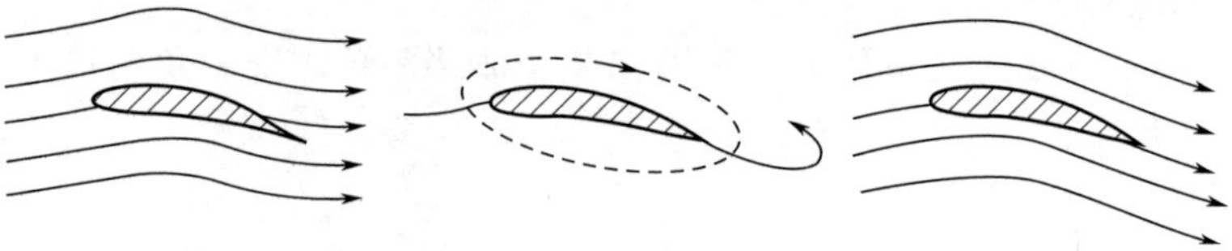

图 3-12 气流绕翼型的流动

图 3-13 为空气流过静止翼型的受力，其攻角为 α。由于翼型上方和下方的气流速度不同（上方速度大于下方速度），因此翼型上、下方所受的压力也不同（下方压力大于上方压力），翼剖面上的压力如图 3-13 所示，其中前缘点为 A，后缘点为 B，C 为弦长。上表面压力为负，下表面压力为正。总的合力 F 即为翼型在流动空气中所受到的气动力。此力可分解为两个分力：一个分力 F_L 与气流方向垂直，它使翼上升，称为升力；另一个分力 F_D 与气流方向相同，称为阻力。升力和阻力与叶片在气流方向上的投影面积 S、空气密度 ρ 及气流速度的平方成比例。

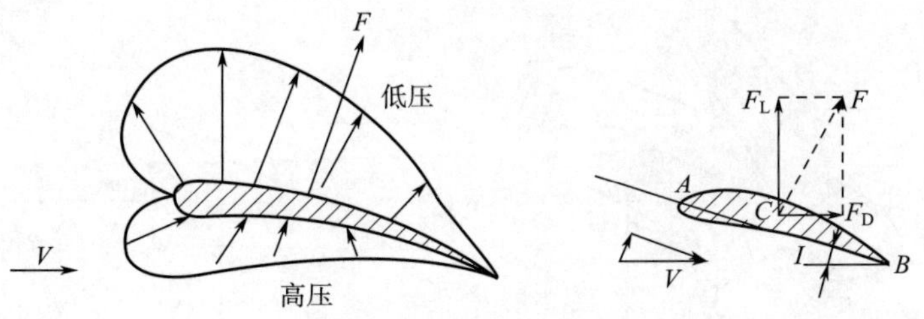

图 3-13　空气流过静止翼型的受力

合力 F 可用下式表达：

$$F = \frac{1}{2}\rho C_r S V^2 \tag{3-1}$$

式中　ρ——空气密度，kg/m^3

S——叶片面积，即叶片长×翼弦，m^2

C_r——总的气动力系数

这个力可以分解为两个分力：垂直于气流速度 V 的分力——升力 F_L，平行于气流速度 V 的分力——阻力 F_D。

F_L 和 F_D 可用下式表示：

$$F_L = \frac{1}{2}\rho C_L S V^2 \tag{3-2}$$

$$F_D = \frac{1}{2}\rho C_D S V^2 \tag{3-3}$$

式中　C_L 和 C_D——翼型的升力系数和阻力系数

由于这两个力互相垂直，所以

$$F^2 = F_L^2 + F_D^2 \tag{3-4}$$

2. 风轮在静止情况下叶片的受力情况

风力机的风轮由轮毂及均匀分布安装在轮毂上的若干叶片所组成。图 3-14 所示的是风力机启动时的受力情况。设风轮的中心轴位置与风向一致，当气流流经风轮时，在叶片Ⅰ和叶片Ⅱ上将产生气动力 F 和 F'。将 F 及 F' 分解成沿气流方向的分力 F_D 和 F'_D（阻力）及垂直于气流方向的分力升力 F_L 和 F'_L，阻力 F_D 和 F'_D 形成对风轮的正面压力，而升力 F_L 和 F'_L 则对风轮中心轴产生转动力矩，从而使风轮转动起来。

3. 风轮在转动情况下叶片的受力情况

若风轮旋转角速度为 ω，则相对于叶片上距转轴中心 r 处的小段叶片元（叶素）的相对速度 W 将是垂直于风轮旋转面的来流速度 v 与该叶素的旋转线速度（$U=\omega r$）的矢量和，$\vec{W}=\vec{v}+\vec{U}$，如图 3-15 所示，其中 ε 代表 dF 和 dL 之间的夹角。可见这时以角速度 ω 旋转的风轮，在与转轴中心相距 r 处的叶素的攻角，已经不是 v 与翼弦的夹角，而是 W 与翼弦的夹角。以相对速度 W 吹向叶片元的气流，产生气动力 F，F 可分解为垂直于 W 方向的升力 L 及与 W 方向一致的阻力 D，于是长度为 dr 的叶素上所受气动力的分力升力和阻力分别为：

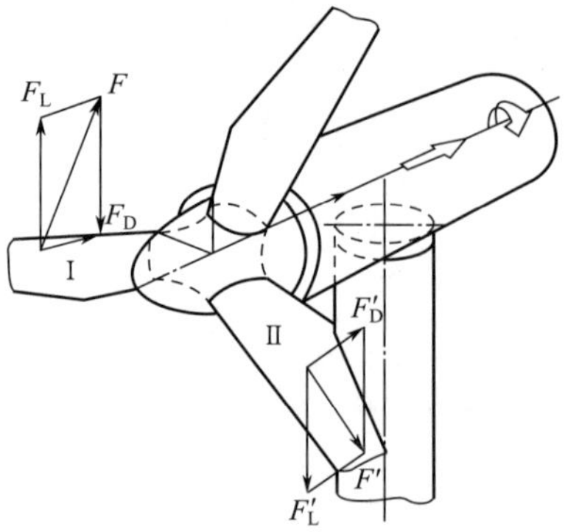

图 3-14 风力机启动时的受力情况

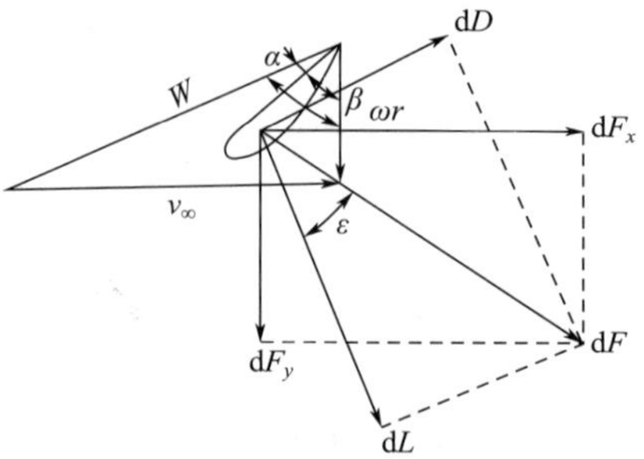

图 3-15 叶素受力分析

$$dL = \frac{1}{2}\rho C_L W^2 c\,dr \tag{3-5}$$

$$dD = \frac{1}{2}\rho C_D W^2 c\,dr \tag{3-6}$$

式中 C_L 和 C_D——分别为升力系数和阻力系数

c——叶弦长

作用在叶片 r 处 dr 的叶素上的轴向推力：

$$dF_x = dL\cos\Phi + dD\sin\Phi \tag{3-7}$$

$$dF_y = dL\sin\Phi - dD\cos\Phi \tag{3-8}$$

由于风轮旋转时叶片不同半径处的线速度是不同的，而相对于叶片各处的气流速度 V 在大小和方向上也都不同，如果叶片各处的安装角都一样，则叶片各处的实际攻角都将不同。这样除了攻角接近最佳值的叶素升力较大外，其他部分所得到的升力则由于攻角偏离最佳值而不理想，所以这样的叶片不具备良好的气动力特性。为了在沿整个叶片长度方向均能获得有利的攻角数值，就必须使叶片每一个截面的安装角随着半径的增大而逐渐减小。在此情况下，有可能使气流在整个叶片长度均以最有利的攻角吹向每个叶素，从而具有比较好的气动力性能，而且各处受力比较均匀，也增加了叶片的强度。这种具有变化的安装角的叶片称为螺旋桨形叶片，而各处安装角均相同的叶片称为平板形叶片。显然，螺旋桨形叶片比起平板形叶片要好得多。

尽管如此，由于风速是在经常变化的，风速的变化也将导致攻角的改变。如果叶片装好后安装角不再变化，那么虽在某一风速下可能得到最好的气动力性能，但在其他风速下则未必如此。为了适应不同的风速，可以随着风速的变化，调节整个叶片的安装角，从而有可能在很大的风速范围内均可以得到优良的气动力性能，这种桨叶称为变桨距式叶片，而把安装角一经装好就不能再变动的叶片称为定桨距式叶片。显然，从气动性能来看，变桨距式螺旋桨形叶片是一种性能优良的叶片。还有一种可以获得良好性能的方法，即风力机采取变速运行方式。通过控制输出功率的办法，使风力机的转速随风速的变化而变化，两者之间保持一个恒定的最佳比值，从而在很大的风速范围内均可使叶片各处以最佳的攻角运行。

五、翼型截面对升阻力的影响

1. 升力系数和阻力系数

在描述不同翼型的升阻特性时，常常用无量纲的升力系数和阻力系数作为基准，它们的定义如下：

$$\text{升力系数：}C_{\mathrm{L}}=F_{\mathrm{L}}/\left(\frac{1}{2}\rho S v^{2}\right) \tag{3-9}$$

$$\text{阻力系数：}C_{\mathrm{D}}=F_{\mathrm{D}}/\left(\frac{1}{2}\rho S v^{2}\right) \tag{3-10}$$

为便于分析，此处引入几个参数：

①Re（雷诺数）：基于弦长和来流速度的特征比（流体力学中表征黏性影响的相似参数，为纪念雷诺而命名），即

$$Re=\frac{\rho v L}{\mu} \tag{3-11}$$

式中　ρ——流体密度，$\mathrm{kg/m^3}$

μ——流体黏度，Pa・s

v——流体速度，取自前方来流速度，m/s

L——特征长度，取自物体主要尺寸，m

雷诺数越小意味着黏性力影响越显著，而雷诺数越大则惯性力影响越显著。

②Ma（马赫数）：为风速和当地声速的比值。

对风力机和低速运动的航空器而言，升力系数和阻力系数只是 Ma 和 Re 的函数。针对给定的翼型，可以测量或者计算升力系数和阻力系数。

翼型的升力系数、阻力系数与攻角的关系分别如图 3-16 和图 3-17 所示。桨叶的升力系数和阻力系数曲线组合能够更加直观地对不同攻角下桨叶的升力系数与阻力系数进行对比。

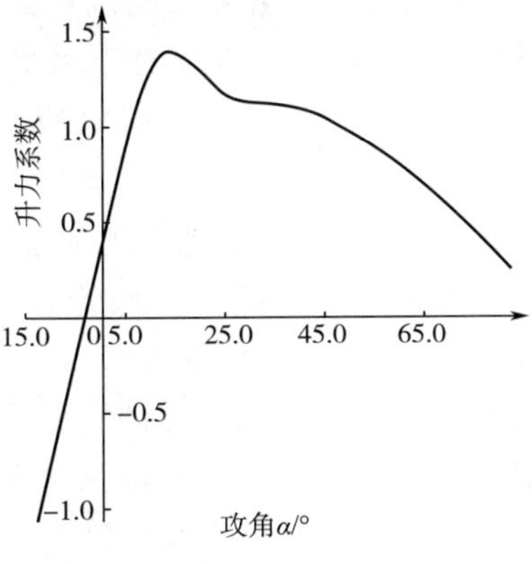

图 3-16　翼型升力系数曲线

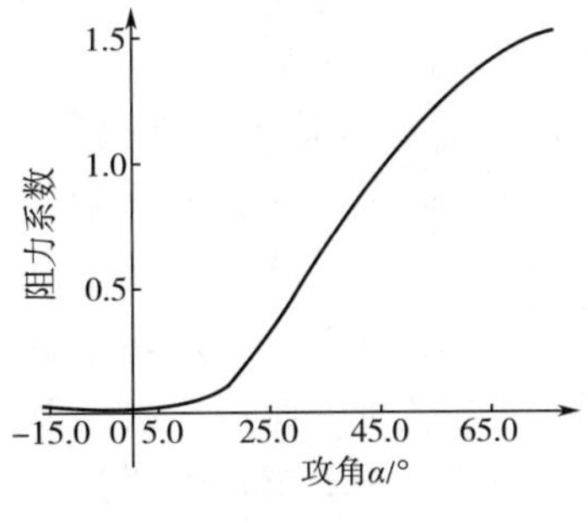

图 3-17　翼型阻力系数曲线

2. 翼型截面形状对升力和阻力的影响

翼型截面形状对升力和阻力的影响很大，具体影响情况分述如下：

(1) 弯度的影响　翼型的弯度加大后，导致上、下弧流速差加大，从而使压力差加

大，故升力增加；与此同时，上弧流速加大，摩擦阻力上升，并且由于迎流面积加大，故压差阻力也加大，导致阻力上升。因此，同一攻角时，随着弯度增加，其升、阻力都将显著增加，但阻力比升力的增加更快，使升力、阻力比有所下降。

（2）厚度的影响　叶型厚度增加后，其影响与弯度类似。同一弯度的翼型，厚度增加时，对应于同一攻角的升力有所提高，但对应于同一升力的阻力也较大，使升、阻比有所下降。

（3）前缘的影响　试验表明，当翼型的前缘抬高时，在负攻角情况下阻力变化不大；前缘低垂时，在负攻角时会导致阻力迅速增加。

翼型失速的方式与其几何形状非常相关。前端快速变化的薄翼型，即前缘曲率半径较大的翼型比厚的翼型失速更为急剧。

（4）表面粗糙度和雷诺数的影响　表面粗糙度和雷诺数对桨叶气动力学特性有着重要影响。图 3-18 表示雷诺数和表面粗糙度对几种翼型（NACA0012、NACA23012、NACA23015、NACA4412、NACA4415）的气动力特性的影响曲线。

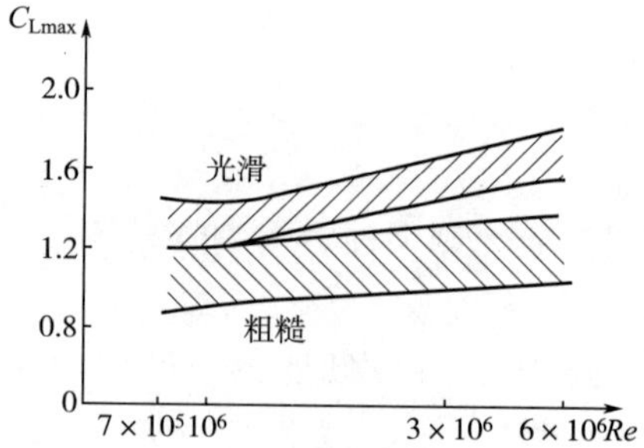

（1）对升力系数的影响

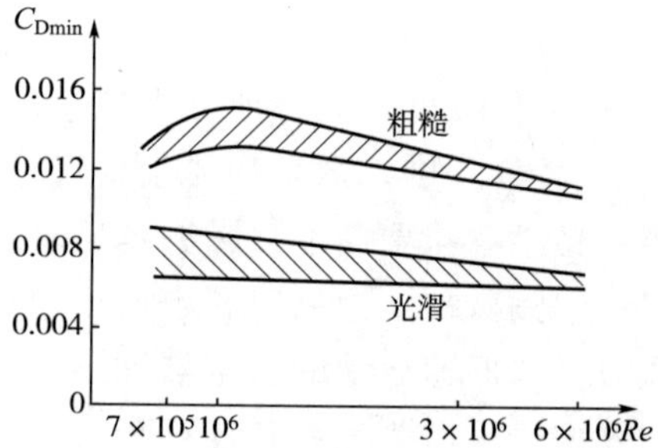

（2）对阻力系数的影响

图 3-18　雷诺数和表面粗糙度对气动特性的影响

当叶片在运行中出现失速以后，噪声常常会突然增加，引起风电机组的振动和运行不稳等现象。因此，在选取 C_L 值时，以失速点作为设计点不可取。对于水平轴型风电机组而言，为了使风电机组在稍向设计点右侧偏移时仍能很好地工作，所取的 C_L 值最大不超过（0.8～0.9）$C_{L\max}$。

我们在设计风电机组时，总希望得到高的风能利用系数，使风轮的能量损失尽可能小，即阻力尽可能地小，要求选择的翼型具有高的升力系数。一般流线翼型的升阻比（C_L/C_D）在 150～170，某些特殊翼型的理论升阻比可达到 400 左右。

选择翼型的规则：对于低速风轮，由于叶片数较多，不需要特殊的翼型升阻比；对于高速风轮，由于叶片数较少，应当选用在很宽的风速范围内具有较高升阻比和平稳失速特性的翼型，并且要对粗糙度不敏感，以便获得较高的功率系数；另外要求翼型的气动噪声低。

第二节　风能转换基本原理

通过对风轮叶片的受力分析，我们了解了风力机为什么可以从风中吸收风能从而转化为机械能。下面利用基于风能转换过程中几个重要原理来计算风力机从风能中吸收的能量、获得的转矩以及风能吸收最大效率。

一、贝茨理论

风电机组的风轮在理想条件下将风的动能转化为机械能的最大转化效率是59.3%，亦称为贝茨极限。

贝茨理论是德国物理学家阿尔伯特·贝茨（Albert Betz）于1919年提出的。这也是世界上第一个关于风力机风轮叶片接受风能的完整的理论。风电机组的风轮不可能将风能100%转化为机械能，即风轮的转化效率是有极限的。贝茨理论证明了风电机组的风轮机械能转化效率的极限。贝茨理论的建立，需要将风轮理想化，满足以下假定条件：

（1）风轮可以简化成一个平面桨盘，亦被称为制动盘，这个制动盘没有轮毂，而且叶片数无穷多。

（2）风轮叶片旋转时无摩擦阻力，不产生摩擦能量损耗。

（3）风轮前远方、风轮扫掠面、风轮后远方气流都是均匀的定常流，气流流动模型可简化成如图3-19所示的流束。

（4）空气流是连续的，不可压缩的，作用在风轮上的推力是均匀的。

（5）不考虑风轮的尾流旋转影响。

（6）风轮前远方未受扰动的气流静压和风轮后远方的气流静压相等。

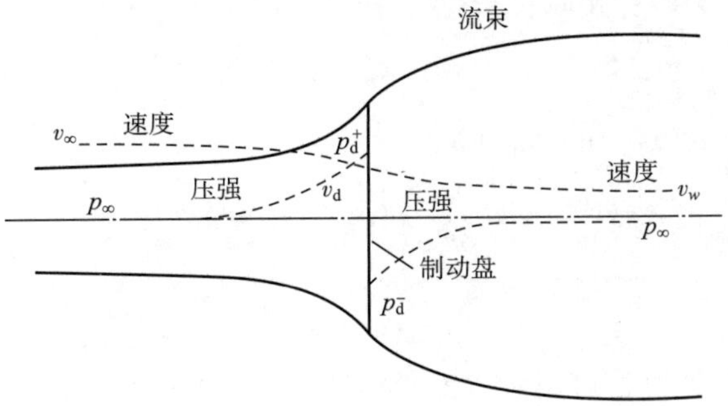

图3-19　流经制动盘的流束

单位时间内通过特定截面的空气质量流量是 $\rho f v$ ，其中 ρ 为空气密度（kg/m^3），f 为横截面积（m^2），v 为流体速度（m/s）。

由以上假设条件可知，气流沿流管方向的质量流量处处相等，因此：

$$\rho f_\infty v_\infty = \rho f v = \rho f_w v_w \tag{3-12}$$

式中　∞——上游无穷远处的参数

　　w——尾流远端的参数

风轮导致气流速度发生变化，产生诱导气流，该诱导气流将叠加到风轮前的气流速度上。诱导气流在气流方向的分量为 $-av_\infty$ ，其中 a 为轴向气流诱导因子。所以在风轮处，气流方向的净速度为：

$$v_d = (1-a)v_\infty \tag{3-13}$$

由此可知，在风轮处，轴向气流诱导因子 a 为：

$$a=\frac{v_{\infty}-v_{\mathrm{d}}}{v_{\infty}} \tag{3-14}$$

单位时间内风作用在叶片上的推力由动量定理求得

$$T=(v_{\infty}-v_{w})\rho f v_{\mathrm{d}} \tag{3-15}$$

式中　T ——气流所受的作用力，N

引起动量变化的力完全来自风轮前后静压力的改变，所以有

$$(p^{+}-p^{-})f=(v_{\infty}-v_{w})\rho f v_{\infty}(1-a) \tag{3-16}$$

式中　p^{+} ——风轮前气流静压，Pa

p^{-} ——风轮后气流静压，Pa

对流束的上风向和下风向分别使用伯努利方程，可以求得压力差（$p^{+}-p^{-}$）。

对上风向气流有：

$$\frac{1}{2}\rho_{\infty}v_{\infty}^{2}+p_{\infty}+\rho_{\infty}gh_{\infty}=\frac{1}{2}\rho v_{\mathrm{d}}^{2}+p^{+}+\rho gh \tag{3-17}$$

由于假设气体是不可压缩的，$\rho_{\infty}=\rho$，并且在水平方向 $h_{\infty}=h$，那么有

$$\frac{1}{2}\rho v_{\infty}^{2}+p_{\infty}=\frac{1}{2}\rho v_{\mathrm{d}}^{2}+p^{+} \tag{3-18}$$

同样下风向气流有

$$\frac{1}{2}\rho v_{w}^{2}+p_{\infty}=\frac{1}{2}\rho v_{\mathrm{d}}^{2}+p^{-} \tag{3-19}$$

式（3-18）和式（3-19）相减可得

$$(p^{+}-p^{-})=\frac{1}{2}\rho(v_{\infty}^{2}-v_{w}^{2}) \tag{3-20}$$

把式（3-20）代入式（3-16）得到

$$\frac{1}{2}\rho(v_{\infty}^{2}-v_{w}^{2})f=(v_{\infty}-v_{w})\rho f v_{\infty}(1-a) \tag{3-21}$$

因此：

$$v_{w}=(1-2a)v_{\infty} \tag{3-22}$$

风轮作用在气流上的力，可由式（3-22）代入式（3-15）导出：

$$T=(p^{+}-p^{-})f=2\rho f v_{\infty}^{2}a(1-a) \tag{3-23}$$

这个力在数值上等于气流对制动盘的反作用力，因此气体输出功率 P 为：

$$P=Tv_{\mathrm{d}}=2\rho f v_{\infty}^{3}a(1-a)^{2} \tag{3-24}$$

定义风能利用系数 C_P

$$C_P=\frac{P}{\frac{1}{2}\rho v_{\infty}^{3}f} \tag{3-25}$$

式中分母为横截面积为 f 的自由流束所具有的风的功率。

将式（3-24）代入式（3-25）得：

$$C_P=4a(1-a)^{2} \tag{3-26}$$

通过式（3-26）中 C_P 表达式的一阶导数和二阶导数，判断可知 C_P 存在最大值，若要求得 C_P 的最大值，则需要解方程 $\frac{\mathrm{d}C_P}{\mathrm{d}a}=0$。

即

$$4(1-a)(1-3a)=0 \tag{3-27}$$

得到 $a=\frac{1}{3}$，$a=1$（后者为增根，可以舍去）。将 $a=\frac{1}{3}$ 代入式（3-26）得：

$$C_{P\max}=\frac{16}{27}=0.593 \tag{3-28}$$

这个值称为贝茨极限，它是水平轴风力机的风能利用系数的最大值。而一般实际情况下，风电机组风轮的机械转化效率为45%～50%。

二、简化风车理论

简化风车理论运用了两种作用力的估算方法，动量转换估算和气动估算，假定这两种估算的结果一致，得到一种叶片弦长的关系式，这是其他风力机设计理论的基本方法。

1. 简化风车理论的第一种估算法

根据贝茨理论，整个风轮的轴向推力为：

$$T=\frac{1}{2}\rho f(v_\infty^2-v_w^2) \tag{3-29}$$

通过风轮的风速为：

$$v=\frac{v_\infty+v_w}{2} \tag{3-30}$$

当 $v_\infty=\frac{v_w}{3}$ 时，输出功率达到最大值。

此时轴向推力 T 和通过风轮扫掠面的风速 v 分别为：

$$T=\frac{4}{9}\rho f v_\infty^2=\rho f v^2 \tag{3-31}$$

$$v=\frac{2}{3}v_\infty \tag{3-32}$$

假设作用在风轮上的轴向推力与扫掠面积成正比，则在 r、$r+\mathrm{d}r$ 区间扫掠面上轴向推力为：

$$\mathrm{d}T=\rho v^2 df=2\pi\rho v^2 r\mathrm{d}r \tag{3-33}$$

2. 简化风车理论的第二种估算法

如图3-20所示，设风轮的旋转角速度为 ω，半径 r 处 $\mathrm{d}r$ 的叶素上所受其合力为：

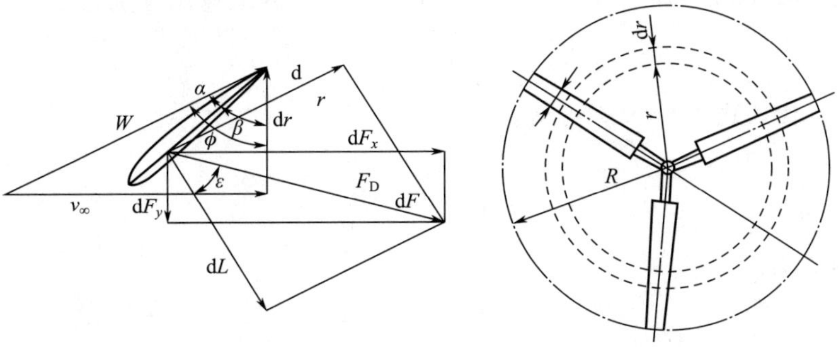

图3-20　简化风车理论作用在翼型上的力

$$\mathrm{d}F = \frac{\mathrm{d}L}{\cos\varepsilon} \tag{3-34}$$

式中　ε —— $\mathrm{d}F$ 和 $\mathrm{d}L$ 之间的交角

L——距转轴 r 处叶素的弦长

又可知：

$$W = \frac{v}{\sin\phi} \tag{3-35}$$

$$\mathrm{d}F = \frac{1}{2}\rho C_{\mathrm{L}} \frac{W^2}{\cos\varepsilon} c\,\mathrm{d}r = \frac{1}{2}\rho C_{\mathrm{L}} \frac{v^2}{\sin^2\phi} \frac{c\,\mathrm{d}r}{\cos\varepsilon} \tag{3-36}$$

将 $\mathrm{d}F$ 投影到转轴上，设叶片数为 B，则 r、$r+\mathrm{d}r$ 段产生的轴向推力 $\mathrm{d}T$ 为：

$$\mathrm{d}F_x = \mathrm{d}T = \frac{1}{2}\rho C_{\mathrm{L}} B \frac{v^2}{\sin^2\phi} \frac{\cos(\phi-\varepsilon)}{\cos\varepsilon} c\,\mathrm{d}r \tag{3-37}$$

$$\mathrm{d}F_y = \frac{1}{2}\rho C_{\mathrm{L}} B \frac{v^2}{\sin^2\phi} \frac{\sin(\phi-\varepsilon)}{\cos\varepsilon} c\,\mathrm{d}r \tag{3-38}$$

联立式（3-33）和式（3-37）得到：

$$C_{\mathrm{L}} Bc = 4\pi r \frac{\sin^2\phi\cos\varepsilon}{\cos(\phi-\varepsilon)} \tag{3-39}$$

将 $\cos(\phi-\varepsilon)=\cos\phi\cos\varepsilon+\sin\varphi\sin\varepsilon$ 代入式（3-39）得到：

$$C_{\mathrm{L}} Bc = 4\pi r \frac{\tan^2\phi\cos\phi}{1+\tan\varepsilon\tan\phi} \tag{3-40}$$

在风力机最佳运行条件下，通过风轮的风速为：

$$v = \frac{2}{3} v_\infty \tag{3-41}$$

因此从式（3-42）可以求出入流角：

$$\cot\phi = \frac{\omega r}{v} = \frac{3}{2}\frac{\omega r}{v_\infty} = \frac{3}{2}\lambda \tag{3-42}$$

将式（3-42）代入式（3-40）得到

$$C_{\mathrm{L}} Bc = \frac{16}{9} \frac{r}{\sqrt{\lambda^2 + \frac{4}{9}(1+\frac{2}{3\lambda}\tan\varepsilon)}} \tag{3-43}$$

由于在正常运转情况下，$\tan\varepsilon = \dfrac{\mathrm{d}D}{\mathrm{d}L} = \dfrac{1}{\tan\theta}$ 的值一般很小，对于普通翼型，攻角接近于最佳值时，$\tan\varepsilon \approx 0.02$，在叶尖处和距离转轴半径 r 处的尖速比分别为：

$$\lambda_0 = \frac{\omega R}{v_\infty}, \lambda = \frac{\omega r}{v_\infty} = \lambda_0 \frac{r}{R} \tag{3-44}$$

将（3-44）代入式（3-43），可得：

$$C_{\mathrm{L}} Bc = \frac{16\pi}{9} \frac{R}{\lambda_0 \sqrt{(\lambda_0 \frac{r}{R})^2 + \frac{4}{9}}} \tag{3-45}$$

所以弦长 c 为：

$$c = \frac{16\pi}{9BcC_{\mathrm{L}}\lambda_0} \frac{R}{\sqrt{(\lambda_0 \frac{r}{R})^2 + \frac{4}{9}}} \tag{3-46}$$

叶尖速比 λ_0 和风轮直径确定后，可由式（3-47）计算不同半径 r 处的入流角 ϕ ：

$$\phi = \operatorname{arccot} \frac{3}{2}\lambda_0 \frac{r}{R} \tag{3-47}$$

三、涡流理论

实际上当气流在风轮上产生转矩时，也受到了风轮的反作用力，因此，在风轮后会产生向反方向旋转的尾流。对于有限长的叶片，风在经过风轮时，叶片表面的气压差也会产生围绕叶片的涡流，这样在实际旋转风轮叶片后缘就会拖出尾涡，对风速造成一定影响。因为存在尾流和涡流影响，风轮叶片下游存在着尾迹涡，它形成两个主要的涡区：一个在轮毂附近，一个在叶尖（图 3-21）。当风轮旋转时，通过每个叶片尖部的气流的迹线为一螺旋线，因此，每个叶片的尾迹涡形成了螺旋形。在轮毂附近也存在同样的情况，每个叶片都对轮毂涡流的形成产生一定的作用。此外，为了确定速度场，可将各叶片的作用以一边界涡代替。

由涡流引起的风速可看成是由下列三个涡流系统叠加的结果：

（1）中心涡，集中在转轴上。

（2）每个叶片的边界涡。

（3）每个叶片尖部形成的螺旋涡。

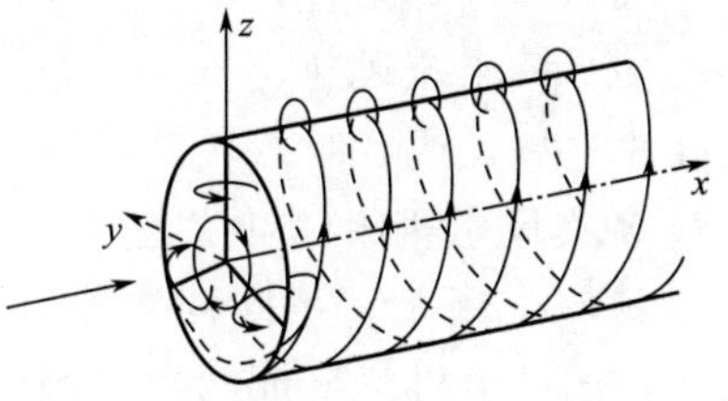

图 3-21　风速的涡流系统

基于以上的理论分析，对于空间某一给定点，我们可以认为其风速是由非扰动的风速和由涡流系统产生的风速之和。涡流系统对风电机组的影响可以分解为对风速和对风轮转速两方面。

假设涡流系统通过风轮的轴向速度为 v_a，旋转速度为 u_a。由图 3-22 可以得到，涡流形成的气流通过风轮的轴向速度 v_a 与风速方向相反，旋转速度 u_a 方向与风轮转速方向相同。所以，在涡流系统影响下的风速由 v 变为 $(v-v_a)$，风轮转速由 u 变为 $(u+u_a)$。

假定

$$\begin{aligned} v_a &= a \cdot v \\ u_a &= b \cdot u \end{aligned} \tag{3-48}$$

其中 a、b 为涡流对风速、风轮角速度的影响程度，分别称为轴向诱导速度系数和切向诱导速度系数。

考虑涡流对风速的影响时，风速为 $(v-v_a)$，即 $(1-a)v$，风轮转速为 $(u+u_a)$，即 $(1+b)u$。因为相对风速 w 为风速和风轮转速的矢量和，倾角为相对风速与风轮转速间的夹角，则相对风速及对应倾角也发生相应变化：

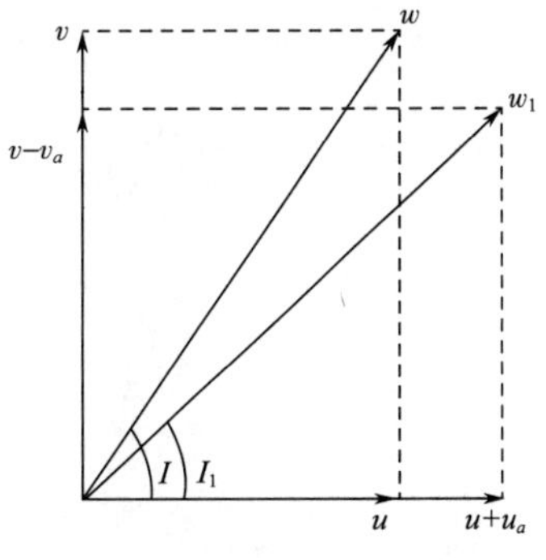

图 3-22　涡流影响下的速度矢量图

$$w_1 = \sqrt{[(1-a)\cdot v]^2 + [(1+b)\cdot u]^2} \tag{3-49}$$

$$I_1 = \arctan \frac{(1-a)v}{(1+b)u} \tag{3-50}$$

第三节 风力机运行特性

一、影响风轮特性的参数

（一）叶尖速比

1. 叶尖速比定义

叶尖速比是风轮的一个重要参数，它指的是风轮叶片叶尖线速度与来流风速的比值，表示风轮在不同风速中的状态，叶尖速比为：

$$\lambda = \frac{R\omega_r}{v} \tag{3-51}$$

式中 ω_r——风轮角速度，rad/s

R——叶片半径，m

v——来流风速，m/s

叶片越长，或者叶片转速越快，同风速下的叶尖速比也就越大。

2. 各类风电机组的叶尖速比

如图 3-23 所示，不同种类的风电机组的叶尖速比各不相同。我们可以根据叶尖速比的不同，把风电机组分成两类：慢叶尖速比风电机组和快叶尖速比风电机组。

（1）慢叶尖速比风电机组 此类风电机组的叶尖速比最大为 2.5。所有以阻力原理作用的风电机组的叶尖速比都小于 1，叶尖速比为 1～2.5，以升力原理作用的风电机组，称为慢叶尖速比风电机组。抽水用风电机组的叶尖速比大约为 1，而荷兰风车的叶尖速比大约为 2。

（2）快叶尖速比风电机组 此类风电机组是指叶尖速比为 2.5～15，按照升力原理作用的风电机，称为快叶尖速比风电机组。几乎所有的现代风电机组（叶片数 1～3）都属于此类。

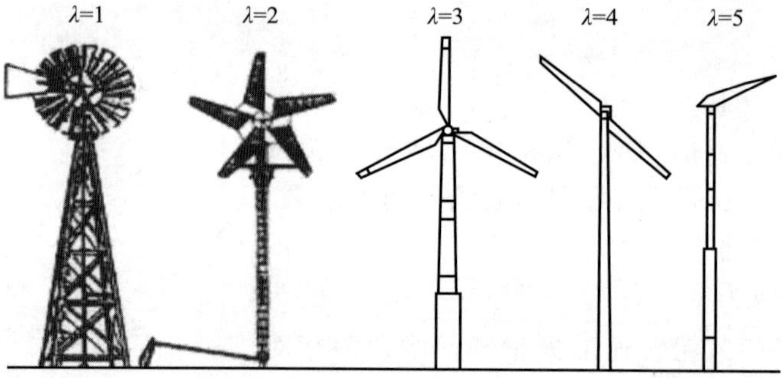

图 3-23 各类风电机组的叶尖速比

3. 风电机组的转化效率与叶尖速比的关系

由于受到旋转尾流的影响，实际风电机组的贝茨极限并不是一条水平直线，而是随着风轮转速或者是叶尖速比的变化而变化的。尾流损失与转矩相关，快叶尖速比风电机组的转矩相对较小，旋转尾流的损失也小。不同叶片的功率系数与叶尖速比的关系如图 3-24 所示。

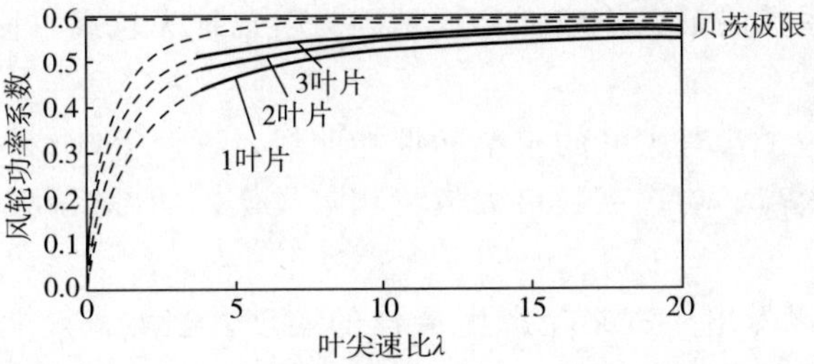

图 3-24　功率系数与叶尖速比的关系

（二）叶片数

叶片数与功率系数的关系如图 3-25 所示。风力水泵的叶尖速比较低（大约为 1），所以需要更多的叶片来吸收风能，一般有 20～30 个叶片；荷兰风车的叶尖速比大约为 2，一般常用 4 个叶片；现代三叶片风电机的叶尖速比大约为 6，而一个叶片的风电机的叶尖速比大约为 12。

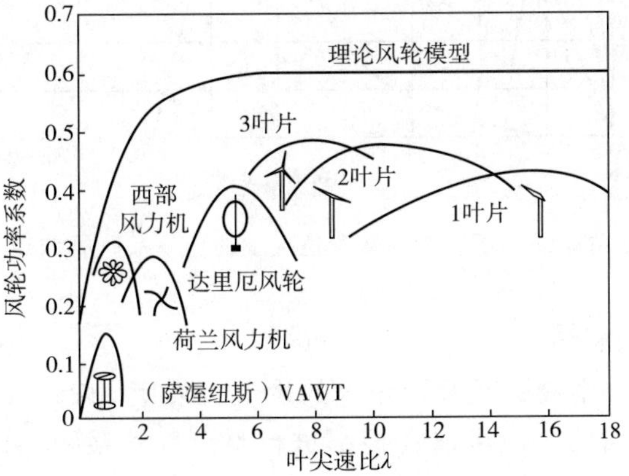

图 3-25　叶片数与功率系数的关系

（三）叶片截面（翼型）

快叶尖速比风电机组的叶片一般都设计得细长而薄，因其叶片与风的相对速度十分高，有利于对风进行切割。

（四）实度 σ

风轮的实度是指风轮的叶片面积之和与风轮扫掠面积之比。实度是和叶尖速比密切相关的另一个重要设计参数。实度大小的改变可以通过改变叶轮的桨叶数量来实现，也可以通过改变桨叶的弦长来改变。对于风力提水机，因为需要大转矩，因此风轮实度较大；对于风力发电机，因为要求转速较高，因此风轮实度较小。通常风电机组实度大致在 5％～20％。

实度影响风轮的力矩特性（特别是启动力矩），以及风轮的转动惯用量及发电机传动系统特性。实度对风能利用率的影响如下：

（1）低实度产生一个宽而平坦的曲线，这表示在一个较宽的叶尖速比范围内功率系数变化很小，但是功率系数的最大值较低，这是因为阻尼损失较高（阻尼损失大约与叶尖速比的立方成比例）。

（2）高实度产生一个含有尖峰的狭窄的性能曲线，这使得叶轮对叶尖速比变化非常敏感，并且，如果实度太高，功率系数最大值将相对较低，功率系数最大值的降低是由失速损失所造成的。

（3）由图 3-26 可以看出，三桨叶产生最佳的实度，当然，两桨叶也是可以接受的选择，虽然它的功率系数最大值稍微低一点，但峰值较宽，这样可以捕获更大的风能。

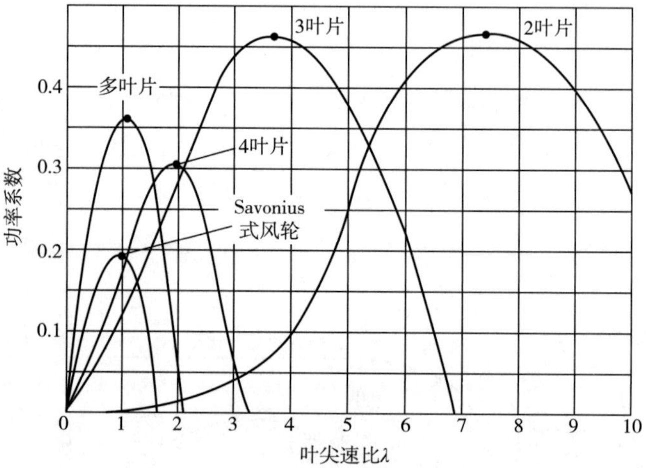

图 3-26 不同叶片数量情况下的功率系数-λ 曲线

（五）桨距角变化的影响

影响功率输出的另一个参数是桨距角 β 的设定。桨叶一般设计成扭曲的形状，即不同截面的桨距角其实是不同的，但可以在根部进行整个叶片桨距角的设定。图 3-27 显示了桨距角变化所产生的影响。

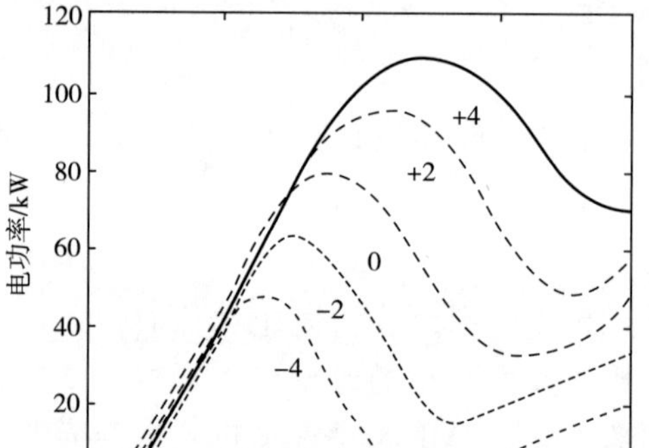

图 3-27 桨距角与功率输出的关系

桨距角的一个小变化可以对功率输出产生显著的影响。正的桨距角设定增大了桨距角，减小了攻角。反之，负的桨距角设定增加了攻角，并可能导致失速的发生。为特定的风况条件中最佳运行而设计的定桨失速风电机组也可以用在其他风况中，只要适当地调节桨叶的安装角（桨距角）和转速就可以了。

二、风电机组运行特性

（一）定桨距风电机组运行特性

由于定桨距风电机组桨距角不能改变，因此可以通过控制其转速而保持叶尖速比恒定在功率系数的最大值点。图 3-28 中曲线代表某一定桨距角下风电机组的运行特性，在其运行过程中还应注意设定转速与桨距角对输出功率的影响。

1. 设定转速的影响

风电机组在恒速运行时，输出功率与运行转速密切相关。如果设定一个低的转速，功率将在一个低风速下达到最大，这样产生的功率是很小的。当风速增加时，风电机组将会运行在失速条件下，这样效率很低。反之，如果设计转速为高转速，则在较低风速条件下，由于叶尖速比过高而导致运行效率低下，由此产生双速风电机组。在低风速条件下，采用较低旋转速度的发电机；在高风速条件下，通过切换采用较高旋转速度的发电机，从而获取更高的功率。

2. 桨距角设定的影响

从图 3-27 可以看出，桨距角变化可以对功率的输出产生显著的影响。正桨距角设定增大了叶片各处实际桨距角，减小了攻角。相反，负桨距角设定增加了攻角，可能导致失速的发生。因此，为了在一定的风况条件下，使风电机组运行在最佳风能捕获状态，可以通过适当地调节叶片桨距角和转速实现。

（二）变桨距风电机组运行特性

为了克服定桨距风电机组被动失速调节的许多缺点，目前大型风电机组均采用主动桨距角控制的变桨距风电机组。变桨距控制最重要的优点是功率调节。在风轮启动时，采用较大的正桨距角，可以产生一个大的启动扭矩；在风电机组关机时，一般采用 90°正桨距角，此时叶片成为“顺桨”，这样可以降低风轮的空转速度以便施加制动刹车。但是，变桨控制具有可靠性较低和成本较高的缺点。对于变桨距风电机组，其转速是风电机组运行时的重要参数，因此风电机组的运行特性可以用风电机组转速-输出功率曲线（图 3-28）和桨距角-输出功率曲线图（3-29）来描述。图 3-28 中 $\lambda=\lambda_{opt}$ 曲线为最佳风能转换效率运行轨迹，它对应着不同风速下的最佳运行转速。

三、风电机组运行控制

1. 定桨距叶尖失速控制

定桨距叶尖失速控制调节装置是当代风力发电机常采用的主要调速方式之一。定桨距就是叶片的安装角是固定的，即叶片固定在轮毂上不能转动。在叶尖上有一段叶片是可以转动的，在额定风速下叶尖上可动的一段叶片与固定叶片保持一致，当风速超过额定风速时，可动叶尖在液压和机械动力的驱动下，转动一定角度，使可动叶尖失速，对风形成阻力，风越大则转的角度越大，对风的阻力也越大，从而保持叶片运转在额定风速下。当风

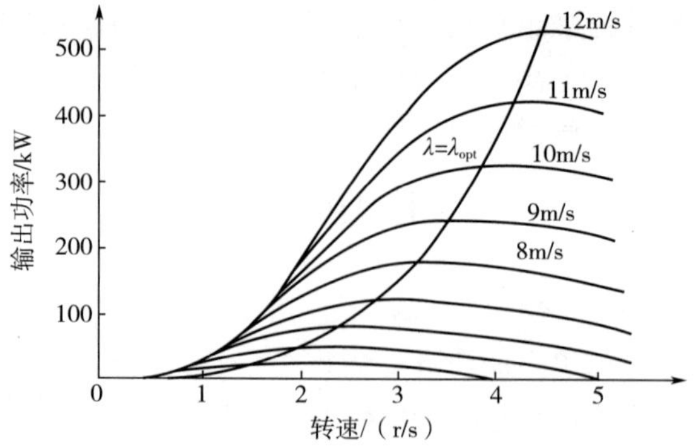

图 3-28　转速-输出功率曲线（$\beta=0$）

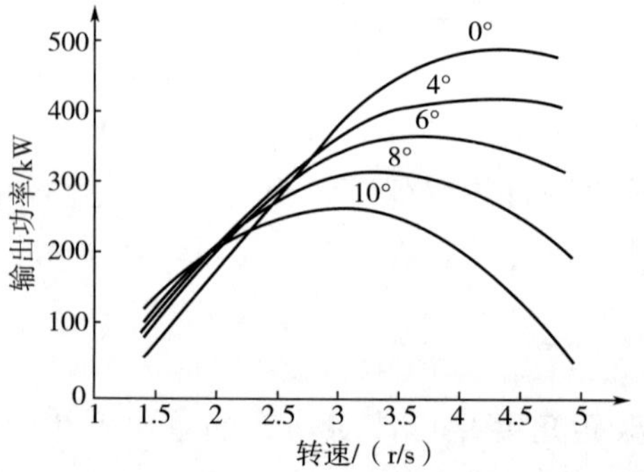

图 3-29　桨距角-输出功率曲线（$v=12\text{m/s}$）

速减小时上面的过程正好相反。当风速达到停机风速时，可动叶尖对风轮转动完全形成阻力，致使风轮停下转动，也称空气制动或刹车。

2. 可变桨距调速

可变桨距调速是现代风力发电机主要调速方式之一。当风速增大使叶片转速迅速加快时，微机会发出指令，电磁阀打开，变桨距液压油缸动作，拉动叶片使叶片转动一定角度，增大安装角，使叶片接受风能减少，维持风轮运转在额定转速范围内。反之，当风速减小时，微机会发出指令，减小叶片的安装角以使叶片接受风能增加，维持风轮转速在额定转速的范围内。变桨距调速装置也有多种形式，上述为液压变桨距调速装置，变桨距调速装置还有一种是由调速电机来驱动的。

3. 气动力调速

气动力调速装置的机理是在叶尖上或叶片中部安装一块阻尼板，在额定风速下，阻尼板随风轮运转的离心力与弹簧的拉力平衡并保持在风轮转动中受空气阻力最小的位置。当风速超过额定值时，阻尼板由于离心力的作用而张开造成空气阻力使风轮转速保持在额定转速的范围内；当风速减小时，离心力减小，靠弹簧的拉力把阻尼板又拉回来，减小空气阻力，使风轮稳定在额定转速范围内。

思考题

1. 风轮叶片翼型分为哪几类？主要的代表翼型有哪些？

2. 叶片的翼型外形由哪些几何参数确定?

3. 贝茨理论的结论说明什么?

4. 风力机的主要性能参数有哪些？各有什么含义?

5. 变桨距风电机组运行特性是什么?

6. 风电机组调速控制方式有哪些？各自的特点是什么?

参考文献

［1］Tony Burton，Nick Jenkins，David Sharpe. 风能技术［M］.2 版．北京：科学出版社，2014.

［2］赵振宙，王同光，郑源．风力机原理［M］．北京：中国水利水电出版社，2016.

［3］张宝全．风力发电职业培训教材第一分册风力发电基础理论［M］．北京：中国电力出版社，2016.

［4］田德．风能转换原理与技术［M］．北京：中国电力出版社，2018.

第四章　风力发电机组的结构

第一节　风电机组的构成及分类

一、风电机组概述

风力发电机组能将风具有的动能转换成旋转形式的机械能，再将机械能转换为电能对外输出。对并网型风力发电机组的基本要求是在当地风况、气候和电网条件下能够长期安全运行，取得最大的年发电量和最低的发电成本。风的速度和方向是不断变化的，风轮的输出功率与风速的立方成正比。由于风力发电机组各个部件随时承受着交变载荷，疲劳强度是影响风电机组寿命的主要因素，因此风力发电机组对材料、结构、工艺和控制策略都提出了很高的要求。

1. 并网型风力发电机组的外观结构

并网型风力发电机组从外观上看可分为风轮、机舱、塔架和基础四个部分。

（1）风轮　其是风电机组获取风中能量的关键部件，由叶片和轮毂组成。叶片具有气动力外形，在气流作用下产生力矩驱动风轮转动，通过轮毂将扭矩输入到传动系统。风轮按叶片数可以分为单叶片、双叶片、三叶片和多叶片，其中三叶片风轮在并网型风力发电机组上得到广泛应用。按照叶片能否围绕其纵向轴线转动，可以分为定桨距风轮和变桨距风轮。定桨距风轮叶片与轮毂固定连接，结构简单，但是承受的载荷较大。在风轮转速恒定的条件下，风速增加超过额定风速时，如果风流与叶片分离，叶片将处于“失速”状态，风轮输出功率降低，发电机不会因超负荷而烧毁。变桨距风轮的叶片与轮毂通过轴承连接，虽然结构比较复杂，但能够获得较好的性能，而且叶片承受的载荷较小，重量轻。另外按转速的变化又可以将风轮分为定转速风轮和变转速风轮。变转速风轮的转速随风速变化，可以使风轮保持在最佳效率状态下运行，获取更多的能量，并减小因阵风引起的载荷。但是变转速发电机的结构复杂，还需要通过交-直-交变流装置与电网频率保持同步的装置，又消耗了一些能量。

（2）机舱　机舱由主机架和机舱罩组成，主机架上安装传动系统及发电机等主要部件。机舱罩后部的上方装有风速和风向传感器，舱壁上有隔音和通风装置等，底部与塔架连接。

（3）塔架　塔架支撑机舱达到所需要的高度，其上安置发电机和控制器之间的动力电缆、控制和通讯电缆，还装有供操作人员上下机舱的扶梯。大型风电机组还设有电梯。塔架结构有筒形和桁架两种形式。

（4）基础　基础为钢筋混凝土结构，根据当地地质情况设计成不同的形式。其中心预置、与塔架连接的基础部件保证将风力发电机组牢牢固定在基础上。基础周围还要设置预防雷击的接地系统。

2. 并网型风力发电机组的系统组成

并网型风力发电机组由传动系统、偏航系统、液压系统、制动系统、发电机、控制与安全系统等组成。

(1) 传动系统　其包括主轴、齿轮箱和联轴节。轮毂与主轴固定连接，将风轮的扭矩传递给齿轮箱。有的风力发电机组将主轴与齿轮箱的输入轴合为一体。大型风力发电机组风轮的转速一般在 10～30r/min，通过齿轮箱增速到发电机的同步转速，经高速轴、联轴器驱动发电机旋转。

(2) 偏航系统　由于风向经常改变，如果风轮扫掠面和风向不垂直，则不但功率输出减少，而且承受的载荷更加恶劣。偏航系统的功能就是跟踪风向的变化，驱动机舱围绕塔架中心线旋转，使风轮扫掠面与风向保持垂直。风向标是偏航系统的传感器，将风向信号发给控制器，经过与风轮的方位进行比较后，发出指令给偏航电机或液压电机，驱动小齿轮沿着与塔架顶部固定的大齿圈移动，经过偏航轴承使机舱转动，直到风轮对准风向后停止。机舱在反复调整方向的过程中，有可能发生沿着同一方向累计转了许多圈，造成机舱与塔底之间的电缆扭绞，因此偏航系统应具备解缆功能，机舱沿着同一方向累计转了若干圈后，必须反向回转，直到扭绞的电缆松开。偏航轴承分为滑动型和滚动型，有的具备自锁功能，有的设置强制制动，都应设置阻尼满足机舱转动时平稳不发生震动的要求。

(3) 液压系统　其主要是为油缸和制动器提供必要的驱动压力，有的强制润滑型齿轮箱亦需要液压系统供油。油缸主要是用于驱动定桨距风轮的叶尖制动装置或变桨距风轮的变距机构。液压站由电机、油泵、油箱、过滤器、管路及各种液压阀等组成。

(4) 制动系统　其主要分为气动力制动和机械制动两部分，有的风力发电机组只有机械制动。定桨距风轮的叶尖扰流器旋转约 90°，或变桨距风轮处于顺桨位置均利用空气阻力使风轮减速或停止，属于气动力制动。在主轴或齿轮箱的高速输出轴上设置的盘式制动器属于机械制动。通常在运行时要让风电机组停机，首先采用空气制动，使风轮减速，再采用机械制动使风轮停转。

(5) 发电机　发电机将风轮的机械能转换为电能，分为异步发电机和同步发电机两种。异步发电机的转速取决于电网的频率，只能在同步转速附近很小的范围内变化。当风速增加使齿轮箱高速输出轴转速达到异步发电机同步转速时，风电机组并入电网，向电网送电。风速继续增加，发电机转速也略为升高，增加输出功率。达到额定风速后，由于风轮的调节，稳定在额定功率不再增加。反之风速减小，发电机转速低于同步转速时，则从电网吸收电能，处于电动机状态，经过适当延时后应脱开电网。有的风力发电机组为了充分利用低风速时的风能，降低风轮转速，采用了可变极数的异步发电机，如从 4 极 1500r/min 变为 6 极 1000r/min，但是这种发电机仍然可以看做是基本上恒定转速的。普通异步发电机结构简单，可以直接并入电网，无需同步调节装置，缺点是风轮转速固定后效率较低，而且在交变的风速作用下，承受较大的载荷。为了克服这些不足之处，相继开发出了高滑差异步发电机和变转速双馈异步发电机。

同步发电机的并网一般有两种方式：一种是准同期直接并网，这种方法在大型风力发电中极少采用；另一种是交-直-交并网。近年来，由于大功率电子元器件的快速发展，变速恒频风力发电机组得到了迅速的发展。同步发电机也在风力发电机中得到广泛的应用。

为了减少齿轮箱的传动损失和发生故障的概率，有的风力发电机组采用风轮直接驱动同步多极发电机，又称无齿轮箱风力发电机组。其发电机转速与风轮相同而且随着风速变化，风轮可以转换更多的风能，所承受的载荷较小，减轻部件的重量。缺点是这种发电机结构复杂，制造工艺要求很高，需要变流装置才能与电网频率同步，经过转换又损失了能量。

（6）控制与安全系统　其包括控制和监测两部分，控制部分又分为手动和自动。运行维护人员可在现场根据需要进行手动控制。自动控制应该在无人值守的条件下实施运行人员设置的控制策略，保证风电机组正常安全运行。监测部分将各种传感器采集到的数据送到控制器，经过处理作为控制参数或作为原始记录储存起来，在风电机组控制器的显示屏上可以查询，也要送到风电场中央控制室的电脑系统，通过网络或电信系统现场数据还能传输到业主所在城市的办公室。

二、风电机组的分类

1. 按照额定功率的大小分

按照额定功率的大小，分为微型风力发电机组、小型风力发电机组、中型风力发电机组和大型风力发电机组。

（1）微型风力发电机组　额定功率小于 1kW。

（2）小型风力发电机组　额定功率 1～99kW。

（3）中型风力发电机组　额定功率 100～600kW。

（4）大型风力发电机组　额定功率大于 600kW。

2. 按照风电机组与电网的关系分

按照风电机组与电网的关系，分为离网型风力发电机组和并网型风力发电机组。

（1）离网型风力发电机组　一般指单台独立运行，所发出的电能不接入电网的风力发电机组。这种风电机组一般容量较小（常为微小型机和中型机），专为家庭或村落等小的用电单位使用，常需要与其他发电或储电装置联合运行。

（2）并网型风力发电机组　一般指以机群布阵形成风力发电场，并与电网连接运行的大、中型风力发电机组。

3. 按照风轮旋转主轴与地面相对位置的关系分

按照风轮旋转主轴与地面相对位置的关系，风电机组分为水平轴风力发电机组和垂直轴风力发电机组。

（1）水平轴风力发电机组　风轮旋转轴与地面平行，叶片数量视用途而定。

（2）垂直轴风力发电机组　风轮旋转轴与地面垂直，又可分为阻力型和升力型两大类。

三、大型水平轴并网风电机组的基本结构

目前在并网风力发电领域主要采用水平轴风电机组形式，其基本结构包括风轮、传动系统、发电机、主机架与机舱、偏航系统、控制与安全系统、塔架和基础等。

（1）风轮　由叶片、轮毂和变桨系统组成，风电机组通过叶片吸收风能，转换成风轮的旋转机械能。

（2）传动系统　其由主轴、增速齿轮箱、联轴器与机械制动装置组成（直驱式的除外），实现动力的传递。

(3) 发电机 发电机实现机械能到电能的转换。

(4) 主机架与机舱 主机架用于安装风电机组的传动系统及发电机，并与塔架顶端连接，将风轮和传动系统产生的所有载荷传递到塔架上。

(5) 偏航系统 偏航操作装置主要由偏航轴承、驱动电机、齿轮传动机构、制动器等功能部件组成，主要用于调整风轮的对风方向。

(6) 控制与安全系统 包括变桨控制器（分为电变桨与液压变桨两种）、变流器、主控制器、机组控制安全链及各种传感器等。

(7) 塔架和基础 塔架是风电机组的支撑部件，承受机组的重量、风载荷以及运行中产生的各种动载荷，并将这些载荷传递到基础。

(8) 其他部分 包括防雷系统等。

第二节 风轮

风轮是把风的动能转变为机械能的重要部件，主要由叶片、变桨距以及轮毂系统等组成，叶片与轮毂的连接如图 4-1 所示。

一、叶片

叶片根部安装在轮毂上，形成悬臂梁形式。当风作用于叶片时，风轮通过气动力驱动而转动。风电机组风轮气动性能取决于叶片的几何形式，叶片的几何形式由叶片数、叶片的弦长、扭角、相对厚度分布以及叶片所用翼型气动性能等组成。

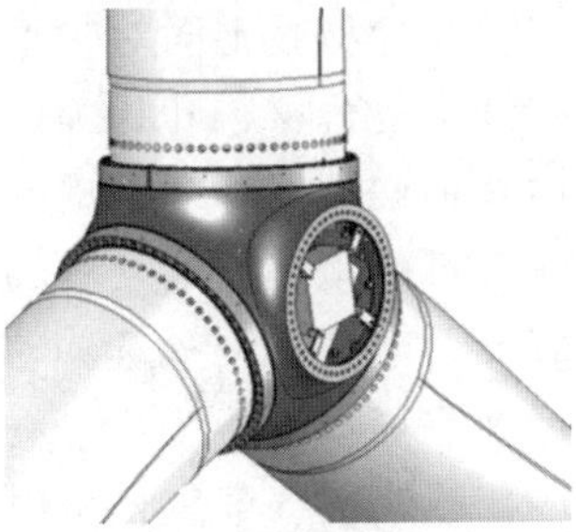

图 4-1 叶片与轮毂的连接

1. 叶片应满足的基本要求

风电机组的风轮叶片是接收风能的主要部件，也是风电机组中最核心的部分之一。叶片的外形设计、结构形式直接影响风力发电装置的性能和功率，因此风电机组叶片应满足以下设计要求：

(1) 叶片应具有良好的气动外形，如高效的翼型、合理的安装角、科学的升阻比、叶尖速比和叶片扭角等。能够充分利用风电场的风资源条件，获得尽可能多的风能。

(2) 由于叶片直接迎风获得风能，所以还要求叶片具有合理的结构、优质的材料和先进的工艺，以使叶片能够可靠地承担风力、叶片自重、离心力等给予叶片的各种弯矩、拉力，避免发生共振和颤振现象，且振动和噪声小。

(3) 要求叶片重量轻、结构强度高、疲劳强度高、运行安全可靠、易于安装，避免叶片和塔架碰撞，制造容易，制造成本和使用成本低。

(4) 叶片表面要光滑以减少叶片转动时与空气的摩擦阻力。

(5) 耐腐蚀、防雷击性能好，方便维护。

2. 叶片材料

风电机组叶片是一个复合材料制成的薄壳结构，结构上分根部、外壳、龙骨三个部分。叶片类型多种，有尖头、平头、钩头、带襟翼的尖部等。用于加工叶片的材料有木头、金属、工程塑料、玻璃钢等。

在叶片的结构强度设计中要充分考虑到所用材料的疲劳特性。首先要了解叶片所承受的力和力矩，以及在特定的运行条件下风载荷的情况。在受力最大的部位最危险，在这些地方载荷很容易达到材料承受极限。叶片的重量完全取决于其结构形式。目前生产的叶片多为轻型叶片，承载好而且很可靠。

目前叶片多为玻璃纤维增强复合材料（glass fiber reinforced plastics，GFRP）制成，基体材料为聚酯树脂或环氧树脂。环氧树脂比聚酯树脂强度高，材料疲劳特性好，且收缩变形小。聚酯材料较便宜，它在固化时收缩大，在叶片的连接处可能存在潜在的危险，即由于收缩变形在金属材料与玻璃钢之间可能产生裂纹。

水平轴风轮叶片近似是梯形，由于它的曲面外形复杂，仅外表面结构就需要很高的制造费用。使用复合材料可以改变这种状况，只是在模具制造工艺上要求高些。叶片的模具由叶片上、下表面的反切面样板成型，在模具中由手工成形复合材料叶片。

叶片要考虑腐蚀的影响。叶片基体材料选材时就已经考虑了叶片防腐的问题，同时，叶片表面涂有厚度为 0.6～1.0mm 的胶衣涂层，其作用不仅能够防腐，而且可以抗紫外线防止叶片老化，提高叶片表面光度，可以避免污垢及灰尘滞留在叶片表面。

叶片的金属材料选用不锈钢及航空结构钢，除不锈钢外，其他金属材料零部件表面均采取热喷漆处理进行防腐。

根据叶片材料不同对叶片分类主要有钢梁玻璃纤维蒙皮叶片、玻璃钢纤维复合材料叶片和碳纤维复合材料叶片等。

（1）钢梁玻璃纤维蒙皮叶片　叶片在近代采用钢管或 D 型钢做纵梁，钢板做肋梁，内填泡沫塑料外覆玻璃钢蒙皮的结构形式，这种形式一般在大型风电机组上使用。叶片纵梁的钢管及 D 型钢从叶根至叶尖的截面应逐渐变小，以满足扭曲叶片的要求并减轻叶片重量，即做成等强度梁。

（2）玻璃钢纤维复合材料叶片　这种叶片采用环氧树脂、不饱和树脂等塑料渗入长度不同的玻璃纤维而做成的增强塑料制成。增强塑料强度高、重量轻、耐老化，表面可再缠玻璃纤维及涂环氧树脂，其他部分填充泡沫塑料。泡沫在叶片中的主要作用是在保证其稳定性的同时降低叶片重量，使叶片在满足刚度的同时增大捕风面积。从泡沫的力学性能和价格等因素考虑，目前被用于风电机组叶片芯材的泡沫主要有聚氯乙烯（PVC）、聚苯乙烯（PS）、聚氨酯（PUR）、丙烯腈-苯乙烯（SAN）、聚醚酰亚胺（PEI）及聚甲基丙烯酰亚胺（PMI）、聚对苯二甲酸乙二醇酯（PET）等。PVC 泡沫使用最为广泛，也是第一种用在承载构件夹层结构中的结构泡沫芯材，也称为交联 PVC。此泡沫属于热固性泡沫，由德国人林德曼在 20 世纪 30 年代后期发明。而 PET 泡沫是最近几年才开始研制生产的泡沫，属于热塑性泡沫，生产工艺为挤出发泡，但与 PS 泡沫不同的是其挤出的宽度有限，所以挤出后要通过热熔粘接将其拼接成较大的泡沫体以方便使用。

（3）碳纤维复合材料叶片　随着风力发电产业的发展，对叶片的要求越来越高。对叶片来讲，刚度也是一个十分重要的指标。研究表明，碳纤维（carbon fiber，CF）复合材料叶片刚度是玻璃钢复合叶片的 2～3 倍。

目前最普遍采用的有玻璃钢纤维复合材料叶片和碳纤维复合材料叶片。从性能来讲，碳纤维复合材料叶片最好，玻璃钢纤维复合材料叶片次之。虽然碳纤维复合材料的性能大大优于玻璃纤维复合材料，但价格昂贵，影响了它在风电机组的大范围应用。因此，全球各大复合材料公司正在从原材料、工艺技术、质量控制等各方面深入研究，以求降低成本。

3. 叶片结构

（1）叶片的结构形式　风电机组风轮叶片要承受较大的载荷，通常要考虑 50～70m/s 的极端风载。为提高叶片的强度和刚度，防止局部失稳，叶片大都采用主梁加气动外壳的结构形式。主梁承担大部分弯曲载荷，而外壳除满足气动性能外，也承担部分载荷。主梁常用 O 形、C 形、D 形和矩形等形式，如图 4-2 所示。

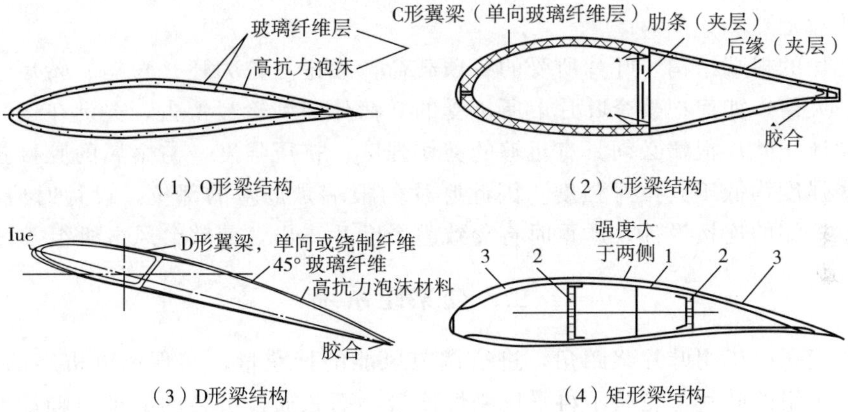

1—桁架（纤维强度居中）；2—肋条（纤维强度最大）；3—抗扭层（纤维强度较弱）

图 4-2　叶片的结构形式

O 形、D 形和矩形梁在缠绕机上缠绕成形，在模具中形成上、下两个半壳，再用结构胶将梁和两个半壳黏结起来。而 C 形梁是在模具中形成 C 形梁，然后在模具中形成上、下两个半壳，再用结构胶将 C 形梁和两个半壳黏结起来。其制造如图 4-3 所示。

图 4-3　叶片的制造

对于叶片中的接收器，应按照规范（NB/T 31039—2012《风力发电机组雷电防护系统技术规范》）满足以下要求：

①叶片接收器应位于叶片表面上，使其能截接绝大部分的雷击先导。叶片接收器应能进行维修和更换。

②叶片接收器系统的设计应按照规范规定的试验来确定。

③当叶片中接收器的数量达到或超过下列规定值时，可不进行高压接闪试验中的初始先导接闪试验，其中 L 为叶片长度：

a. 当 $L<20$m 时，叶尖端接收器 1 个。

b. 当 $20\text{m}\leqslant L<30$m 时，叶尖端接收器 1 个，压力面接收器 1 个，吸力面接收器 1 个（与叶尖端有一定距离处）。

c. 当 $30\text{m}\leqslant L<45$m 时，叶尖端接收器 1 个，压力面接收器 2 个，吸力面接收器 2 个（分布在转动的叶片上）。

d. 当 $L\geqslant 45$m 时，叶尖端接收器 1 个，压力面接收器 3 个，吸力面接收器 3 个（分布在转动的叶片上）。

（2）叶片的根端结构　叶片所受的各项载荷，无论是拉力还是弯矩、转矩、剪力都在根端达到最大值，如何把整个叶片上所承受的载荷传递到轮毂上去，关键在于叶片的根端连接结构设计。叶片根端必须具有足够的剪切强度、挤压强度，与金属的胶接强度也要足够高，这些强度均低于其拉弯强度。因此叶片的根端是危险的部位，设计时应予以重视。如果不注意根端的连接设计，严重时将导致整个叶片飞出，使整台风电机组毁坏。

二、变桨距系统

通过改变风电机组叶片桨距角，进行调节风能的捕获量，实现风电机组的功率调节。变桨距风电机组的叶片与轮毂不再采用刚性连接，而是通过可转动的推力轴承或联轴器连接，可以通过调节桨距角来控制风电机组吸收风能。

通过对桨距角的主动控制可以克服定桨距在被动失速调节上的许多缺点。当风轮开始旋转时，采用较大的正桨距角可以产生一个较大的启动力矩。停机的时候，经常使用 90°的桨距角，因为在风电机组刹车制动时，这样做使得风轮的空转速度最小。在 90°桨距角时，叶片称为“顺桨”。

在额定风速以下，风电机组尽可能地捕捉较多的风能，随着风速的变化调整最佳桨距角，变桨系统缓慢地改变桨距角。当达到额定功率时，随着桨距角的增加攻角会减小，攻角的减小将使升力和力矩减小，调至设计攻角。在额定风速以上时，变桨距系统可以有效调节风电机组吸收功率及叶轮产生载荷，使其不超过设计的限定值。然而，为了达到良好的调节效果，变桨距控制应该对变化的情况做出迅速的响应。

变桨距系统由变桨距执行机构和变桨距控制系统两部分组成。变桨距执行机构分为驱动装置和执行装置，由机械装置和电气装置组成，少部分也包括液压装置。变桨距控制系统是一套计算机控制系统。变桨距系统安装在轮毂内部，主要包括：变桨轴承、变桨电机、变桨减速器、变桨控制柜、备用电源等，图 4-4 所示为变桨距系统的基本构成。

1. 变桨距执行机构

（1）变桨轴承　变桨轴承是变桨距装置的关键部件，除保证叶片相对轮毂的可靠运行外，同时也提供了叶片与轮毂的连接，并将叶片的载荷传递给轮毂。变桨轴承属于专用轴承，变桨轴承有内齿形式、外齿形式和齿形带形式，如图 4-5 所示。变桨轴承采用深沟球轴承，深沟球轴承主要承受纯径向载荷，也可承受轴向载荷，承受纯径向载荷时，接触角为零。

当风向发生变化时，通过变桨电机驱动小齿轮或齿形带，带动变桨轴承转动从而改变

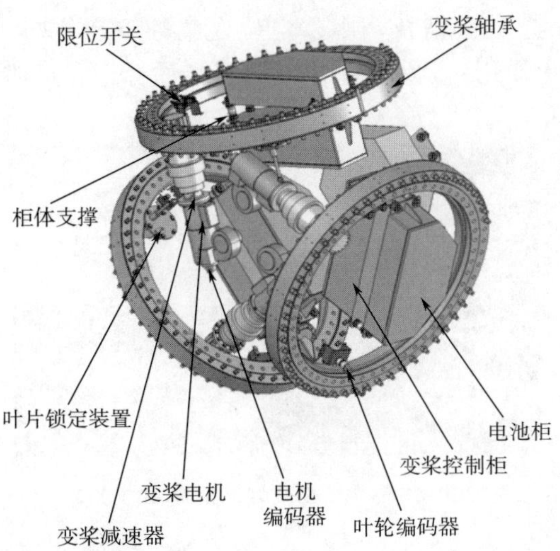

图 4-4　变桨距系统基本构成示意图

叶片对风向的迎角，使叶片保持最佳的迎风状态，由此控制叶片的升力，以达到控制作用在叶片上的扭矩和功率的目的。

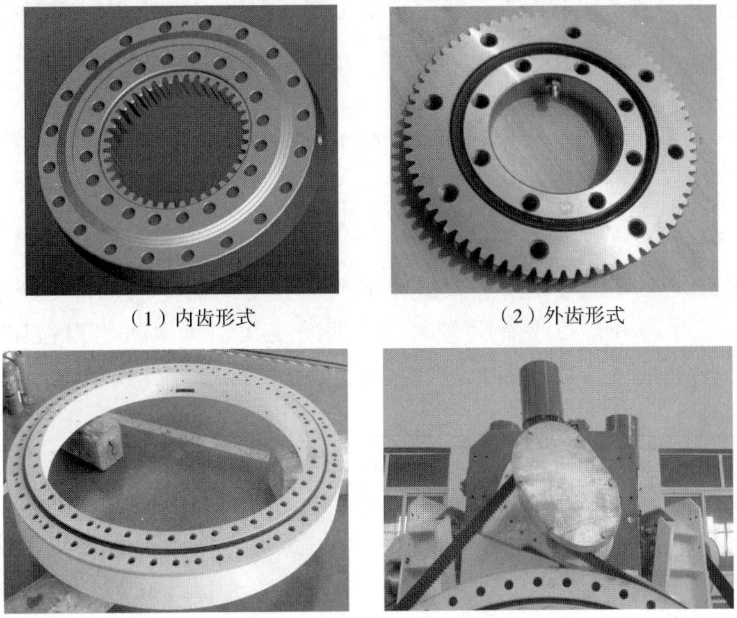

（1）内齿形式　（2）外齿形式

（3）齿形带形式

图 4-5　变桨轴承形式

内齿形式变桨轴承应用较多，其外圈通过螺栓与轮毂连接，内齿圈与变桨驱动装置啮合运动，并与叶片连接。内齿形式变桨轴承安装剖面图及安装孔如图 4-6 所示。变桨轴承示意图如图 4-7 所示，其中 1 为外圈螺栓孔，与轮毂连接；2 为内齿圈内圈螺栓孔，与叶片连接；3 为 S 标记，轴承淬硬轨迹的始末点，此区轴承承受力较弱，要避免进入工作区；4 为位置工艺孔；5 为定位销孔，用来定位变桨轴承和轮毂；6 为注油孔，在此孔打入润滑油，起到润滑轴承作用；7 为最小滚动圆直径的标记，即啮合圆。

图 4-6 变桨轴承剖面图

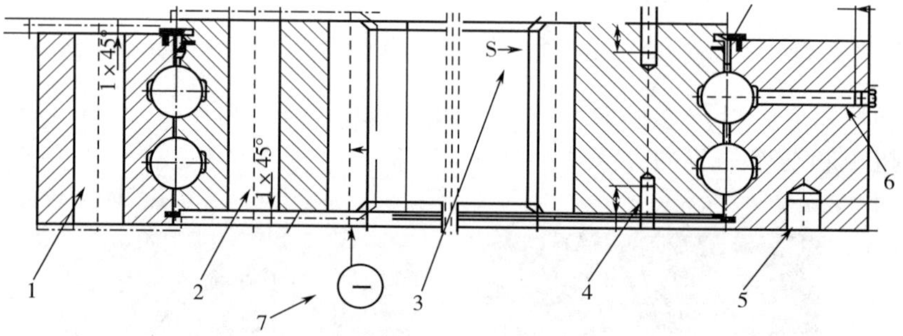

1—外圈螺栓孔；2—内齿圈内圈螺栓孔；3—S 标记；4—位置工艺孔；
5—定位销孔；6—注油孔；7—啮合圆

图 4-7 变桨轴承示意图

（2）变桨驱动装置 变桨驱动装置由变桨电机和变桨减速器两部分组成，如图 4-8 所示。变桨驱动装置可采用电动或液压驱动，早期的变桨距风电机组以液压驱动方式为主，但是液压系统存在漏油问题，随着伺服电动机技术的发展，多数风电机组采用电动变桨驱动。

变桨减速器和电机是直联型。变桨减速器必须结构小且具有高过载能力。减速器不能自锁定以便小齿轮驱动。为了调整变桨，叶片可以旋转到参考位置，即顺桨位置，在该位置叶片以大约双倍的额定扭矩瞬间压下止挡，在一天运行之中可以发生多次。通过短时间使变频器和电机过载来达到要求的扭矩。变桨电机是含有位置反馈和电热调节器的伺服电动机。变桨电机由变频器连接到直流母线供给电流。

（3）雷电保护装置 雷电保护装置主要由三部分组成，如图 4-9 所示。从上到下依次是垫片压板，碳纤维刷和集电爪。在大齿圈下方偏左一个螺栓孔的位置装第一个保护装置，然后每间隔 120°安装另外两个雷电保护装置。

雷电保护装置可以有效地将作用在轮毂和叶片上的电流通过集电爪导到地面，避免雷击使风电机组线路损坏。碳纤维刷是为了补偿静电的不平衡，雷击通过风电机组的金属部分传导。在旋转和非旋转部分的过渡处采用火花放电器。这个系统有额外的电刷来保护轴

图 4-8　变桨驱动装置

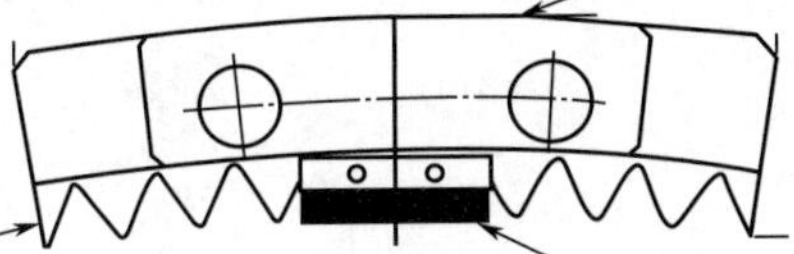

图 4-9　雷电保护装置

承和提供静电平衡的方法。

2. 变桨距控制系统

通过控制系统将叶片进行转动，实现风电机组的功率控制，调整叶片角从风中获得的能量。当安全链被打开时，使用转子作为气动力制动装置把叶片转回到羽状位置（安全运行）。

变桨距控制系统是一个微型计算机自动控制系统，它将桨距角检测和功率检测得到的数据，与微处理器中给定的桨距角变化数学模型进行比较，把差值作为控制信号用于驱动变桨距机构进行变桨距操作。它是一个闭环的跟踪系统，也称为伺服系统。一般习惯上将桨距角检测和功率检测也归入变桨距控制器。如果一个驱动器发生故障，另两个驱动器可以安全地使风电机组停机。

变频柜和备用电源电池柜安装在柜子支架上，柜子支架安装在轮毂上。备用电源的目的是保证变桨系统在外部电源中断时可以安全操作。备用电源是通过二极管连接到变频器共用的直流母线的供电装置上，在外部电源中断时由备用电源供应电力保证变桨系统的安全工作。每一个变频器都有一个制动断路器，在制动状态时避免过高电压。变频器应留有与 PLC 的通讯接口。

三、轮毂

轮毂是连接叶片与主轴的重要部件，叶片安装在它的上面，构成收集风能的风轮，它承受了风力作用在叶片上的推力、转矩、弯矩及陀螺力矩。风轮轮毂的作用是传递风轮的力和力矩到后面的机械结构。

（一）轮毂结构

主流的水平轴风电机组都采用三叶片结构，三叶片风轮大部分采用固定式轮毂，固定式轮毂的制造成本低、维护少、没有磨损。常见固定式轮毂的结构有星形结构和球形结构，如图 4-10 所示。它可以是铸造结构或焊接结构，其材料可以是铸钢，也可以采用高强度球墨铸铁。由于高强度球墨铸铁具有不可替代的优越性，如铸造性能好、容易铸成，且减振性能好、敏感性低、成本低等，在风电机组中大量采用高强度球墨铸铁作为轮毂的材料。

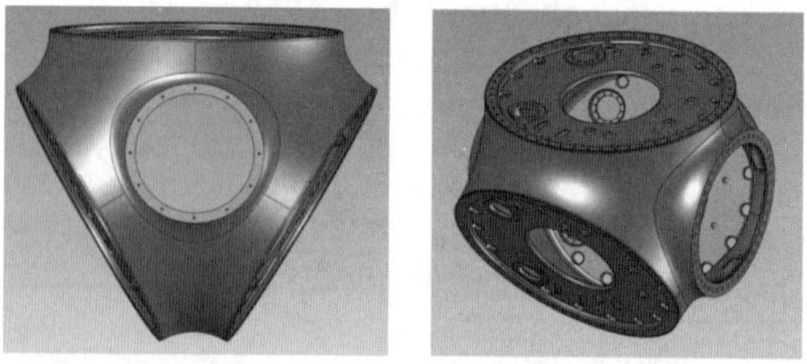

（1）星形结构　　（2）球形结构

图 4-10　固定式轮毂

（二）轮毂形式

常见的轮毂形式分为刚性轮毂和铰链式轮毂。

1. 刚性轮毂

三叶片风轮系统大部分采用刚性轮毂，其制造成本低、维护简单、没有磨损，也是目前使用最广泛的一种形式。它主要承受来自风轮的所有力和力矩，相对来讲，承受风轮载荷高，后面的机械承载大。

2. 铰链式轮毂

铰链式轮毂常用于单叶片和两叶片风轮，铰链轴和叶片轴及风轮旋转轴互相垂直，叶片在挥舞方向、摆振方向和扭转方向上都可以在相应载荷的作用下运动，也可以称为柔性轮毂。由于铰链式轮毂具有活动部件，相对于刚性轮毂来说，制造成本高，可靠性相对较低，维护费用高；它与刚性轮毂比所受力和力矩较小。对于两叶片风轮系统，两个叶片之间是刚性连接的，要绕联轴器活动。当来流上下有变化或阵风时，叶片上的载荷可以使叶片离开原风轮旋转平面。

（三）影响轮毂结构的因素

轮毂结构是由以下三个因素决定的：一是叶片的数量；二是风电机组的调速方式，是采用定桨距失速调速方式，还是采用变桨距调速方式；三是叶片展长轴线与风轮轴垂直平面的夹角。

1. 叶片的数量

叶片的数量决定了轮毂上叶片安装接口法兰的数量。对有不同叶片数量的风电机组进行比较时需要考虑下面几个因素：性能、载荷、风轮成本、噪声和视觉效果。叶片多的风电机组启动转速低、启动力矩大，但成本高，适用于提水机、磨面机等直接用风力驱动的机械。经过人们多年的研究和试验，两个或三个叶片是风电机组风轮的最佳选择。两个或三个叶片的风电机组性能好、载荷小、风轮成本低、噪声较小且视觉效果好。

2. 风电机组的调速方式

采用定桨距失速调速方式的轮毂，轮毂与叶片是按设计的安装角用螺栓进行刚性连接的，结构比较简单，就是一个有几个安装法兰面的壳体。

采用变桨距调速方式的轮毂其内部安装有变桨距系统，叶片与变桨距系统上的变桨距轴承内圈法兰用螺栓进行刚性连接，变桨距轴承外圈法兰与轮毂用螺栓也进行刚性连接，而叶片相对于轮毂是可以转动的。

3. 叶片展长轴线和风轮轴垂直平面的夹角

一些风电机组叶片展长轴线与风轮轴法兰平面的夹角为 0°，即叶片扫掠面为一平面，这种风轮轮毂的叶片安装平面与风轮轴法兰平面是垂直的。还有一些风电机组叶片展长轴线与风轮轴法兰平面的夹角为 5°～6°，称为锥形安装叶片。这样设计的目的是减少风轮相对塔架的外伸，减少塔架的弯曲载荷，同时又不出现叶片碰撞塔架的问题。但是这种风轮的叶片扫掠面为一锥面，其迎风面减小，使风能利用系数稍低。

第三节　风电机组传动系统

除直驱型风电机组外，风电机组传动系统是指从轮毂到发电机之间的主传动链，包括主轴、主轴承及其轴承座、齿轮箱、高速轴及联轴器等。传动系统用来连接风轮与发电机，将风轮产生的机械转矩传递给发电机，同时实现转速的变换。图 4-11 为一种目前风电机组较多采用的带齿轮箱的传动系统。

对于大中型风电机组来说，由于风轮的转速低而发电机转速高，为匹配发电机转速，在低速的风轮轴与高速的发电机轴之间接一个增速齿轮箱。有些风电机组的轮毂直接连接到齿轮箱上，不需要低速传动轴。还有一些风电机组（特别是微、小型风电机组）设计成无齿轮箱的，风轮直接与发电机连接，发电机转速与风轮转速相同。整个传动系统和发电机安装在主机架上。作用在风轮上的各种气动载荷和重力载荷通过主机架及偏航系统传递给塔架。

图 4-11　风电机组传动系统

一、传动系统总体布置方式

（一）有齿轮箱的传动系统布置

采用齿轮箱增速的传动链按主轴轴承数量、支撑方式，以及主轴与齿轮箱的相对位置来区分。有齿轮箱的传动系统主要有三种布置形式，即所谓的“集成式”“独立支撑式”和“三点式”。

1. “集成式”布置

风电机组的主轴轴承直接整合在齿轮箱内，变成“集成式”支撑，是一种最为紧凑的布置方式，减小了风轮的悬臂尺寸，如图 4-12 所示。

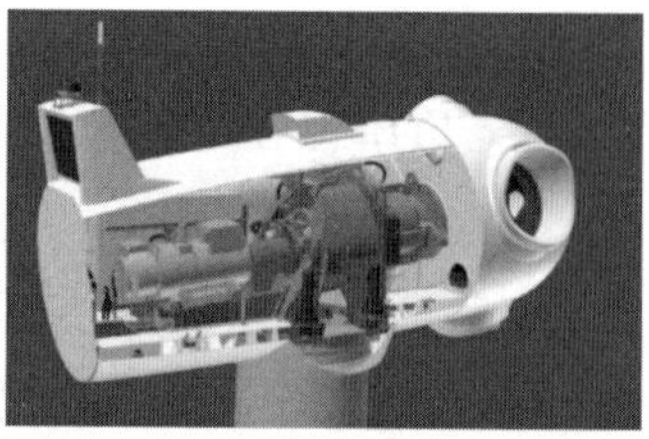

图 4-12 “集成式”布置

齿轮箱可以单独设置，用法兰和减震垫与支架相连。也可以使其箱体与支架合二为一，动力经由轮毂法兰直接传入齿轮箱，轮毂上的载荷由大轴承承受，特殊的高弹性联轴器仅将风轮转矩传到齿轮箱输入轴，或者通过内齿圈将动力分流到下一级齿轮上。

这种布置方式的优点是：省去主轴及其组件，结构材料减少，重量减轻，故障率下降，安装工作量减少；机舱结构相对宽敞；齿轮油可以对低速轴承直接润滑。

这种布置方式的缺点是：使用单个轴承承受风轮径向和轴向力以及转矩作用，此轴承的结构要满足轴系几个方向承载的需要，要求具有足够大的刚性和抵抗异常载荷的能力，齿轮箱更加厚重；轴承的设计和制造也必须要有重大的突破；难以直接选用标准齿轮箱，维修齿轮箱必须同时拆除主轴。“集成式”支撑方式在直接驱动或混合驱动的风电机组中应用较多。

2. “独立支撑式”布置

“独立支撑式”布置，也称为挑臂梁结构，是指带有主轴的风电机组，其主轴用两个轴承支撑，并独立承受风轮自重产生的弯曲力矩和风轮的轴向推力，如图 4-13 所示。

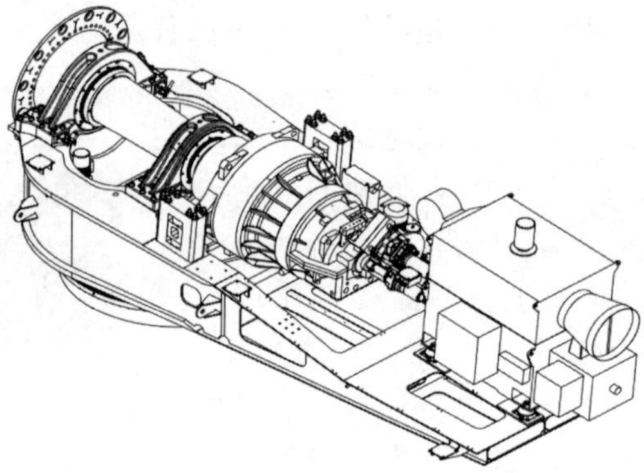

图 4-13 “独立支撑式”布置

通常将靠近风轮一侧的轴承设计为固定端，靠齿轮箱一端为浮动端。如需要将主轴的固定端设置在靠齿轮箱一侧时，则不能把固定端的轴承支撑在齿轮箱上。主轴尾部与齿轮箱输入轴（低速轴，常常是行星架）通过收缩套刚性连接。齿轮箱前箱体的扭力臂则通过弹性套作为辅助支撑。齿轮箱的输出轴（高速轴）通过高弹性联轴器与发电机轴连接。

这种布置方式的优点是：来自风轮的载荷主要由主轴承受并通过轴承座传递到机架，齿轮箱则主要传递转矩，受风轮异常载荷的影响较小；齿轮箱体积相对较小，齿轮油用量相对较少；主轴和齿轮箱相对独立，便于采用标准齿轮箱和主轴支撑构件；齿轮箱结构制动过程平稳。

这种布置方式的缺点是：主轴结构相对较长，制造成本高；轴向尺寸较长，机舱结构相对拥挤，轴承需单独润滑。

3. “三点式”布置

去掉“独立支撑式”布置中靠齿轮箱一侧的主轴轴承，风轮一侧的固定端轴承实现一点支撑，而齿轮箱的两个扭力臂则作为另两个支撑，形成“三点式”布置，也称为悬臂梁结构，如图 4-14 所示。这种结构决定了主轴与齿轮箱共同承受风轮自重产生的弯曲力矩和风轮的轴向推力。这种布置方式在现代大型风电机组中较多采用。

对整个轴系而言，减少一个主轴轴承，对传动既没有太大的影响，又能够简化轴系结构，缩短轴向尺寸。这种布置形式的主轴近风轮侧应具有足够的空间安装大型球面调心双排滚子轴承或滚锥轴承，用以承受来自风轮的轴向和径向载荷。但主轴的轴向载荷不能直接作用于齿轮箱上，应让齿轮箱在轴向有一定的浮动量。

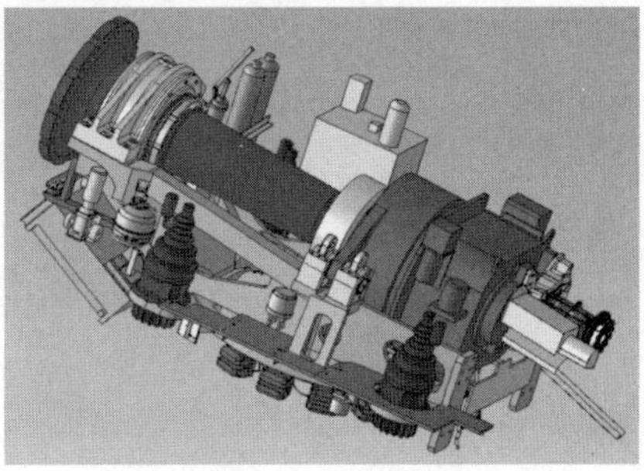

图 4-14　“三点式”布置

这种布置方式的优点是：主轴承载要求相对减小，缩短了轴向尺寸，降低了制造成本；风轮一侧的固定端轴承支撑为刚性支撑，齿轮箱支撑为弹性支撑，能够吸收来自叶片的突变负载。

这种布置方式的缺点是：主轴后轴承的取消，降低了刚度，轮毂传来的异常载荷会对齿轮箱产生不利影响，要求齿轮箱箱体厚重。

（二）直驱型无齿轮箱传动系统布置

直驱型风电机组不使用齿轮箱，采用风轮与发电机转子共用一个轴的方式。这种方式使用的零部件最少，所以故障率也低于有齿轮箱的结构。在维修困难的地方，使用直驱型风电机组是较好的选择。直驱型风电机组是大型风电机组的发展方向之一。如图 4-15 所示为直驱型无齿轮箱结构，它是用一个铸造的 L 形心轴，短边的端面与偏航系统的转盘轴承固定连接，长边为心轴。心轴上安装有前后两组轴承，风轮发电机轴为一空心轴，其上套装发电机转子和风轮后，通过空心轴内两端的轴承组安装在心轴上。这种结构的风轮不是悬臂状态，动态稳定性好、寿命长、可靠性高。

（三）“半直驱”型风电机组传动系统布置

“半直驱”是指采用比传统风电机组齿轮增速比小的齿轮增速装置（如一级行星齿轮增速比 1∶10），减少发电机的极对数，从而缩小发电机的尺寸，以便于运输和吊装。发电机转速在传统齿轮增速型风电机组和直驱型风电机组之间，故称“半直驱”。

图 4-15　直驱型无齿轮箱结构

“半直驱”型风电机组的发电机一般采用内转子形式，风轮直接连接到输入法兰盘上，通过齿轮副将动力传输到发电机。该布置方式相对于直驱型来说，由于增大了齿轮副增速，使发电机能够缩小外形尺寸，结构更加紧凑，从而减小了机舱体积，便于运输和吊装。

二、主轴

在风电机组中，主轴是风轮的转轴，安装在风轮和齿轮箱之间，如图 4-16 所示。主轴支撑风轮并将风轮的转矩传递给齿轮箱，将推力、弯矩传递给底座。主轴的主要受力形式有轴向力、径向力、弯矩、转矩和剪切力，风电机组每经历一次启动和停机，主轴承受载荷一次，因此会产生疲劳，要求主轴具有较高的综合机械性能。

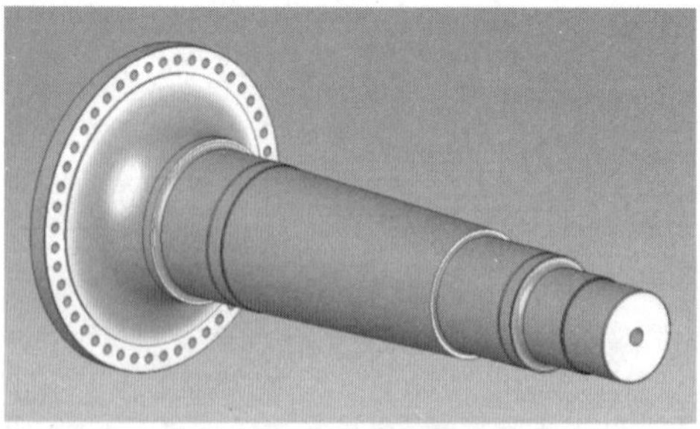

图 4-16 风电机组主轴

主轴作为风力发电设备的重要部件之一，技术系数、机械性能要求高，强度、塑性指标高，形位公差和尺寸公差要求严格，必须保证在较严酷的环境下稳定运转 30 年，而且机件无腐蚀。

（1）结构 风电机组主轴的结构如图 4-17 所示。主轴也称为低速轴，从叶轮传递扭矩到传动系统的其他零部件上，同时还支撑着叶轮。轴承支撑主轴，支撑轴承将载荷传递到机舱主机架。

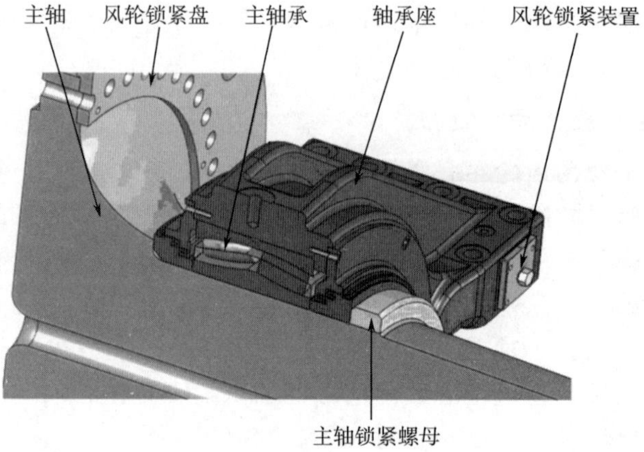

图 4-17 风电机组主轴结构

（2）材质 主轴的材质一般选用碳素合金钢，其内部是中空的，内孔加工比较困难，目前主要采用深孔钻镗床来加工主轴。根据主轴的特性，深孔钻镗床要加高床头。

（3）主轴与齿轮箱的连接 主轴与齿轮箱输入轴的连接方式主要有法兰、花键和胀紧套等。随着风电机组向大功率方向的发展，胀紧套连接最为常见，如图 4-18 所示。胀紧套连接传递转矩大、结构紧凑，而且具有超载保护作用。

三、轴承

在风电机组中，包括增速机构在内所有回转体的转动部分与固定部分之间的连接都是通过轴承来实现的，本节就主要的主轴轴承、偏航轴承、变桨轴承进行分析。

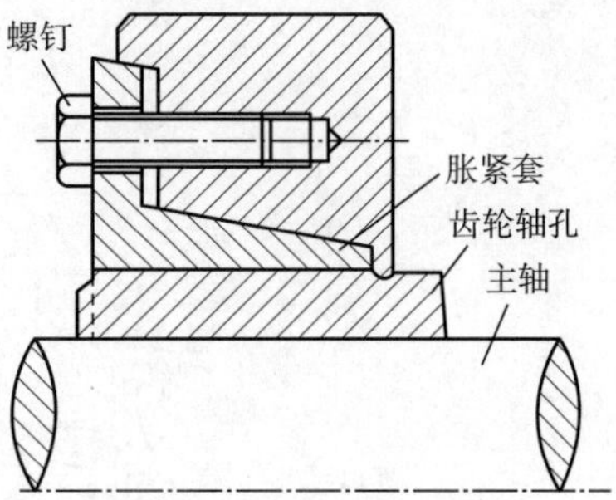

图 4-18 主轴与齿轮箱的胀紧套连接

（一）主轴轴承

1. 作用与要求

主轴轴承位于风电机组主轴上，工作负荷高，要能够补偿主轴的变形，因此要求主轴轴承必须拥有良好的调心性能，较高的负荷容量，以及较长的使用寿命。

2. 常用结构

主轴轴承一般采用通过优化设计的调心滚子轴承结构，采用轴承钢材料制造，能够低速恒定运转，具有良好的机械性能和极高的可靠性。

调心滚子轴承，它由一个带球面滚道外圈、一个双滚道内圈、一个或两个保持架及一组球面滚子组成。轴承外圈滚道面的曲率中心与轴承中心一致，所以具有良好的调心功能。当轴受力弯曲或安装不同心时轴承仍可正常使用，调心能力随轴承尺寸系列不同而异，一般所允许的调心角度为 1°～2.5°。该类型可以承受径向负荷及两个方向的轴向负荷，承受径向载荷能力大，但不能承受纯轴向载荷，适用于有重载或振动载荷下工作。一般来说调心滚子轴承所允许的工作转速较低。

调心滚子轴承按滚子截面形状分为对称型球面滚子和非对称型球面滚子两种不同结构。非对称型球面滚子轴承属早期产品，对称型球面滚子轴承内部结构经过全面改进设计及参数优化，与早期生产的调心滚子轴承相比能够承受更大的轴向负荷，这种轴承的运行温度较低，可适应较高转速的要求。根据内圈有无挡边及所用保持架的不同，调心滚子轴承可分为 C 型与 CA 型两种基本形式。C 型轴承的特点是内圈无挡边并采用钢板冲压保持架，CA 型轴承的特点是内圈两侧均有挡边且采用铜合金车制实体保持架。根据内圈内孔形式不同，内孔可分为圆柱形内孔和圆锥形内孔两种。内圈内径是锥孔的轴承，可直接安装，或使用紧定套、拆卸筒安装在圆柱轴上。

3. 轴承座

轴承座如图 4-19 所示，轴承座与机舱底盘固接。图 4-20 所示为主轴、主轴承和轴承座的装配图。

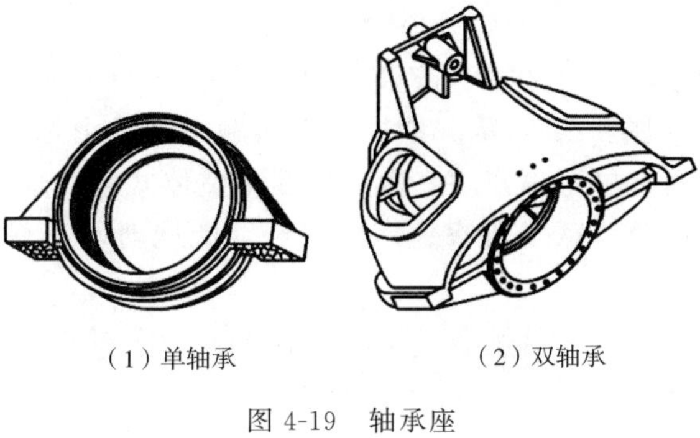

（1）单轴承 （2）双轴承

图 4-19 轴承座

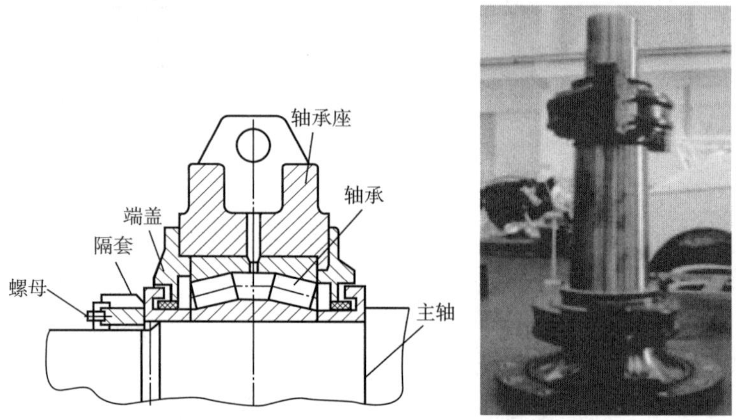

图 4-20 主轴、主轴承和轴承座的装配

（二）偏航轴承和变桨轴承

1. 作用和要求

偏航系统轴承位于机舱的底部，承载着风电机组主传动系统的全部重量，用于准确适时地调整风电机组的迎风角度。偏航轴承常年在风沙、雨水、盐雾、潮湿的高空环境中工作，安装、润滑和维修很不方便，因此不仅要求偏航轴承具有足够的强度和承载能力，还要求其运行平稳、安全可靠、寿命长（一般要求 20 年），润滑、防腐及密封性能好。

变桨轴承位于每个叶片的根部与轮毂连接部位，用于调整叶片的迎风方向，轴承的运动形式为摆动，主要承受径向负荷、轴向负荷和倾覆力矩。变桨轴承受力的大小和方向随桨叶位置、迎风角度和风力等级等因素变化，其性能比偏航轴承的要求更加严格。

2. 常用结构

偏航、变桨轴承大多采用单排或双排四点接触球轴承。四点接触球轴承是一种分离型轴承，也可以说是一套可承受双向轴向载荷的角接触球轴承，其内外圈滚道是桃形的截面，当无载荷或是纯径向载荷作用时，钢球和套圈呈现为四点接触，这也是名称由来。当只有纯轴向载荷作用时，钢球和套圈就成了两点接触，可承受双向的轴向载荷。四点接触球轴承还可以承受力矩载荷。四点接触球轴承只有形成两点接触时才能保证正常的工作，所以一般适用于那些纯轴向载荷或轴向载荷大的合成载荷下呈两点接触的场合。四点接触球轴承极限转速高，也适合于那些高速运转的场合。

（1）单排四点接触球轴承　单排四点接触球轴承可分为无齿式、内齿式和外齿式三种，如图 4-21、图 4-22、图 4-23 所示。单排四点接触球轴承由两个座圈组成，有一排钢球作为滚动体，钢球之间有单个隔离块。内、外圈为整体式的，通过装填孔来装入钢球。这种轴承结构紧凑、重量轻，钢球与滚道四点接触，能同时承受轴向力、径向力和倾翻力矩。

（2）双排四点接触球轴承　双排四点接触球轴承分为无齿式、内齿式和外齿式三种，如图 4-24、图 4-25、图 4-26 所示，用以承受较大的径向载荷、轴向载荷与径、轴向联合载荷，极限转速较高。

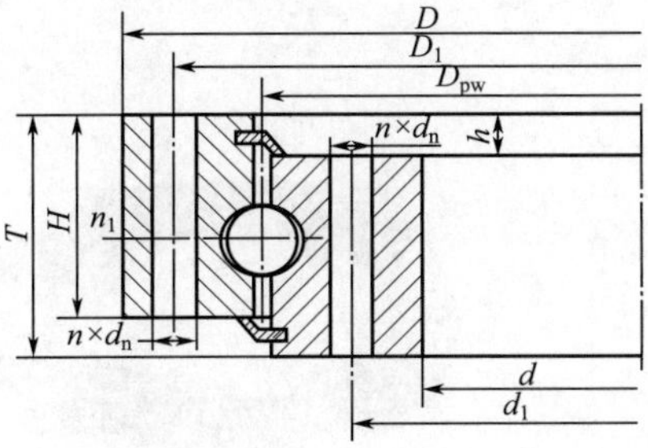

（1）剖面图

（2）结构示意图

图 4-21　无齿式单排四点接触球轴承

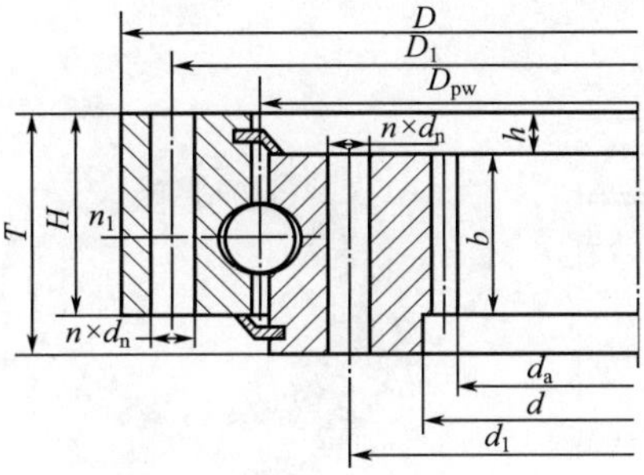

（1）剖面图

（2）结构示意图

图 4-22　内齿式单排四点接触球轴承

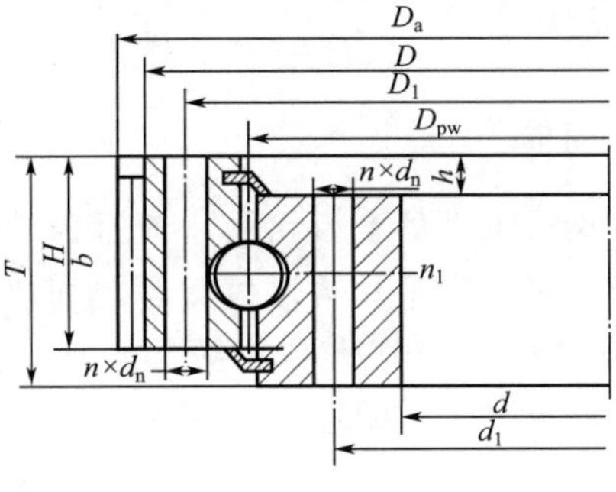

（1）剖面图

（2）结构示意图

图 4-23　外齿式单排四点接触球轴承

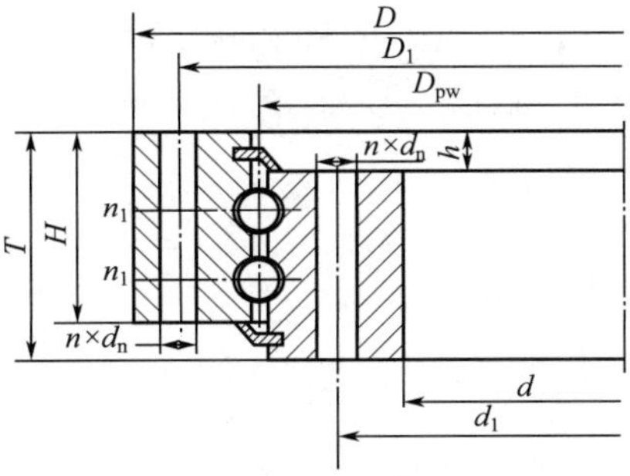

（1）剖面图

（2）结构示意图

图 4-24　无齿式双排四点接触球轴承

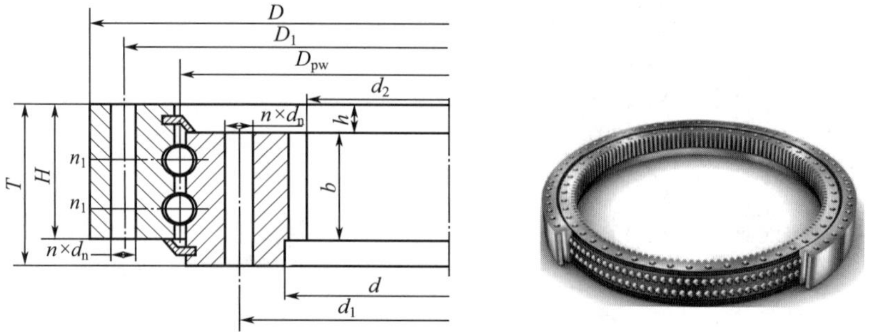

（1）剖面图　　（2）结构示意图

图 4-25　内齿式双排四点接触球轴承

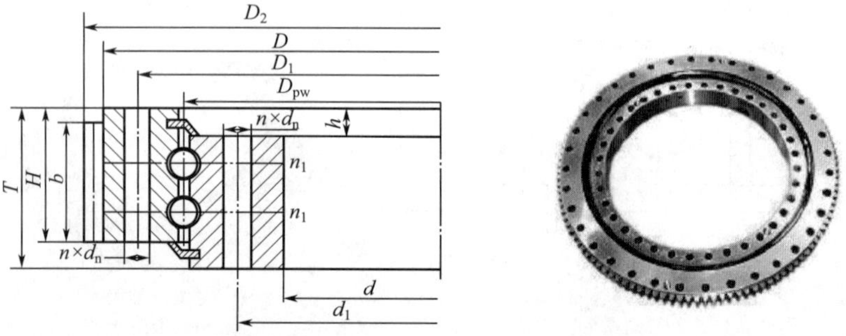

（1）剖面图　　（2）结构示意图

图 4-26　外齿式双排四点接触球轴承

四、齿轮箱

风电机组中，除了直驱式以外，其他形式的机组都有齿轮箱，而且齿轮箱是传动系统中的主要部件。齿轮箱按照用途不同可分为减速齿轮箱和增速齿轮箱。在风电机组传动系统中，齿轮箱的作用是将风轮动力传递给发电机并使其得到相应的转速。风轮的转速很低，远达不到风电机组的要求，必须通过齿轮箱齿轮副的增速作用来实现，故也将齿轮箱称为增速箱。

（一）齿轮传动原理

1. 齿轮传动基本形式

齿轮传动是通过主动齿轮与从动齿轮的啮合，实现运动和转矩的传递。

主动齿轮与从动齿轮的转速比称为齿轮的传动比 c，取决于从动齿轮与主动齿轮的齿数比，即

$$c=\frac{n_1}{n_2}=\frac{z_2}{z_1} \tag{4-1}$$

式中　z——齿数

　　n——转速

式（4-1）中，下角标 1、2 分别表示主动齿轮和从动齿轮。

齿轮传动输出轴转矩 M_2 与输入轴转矩 M_1 之间的关系为

$$M_2 = \frac{n_1}{n_2} M_1 \tag{4-2}$$

可见，对于风电机组的增速齿轮箱，实现增速的同时，也降低了转矩。转矩降低越多，发电机转子直径越小。

2. 轮系传动

齿轮传动具有传动比恒定、结构紧凑、传递功率大、传动效率高、零部件使用寿命长等优点，其缺点是制造和安装的成本高、吸振性差等。由于结构和加工条件的限制，单级齿轮传动的传动比不能太大，每个齿轮的齿数也不能太少。因此，对于需要大传动比的地方，就要采用多级齿轮构成的轮系实现传动，轮系传动分为定轴轮系和周转轮系。

(1) 定轴轮系　定轴轮系中，所有齿轮的轴线位置不变。定轴轮系又可以分为平面定轴轮系和空间定轴轮系。如果轮系中各齿轮轴线相互平行，则称为平面定轴轮系，或平行轴轮系，这种轮系中齿轮全部为圆柱齿轮；如果轮系中各齿轮轴线不完全平行，则称为空间定轴轮系，这样的轮系中有圆锥齿轮传动或蜗杆传动。

(2) 周转轮系　周转轮系中，至少有一个齿轮的轴线可以绕其他齿轮轴线转动。其中只有一个齿轮轴可以绕其他齿轮轴线转动的轮系称为行星轮系，如图 4-27 所示。

其中轴线可动的齿轮称为行星轮，位于中间的齿轮称为太阳轮，行星轮与太阳轮及外部的内齿圈啮合，太阳轮和内齿圈的轴线不变，其中内齿圈固定不动，行星轮在绕自身轴线转动时其轴线还绕太阳轮转动。行星轮系具有结构紧凑、传动比高等优点，但是其结构复杂，制造和维护困难。

图 4-27　行星轮系

齿轮箱是风电机组传动系统中的主要部件，需要承受来自风轮的载荷，同时要承受齿轮传动过程产生的各种载荷。需要根据风电机组总体布局设计要求，为风轮主轴、齿轮传动机构和传动系统中的其他构件提供可靠的支撑与连接，同时将载荷平稳传递到主机架。

在实际应用中，往往同时应用定轴轮系和行星轮系，构成组合轮系。这样可以在获得较高传动比的同时，使齿轮箱结构比较紧凑。在风电机组增速齿轮箱中，多数采用行星轮系和定轴轮系结合的组合轮系结构。

(二) 齿轮箱分类

1. 按内部传动结构分

齿轮箱按内部传动结构分为定轴传动结构、行星传动结构和混合传动结构三种。

(1) 定轴传动结构齿轮箱　定轴传动结构齿轮箱采用平行轴轮系传动。齿轮箱的输入轴和输出轴相互平行，但不共线，如图 4-28 所示。这种结构的齿轮箱噪声较大。

图 4-28　定轴结构齿轮箱

（2）行星传动结构齿轮箱　行星传动结构齿轮箱采用行星轮系传动。齿轮箱的输入轴和输出轴在同一轴线上，如图 4-29 所示。

图 4-29　行星传动结构齿轮箱

太阳轮和行星轮是外齿轮，而齿圈是内侧齿轮，它的齿开在里面。一般不是内齿圈就是太阳轮被固定，如果是内齿圈被固定，传动比较大。行星结构齿轮箱结构复杂，但是由于载荷被行星轮平均分担，从而减小了每个齿轮的载荷。传递相同功率，行星结构齿轮箱比平行轴结构齿轮箱体积小、传动效率高，并且噪声低。

（3）混合传动结构齿轮箱　平行轴和行星混合结构齿轮箱是多级齿轮箱；它综合了平行轴结构和行星结构的传动优点。这种结构的齿轮箱体积减小、重量减轻、承载能力提高而且成本降低。

2. 其他分类方式

齿轮箱按齿轮传动级数可分为单级齿轮箱和多级齿轮箱，按传动的布置形式可分为展开式齿轮箱、分流式齿轮箱、同轴式齿轮箱和混合式齿轮箱。

（三）风电机组的齿轮箱

风电机组由于要求的增速比往往很大，其齿轮箱通常需要多级齿轮传动。大型风电机组的增速齿轮箱的典型设计，多采用行星齿轮与定轴齿轮组成混合轮系的传动方案。

风电机组传动系统齿轮箱主要有一级行星齿轮和两级平行轴齿轮传动组成的齿轮箱、两级行星齿轮和一级圆柱齿轮传动的齿轮箱、三级平行轴圆柱齿轮传动齿轮箱以及差动齿轮传动齿轮箱。

1. 一级行星齿轮和两级平行轴齿轮传动组成的齿轮箱

（1）结构　齿轮箱利用其前箱盖上的两个突缘孔内的弹性套支撑在支架上。齿轮箱低速级的行星架通过胀紧套与风电机组的主轴连接，行星轮组将动力传至太阳轮，再通过内齿联轴节传至位于后箱体内的第一级平行轴齿轮，再经过第二级平行轴齿轮传至高速级的输出轴，通过柔性联轴器与发电机相连。此外，为了保护齿轮箱免受极端负荷的破坏，中间传动轴上还装有安全保护装置。一级行星齿轮和两级平行轴齿轮结构示意图如图 4-30 所示。

图 4-30　一级行星齿轮和两级平行轴齿轮结构示意图

（2）传动路线　一级行星齿轮和两级平行轴齿轮传动组成的齿轮箱传动路线可以归纳为：叶片→传动轴→弹性套→行星架→太阳轮→第一级平行轴大齿轮→第一级平行轴小齿轮→第二级平行轴大齿轮→第二级平行轴小齿轮→发电机。

2. 两级行星齿轮和一级圆柱平行轴传动的齿轮箱

（1）结构　齿轮箱利用其前箱盖上的两个

突缘孔内的弹性套支撑在支架上。齿轮箱低速级的第一级行星架通过胀紧套与风电机组的主轴连接，第一级行星轮组将动力传至太阳轮，再通过内齿联轴节传至位于后面的第二级行星架，第二级行星轮组将动力传至太阳轮，之后由内齿联轴节传至后面第一级平行轴齿轮，传至高速级的输出轴，通过柔性联轴器与发电机相连。此外，为了保护齿轮箱免受极端负荷的破坏，中间传动轴上还装有安全保护装置。两级行星齿轮和一级平行轴齿轮传动的齿轮箱结构如图 4-31 所示。

图 4-31　两级行星齿轮和一级平行轴齿轮传动的齿轮箱示意图

（2）传动路线　两级行星和一级圆柱齿轮传动的齿轮箱传动路线可以归纳为：叶片→传动轴→弹性套→第一级行星架→第一级太阳轮→第二级行星架→第二级太阳轮→第一级平行轴大齿轮→第一级平行轴小齿轮→第二级平行轴大齿轮→第二级平行轴小齿轮→发电机。

五、制动系统

风电机组是一种重型装备，工作在极其恶劣的条件下，因此对其安全性有着极高的要求。除风力变化的不可预测性外，机件常年重载工作，随时都存在损坏的可能性，在这些情况下风电机组必须能够紧急停车，避免对风电机组造成损害或故障扩大。在进行正常维修时，也要求能进行停机检修。风电机组必须设计有制动系统，以实现对风电机组的保护。

制动系统是一种具有制止运动作用功能的零部件的总称。风电机组的制动系统应符合 GB/T 18451.1—2022《风力发电机组　设计要求》相关条款的规定，应设计为独立的机构，当风电机组及零部件出现故障时制动系统能独立进行工作，如图 4-32 所示。

（一）制动系统的组成

制动系统通常是由制动器和驱动机构两个部分组成。

1. 制动器

制动器的作用是使运动部件（或运动机械）减速、停止或保持停止状态。制动器是使机械中的运动件停止或减速的机械零件，俗称刹车、闸。制动器主要由制架、制动件和操纵装置等组成。有些制动器还装有制动件间隙的自动调整装置。为了减小制动力矩和结构尺寸，制动器通常装在设备的高速轴上，但对安全性要求较高的大型设备（如矿井提升机、电梯、风电机组

图 4-32　制动系统

等）则应装在靠近设备工作部分的低速轴上。

2. 驱动机构

驱动机构包括将制动能量传输到制动器的各个部件。驱动机构的选型和设计应易于实现风电机组制动系统的自动控制功能。驱动机构的力学性能应与制动系统的设计要求一致。驱动机构的形式应优先采用电磁驱动机构或液压驱动机构。

（1）电磁驱动机构　电磁制动多用于老式的风电机组中，是从起重机械运用比较成熟的产品移植到风电机组上。它的结构原理是利用制动电磁铁，牵引杠杆式夹钳与弹簧压力相配合，实现对安装在轮轴上的制动盘或鼓夹紧制动。

电磁制动装置分为通电制动和断电制动两种类型，断电制动在停电时制动，相对更为安全可靠，使用普遍。电磁制动的制动力随制动摩擦片的磨损而逐渐减小，而且没有自补偿功能，这是近年来风力发电机将其淘汰的原因。因此使用电磁驱动的制动器必须定期检查摩擦片的磨损情况，发现摩擦片的磨损接近规定值时应立即更换。

驱动机构产生的推力值的变化不应超过额定值的5%。如果没有特别说明，驱动机构的响应时间不应大于0.2s。驱动机构的动作应灵活可靠、准确到位。驱动机构中传递力和力矩的零部件应有足够的强度和刚度。

（2）液压驱动机构　液压系统是钳盘式制动器的驱动压力源。液压系统中普遍使用电磁阀，电磁阀便于实现远程集中控制；机械液压制动摩擦片磨损后具有自补偿功能，且制动力调整方便，只要调整制动系统溢流阀的溢流压力即可。所以现代风电机组普遍采用液压制动系统。液压制动机构的管路连接和密封应具有可靠的密封性能。

风电机组的液压系统是一个集中统一的系统，为风电机组上的所有液压设备提供液压动力，这样可以降低成本，简化液压系统，减少占舱面积。

（3）动力装置　动力装置包括供给、调节制动所需能量以及改善能量传递状态的各种部件。

（4）控制装置　控制装置包括产生制动动作和控制制动效果的各种部件，如偏航控制系统、变桨距控制系统等。

（二）制动系统的工作原理

制动系统的一般工作原理，是利用与风电机组相连的非旋转元件和与风电机组相连的旋转元件之间的相互摩擦来阻止轮轴的转动或转动的趋势。

（1）制动系统不工作时　旋转元件与非旋转元件之间具有一定的间隙，旋转元件能够自由旋转。

（2）制动系统工作时　液压缸固定在制动器的底板上不动。制动钳上的两个摩擦片分别安装在制动盘的两侧。液压缸的活塞受油管输送来的液压作用，推动摩擦片压向制动盘发生摩擦制动，非旋转元件对旋转元件产生摩擦力矩，从而产生制动力。

使机械运转部件停止或减速所必须施加的阻力矩称为制动力矩。制动力矩是设计、选用制动器的依据，其大小由机械形式和工作要求决定。制动器上所用摩擦材料（制动件）的性能直接影响制动过程，而影响其性能的主要因素为工作温度和温升速度。摩擦材料应具备较高且稳定的摩擦因数和良好的耐磨性。摩擦材料分为金属和非金属两类，前者常用的有铸铁、钢、青铜和粉末冶金等，后者有皮革、橡胶、木材和石棉等。

(3) 解除制动 旋转元件与非旋转元件回归原位，制动力矩消失。

(三) 风电机组制动方式

在风电机组中，一般同时提供气动力刹车和机械制动。但是，如果每个叶片都有独立的气动力刹车系统（每个叶片独立变桨距），而且每个气动力刹车系统都可以在电网断电的情况下使风电机组减速，此时，机械制动器的功能只是使风轮静止，即停车，因为气动力刹车不能使风电机组停车，只是将转速限定在允许的范围内。

1. 气动力刹车

气动力刹车是用叶片增加气动力阻力来产生制动力。该制动方式充分利用风能这种清洁、自然、环保的能源；而且该装置既无磨耗件，又无摩擦热，因而具有可靠性高、维修费用低等特点。并且这种方式的气动力阻力与速度平方成正比，速度越高则制动力越大。

气动力刹车主要有主动变桨距及叶尖扰流。

(1) 主动变桨距 变桨距风电机组的叶片只要变桨距到顺桨，即叶片弦线顺着风向，就形成一个高效的气动力刹车。要求变桨距速度为 7°/s 就足够了，这也是功率控制的要求。依靠变桨距控制来实现紧急制动的风电机组，每个叶片需要独立制动，而且所有叶片都要满足“失败-安全”的运行要求，即来自机舱的电源或液压驱动瞬间切断时，要求仍能可靠进行气动力刹车。在电动机驱动情况下，电力由蓄电池提供。在液压驱动情况下，液压油一般存储在轮毂中的蓄能器里。

(2) 叶尖扰流 叶尖扰流也称定桨距叶片的气动力刹车。气动力刹车在定桨距风电机组上是利用叶尖顺桨距进行制动的方式，其结构如图 4-33 所示。活动的叶尖部分长度一般为叶片长度的 15%～20%，叶尖安装在叶尖转轴上，在正常运行时用液压缸拉紧抵消离心力。一旦液压释放（由控制系统触发或直接由超速传感器触发），叶尖在离心力的作用下向外飞出，并同时通过螺杆变距到顺桨距状态。风轮的转速会降低但不会停止，叶片停止转动还要靠机械制动。

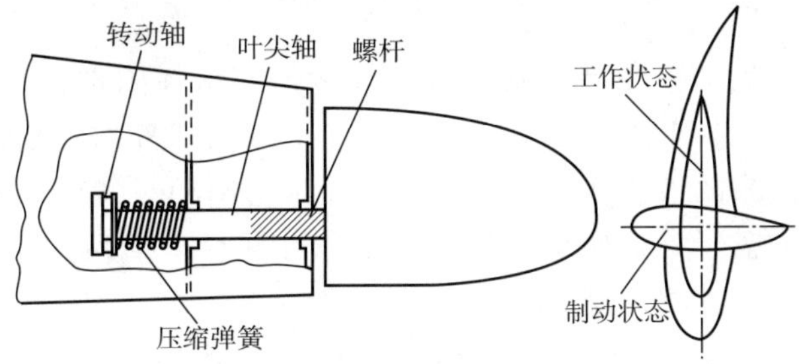

图 4-33 叶尖制动的结构

气动力刹车机构是由安装在叶尖上的扰流器通过不锈钢丝绳与叶片根部的液压缸的活塞杆相连接构成的。当风电机组正常运行时，在液压力的作用下，叶尖扰流器与叶片主体部分精密地合为一体，组成完整的叶片。当风电机组需要脱网停机时，液压缸失去压力，扰流器在离心力的作用下释放并旋转 80°～90°，形成阻尼板。由于叶尖部分处于距离轴最远点，整个叶片作为一个长杠杆，使扰流器产生的气动阻力相当高，足以使风电机组在几乎没有任何磨损的情况下迅速减速，这一过程即为叶片气动力刹车。叶尖扰流器是风电机组的主要制动器，每次制动时都是它起主要作用。在叶轮旋转时，作用在扰流器上的离心力和弹簧力会使叶尖扰流器力脱离叶片主体转动到制动位置；而液压力的释放，不论是由于控制系统的正常指令，还是液压系统的故障引起的，都将导致扰流器展开而使叶轮停止运行。因此，气动力刹车是一种失效保护装置，它使整个风电机组的制动系统具有很高的可靠性。

2. 机械制动

因为气动力刹车不能使风电机组停车，所以每台风电机组必须配备机械制动系统。风电机组上所使用的机械制动器全部为性能可靠、制动力矩大、体积小的钳盘式制动器，并应具有力矩调整、间隙补偿、随位和退距等功能。

（1）钳盘式制动器的结构　钳盘式制动器又称为碟式制动器，是因为其形状而得名的。它由液压控制，主要零部件有制动盘、液压缸、制动钳、油管等。钳盘式制动器摩擦副中的旋转元件是以端面工作的金属圆盘，称为制动盘。工作面积不大的摩擦块与其金属背板组成的制动块，每个制动器中有 2～4 个。这些制动块及其驱动装置都安装在横跨制动盘两侧的夹钳形支架中，总称为制动钳。其结构如图 4-34 所示。

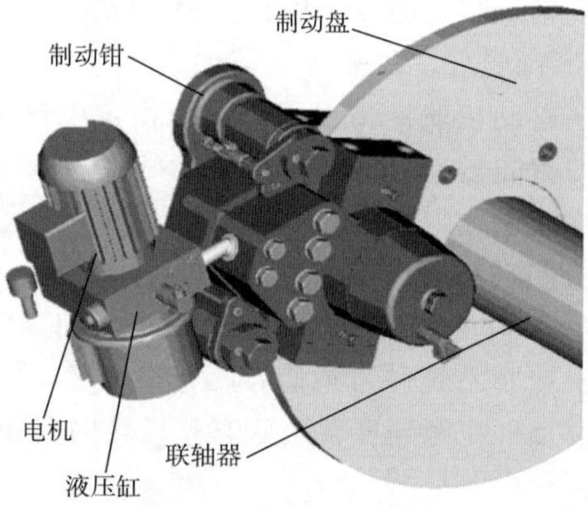

图 4-34　钳盘式制动器

（2）钳盘式制动器的工作原理　制动盘用合金钢制造并固定在轮轴上，随轮轴转动。液压缸固定在制动器的底板上不动。制动钳上的两个摩擦片分别安装在制动盘的两侧。液压缸的活塞受油管输送来的液压作用，推动摩擦片压向制动盘发生摩擦制动，动作起来就像用钳子钳住旋转中的盘子，迫使它停下来一样，如图 4-35 所示。

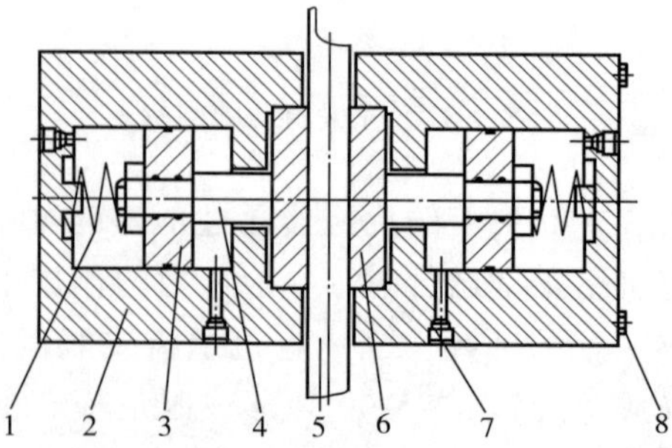

1—弹簧；2—制动钳体；3—活塞；4—活塞杆；5—制动盘；6—制动衬块；7—接头；8—螺栓

图 4-35　钳盘式制动器工作原理示意图

常闭型钳盘式制动器的加载是靠弹簧力，制动器的制动覆面与制动盘表面贴合，钳盘式制动器的闭合；并通过调整弹簧压力来调整制动力矩的大小，建立制动力矩。

制动器的制动覆面脱离制动轮表面，钳盘式制动器释放。瓦块制动覆面与制动盘表面处于正常释放状态时，瓦块制动覆面的任何部位与制动轮表面不接触，这种性质称为制动瓦块的随位性。制动器在释放状态下，瓦块制动覆面中部母线与制动轮表面的距离称为制动瓦块的退距。制动器释放过程中柱塞移动的距离称为驱动液压缸的一个工作行程。

（3）钳盘式制动器的特点　钳盘式制动器与其他制动器相比，有以下优点：一般无摩擦助势作用，因而制动器效能受摩擦因数的影响较小，即效能较稳定；浸水后效能降低较少，而且只需经一两次制动即可恢复正常；在输出制动力矩相同的情况下，尺寸和重量一般较小；较容易实现间隙自动调整，调整液压系统的压力即可调整制动力矩的大小，保养维修也较简便。因为制动盘外露，此制动器还有散热良好的优点。这种制动器散热快、重量轻、构造简单、调整方便，特别是负载大时耐高温性能好，制动效果稳定。有些钳盘式制动器的制动盘上还开了许多小孔，可以加速通风散热并提高制动效率。制动盘上的孔还可以作为风轮锁定装置的一部分。

钳盘式制动器也有自己的不足之处。例如：对制动器和制动管路的制造要求较高，摩擦片的耗损量较大，成本较高，而且由于摩擦片的面积小，相对摩擦的工作面也较小，需要的制动液压力高，一般要使用伺服装置。

钳盘式制动器的制动系统总是处于准备工作状态，随时对风电机组进行制动，可以由电力或液压进行驱动。但是在正常停机的情况下，液压力不能完全释放，即在制动过程中只作用了一部分弹簧力。为此，在液压系统中设置一个特殊的减压阀和蓄能器，以保证在制动过程中不完全提供弹簧的制动力。为了监视机械制动机构的内部状态，制动夹钳内部装有温度传感器和指示制动片厚度的传感器。

3. 风电机组常用制动器

（1）高速轴制动器　风电机组的高速轴为齿轮箱的输出轴，此处的转动力矩较低速轴小几十倍。高速轴制动器的体积比较小，制动盘安装在高速轴上，制动钳安装在齿轮箱体的安装面上，用高强度螺栓固定。

（2）低速轴制动器　大型风电机组一般采用变桨距系统，不必在低速轴上使用制动器。没有叶尖制动的定桨距风电机组则必须在低速轴上使用制动器。由于风电机组的低速轴转矩非常大，所以制动盘的直径比较大，有安装在主轴上的，也有将制动盘制成与联轴器一体的。制动钳一般至少使用两个，直接安装在风电机组底盘的支架上。

（3）偏航制动器　偏航制动器制动盘是与偏航轴承一起安装在塔架上的，由于风电机组的机舱和风轮总重量在百吨左右，所以转动起来转动惯量很大。为保证可靠制动，一台风电机组上至少需要八个偏航制动钳，除制动功能外还要有阻尼功能以使偏航稳定。制动钳安装在底盘的安装支架上，用高强度螺栓固定。

六、联轴器

为实现风电机组传动链部件间的转矩传递，传动链的轴系需要设置必要的连接构件，如联轴器等，联轴器用于传动轴的连接和动力传递。如图 4-36 所示为某大型风电机组高速轴与发电机轴间的联轴器。

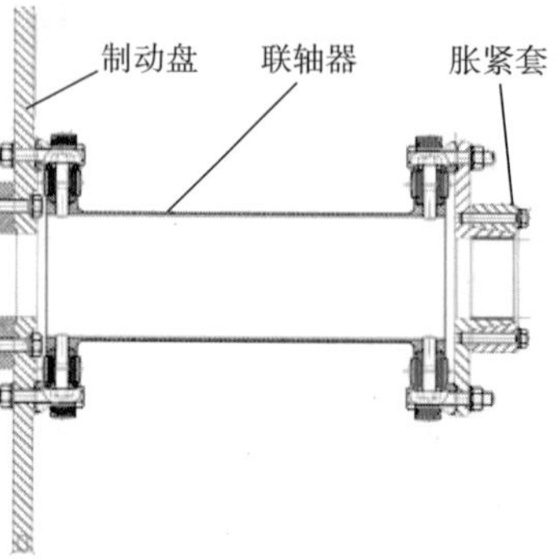

图 4-36 某大型风电机组高速轴与发电机轴间的联轴器结构

联轴器是用来连接不同机构中的两根轴（主动轴和从动轴），使之共同旋转以传递扭矩的机械零件。联轴器有刚性联轴器和柔性联轴器两种。

（一）联轴器的作用

刚性联轴器用在对中性好的两轴连接，在风电机组中通常在主轴与齿轮箱低速轴连接处选用；柔性联轴器允许两轴有一定相对位移，在发电机与齿轮箱高速轴连接处选用，以弥补风电机组运行过程中轴系的安装误差，解决主传动链的轴系不对中问题。同时，柔性联轴器还可以提供一个弹性环节，这个弹性环节可以吸收轴系外部负载波动产生的振动。

需要注意齿轮箱与发电机之间的联轴器设计，需要同时考虑对风电机组的安全保护功能。由于风电机组运行过程可能产生异常情况下的传动链过载，如发电机短路导致的转矩甚至可以达到额定值的 6 倍，为了降低设计成本，不可能将该转矩值作为传动系统的设计参数。采用在高速轴上安装防止过载的柔性安全联轴器，不仅可以保护重要部件的安全，也可以降低齿轮箱的设计与制造成本。

联轴器设计还需要考虑完备的绝缘措施，联轴器必须有≥100Ω 的阻抗，并且能承受 2kV 的电压，以防止发电系统寄生电流对齿轮箱产生不良影响。

（二）联轴器的分类

1. 刚性联轴器

刚性联轴器是一种扭转刚性的联轴器，即使承受负载时也无任何回转间隙，即便是有偏差产生负荷时，刚性联轴器还是刚性传递扭矩。它有重量轻、超低惯量、高灵敏度、超强抗油和耐腐蚀性等优点。

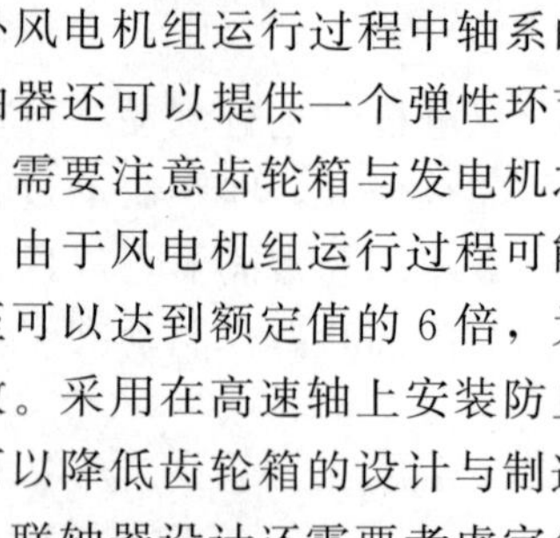

图 4-37 胀套联轴器

（1）胀套联轴器　如图 4-37 所示是一种胀套联轴器结构，适用于轴和轴上零件的连接，可以传递扭矩、轴向力或两者的复合负载。它是依靠拧紧高强度螺栓使包容面产生压力和摩擦力来传递负载的一种无键连接方式。

胀套联轴器制造和安装简单；有良好的互换性，且拆卸方便；可以承受重负载，如果一个胀套不够，可以多个并联使用；使用寿命长，强度高；超载时可以打滑卸载保护设备不受损伤。但是如果轴、孔是同种材料，一旦打滑，两者容易产生冷焊胶合不能分开，导致损坏。

（2）弹性套柱销联轴器 弹性套柱销联轴器是利用一端带有弹性套（橡胶材料）的柱销装在两半联轴器凸缘孔中，以实现两半联轴器弹性连接的联轴器，其结构如图 4-38 所示。此种联轴器力矩通过装有弹性套的钢质柱销和配合的销孔来传递。它不但能补偿各种类型的轴的安装偏差，而且能吸收偏差引起的振动和冲击。

2. 柔性联轴器

柔性联轴器也称挠性联轴器。柔性联轴器强度高、承载能力大，一般其许用瞬时最大转矩为许用长期转矩的 3 倍以上；弹性高，阻尼大，具有足够的减震能力；具有足够的补偿性，满足工作时两轴发生位移的需要，可靠性稳定。

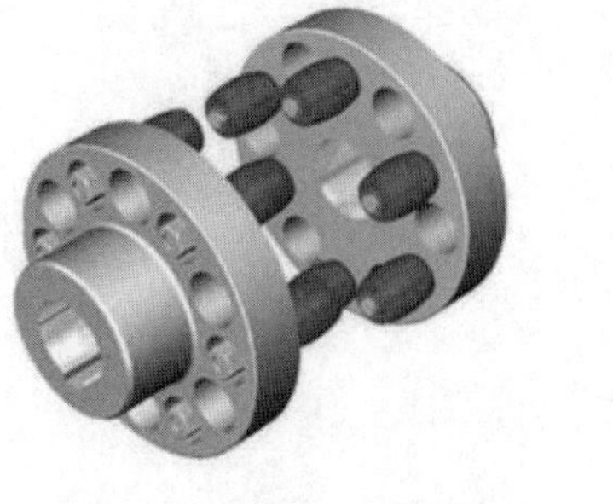

图 4-38 弹性套柱销联轴器

膜片联轴器采用一种厚度很薄的弹性件，制成各种形状的膜片，如图 4-39 所示为两种膜片形状，膜片周边上有若干个螺栓孔。

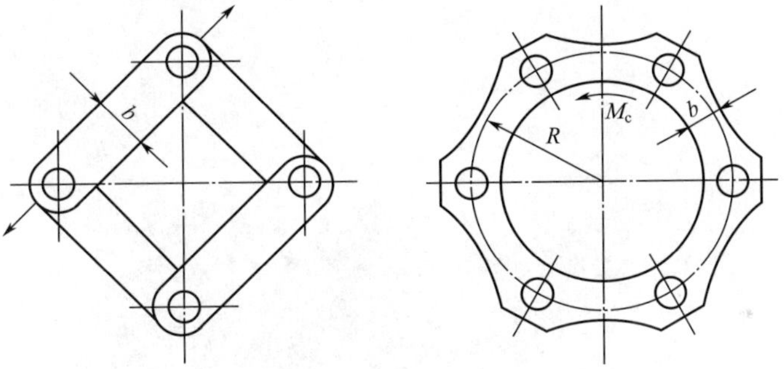

（1）分离连杆形　　（2）连续多边环形

图 4-39 膜片联轴器形状

如图 4-40 所示为一种多膜片联轴器，为了获得相对位移，常采用中间体，其两端各有一组膜片组成两个膜片联轴器，分别与两端主、从动轴连接。膜片联轴器结构简单，膜片连接没有间隙，一般不需要润滑，维护方便，只是扭转弹性较低，缓冲减震性能较差。

图 4-41 是一种新型的膜片联轴器，采用高强度合金材料及玻璃钢材料制造，轻巧、免润滑、耐高低温、抗疲劳性强、超级绝缘，专用于联结风电机组的齿轮箱和发电机。此联轴器适用于高速、重载条件下调整传动装置轴系扭转振动特性，补偿因震动、冲击引起的主从动轴径向、轴向和角向位移，吸收轴系因外部负载的波动而产生的额外能量，并不间断传递扭矩和运动。

该联轴器具有扭矩限制功能。当风电机组发生短路或过载时，联轴器上的扭矩超过了设定扭矩，扭矩限制器便会产生分离，当过载情形消失后自动恢复连接，从而能够有效防止机械损坏和昂贵的停机损失。

图 4-40　多膜片联轴器

图 4-41　新型膜片联轴器

第四节　机舱、主机架与偏航系统

一、机舱

风电机组常年在野外运行，不但要经受狂风暴雨，可能还要承受尘沙磨损和盐雾侵蚀。为了使塔架上方的主要设备免受风沙、雨雪、冰雹以及盐雾的直接侵害，往往用机舱将其密封起来，风电机组机舱如图 4-42 所示。

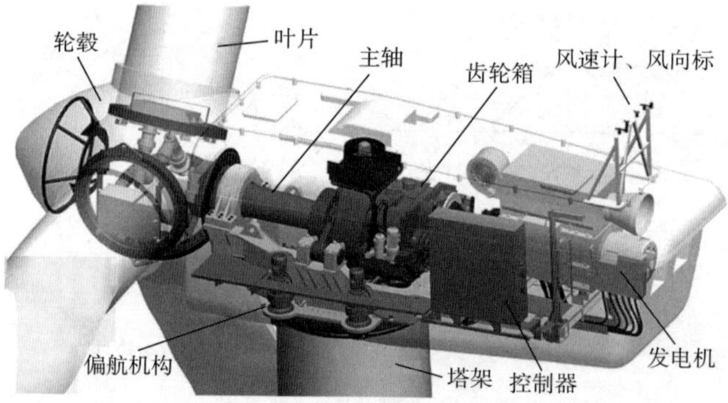

图 4-42　风电机组机舱

机舱由主机架和机舱罩组成。机舱内通常布置有传动系统、液压与制动系统、偏航系统、控制系统及发动机等。

机舱要设计得轻巧、美观并尽量带有流线型，下风向布置的风电机组尤其需要这样。最好采用重量轻、强度高而又耐腐蚀的玻璃钢制作，也可直接在金属机舱的面板上相间敷以玻璃布与环氧树脂保护层。

二、主机架

风电机组的主机架也称为底盘，主机架是定位、安装机械零部件的机器骨架。风电机组的主机架除用于固定和安装零部件外，还将机舱及其容纳物支撑在塔架以上高度，并与塔架进行连接。主机架与机舱装配后便形成了一个可以给风电机组零部件遮风挡雨的封闭空间。

（一）主机架的技术要求

主机架是风电机组风轮、主轴、齿轮箱、发电机、偏航回转支撑（偏航轴承）、液压系统、润滑系统、冷却系统、控制系统和机舱的安装物理基础（实体），同时承担着与塔架连接的重要任务。主机架在风电机组中起着承上启下的重要作用，为保证主机架能很好地实现其功能，有如下要求：

(1) 主机架的设计必须满足风电机组对主机架强度和刚度的要求，底部结构要与整体布置统一考虑，应力求紧凑、轻巧、耐用。

(2) 为了使机舱内大部件维修方便，在主机架后半部下侧必须设置检修孔，检修孔的大小以能吊装底板上最大尺寸的设备为宜。

(3) 主机架结构必须进行防腐设计，以保证其在所规定的外部条件下不出现腐蚀。

（二）主机架的结构

风电机组主机架的结构比较复杂，90%以上的风电机组零部件都要安装在它的上面，安装表面和连接尺寸众多，多数有比较高的位置精度和尺寸精度要求，同时还要求有足够的强度和刚度。因此，主机架的结构设计必须考虑各零部件的传动关系和装配关系，保证足够的强度和刚度，并应充分考虑加工的可行性和成本。主机架的结构设计完成后，必须经过试制和试装，当满足一切要求后才能定型生产。常用的主机架典型结构有两种。

1. 使用齿轮箱的异步机组主机架

使用齿轮箱的异步机组主机架因纵向尺寸较长，所以体积和重量较大。使用齿轮箱的异步机组主机架因部分结构不同又分为两种类型：

第一类主机架的特点是风轮轴轴线与塔架上平面是平行的，其风轮轴安装平面、齿轮箱安装平面、发电机安装平面、偏航轴承安装平面、液压站安装平面等也都是与塔架上平面平行的。这种主机架一般与锥形风轮相配套，以防止大风时叶片变形造成叶片碰撞塔架。因为这种主机架的各个安装平面都是相互平行的，所以其加工起来比较简单。

另一类主机架的特点是风轮轴轴线与塔架上平面呈5°或6°的夹角，所以称为仰头型主机架，其作用是防止大风时叶片变形造成叶片碰撞塔架。由于风轮轴有一个仰角，所以使用这种主机架的风电机组适宜配套平面型风轮。

2. 直驱型同步机组的主机架

直驱型同步机组的主机架因为没有齿轮箱，发电机紧挨着风轮，所以没有异步机组那样的大尾巴机舱，因此直驱型同步机组的主机架的体积和重量都小很多，结构也比较简单，一般都采用铸造成型。直驱型同步机组的主机架如图4-43所示。

图4-43 直驱型同步机组的主机架

三、偏航系统

风向是随时间不断变化的，而风电机组迎着风向才能最大效率地利用风能，因此风电机组的机舱跟随着风向的变化来不断改变方向，以保证始终处于迎风状态，这就需要一个系统能够测得风向并根据测得的风向控制机舱旋转对风，这个系统称为偏航系统。偏航系统包括偏航电机、偏航减速器、偏航轴承、偏航刹车盘、偏航制动器、气象站。偏航系统使机舱能够在塔筒上旋转，保证机舱处于塔筒顶部正确的位置。偏航系统是水平轴式风电机组必不可少的组成系统之一，起对风作用。

（一）偏航系统的分类

风电机组的偏航系统一般分为主动偏航系统和被动偏航系统。被动偏航系统指的是依靠风力通过相关机构完成机组风轮对风动作的偏航方式，常见的有尾舵、舵轮和下风向三种，该形式主要适用于小型风电机组。主动偏航系统指的是采用电力或液压拖动来完成对风动作的偏航方式，常见的有齿轮驱动和滑动两种形式。

（二）偏航系统的功能

（1）当风速小于切出风速时，与风电机组的控制系统相互配合，使风电机组的风轮始终处于迎风状态，充分利用风能，提高风电机组的发电效率。

（2）当风速超过切出风速时，使风轮平面顺风，降低风轮转速提供安全保障。

（3）提供必要的阻尼力矩和锁紧力矩，以保障风电机组的安全运行。

（4）偏航系统还具有解缆作用，当机舱在反复调整方向的过程中，有可能发生沿着同一方向累计转了许多圈，造成机舱和塔底之间的电缆扭绞，此时偏航系统即发出信号，机组自动解缆。

（三）偏航系统的组成

偏航系统主要是由驱动机构、执行机构（侧面轴承及其组件、滑垫保护装置及其组件）、偏航制动装置、偏航传感器、扭缆保护装置、偏航计数器、偏航液压系统、风速风向仪组成，如图 4-44 所示。

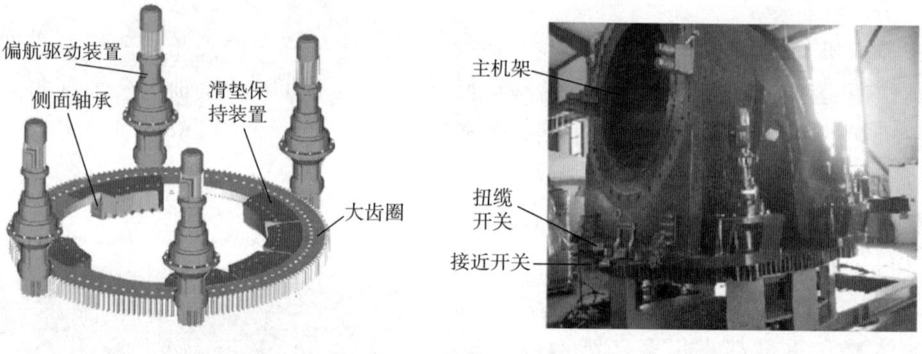

图 4-44 偏航系统结构

1. 驱动机构

偏航驱动机构用于提供偏航运动的动力。在对风、解缆时，偏航驱动装置驱动机舱相对于塔架旋转。驱动机构一般由驱动电机、偏航减速器、偏航小齿轮组成。

它们是通过螺栓及内部的花键连接成一体的，再共同和主机架用螺栓件连接在一起。偏航驱动装置通常为 4 组，每一个偏航驱动装置与主机架连接处的圆柱表面都是偏心的，以达到通过旋转整个驱动装置调整小齿轮与齿圈啮合侧隙的目的。每个齿轮箱还有一个外置的透明油位计，用于检查油位。油位计是通过管路和呼吸帽及加油螺塞连着的，当油位低于正常油位时，旋开加油螺塞补充规定型号的润滑油。一些机型的偏航电机，内部含有温度传感器，控制绕阻温度在155℃之内。偏航齿轮箱是行星式减速机，制动器位于发电机尾部，如果偏航电机发生故障，则控制系统会设置一个电气制动，防止电机横向旋转。为了使得机舱在偏航过程中平稳精确，小齿轮与大齿圈之间的侧隙应保证在0.7～1.3mm。

（1）偏航大齿圈　某机组的偏航大齿圈结构参考图4-45所示，通过88个M36高强度螺栓与塔架紧固在一起。齿圈内圈有一阶梯，上下面都是和滑动衬垫配合。4个偏航小齿轮就是和这个大齿圈啮合并围绕着它旋转的，从而带动整个机舱旋转。

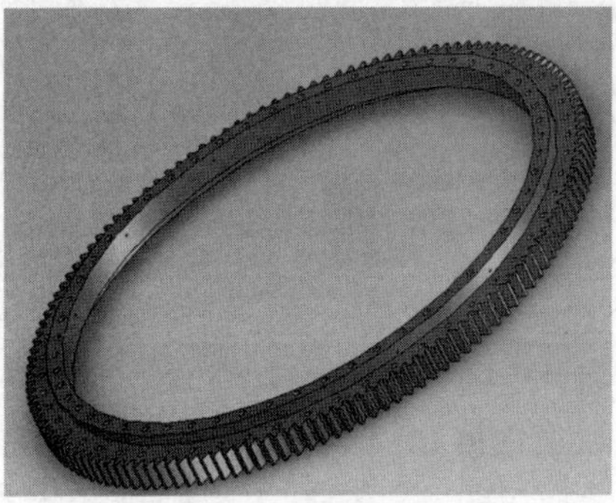
图4-45　偏航大齿圈

（2）接近开关　接近开关是一个光传感器，利用偏航齿圈齿的高低不同而使得光信号不同来工作，采集光信号并计数。通过一左一右两个接近开关采集的信号，控制系统控制机组偏航不超过±650°，防止线缆缠绕。接近开关是安装到支架上的，调整背紧螺母可以调整接近开关和偏航齿圈齿顶之间的距离，为了采集到信号，这个距离应保持在2.0～4.0mm。

（3）扭缆开关　扭缆开关也是防止电缆缠绕而设置的传感器。当机舱偏航旋转圈数达到±700°时，扭缆开关发出信号，整个机组快速停机。齿轮箱限扭缆开关（GCLS）与大齿圈相啮合，扭缆开关上的齿轮将转动传递到凸轮开关轴上，在凸轮开关轴上有三个凸轮环，其正常位置（三个凸轮盘之间的角度错位）可以单独调整。三个开关均为快动开关（切换时间短），并且每个都有一个断路触点和闭合触点。

2. 执行机构

（1）侧面轴承及其组件　侧面轴承是一个弧状的阶梯块，共有6块，每块都有5个Φ105mm的沉孔分布于圆弧，用于放置定位销、圆形弹簧和压板，每个孔的底部有M33的螺纹孔，用于安装调整螺栓，因为下滑动衬垫是使用Araldite2015（需根据装配工艺卡来修改型号）通过黏合方式固定在压板上的，所以调整螺栓的旋入深度就可以调整滑动衬垫与大齿圈之间的紧密程度，从而得到最佳阻尼。侧面轴承如图4-46所示。

另外侧面轴承还有6个Φ39mm的孔分布于圆弧内圈，M36螺栓通过这些孔将侧面轴承与主机架紧固在一起。当机舱需要偏航时，侧面轴承带动滑动衬垫随机架共同旋转。下滑动衬垫是特殊材料制作的圆形垫片，厚度10mm，直径100mm，具有自润滑的功能，也就是在滑动过程中滑动垫片自产生润滑材料，无需加注润滑油。圆弹簧是放在定位销上的，如图4-46（2）所示，每个定位销共有8个圆弹簧，分两组背靠背放置。

（2）滑垫保持装置及其组件　如图4-47所示，下滑动衬垫是放入压板凹槽内的，而上滑动衬垫若要固定于凹槽内，就要靠滑垫保持装置了，共有6片，靠近叶轮一侧有两

（1）实物图

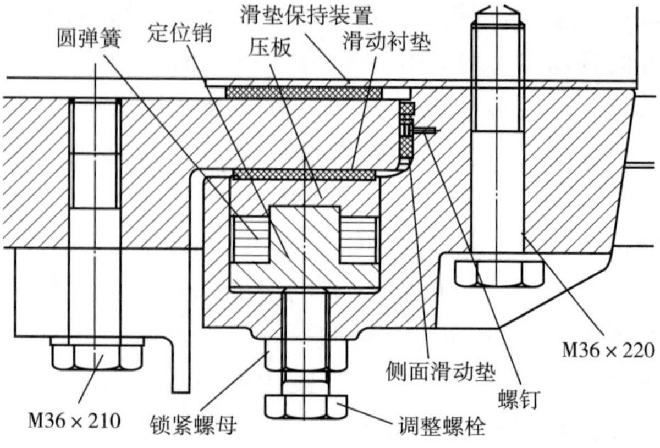

（2）剖面图

图 4-46 侧面轴承

片，每片上有 7 个凹槽用于粘接滑动衬垫，如图 4-47（1）所示。6 个小孔用于侧面轴承与主机架连接螺栓穿过，使得滑垫保持装置与主机架连接为一体。

靠近发电机一侧有 4 片滑垫保持装置，其形状如图 4-47（2）所示，它的 5 个凹槽用于粘接滑动垫片。

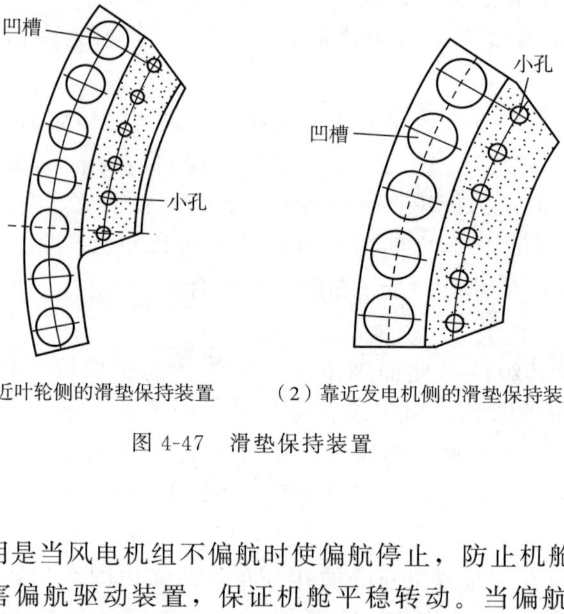

（1）靠近叶轮侧的滑垫保持装置　（2）靠近发电机侧的滑垫保持装置

图 4-47 滑垫保持装置

3. 偏航制动装置

偏航制动装置的作用是当风电机组不偏航时使偏航停止，防止机舱在偏航干扰力矩作用下发生偏航振动而伤害偏航驱动装置，保证机舱平稳转动。当偏航系统使用滑动轴承时，因其摩擦阻力矩比偏航干扰力矩大得多，故一般不需要另外配置制动装置。偏航制动装置仅在使用滚动偏航轴承的偏航系统中应用。

偏航制动装置由制动盘和偏航制动器组成。偏航制动器是偏航系统中的重要部件。在机组偏航过程中，制动器提供的阻尼力矩应保持平稳。一般采用液压拖动的钳盘式制动器，制动盘要有足够的强度和韧性。制动钳一般由制动钳体和制动衬块组成，钳体通过高强度螺栓连接于主机架上。

偏航制动器设有自动补偿机构，以便在制动衬块磨损时进行自动补偿，保证制动力矩和偏航阻尼力矩的稳定。

在偏航系统中，制动器可以采用常闭式和常开式两种结构形式。常闭式制动器是在有动力的条件下处于松开状态，常开式则是处于锁紧状态。比较两种形式并考虑失效保护，一般采用常闭式制动器。制动盘通常位于塔架或塔架与机舱的适配器上，一般为环状。

4. 偏航传感器

偏航传感器用于采集和记录偏航位移。位移一般以当地北向为基准，有方向性。传感器的位移记录是控制器发出电缆解扭指令的依据。偏航方向传感器是两个并排安放的接近开关。

5. 扭缆保护装置

扭缆保护装置是偏航系统必须具有的装置，它是出于失效保护的目的而安装在偏航系统中的。它的作用是在偏航系统的偏航动作失效后，电缆的扭绞达到威胁机组安全运行的程度时触发该装置，使机组紧急停机。一般情况下，扭缆保护装置是独立于控制系统的，一旦该装置被触发，则机组必须进行紧急停机。

扭缆保护装置由控制开关和触点机构组成，控制开关安装在塔架内壁的支架上，触点机构安装在机组悬垂部分的电缆上。当悬垂部分的电缆扭绞到一定程度时，触点机构被提升或被松开而触发控制开关。因开关接在机组安全链电路中，电路断开机组安全系统即控制机组停机。

6. 偏航计数器

偏航系统中都设有偏航计数器。偏航计数器的作用是记录偏航系统所运转的圈数，当偏航系统的偏航圈数达到计数器的设定条件时，则触发自动解缆动作，机组进行自动解缆并复位。计数器的设定条件是根据机组悬垂部分电缆的允许扭转角度来确定的，其原则是要小于电缆所允许扭转的角度。

7. 偏航液压系统

并网型风电机组的偏航系统一般都设有液压装置，液压装置的作用是拖动偏航制动器松开或锁紧。一般液压管路应采用无缝钢管制成，柔性管路连接部分应采用合适的高压软管。液压管路的连接组件应通过试验保证偏航系统所要求的密封和承受工作中出现的动载荷。液压元器件的设计、选型和布置应符合液压装置的有关具体规定和要求。液压管路应能够保持清洁并具有良好的抗氧化性能。液压系统在额定的工作压力下不应出现渗漏现象。

8. 风速风向仪

偏航实现其功能，必须采集到风向，风速风向仪就是实现这个功能的。

（四）偏航系统的工作原理

偏航系统的功能就是捕捉风向，控制机舱平稳、精确、可靠地对风。例如现在是东南风，风电机组正常工作，机舱叶轮处于迎风状态，也就是朝着东南方向，但是随着时间变化，风向逐渐变化为南风，这时就由风速风向仪测得风向变化，并传给控制系统，控制系统通过控制偏航驱动装置中的四台偏航电机往风速变化的方向同步运转，偏航电机通过减速齿轮箱带动小齿轮旋转。小齿轮是与大齿圈相啮合的，与偏航电机、偏航齿轮箱统一称为偏航驱动装置，从图 4-48 可以看出，偏航驱动装置是通过螺栓紧固在主机架上的。而大齿圈是通过 88 个螺栓紧固在塔筒法兰上面的，也就是说大齿圈是不可能旋转的，那么只能是小齿轮围绕着大齿圈旋转带动主机架旋转，直到机舱位置与风向仪测得的风向相一致。风向变化是一个连续的过程，从东南风变为南风，是一个循序渐进的过程。

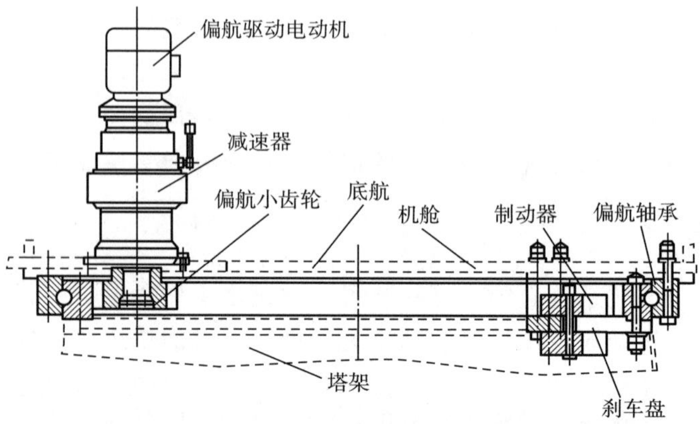

图 4-48　偏航系统工作原理结构图

机舱是可以顺时针旋转也可以逆时针旋转的。在偏航过程中，如果机舱总是朝向一个方向旋转是肯定不行的，因为机舱底部大齿圈内部布置着多根电缆，机舱旋转电缆也就跟着扭转，所以为了防止电缆扭转破坏，控制机舱同一方向旋转圈数不得超过±650°（从 0°开始，0°为安装风电机组时确定的位置）。这种控制方法就是靠偏航接近开关和限位开关来实现的，接近开关一左一右共两个，负责记录机舱位置，当机舱达到＋650°或－650°时发出信号，控制系统控制偏航电机反向旋转解缆。扭缆开关是作为极限位置开关使用的，当机舱继续旋转达到±700°时，扭缆开关被触发而使得风电机组快速停机。

第五节　塔架与基础

一、塔架

风力发电机组塔架和基础是风力发电机组的主要承载部件，将风力发电机组支撑到需要的高度，其重要性随着风力发电机组的容量、高度的增加，越来越明显。在风力发电机组中，塔架的重量占风力发电机组总重的 1/2 左右，其成本占风力发电机组制造成本的 15%左右，由此可见塔架在风力发电机组设计与制造中的重要性。风力发电机组塔架结构系统有别于一般的高耸建筑结构，其坐落在各种各样的地质条件的地基上，所处的环境条件非常复杂，不仅受到随机性很强的、非定常风的作用，还有可能面对地震作用，海上风力发电机组塔架还要受到海浪、海流、海冰、台风等特殊动载荷作用，且有风轮运行、调节和静止等不同运行工况，使得结构静力和动力变形很复杂。在这些复杂的动载荷、疲劳载荷以及不同的工况作用下，结构的内力超过风力发电机组系统结构的承受能力后，就会造成风力发电机组结构的破坏或者塔架筒壁产生线性、非线性静动力屈曲，使结构失去稳定。严重时，地基失效或风力发电机组塔架连同人工基础一起拔起，造成结构整体倒塌、倾覆等毁灭性的破坏。

（一）以结构分类

早期风力发电机组中大量使用桁架型塔架，桁架型塔架通过角材组装而成，并利用螺栓将斜撑体连接到腿上，将腿都连接在一起。在典型情况下，其结构与高压线塔架相似，塔架呈方形，有 4 只腿，以便于斜撑体的连接。桁架型塔架的耗材少，便于运输，但需要连接的零部件多，现场施工周期较长，运行中还需要对连接部位进行定期检查。其主要优点为制造简单、成本低、运输方便，但有上下通行时安全性低、结构不美观、用于攀爬塔顶的梯子布置难度大等主要缺点。在当前风力发电机组中大量采用锥筒形塔架，其优点是美观大方，上下塔架安全可靠。

（二）以材料分类

以材料分，锥筒形塔架可分为钢结构塔架和钢筋混凝土塔架。钢筋混凝土塔架在早期风力发电机组中大量被应用，如我国福建平潭 55kW 风力发电机组（1980 年）、丹麦 Tvid 2MW 风力发电机组（1980 年），后来由于风力发电机组大批量生产的需要而被钢结构塔架所取代。锥筒形塔架需在塔架根部安装一扇塔门，并在塔内壁设计供维修使用的梯子，以及在塔根部安放控制柜，机舱内发电机产生的电流通过电缆线进入控制柜。梯子若是镶嵌在塔壁上固定的，则塔门及梯子等因素有可能削弱塔架强度。目前兆瓦级风力发电机组中广泛采用钢圆筒形塔架，它的制造工艺比较简单，应用也比较普遍。

锥筒形塔架的详细分类如下：

1. 钢圆筒形塔架

钢圆筒形塔架在当前风力发电机组中大量采用，如图 4-49 所示。钢圆筒形塔架优点是美观大方，上下塔架安全可靠。钢圆筒形塔架是以钢板或钢管作为材料加工制造的，其结构形式又分为直圆柱形（多用于小型风力发电机）、阶梯圆柱形（常用于中型风力发电机，制造工艺简单、成本低是其优势）及圆锥形（外观布局很美观）。

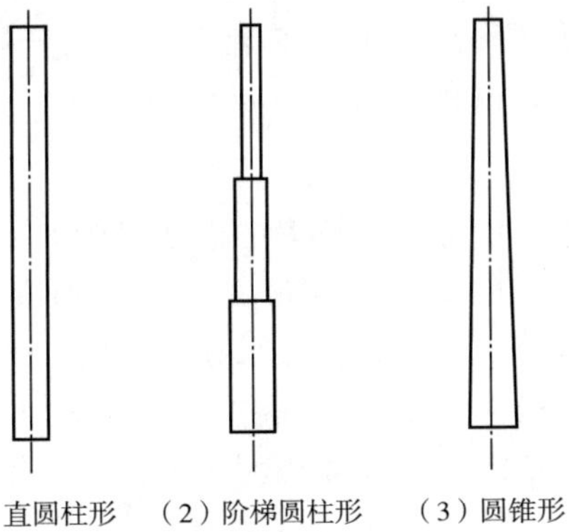

图 4-49 钢圆筒形塔架

2. 钢筒夹混塔架

钢筒夹混塔架采用双层同心的钢筒，在钢筒间填充混凝土制造而成，塔筒横截面如图 4-50 所示。

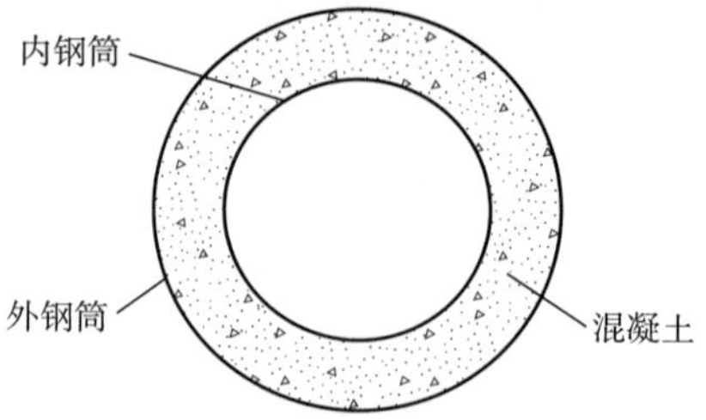

图 4-50 钢筒夹混塔架横截面

3. 钢混组合塔架

钢筋混凝土结构塔架的最大优点是刚度大、自振频率低，很容易制作出需要的各种形状。但混凝土的砂、石、水泥使用量巨大，运输费用太高，因而限制了它的应用。近年随着风力发电机组容量的增加，塔架的体积增大，使得塔架运输困难，出现了钢筋混凝土塔架取代钢结构塔架的趋势。钢混组合塔架分段采用钢制与钢筋混凝土制造的两种塔筒组合，其主要构造特点：锥筒塔架分上下两段，其上段为钢制塔架，下段为钢筋混凝土塔架。钢制塔架在距地面的一定高度（约为 20m 左右）处，与钢筋混凝土塔筒顶部相连。连接界面约在支撑平台表面以下 5m 处。

4. 多边形全拼装塔架

使用大型液压弯板机将规定厚度的钢板弯制成 12 或 18 边形的角度，每个拼装件为三个边，上边加工出安装螺栓孔。在风力发电机组安装现场，由四片或六片拼装成一段多棱锥台，将各段多棱锥台上下拼装完成后塔架就成形了。这种结构形式的加工过程比较简单，而且能够进行热镀锌防腐处理，运输也比较方便，具有广阔的前景。拼接塔架也可以制成阶梯多棱柱形。

5. 折叠塔杆

它由主杆和支杆组成。支杆高度约为主杆高度的 2/5，垂直于地面固定在基础上，在顶端与主杆铰接；主杆以铰接点为支点构成杠杆，可以撬动，也可以与支杆拢紧。安装风力发电机组主体时，主杆顶端降至地面，安装完毕将主杆翘起竖立，主、支杆拢紧固定。主体重量 500kg、塔架高度 15m 的风力发电机组，只需 2～3 人即可安全施工。

（三）以有无拉索分类

塔架还能以有无拉索进行划分，无拉索的塔架以桁架或圆锥形式矗立在混凝土基础的中心；而有拉索的则相反，它的基础由四散的基础结构或再加上相对很小的中心基础构成。无拉索的结构简单、占地少，但是它必须在吊车的帮助下才可以安装，而且维护特别麻烦，也需要吊车的配合，极大地增加了用户的使用成本。有拉索的优点是结构重量轻、运输方便、可以人工安装，缺点是占地面积大、不美观。拉索型塔架可分为钢管拉索式和柱形桁架拉索式塔架：

1. 钢管拉索式塔架

这是简单、轻便、易于搬运安装的塔架，制造和安装施工的成本都比较低，风轮直径偏小的风力发电机组多采用这种塔架。

2. 柱形桁架拉索式塔架

这种塔架由角铁或钢管等型材焊成，结构剖面呈等边三角形或四边形，塔体上下外轮廓尺寸相同。特点是与相同外轮廓尺寸的钢管拉索式塔架相比，风载荷更小；制造和安装施工成本较低。在安装场地狭小的复杂地形、道路交通运输困难、起重装备不能到达安装现场的地方，可以选择柱形桁架拉索式塔架。

（四）以固有频率分类

塔架需要有足够的疲劳强度，能承受风轮引起的振动载荷，包括启动和停机的周期性影响、突然的风况变化、塔影效应等。塔架的刚度要适度，其自振频率（弯曲及扭转）要避开运行频率（风轮旋转频率的 3 倍）的整数倍。塔架—机舱—风轮系统的固有频率与塔架受迫振动时的一阶固有频率相比，若系统固有频率大于塔架的运行频率，则称之为“刚性塔架”；系统固有频率低于塔架的自频率的是“柔性塔架”。目前，大型风力机多采用柔性塔架，因为塔架的刚性越大，重量和成本就越高。具体分类如下：

1. 刚性塔架

这种塔架刚度较高，塔架的一阶弯曲振动固有频率高于叶片通过频率。例如钢筋混凝土塔架结构。其优点是可以有效避免共振，缺点是使用材料多、成本高。现代大型风电机组很少采用这类刚性塔架结构。

2. 柔性塔架

这种塔架整体刚度较低，塔架的一阶弯曲振动固有频率低于叶片通过频率。通常把塔架的一阶弯曲振动固有频率介于风轮旋转频率和叶片通过频率之间的塔架称为柔性塔架，而把一阶弯曲振动固有频率低于风轮旋转频率的塔架称为超柔性塔架。钢筒塔架通常均为柔性塔架，其优点是塔架重量小、耗材少、成本低，但是由于塔架固有频率与风轮旋转频率以及叶片通过频率处于同一数量级，如果结构设计不当，可能使得在风轮的工作转速范围内，风轮旋转频率或叶片通过频率与塔架固有频率发生重叠，产生严重的共振现象。因此要求对塔架动态特性进行精确的分析计算和调整，使塔架一阶弯曲振动固有频率避开风轮旋转频率和叶片通过频率，避免运行中由于结构共振造成的载荷放大。

（五）塔架的组成

以钢制圆筒形塔架为例，塔架由塔筒、塔门、塔梯、电缆卷筒与支架、平台、内梯与外梯、照明设备、安全与消防设备等组成，如图 4-51 所示。输电形式采用母线排，安全美观，控制电缆与防雷系统也是依附在塔架上，以保持高处机舱与地面之间的联系。另外，塔架中还配备提升工具等物件用的电动提升机等。

（1）塔筒　塔筒是塔架的主体承力构件。为了吊装及运输的方便，一般将塔筒分成若干段，并在塔筒底部内、外侧设法兰盘，或单独在外侧设法兰盘，采用螺栓与塔基相连，其余连接段的法兰盘为内翻形式，均采用螺栓进行连接。根据结构强度的要求，各段塔筒可以用不同厚度的钢板。

图 4-51　塔架内部构造

（2）平台　塔架中设置若干平台（如图 4-52 所示），为了安装相邻段塔筒、放置部分设备和便于维修内部设施。塔筒连接处平台距离法兰接触面 1.1m 左右，以方便螺栓安装。另外还有一个基础平台，位置与塔门位置相关。平台是由若干个花纹钢板组成的圆板，圆板上有相应的电缆桥与塔梯通道，每个平台一般有不少于 3 个的吊板通过螺栓与塔壁对应的固定座相连接，平台下面还设有支撑钢梁。

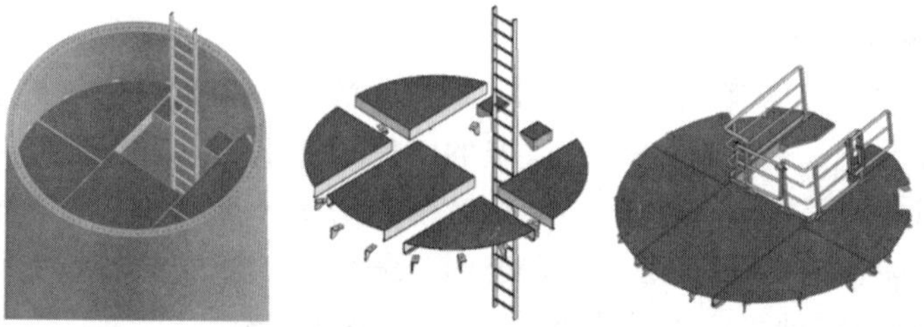

图 4-52　平台

（3）电缆及其固定　电缆由机舱通过塔架到达相应的平台或拉出塔架以外。电缆卷筒与支架位于塔架顶部，保证电缆有一定长度的自由旋转，同时承载相应部分的电缆重量。电缆通过支架随机舱旋转，达到解缆设定值后自动消除旋转。安装维护时应检查电缆与支架间隙，不应出现电缆擦伤。经过电缆卷筒与支架后，电缆由电缆梯固定并拉下。

（4）内梯与外梯　内梯与外梯用于管理和维修人员登上机舱，塔架内部有爬梯，如图 4-53 所示，带有安全导轨，以供工作人员上下使用，通过它可到达各连接法兰下方的平台及机舱，还可以选配助力器，使人员上下更加轻松。有些机组的内梯已采用电梯。外梯有直梯和螺旋梯两种，如图 4-54 所示为外部走梯。

图 4-53　爬梯图

图 4-54　外部走梯

（六）塔架的作用

（1）获得较高且稳定的风速，即让风轮处于风能最佳的位置。

（2）给风轮及主机（机舱）提供满足功能要求的、可靠的固定支撑（主要涉及风轮直径）。

（3）提供安装、维修等的工作平台。

二、陆上风电机组的基础

风力发电机组的基础用于安装、支撑风力发电机组，平衡风力发电机组在运行过程中所产生的各种载荷，以保证机组安全、稳定地运行。在正常运行时，风电机组的基础会受到以下几方面的影响：①风轮重力和风轮重力对塔架形成的弯矩的影响；②机舱和机舱内设备重力、机舱及设备重力对塔架形成的弯矩的作用；③风对塔架的推力及风对塔架的弯矩和剪力；④风吹叶片旋转对叶片的推力、风轮旋转所形成的反转矩；⑤塔架自重。这些重力、弯矩、剪力、压力等都通过塔筒底部法兰、塔架基础的地脚螺栓作用在基础上。由于风力发电机组轮毂高度大（一般在 50m 以上），顶部重量大，正常运行和极端风速情况承受的水平载荷大，机组正常运行时对倾斜控制严格，基础承受 360°方向重复载荷和大偏心受力，基础的载荷重分布性低，风资源丰富的沿海滩涂水文、地质条件复杂，这些都对基础提出更高的要求。

根据风力发电机组型号与容量自身特性，要求基础承载载荷也各不相同。陆上风力发电机组的基础均为现浇钢筋混凝土独立结构，如图 4-55 所示为正在施工中的风力发电机组基础。

图 4-55　施工中的风力发电机组基础

(一) 基础的类型与结构

由于风力发电机组型号不同、自重不同，要求基础承载的载荷也各不相同。根据风电场场址工程地质条件和地基承载力以及基础载荷、尺寸大小的不同，从结构的形式看，常用的基础可分为厚板块状基础、桩基础和桁架式塔架基础 3 种。

1. 厚板块状基础

厚板块状基础也称为实体重力式基础，用在距地面不远处就有硬性土质的情况下，可以抵制倾覆力矩和机组重力偏心力。

(1) 平面板块基础　平面板块基础如图 4-56（1）所示，基础板块厚度一致，上表面与地面相平，当岩石床接近地表的情况下选择这种基础。这种基础主要的配筋分布在上表层和下表层，抵制基础弯曲，并且板块足够厚，不用使用抗剪钢筋。

(2) 平放基座基础　平放基座基础如图 4-56（2）所示，基础板块基础上面设置一个基座，这种情况用在岩石床在地表下的深度比板块厚度大时，需要增加一个基座来抵制弯曲力矩和剪切负载，施加在基础上的重力增加，整个板块尺寸可以减小一些。

（3）嵌入式塔架和倾斜板块基础　嵌入式塔架和倾斜板块基础如图 4-56（3）所示，基础板块类似于图 4-56（2），不同的是塔架基底直接嵌入基础，块状基础表面成一定斜率变化。塔架基底接近基础表面处需要打孔，允许基础表面配筋通过，抵制剪切负载的配筋也必须经过塔架底部法兰。这种结构节省材料，但不利于安装。

（4）岩石床打锚基础　岩石床打锚基础如图 4-56（4）所示，基础在岩石床上打锚，这种情况也适用于岩石床在地表下深度比较大的情况，相比于图 4-56（2），可以节省材料，免去上面的配重，承载力也很高。但岩石床打锚时，需要专用机械，所以也较少使用。

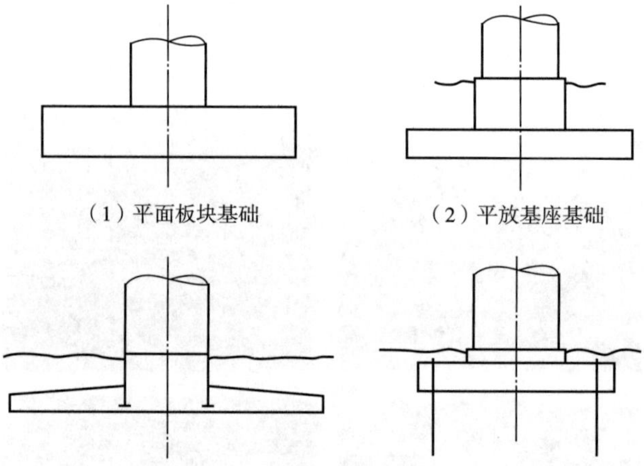
（1）平面板块基础　（2）平放基座基础
（3）嵌入式塔架和倾斜板块基础　（4）岩石床打锚基础

图 4-56　各种风力发电机组基础

（5）凹形和凸形基础　按照厚板块基础的剖面结构，又可将其分为凹形和凸形两种结构，如图 4-57 所示。凹形基础整个为方形实体钢筋混凝土打造；凸形基础的典型特点是扩展的底座盘上的回填土也成为基础重力的一部分。

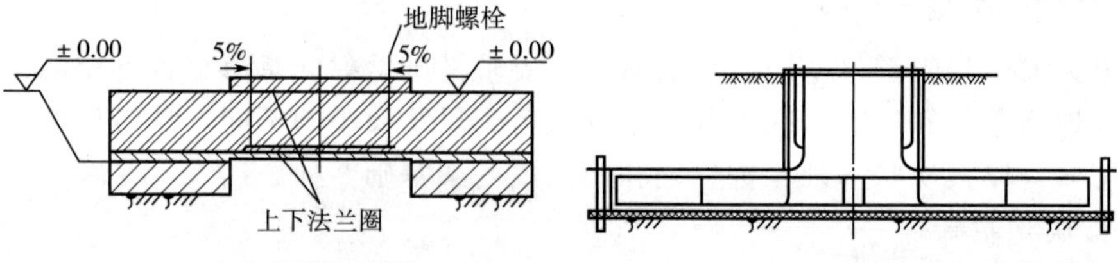

（1）凹形基础结构　（2）凸形基础结构

图 4-57　凹形和凸形厚板块基础

2. 桩基础

在地质条件较差的地方，柱状的桩基础比平板块状基础能够更有效地利用材料。桩基础常用的三种结构形式如图 4-58 所示。

（1）框架式桩基础　框架式桩基础如图 4-58（1）所示，是桩基群与平面板块梁帽的组合体。它是将几个甚至更多的圆柱形桩，利用一个平板块形桩帽把它们连接起来，桩帽上设计有与塔架连接的承台组成的基础。倾覆力矩由装在垂直和侧面的载荷两者抵消，侧面载荷由施加于每个桩的顶部力矩产生，所以要求钢筋必须在桩和桩帽之间提供充分连接的力矩。

(2) 混凝土实心单桩基础　混凝土实心单桩基础如图 4-58 (2) 所示，其由一个大直径混凝土圆柱和上面的与塔架连接的承台组成，桩孔利于水下打桩，适用于水平面很低，且开挖施工坑边缘不会塌方时采用，但混凝土消耗量大、成本高。

(3) 空心复合桩基础　空心复合桩如图 4-58 (3) 所示，它比混凝土实心单桩基础节省材料，但施工难度大，适用条件与混凝土实心单桩基础相同。在土质比较疏松的地层情况下，常选择多桩基础。

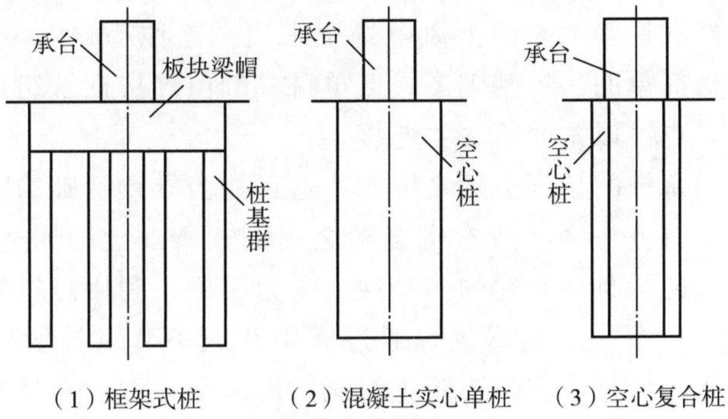

图 4-58　桩基础

3. 桁架式基础

衍架式基础的特点是桩柱之间的跨距相对很大，并且还可以使它们使用各自独立的基础。一般在现场使用螺旋钻孔机钻孔后浇注混凝土桩，防止倾覆的作用力在桩上被简单地上提和下推，上提力和下推力被桩表面的摩擦力抵消。

(二) 基础与塔架连接方式

1. 地脚螺栓式连接

地脚螺栓式连接就是将塔架用螺母与尼龙弹性平垫固定在地脚螺栓上，地脚螺栓用混凝土事先浇注在基础的承台上。地脚螺栓形式又分为单排螺栓、双排螺栓、单排螺栓带上下法兰圈等。

2. 法兰筒式连接

法兰筒式连接就是塔架法兰与基础段法兰用螺栓对接，基础的法兰筒用混凝土浇筑在基础的承台上。

三、海上风电机组的基础

与陆上的风力发电机组相比，海上风力发电机组最大的差异是基础的不同。海上风力发电机组的基础远比陆上风力发电机组的基础复杂，成本也高得多。并且对整个风力发电机组的力学性能影响更大。海上风电机组根据水深的不同分为近海与深远海。近海海风资源随着不断开发趋于紧张，而深远海由于生态限制性因素较少且风资源条件优，能通过规模化开发降本增效，未来开发潜力较大。因此，发展深远海风电是未来行业的趋势。中国近海（5～50m 水深）的风能资源开发潜力为 500GW，深远海（50m 以上水深）的风能资源开发潜力为 1268GW，未来深远海风电资源开发空间广阔。在近海风电开发中，水深 0～30m 常用单桩、重力式基础方案；水深 30～60m 常用导管架、多桩基础方案，然而其缺陷在于随着水深增加，在其他子结构成本不变的情况下固定基础的成本将显著增加；当水深大于 60m，固定基础的成本急剧提高，导致经济性较差，而浮置式依靠系泊系统与海床连接，水深增加带来的边际成本增幅较小，更具边际成本优势。同时由于采用锚链固定、便于拆除，对海床地质的限制条件较少、对环境的影响较小，具备优势。海上风力发电机组的基础结构主要有以下几种。

1. 单桩基础

单桩基础现在已经在许多大型海上风电场中采用。这种基础由一根桩支撑上部结构，是海上风电场基础中最简单的一种基础形式。单桩基础由焊接钢管组成，基桩与塔架之间可以是焊接法兰连接，也可以是套管法兰连接。

随着水深的增大，基桩的长度会随之增大，这可能会导致基础的刚度和稳定性不满足要求，并且基桩的施工难度与经济成本也会随之提高，所以此结构适用于 20～25m 的中浅水域。此方案的最大的优点在于它的简易性、受力明确，利用打桩、钻孔或喷孔的方法将桩基安装在海底泥面以下一定的深度，通过调整片或护套来补偿打桩过程上的微小倾斜，以保证基础的平正。但是，它需要防止海流对海床的冲刷，而且不适用于海床内有巨石的位置。

单桩达指定地点后，将打桩锤安装在管状桩上打桩直到桩基进入要求的海床深度；另一种则是使用钻孔机在海床钻孔，装入桩后再用水泥浇注。该基础的弊端在于海床较为坚硬时，钻孔的成本较高。

2. 三脚架式基础

该基础也称为“三桩基础”，其结构如图 4-59 所示。此基础用三根中等直径的钢管桩定位于海底，埋置于海床下，三根桩呈等边三角形均匀布设，桩顶通过钢套管支撑上部三脚行架结构，构成组合式基础，三脚桁架为预制构件，承受上部塔架载荷，并将应力与力矩传递于三根钢桩。

图 4-59　三脚架式基础

三脚架基础自重较轻，不需要冲刷防护，整个结构坚固稳定。但其成本较高，移动性也不好。此方案适用于水深超过 30m 的水域。

3. 导管架基础

导管架基础由导管架与桩两部分组成，如图 4-60 所示。导管架是一以钢管为骨棱的钢质锥台形空间框架，以预制钢构件。导管架基础可以设计成三腿、四腿、三腿加中心桩、四腿加中心桩结构，一般由圆柱钢管构成。导管架与基桩一般在海床表面处连接，通过导管架各个支角处的导管打入海床。

图 4-60 导管架基础

导管架基础强度高，安装噪声较小，重量轻，适用于大型风力机、深海领域，但是造价昂贵，需要大量的钢材，受海浪影响，容易失效。该基础安装的时候受天气影响较严重。该基础适用于 5～50m 范围内的水域，可避免海上浇筑混凝土，具有海上施工量小、安装速度快、造价低、质量易保证的特点。

4. 重力式基础

重力式基础，就是靠重力来追求风电机组平衡稳定的基础。重力式基础主要依靠自身重量使风电机组矗立在海面上，其结构简单、造价低且不受海床影响，稳定性好，不需要打桩，但是需要进行海底准备，受环境冲刷影响大，仅适用于浅水区域。其结构如图 4-61 所示。

图 4-61 重力式基础

重力式基础可分为混凝土重力式和钢制重力式，其中混凝土重力式主要用于较浅的水域。它是靠体积庞大的混凝土块的重力来固定风电机组的位置。这种方案使用方便，而且适用于各种海床土质，但是由于它重量大，搬运的费用较高。另一个缺点是海床必须被平整甚至加固。而钢制重力式基础与混凝土重力固定式一样，它也是靠自身重力固定风电机组位置的，但钢制的重量较轻，从而使安装和运输更为简单。当把钢制基座固定之后，向其内部填充重矿石，以增加重量（一般为 1000t 左右）。虽然此方案也适用于所有海床土质，但其抗腐蚀较差，需要长期保护。

5. 多桩式基础

多桩式基础又称“群桩式高桩承台基础”，如图 4-62 所示。多桩式基础应用于风电基础之前，是海岸码头和桥墩基础的常见结构，由基桩和上部承台组成。斜桩基桩呈圆周形布置，对结构受力和抵抗水平位移较为有利，但桩基相对较长，总体结构偏于厚重。多桩式基础适用水深 5～20m。因波浪对承台产生较大的顶推力作用，需对基桩与承台的连接采取加固措施。桩基直径小，对钢管桩的制作、运输、吊运要求较低。

图 4-62　多桩式基础

6. 浮置式基础

随着水深增加导致固定式风电机组建造安装费用急剧增加。水深大于 50～60m 以后，浮置式风机系统建造成本将大幅降低，因此，水深大于 50m 的海域一般采用浮置式基础作为风电机组的支撑平台。1972 年，美国马萨诸塞大学安默斯特分校的 Heronemus 教授首次提出了海上漂浮式风电的技术概念，但限于当时的技术水平和高昂的建设成本，相关技术并未引起广泛关注。随着技术发展至今，海上浮置式风机极大地拓展了海上风电的应用范围，并且具有诸多的优势。近年来随着海上风电单机功率大型化和海上风场走向深远海，浮置式风机技术正成为热点研究方向之一，不断地涌现出新形式。当前浮置式海上风电主要有立柱式、半潜式、张力腿式、驳船式四种，另有多种组合而成的混合式。

（1）立柱式　该类型平台的重心设计远低于浮心。当平台发生倾斜时，重心和浮心之间形成回复力偶可抵抗平台的倾斜运动；与此同时，较小的水线面设计，可减小平台垂荡运动，但较大的平台吃水设计导致其对工作水深有特定的要求，通常要求大于 100m 水深。

（2）半潜式　该类型平台在风机倾斜时，可通过分布式的浮筒结构产生较大的水线面变化，进而产生抵抗平台倾斜运动的回复力矩；适用水深通常大于 40m，适用水深范围较广；平台的各方向运动适中，但对低频波浪二阶力较为敏感；可采用湿拖法运输，部署灵活，技术较为成熟。

(3) 张力腿式　该类型平台通过垂向下的系泊张力平衡浮体向上的超额浮力，类似“上下绷紧”的结构，因此，具有较好的平台垂向运动性能。但是其安装过程较为复杂，且张力腿平台筋腱结构造价较高，目前国内缺乏相关的制造和施工安装经验。该形式适用水深通常大于 40m，对高频波浪二阶力敏感。

(4) 驳船式　该类型平台类似于船型，利用平台浮力抵消重力，适应水深通常大于 30m，垂向运动固有频率在一阶波浪频率范围内，故波频响应较为敏感，设计时需要进行平台运动频率优化；结构形式简单，容易制造，稳定性较好，可采用湿拖法整体运输，部署灵活且成本较低。

上述四种方式各有优劣，比如在适应水深方面，半潜式、驳船式更具优势，能够较好适应 30～50m 水深区域；运动性能适应性方面，立柱式、张力腿式更具优势；安装难度方面，半潜式、驳船式相对方便等。从浮置式的发展历程看，半潜式、立柱式技术相对更为成熟，在过往项目和在建项目中占比较高；张力腿和半潜式建成项目较少，在建项目中逐步开始出现。分区域看，不同技术使用海域、海况不同，由于半潜式适应水深范围更广，覆盖 30m 以上水深，并且技术成熟度较高，因此国内目前基本选择半潜式技术。

第六节　风电机组其他部件

一、避雷系统

风力发电机组相对周边建筑物高很多，雷电对风力发电机组的危害不可忽视。雷电感应和雷电波的侵入是造成电气设备、控制系统和通信系统损坏的主要原因之一，因此，风力发电机组避雷系统应针对各种危害采取保护措施。

(一) 叶片的防雷击系统

近年来，随着桨叶制造工艺的提高和大量新型复合材料的运用，雷击成为造成叶片损坏的主要原因。因此叶片的防雷保护至关重要。据统计，遭受雷击的风力发电机组中，叶片损坏的占 20%左右。

作为风力发电机组中位置最高的部件，叶片是风力发电机组中最易受直接雷击的部件，同时叶片又是风力发电机组中最昂贵的部件之一。全世界每年有 1%～2%的风力发电机组叶片遭受雷击，大部分雷击事故只损坏叶片的叶尖部分，少量的雷击事故会损坏整个叶片。目前，采取的主要防雷击措施之一是在叶片的前缘从叶尖到叶根贴一长条金属窄条，将雷击电流经轮毂、机舱和塔架引入大地。另外，丹麦 LM 公司与丹麦研究机构、风力发电机组制造商和风电场共同研究设计出了新的防雷装置，它是用一装在叶片内部大梁上的电缆，将接闪器与叶片法兰盘连接。这套装置简单、可靠，与叶片具有相同的寿命。

玻璃钢防雷叶片如图 4-63 所示，叶片顶端铆装一个不锈钢叶尖，用铜丝网贴在叶片两面，将叶尖与叶根连为一个导电体。钢丝网一方面可将叶尖的雷电引至大地，另一方面可以防止雷击叶片主体。

多数情况下被雷击的区域在叶尖背面。装有接闪器捕捉雷电叶片的叶尖结构如图 4-64

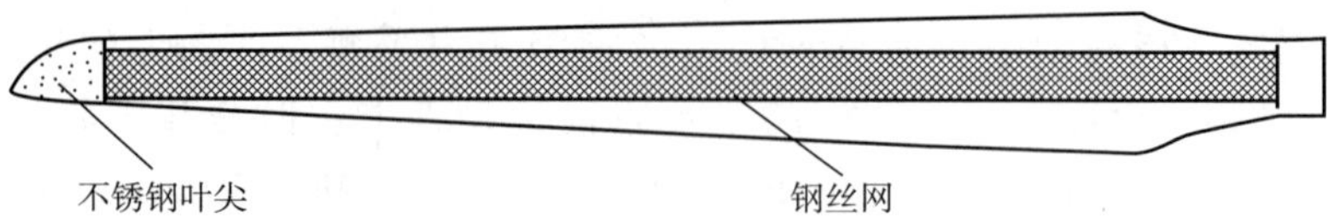

图 4-63 玻璃钢防雷叶片

所示，接闪器通过叶片内腔导线将雷电引入大地。这种设计既简单又耐用。如果接闪器或传导系统附件需要更换，只需机械性地改换。

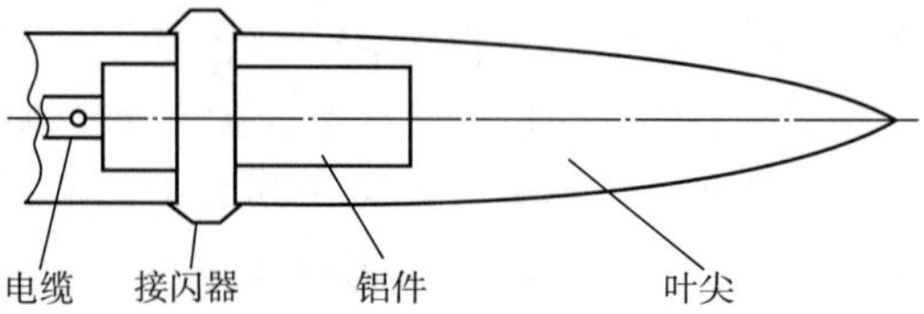

图 4-64 装有接闪器捕捉雷电叶片的叶尖结构

（二）机舱及其内各部件防雷击系统

在叶片上采取了防雷措施后，实际上也能对机舱提供一定程度的防雷保护。通常，设置在桨叶上的接闪器和引下导体可以有效地拦截来自机舱前方和上方的雷电下行先导，但对于从机舱尾后方袭来的雷电下行先导则有可能拦截不到，因此，需要在机舱尾部设立避雷针。机舱尾部避雷针一方面可以有效地保护舱尾的风速风向仪，另一方面可以保护尾部机舱罩免受直接雷击。如果桨叶上没有采取防雷措施，则需要在机舱的前端和尾端同时设立避雷针，必要时在舱罩表面布置金属带和金属网，以增强防雷保护效果。有些机舱罩是用金属材料制成的，这相当于一个法拉第罩，可起到对舱内运行设备的屏蔽保护作用，但舱尾仍要设立避雷针，以保护风速风向仪。

钢架机舱底盘为机舱内的各部件提供了基本保护，机舱内各部件与机舱底板作电气连接，某些设备需要绝缘隔离，不与机舱底板连接，如齿轮箱和发电机间的连接采用柔性绝缘连接，防止雷电流通过齿轮箱流经发电机和发电机轴承。但这些设备也要和接地电缆相连，接地电缆连接到机舱底盘的等电位体上以实现等电位，防止各设备和各部件之间在雷击时出现过大的暂态电位差而导致反击。

（三）电气控制系统防雷

雷电对风电机组的危害作用是多方面的，它不仅可以产生热效应和机械效应损坏机组部件，还可以产生暂态过电压损坏机组中的电气和电子设备。

风力发电机组电控系统的控制元件分别在机舱电气柜和塔底电控柜中，由于电控系统易受到雷电感应过电压的损害，因此电控系统的防雷击保护一般采用如下措施。

1. 电气柜的屏蔽

电气柜用薄钢板制作，可以有效地防止电磁脉冲干扰，在控制系统的电源输入端，出于暂态过电压防护的目的，采用压敏电阻或暂态抑制二极管等保护元件与系统的屏蔽体系相连接，可以把从电源或信号线侵入的暂态过电压波堵住，不让它进入电控系统。对于其他外露的部件，也尽量用金属封装或包裹。每一个电控柜用两截面积为 $16mm^2$ 的铜芯电缆把电气柜外壳连接到等电位连接母线上。

2. 供电电源系统的防雷保护

对于 690V/380V 的风力发电机供电线路，为防止沿低压电源侵入的浪涌过电压损坏用电设备，供电回路应采用 TN-S 供电方式，保护线 PE 与电源中性线 N 分离。整个供电系统可采用 3 级保护原理，第 1 级使用雷击电涌保护器，第 2 级使用电涌保护器，第 3 级使用终端设备保护器。由于各级防雷击电涌保护器的响应时间和放电能力不同，各级保护器之间需相互配合使用。第 1 级与第 2 级雷击电涌保护器之间需要约 10m 长的导线，电涌保护器与终端设备保护器之间需要约 5m 长的导线进行退耦。

二、消防系统

风力发电机组是风力发电的核心设备，其中机舱内技术设备的高度集中和易燃材料的使用，受震动、盐腐、潮湿等恶劣工况影响，在润滑散热系统、齿轮箱、刹车系统、机舱底座、塔体上部、塔基的传输控制电缆、变频柜、控制柜等部位存在一定的火灾隐患，极易出现电气连接处松动、电缆老化磨损、设备绝缘失效等故障，机组的电气超负荷、短路等情况极易引发火灾。

风力发电机组往往安装在人烟稀少的沙漠、草原、岛屿与海洋地带，一旦发生火灾，不能及时响应，这就可能导致整台风力发电机组烧毁，甚至造成人员伤亡，带来巨大的经济损失。同时，在某些草原及邻近森林地带，风力发电机组火灾可能导致发生森林大火，对植被造成灾难性破坏，由此带来的损失是不可估量的。目前风力发电行业通用的要求是在机舱内配备手提式灭火系统，以预防突发的火灾事故。然而机舱往往处在数十米高空，风力发电机组也基本处于无人值守状态，若在机组正常运行过程中发生火灾，即使人员发现后，赶到现场时火灾已经较大面积蔓延。同时，若机舱起火，存在爆炸、倒塌的可能性，人员不可接近机组，因而任何外界消防设施基本无计可施，只能看着机组被完全烧毁，自然熄灭。2009—2012 年国内共发生各种风电机组火灾超过 20 起。因此，无论从机组安全性还是经济性等方面考虑，如何确保机组避免火灾威胁已成为风力发电机组设计者所必须考虑的重要问题。在风机中设置火灾监测和报警装置，并配备灭火装置已经得到了人们越来越多的关注。然而风电机舱又有其特殊性，使得一些传统的消防设施并不能起到很好的保护作用，也不能适应于风电的消防领域。因此拥有新型的、稳定可靠的针对风力发电机组的自动消防系统设备尤其重要。

（一）风电机组火灾特点及原因

风力发电机组上采用的可燃物品种类较多，包括：各类润滑油、液压油、高压胶管、通风管、电气元件、电线电缆、油漆、密封材料、吸音棉、机舱罩和叶片材料等。这些材料的火灾危险性高，也未采取有效的防火措施，仅使用的各种油类的总量就达数百千克以上，而且运行中油渗漏污染现象严重。风力发电机组火灾的特点如下：

（1）可燃物种类多，火灾载荷密度大。

（2）火灾隐患多，容易发生电气火灾、固体火灾和液体火灾。

（3）通风换气迅速，火焰蔓延速度快。

（4）设备价值高，火灾损失大，一旦发生火灾，将造成巨大的直接损失和间接损失。

（5）容易诱发周边草场或林场火灾，诱发森林火灾和草原火灾。

（6）火灾扑救难度大，外部救援几乎无可能，且火灾坠落物严重威胁救援人员人身安全。

另外，机舱和塔筒上下连通，有较多的输电电缆和控制电缆，火灾时容易通过电缆上下蔓延而难于控制；爬梯口容易产生烟囱效应；电缆过流引发的电气火灾，具有不易监控、蔓延速度快的特点；刹车系统在高速制动时容易产生火花和高温碎屑，可能引燃附近泄露的润滑油和其他可燃物而酿成火灾等。这些复杂因素都使得风电消防困难重重。风电机组容易发生火灾的部位和设备如表 4-1 所示。

表 4-1　风电机组容易发生火灾的部位和设备

部位	组成	隐患部位	火灾原因
叶轮	叶片、导流罩、轮毂、变桨电机及控制系统等	叶片、变桨电机及控制系统等	叶片遭受雷击、电机超负荷运行、控制系统线路过热老化击穿等
机舱	润滑散热系统、齿轮箱、刹车系统、发电机、变流柜等	控制柜、变流柜、发电机、润滑系统、高速刹车、接线盒等	高温运行、散热不良、电气元件质量不过关、电气元件过热老化、润滑油泄漏、高速制动等
塔筒	爬梯、传输控制电缆、控制柜、变频柜、开关柜等	传输控制电缆、变频柜、控制柜等	传输控制电缆过流绝缘能力降低、控制柜散热不良、电气元件过热老化击穿等

经过对国内外风力发电机组火灾事故案例的调查分析以及开展的大量试验研究，概括起来，风电火灾原因主要包括以下几个方面：

（1）雷击是引起风力发电机组火灾的主要原因之一。近年来，国内外大量火灾数据显示，由雷击导致风电机组火灾的风险率呈上升趋势。当风力发电机组遭受雷击时，强大的雷电流通常是从机组的叶片叶尖或机舱顶端注入，雷电流会沿机组的叶片、滑环、电刷，流过主轴承，进入塔体顶部，然后经塔体导入接地装置散入大地。如果机组没有避雷设施或避雷设施安装和维护不当、避雷针接触不良或接地电阻过大等，任一环节出现问题都可能引发火灾。对于处于野外的风力发电机组来说，雷击几乎是无法避免的，因此雷击导致的火灾风险特别高。

（2）电气设备安装不当也是引起风电机组火灾的主要原因之一。由于技术错误和安装不当，出现连接件接触不良、电路短路、接地故障、绝缘强度不够、过载保护装置选用错误或装置失效、电子元器件和控制部件选用或安装错误等，都可能导致火灾发生。

（3）正常运行温度较高的装置表面和高温飞溅物，具有较高的火灾风险。变速箱和机械制动装置产生大量的热量导致装置表面温度显著升高，可引燃靠近的可燃物；机械制动装置紧急制动时产生的大量飞溅火花也可能引燃附近积存的渗出油品等易燃物；液压油管爆裂，高温油品喷溅遇静电自燃而引发火灾。

（4）失控状态下的高速飞车，具有很高的火灾风险和机组倒塌风险。由于变桨电机故障、变桨控制柜蓄电池严重亏电或其他机械故障导致顺桨不成功，空气制动失效，引起机组高速飞车。轮毂高速运转摩擦产生的大量热量可引燃轮毂内的可燃物，变速箱高速运转可损毁发电机滑环引起发电机内部短路起火，若此时采取机械制动，制动装置可能产生大量飞溅火花引燃周围的油污和其他可燃物。甚至于高速飞车还有可能引起机舱和塔筒产生剧烈共振，导致机舱和塔筒的倒塌事故。

（5）泄漏油品和其他易燃废弃物，具有较高的火灾风险。液压油、润滑油长期泄漏积存，如不及时清理，积存越来越多且容易污染附近的其他物品，如电线电缆、吸音棉和维护用的棉纱纸张等，不但使火灾风险显著增加，而且增加火灾载荷、加快火焰蔓延速度。

（6）装置和设备故障，如电机润滑故障、齿轮箱故障、发电机滑环故障、变桨电机故障、设备过负荷运转、液压油管爆裂等，都可能引发火灾，具有较高的火灾风险。

（7）设备维护、维修和安装、拆卸工作也有较高的火灾风险，尤其是在机舱的狭窄空间中进行电气焊、切割、磨削等热工作业，火灾风险更高。在维修施工中，一旦维修人员麻痹大意，不按规定操作，未采取必要的防火保护措施，未及时清理高温碎屑、润滑油品及其他易燃废弃物等，都极易导致火灾事故的发生。

（二）风电机组消防系统

风力发电机组使用的消防系统，其环境适应性和运行可靠性非常重要。风力发电机组所处的特殊环境和技术条件对消防系统的安全可靠运行影响较大。风力发电机组所处环境技术条件对消防系统的不利影响如下：

（1）内部通风设备和外部环境风速形成强气流，机舱内部快速通风换气，对火灾探测器的快速响应和灭火装置的灭火效能有较大影响。

（2）工作环境的低温（－40℃以下）和高温（＋50℃以上）对设备长期运行可靠性有不利影响。

（3）震动尤其是横向震动对设备安装和安全运行产生不利影响。

（4）水雾、腐蚀性气体、沙尘等恶劣气候环境对设备长期可靠运行有不利影响。

（5）机舱内强电磁场和电磁兼容性对设备运行可靠性有不利影响。

（6）少量的烟雾可能被大量的空气流稀释，必须选择高灵敏度的感烟探测器。

（7）窄小空间内热空气分层形成热屏障效应，对探测器的设置位置和高度提出了要求。

（8）烟雾和热气流容易受密集的设备、线缆以及电缆夹层结构的阻挡，使得探测器工作效果不理想，需要在易发生火灾的设备和部位多点布置。

（9）电气设备控制柜等装置的外壳密闭性强，需要重点考虑探测器的设置。

（10）电线电缆火灾初期发热和发烟量很少，而且这些量少且温度不高的烟气的扩散能力很差，普通探测器很难探测到。

（11）变速箱和发电机等的异常高温由于快速换气不易探测。

基于上述风力发电机组火灾的特点，必须以火灾预防与设备保护为主，降低火灾发生的概率，提前探测火灾发生的可能，从而最大程度降低风力发电机组设备的巨大经济损失。传统消防设备不具备预防与探测可能性，而且不能尽短时间对设备火灾进行有效控制与消灭，为此，应该针对风电机组火灾寻求最有效装置进行消防。

综合考虑风电机组容易发生火灾的部位、灭火剂与灭火系统、火灾探测器及控制策略等因素，需要采取有针对性的防火措施，开发风电机组专用消防系统，并不断进行优化与集成。风电机组专用消防系统应能满足以下要求：做到智能监测，智能防护，自动控制，无需人员值守；做到及早发现火情，实现多级预防；消防报警系统与自动灭火系统联动及时有效；传感器、灭火设备设施满足机组运行环境的要求；能够实现高速灭火，防止事故进一步扩大造成重大经济损失；设备设施性能稳定可靠，能长期运行，运行成本低。

风电机组的消防系统一般由探测与灭火两部分组成。火警探测设备是火灾自动控制系统的“眼”，它的灵敏度与精确度直接影响着整个灭火系统的安全。探测设备的主要功能是对火灾的异常温度、烟雾、火焰的光辐射等特性进行监测。除了感光、感烟、感温等感应器外，还要针对可燃有毒气体如一氧化碳等气体单独设置探测设备。另外，在风机的选型和设计上，由于风力发电机长期处在电磁环境中，而且位置高，容易受到雷击的影响，所以大部分的风力发电系统都是机械启动。同时，消防系统一般都会设定两级预警，即预警和火警，以减少误触发的概率，提高系统的可靠性。灭火装置是一种自动灭火的机械臂，它通过吸收热量、阻断空气、切断燃烧链，从而达到扑灭火灾的目的。按灭火介质的不同，常用的有：清水灭火器、泡沫灭火器、干粉灭火器、二氧化碳灭火器、卤代烷灭火器、惰性气体灭火器、气溶胶灭火器等。相比于其他情况，风电机组的性能要求更高，特别是机舱内的压力容器，必须达到 2.5MPa 以上，而且必须是无压储存、体积较小、没有管网、运行稳定，不需要经常维修，适合在恶劣的工作环境中使用。另外，在实际设计中，根据保护部位和目标的不同，需要采取不同的灭火措施，以确定合适的灭火设备。例如，在装有大量带电设备和精密电子元器件的封闭电器箱体中，出于对设备的破坏、恢复和清除的考虑，通常使用惰性气体、S 型气溶胶等；而对于面向机舱、平台等大型建筑和机械结构的大型场所，为了节约成本，可以选用超细干粉等设备。

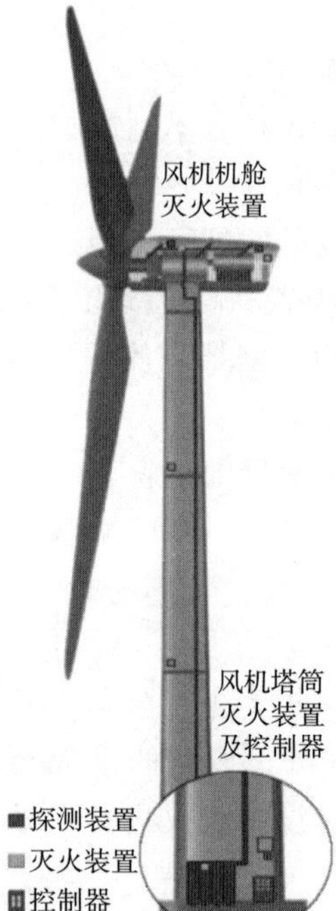

图 4-65 消防系统在风机中的布置图

风电机组消防系统包含以下装置：温度传感器、烟雾传感器、火焰探测器、空气采样探测器、灭火介质、消防系统控制盘、通信系统。烟雾传感器可用于风电机组所有位置，用以监测轮毂、机舱、塔筒等处的烟雾浓度，将浓度变量转换成有对应关系的输出信号传输至控制盘，继而通过通信系统至风电场主控。同理，温度传感器是将以上位置的温度信息传送至风电场主控。火焰探测器、空气采样探测器能实时监测空气中是否存在火焰以及空气采样的信息。以上传感器等元器件一般安装在监测对象附近，在火灾早期就起到监测作用。灭火介质的选取也很重要，应尽量选择无残留、无腐蚀、无导电性能的材料，同时还需满足风电机组运行的环境条件，如温度、天气、设备密封性等。适用于风电机组的灭火药剂一般选取高压二氧化碳、惰性气体（如七氟丙烷、氮气、氩气等）、细水雾（添加少量的防复燃药剂）和泡沫液等。消防系统在风机中的布置如图 4-65 所示。

目前主流的风电机组消防系统分为两类，全淹没式和半淹没式两种。全淹没式消防系统将风电机组机舱视为一个密闭空间，若发生火灾，灭火介质迅速充满机舱，达到灭火功能。半淹没式消防系统与之不同，是在风电机组机舱重点防火部位设置消防设备设施，进行重点保护。半淹没式消防系统又可分为直接式和间接式两种。在防护空间内发生火灾时，直接灭火系统的火灾探测管将会在正对火情的位置破裂出隐形喷射口，灭火介质将通过喷射口直接喷射到火情位置，从而在极短时间内消灭火源，实现极早期火情探测和极早期灭火。极早期火灾发生时，火灾探测传感器会将火情信号传递到火灾声光报警装置及风电场控制中心，风电场控制中心接到火灾信号后可以采取相应的保护动作和措施。间接灭火系统在探测到防护空间发生火灾后，控制系统接收到火灾信号后打开灭火介质存储设施开关，灭火介质将通过布置在重点防护部位的喷射口进行有效的灭火。间接灭火系统同样可以将风电机组火灾信号传送至风电场控制中心，以便下一步灭火措施的开展。

思考题

1. 风力发电机组如何分类？说明其分类方式及特点。
2. 说明风电机组的基本结构及其运行特性。
3. 风电机组的主要参数有哪些？
4. 风电机组的传动形式有哪些？
5. 偏航系统的控制方式有哪些？
6. 分析不同类型塔架的特点。
7. 简述风力发电机组塔架、基础等定义，并说说它们各自的作用。
8. 简述锥筒形塔架的分类。
9. 简述塔架的组成。
10. 请说明塔架的作用。
11. 在正常运行时，风电机组的基础会受到几方面的影响？这些影响都是什么？
12. 海上风力发电机组的基础结构主要有几种？它们是什么？
13. 简述电控系统的防雷击保护一般采用的措施。
14. 按灭火介质的不同，常用的有灭火器有哪些？
15. 风电机组消防系统包含哪些装置？

参考文献

[1] 徐大平．风力发电原理［M］．北京：机械工业出版社，2011.

[2] 姚兴佳．风力发电机组原理与应用［M］．北京：机械工业出版社，2016.

[3] 宋俊．风能利用［M］．北京：机械工业出版社，2014.

[4] 黄群武，王一平，朱丽，等．风能及其利用［M］．天津：天津大学出版社，2015.

[5] 姚兴佳．风力发电机组理论与设计［M］．北京：机械工业出版社，2012.

[6] 王海军．风力发电机组塔架与基础［M］．北京：机械工业出版社，2022.

[7] 张燎军．风力发电工程技术丛书风力发电机组塔架与基础［M］．北京：中国水利水电出版社，2017.

[8] 土木学会（日）．风力发电设备塔架结构设计指南及解说［M］．北京：中国建筑工业出版社，2014.

[9] 赵振宙，周彩贵，汪新金，等．风电场安全生产管理［M］．北京：中国水利水

电出版社，2021.

[10] 唐坚．风电场电力监控系统安全防护技术与应用［M］．哈尔滨：哈尔滨工业大学出版社，2023.

[11] 郑明，刘刚，周冰，等．风电场防雷与接地［M］．北京：中国水利水电出版社，2016.

第五章　风电机组发电机

发电机是风电机组中将机械能转化为电能的主要装置，它不仅直接影响到输出电能的品质和效率，而且也影响到整个风能转换系统的性能和结构。风能具有波动性，而电网要求稳定的并网电压和频率，风电机组通过机械和电气控制可以有效解决这一问题，实现能量转换，向电网输出满足要求的电能。因此，选用适合风能转换、运行可靠、效率高、供电性能良好和便于控制的发电机是风力发电的重要组成部分，可依据不同的控制方式使用不同形式的发电机。

第一节　风电机组发电机概述

一、风电机组发电机类型

风电机组原则上可以配备任意类型的三相发电机。目前，即使发电机输出变频交流电（AC）或直流电（DC），也能利用变频器使电流满足电网要求。常见用于风电机组的发电机有：异步发电机、同步发电机以及高压发电机（HVG）、开关磁阻发电机（SRG）和横向磁通发电机（TFG）等。

异步发电机是风电机组中应用最为普遍的发电机，其转子可以设计成笼型或绕线型。异步发电机通常可分为笼型异步发电机（SCIG）、绕线型异步发电机（WRIG）、OptiSlip异步发电机（OSIG）和双馈异步发电机（DFIG）。异步发电机的优点是坚固耐用、机械简单、产品系列全和价格低，主要缺点是定子需要无功励磁电流。异步发电机不含永磁体，不能自励磁，必须从其他电源获得励磁电流并消耗无功功率，无功功率可由电网或电力电子系统提供。在交流励磁的情况下，产生的磁场旋转速度由绕组极对数、电流频率和同步转速共同决定。因此，如果转子旋转速度超过同步转速，在转子和旋转的定子磁场间由于相对运动（转差）会感应出电场，从而在转子绕组中产生电流。转子磁场和定子磁场间的相互作用产生转子力矩。

同步发电机通常可分为绕线转子型发电机（WRSG）、永磁同步发电机（PMSG）和高速永磁同步发电机（high-speed PMSG）。同步发电机的磁场能利用永磁体或传统励磁绕组产生。如果同步发电机有合适的极数，例如多极绕线转子型同步发电机或多极永磁同步发电机，则其可以用于直驱型风电机组而无需齿轮箱。同步发电机通过电力电子变流器并网时，更适合全功率控制。变流器的主要作用有：①作为能量缓存器使用，处理固有的阵风风能波动和电网侧暂态变化引起的功率波动；②控制励磁并保持与电网频率同步以避免故障，使风电机组能够变速运行。

风电机组中常见的典型发电机是永磁同步发电机（PMSG）和双馈异步发电机（DFIG）。而高压发电机（HVG）、开关磁阻发电机（SRG）和横向磁通发电机（TFG）

等新型发电机在未来有较好的发展前景，可能成为未来风电机组发电机的代表。

二、永磁和励磁发电机的区别

发电机可分为永磁发电机和励磁发电机，永磁发电机与励磁发电机的区别在于前者的磁场是由永磁体产生的，永磁体在电机中既是磁源，又是磁路的组成部分；而后者具有相对独立的励磁环节。

（一）励磁发电机的特点

励磁发电机的自动励磁调节器对提高电力系统并联机组的稳定性具有相当大的作用。尤其是现代电力系统的发展导致机组稳定极限有降低趋势，也促使励磁技术不断发展。同步发电机的励磁系统主要由功率单元和调节器（装置）两大部分组成，其中励磁功率单元是指向同步发电机转子绕组提供直流励磁电流的励磁电源部分，而励磁调节器则是根据控制要求的输入信号和给定的调节准则控制励磁功率单元输出的装置。

由励磁调节器、励磁功率单元和发电机本身组成的整个系统称为励磁系统。励磁系统是发电机的重要组成部分，它对电力系统及发电机本身的安全稳定运行有较大影响。

1. 励磁系统的主要作用

①根据发电机负荷变化相应地调节励磁电流，以维持机端电压为给定值。

②控制并列运行各发电机间无功功率分配。

③提高发电机并列运行的静态稳定性。

④提高发电机并列运行的暂态稳定性。

⑤在发电机内部出现故障时，进行灭磁，以减少故障损失。

⑥根据运行要求对发电机实行最大励磁限制及最小励磁限制。

2. 励磁发电机常见励磁方式

（1）直流发电机供电的励磁方式　采用直流发电机供电励磁方式的发电机具有专用直流发电机，该发电机称为直流励磁机。励磁机一般与发电机同轴，发电机的励磁绕组通过装在大轴上的滑环及固定电刷从励磁机获得直流电流。这种励磁方式具有励磁电流独立、工作比较可靠和减少自用电消耗量等优点，是过去几十年间发电机主要励磁方式，具有较成熟的运行经验。其缺点是励磁调节速度较慢，维护工作量大，故在10MW以上的机组中很少采用。

（2）交流励磁机供电的励磁方式　现代大容量发电机也可采用交流励磁机提供励磁电流。交流励磁机通常安装于发电机大轴，其输出的交流电流经整流后供给发电机转子励磁，此时，发电机的励磁方式属他励方式，又由于采用静止的整流装置，故又称为他励静止励磁，并由交流副励磁机提供励磁电流。交流副励磁机可以是永磁发电机或是具有自励恒压装置的交流发电机。为了提高励磁调节速度，交流励磁机通常采用100～200Hz的中频发电机，而交流副励磁机则采用400～500Hz的中频发电机。该发电机的直流励磁绕组和三相交流绕组都绕在定子槽内，转子只有齿和槽而无绕组，类似于齿轮，因此无电刷、滑环等转动接触部件，具有工作可靠、结构简单、制造工艺方便等优点；缺点是噪声较大、交流电势的谐波分量也较大。

（3）无励磁机的励磁方式　在励磁方式中不设置独立励磁机，而从发电机本身取得励磁电源，经整流后再供给发电机本身励磁，称自励式静止励磁。自励式静止励磁可分为自并励和自复励两种方式。自并励方式通过接在发电机出口的整流变压器取得励磁电流，经整流后供给发电机励磁，这种励磁方式具有结构简单、设备少、投资省和维护工作量少等优点。自复励磁方式除设有整流变压外，还设有串联在发电机定子回路的大功率电流互感器。该互感器的作用是：在发生短路时，给发电机提供较大的励磁电流，以弥补整流变压器输出的不足。这种励磁方式具有两种励磁电源，通过整流变压器获得的电压电源和通过串联变压器获得的电流电源。

（二）永磁发电机的特点

永磁发电机的磁场由永磁体产生，永磁体的磁性能不仅与生产厂的制造工艺有关，还与永磁体的形状和尺寸、充磁机的容量和充磁方法有关，具体性能数据的离散性很大。而且永磁体在发电机中所能提供的磁通量和磁动势还随磁路其余部分的材料性能、尺寸和发电机运行状态而变化。

此外，永磁发电机的磁路结构多种多样，漏磁路十分复杂而且漏磁通占的比例较大，铁磁材料部分又比较容易饱和，磁导是非线性的。上述情况增加了永磁发电机电磁计算的复杂性，使计算结果的准确度低于电励磁发电机。因此，必须建立新的设计概念，重新分析和改进磁路结构和控制系统；必须应用现代设计方法，研究新的分析计算方法，以提高设计计算的准确度；必须研究采用新的测试方法和制造工艺。目前永磁发电机发展遇到的问题有以下几方面：

1. 控制问题

永磁发电机制成后不需外界能量即可维持其磁场，但也造成从外部调节、控制其磁场极为困难。这使永磁发电机的应用范围受到限制。但是，随着金属-氧化物半导体场效应晶体管（MOSFET）、绝缘栅双极型晶体管（IGBT）等电力电子器件的控制技术迅猛发展，永磁发电机在应用中无需磁场控制而只进行发电机输出控制。设计时需要将钕铁硼材料、电力电子器件和微机控制三项技术结合起来，使永磁发电机在一定工况下运行。

2. 不可逆退磁问题

如果设计和使用不当，永磁发电机在温度过高（钕铁硼永磁）或过低（铁氧体永磁）时，在冲击电流产生的电枢反应作用下，或在剧烈的机械振动时有可能产生不可逆退磁（失磁），使电机性能降低，甚至无法使用。因此，既要研究开发适合于电机制造厂应用的检查永磁材料热稳定性的方法和装置，又要分析各种不同结构形式的抗退磁能力，以便在设计和制造时采取相应措施使永磁发电机不发生失磁。

3. 成本问题

由于稀土永磁材料价格较高，稀土永磁发电机的制造成本一般比电励磁式发电机高，但该成本会在发电机的高性能和稳定运行中得到较好的补偿。在今后的设计中会根据具体使用的场合和要求，进行性能和价格的比较，并进行结构的创新和设计的优化，以降低制造成本。

第二节　发电机结构和工作原理

常见的发电机主要由定子和转子组成。定子主要由铁心和绕组等组成，是主要的发电部件。转子为转动部件，根据结构主要分为鼠笼式、永磁体和绕线式三种，在风轮及传动系统的带动下旋转，定、转子之间通过轴承进行装配，存在很小的气隙，转子主要用作励磁及发电部件。虽然发电机种类繁多，但其基本结构是相似的。简单地说，发电机的工作原理是基于电磁感应定律和电磁力定律，即处于变化磁场中的导体产生感应电动势，进而产生感应电流。

一、异步发电机

（一）笼型异步发电机

1. 结构

笼型异步发电机（SCIG）如图 5-1 所示，其因机械简单、效率高和维护要求低的特点，使用较为广泛。如图 5-2 所示，笼型异步发电机可直接并网，发电机实际转速和同步转速之差是由于风速变化。由于风电机组最佳风轮转速与发电机转速范围是不同的，发电机与风轮通过齿轮箱连接。随着风电机组叶片捕获风能的不同，齿轮箱和发电机的设计保证了发电机转速在一个较小的范围内波动，因此，笼型异步发电机常用于恒速风电机组。

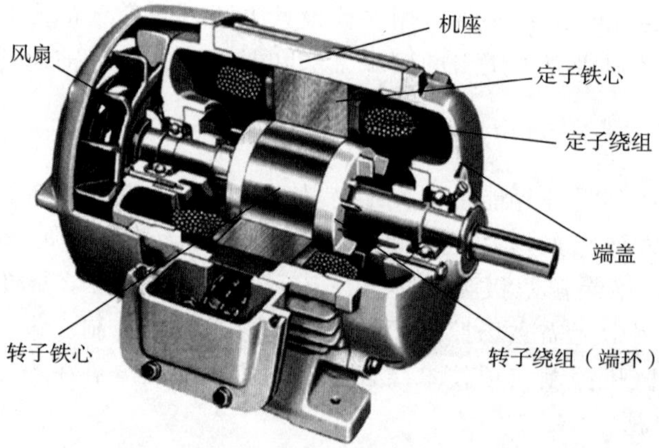

图 5-1 笼型异步发电机内部结构

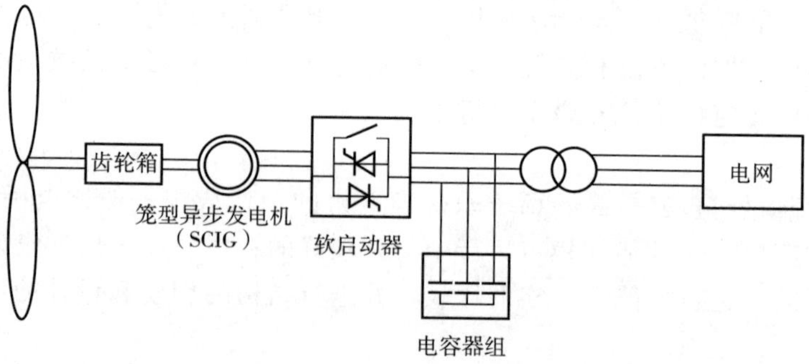

图 5-2 笼型异步风电机组结构

2. 原理

笼型异步发电机由定子和转子两部分构成，定、转子之间有很小的气隙。定子的三相绕组分布在一个圆周上，每相绕组匝数相等，彼此相差 120°电角度。当定子的三相绕组中通入对称三相交流电流，则可以产生一个定子旋转磁场。如图 5-3 所示，如果定子三相电流产生的旋转磁场，以同步转速 n_1 旋转，则转子导条切割磁力线产生感应电动势 e，感应电动势在转子绕组中产生感应电流 i，感应电流和磁场共同作用下，导条在磁场中受到电磁力 f，继而产生电磁转矩 T，电磁转矩和转子转向相反，对于原动机（风力机）来说是阻转矩。如果转子在原动机的带动下，以高于同步转速 n_1 的转速向同步转速方向旋转，则笼型异步发电机工作在发电模式下，将机械能转化为电能。

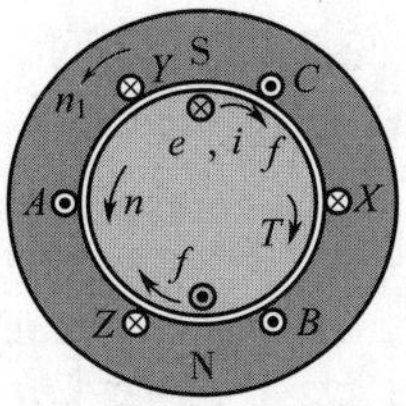

X、Y、Z—三相绕组电流流入；A、B、C—三相绕组电流流出；n—转子转速；n_1—磁场同步转速；e—感应电动势；i—感应电流；f—电磁力；T—电磁转矩

图 5-3 笼型异步发电机的工作原理

由于笼型异步发电机消耗无功，典型含该类发电机的风电机组配有软启动器和无功功率补偿装置。由于风功率的波动容易直接传送到电网中，当风电机组并网时，这种暂态情况特别危险，冲击电流能达到额定电流的 7～8 倍，在弱电网中大冲击电流能引起严重的电压干扰。因此，笼型异步发电机应该软并网以限制冲击电流。

在额定运行且直连强电网时，笼型异步发电机是非常耐用和稳定的，其转差发生变化且随负荷增加而增加。其主要缺点是定子绕组的励磁电流由电网提供，满负荷功率因数相对较低。由于供电公司要求工业用户负荷功率因数不能过低，因而常采用与发电机并联的电容器来补偿功率因数。

笼型异步发电机中，有功功率、无功功率、端电压和转子速度之间有特定的关系。在高风速下，只有发电机吸收更多的无功功率时，风电机组才能产生更多的有功功率，而这种发电机消耗的无功功率随风况变化是不可控的。由于没有任何其他电气组件提供无功功率，发电机只能直接从电网获取无功功率而引起额外的传输损耗，而且在特定情况下，会引起电网不稳定。电容器组或现代功率变换器可以用来减少无功功率消耗，其主要缺点是在合闸时电网会发生暂态变化。

在故障状态下，没有无功功率补偿系统的笼型异步发电机可能导致电网电压不稳定。例如，在故障发生时由于电磁转矩和机械转矩不平衡，风电机组风轮可能加速（转差增加）；而当故障清除后，笼型异步发电机从电网吸收大量的无功功率，会导致电压进一步降低。

笼型异步发电机能用于恒速风电机组和全变速风电机组。后者的发电机变频功率通过双向全功率背靠背功率变换器转换成定额功率。

（二）绕线型异步发电机

绕线型异步发电机（WRIG）能从外部控制转子的电气特性，如改变转子电压。绕线转子的绕组可通过滑环和电刷也可通过电力电子设备与外部相连。绕组通过电力电子设备能够提取功率或传送给转子电路，并且发电机可以从定子电路或转子电路励磁，因而也可能从转子电路中回收转差能量并馈入定子输出。风电机组中最常用的绕线型异步发电机是双馈异步发电机（DFIG），其中变速恒频双馈异步发电机组较为常见，其可以分为无刷双馈和绕线转子双馈风电机组两种。

1. 无刷双馈风电机组

（1）结构　如图 5-4 所示，无刷双馈风电机组由风轮、齿轮箱、双馈异步发电机、定子侧双向变流器等组成。其定子有两套极数不同的绕组，一套称为功率绕组，直接接电网；另一套称为控制绕组，通过双向变流器接电网。转子为笼型结构，无需电刷和集电环，转子的极数应为定子两个绕组的极对数之和。

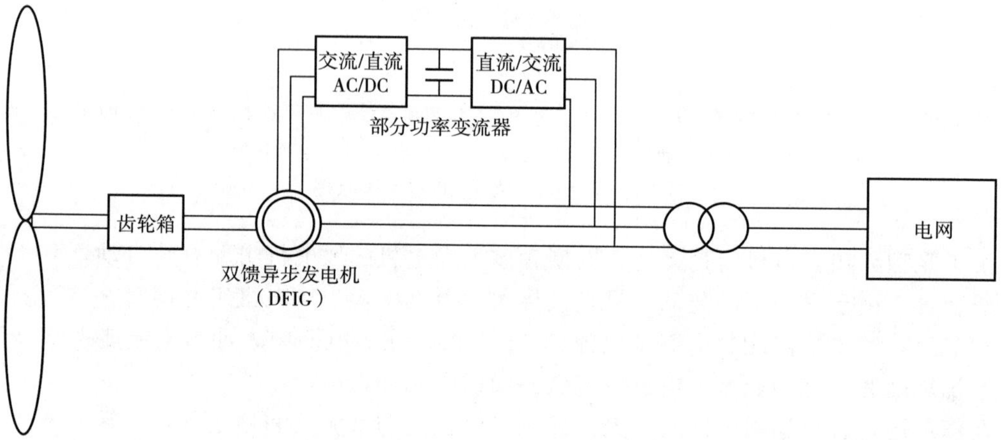

图 5-4　无刷双馈风电机组结构简图

（2）原理　无论是无刷双馈风电机组，还是绕线转子双馈风电机组，都是特殊的异步发电机组。当无刷双馈风电机组定子功率绕组、控制绕组的极对数分别为 p_p 和 p_c，发电机转子的极对数一般选为 $p_r = p_p + p_c$，这时的无刷双馈风电机组等效于一台（$2p_p + 2p_c$）极的交流发电机组。当无刷双馈风电机组运行时，发电机转速与功率绕组频率、控制绕组频率以及发电机极数之间的关系是：

$$n_r = \frac{60(f_p \pm f_c)}{p_p + p_c} \tag{5-1}$$

即

$$f_p \pm f_c = \frac{n_r(p_p + p_c)}{60} \tag{5-2}$$

式中　n_r——发电机转速，r/min

f_p——功率绕组频率，Hz

f_c——控制绕组频率，Hz

超同步时，式（5-2）取“+”；亚同步时，式（5-2）取“-”。当发电机的转速 n_r 变化时，若控制 f_c 相应变化，可使 f_p 保持恒定不变，即与电网频率保持一致，也就实现了变速恒频控制。

（3）优点

①实现了交流发电机的无刷化。由于发电机转子采用不需引向外部电路的笼型转子结构，所以发电机无集电环和电刷，结构上更加安全可靠，降低了维护和运行费用。

②由于流过定子绕组的功率仅为无刷双馈发电机的一部分，因此，图 5-4 所示的变流器也仅为发电机容量的一部分。

2. 绕线转子双馈风电机组

（1）结构　基于绕线转子双馈异步发电机的变速风电机组由风轮、齿轮箱、双馈异步发电机、转子侧变流器等组成。双馈异步发电机定子侧直接接入电网，转子侧通过背靠背双向变流器接入电网，因为定子侧与转子侧都有可能向电网馈送能量，所以称为双馈异步风电机组。绕线转子双馈风电机组的结构如图 5-5 所示。

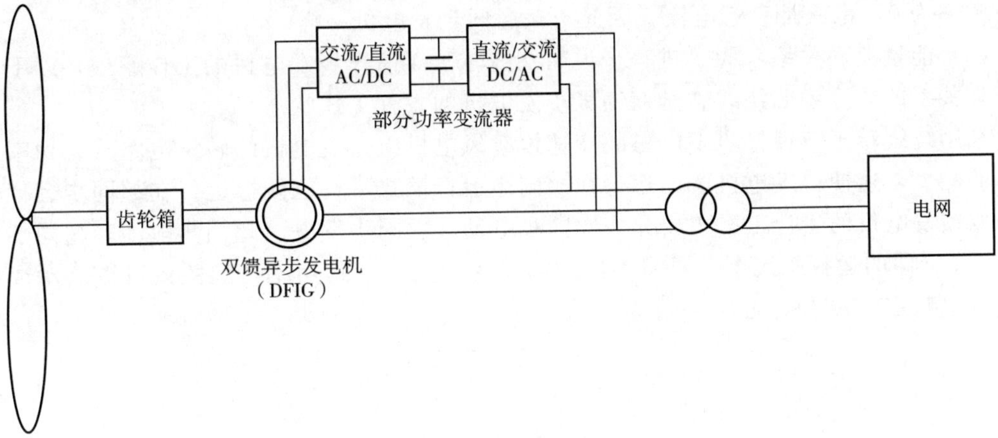

图 5-5　绕线转子双馈风电机组结构简图

（2）原理　绕线转子双馈风电机组的定子接入电网，转子绕组由频率、相位、幅值都可调节的电源供给三相低频交流励磁电流。当稳态运行时，定子旋转磁场和转子旋转磁场在空间上应保持相对静止，当定子旋转磁场在空间以 ω_0 的速度旋转时，则转子的励磁电流形成的旋转磁场的旋转速度 ω_s 为

$$\omega_s = \omega_0 - \omega_r = \omega_0 s \tag{5-3}$$

式中　ω_0——定子磁场旋转角速度，rad/s

ω_r——转子旋转角速度，rad/s

s——转差率

$$s = \frac{n_1 - n}{n_1} \tag{5-4}$$

式中　n_1——同步转速，r/min

n——转子转速，r/min

式（5-3）说明转子电流形成的旋转磁场的角频率同转差率成正比。若交流励磁发电机的转子转速低于同步转速，则转子电流形成的旋转磁场与转子旋转的方向相同；如果转子转速高于同步转速，则两者的旋转方向相反。

根据 $\omega = 2\pi f$ 可知，转子绕组中的励磁电流的频率与定子侧电流的频率之间的关系为：

$$f_s = sf_0 \tag{5-5}$$

式中　f_0——定子电流频率，Hz

f_s——转子励磁电流频率，Hz

根据转子转速的变化，绕线转子双馈风电机组可以有以下三种运行状态：

①次同步运行状态：此种状态下，$n < n_1$，由通入转子绕组的频率为 f_2 的电流产生的旋转磁场其转速为 n_2，与转子的转速方向相同，因此有 $n + n_2 = n_1$。

②超同步运行状态：此种状态下，$n > n_1$，改变通入转子绕组的频率 f_2 的电流相序，其所产生的旋转磁场转速 n_2 的转向与转子的转速方向相反，因此有 $n - n_2 = n_1$。为了实现 n_2 的转向反向，在次同步运行转向超同步运行期间，转子三相绕组必须能自动改变其相序。

③同步运行状态：此种状态下，$n = n_1$，转差频率 $f_2 = 0$，这表明此时通入转子绕组的电流频率为 0，也就是直流电流，因此与普通同步发电机一样。

（3）能量流动关系　为了进一步说明绕线转子双馈异步发电机的工作原理，以下从能量流动关系的角度说明绕线转子双馈异步发电机的 4 种工作状态。

利用绕线转子双馈异步发电机的变速恒频风电机组，发电机的转子电路具有功率双向流动的能力，这使得发电机既能运行在次同步运行模式下，也能够运行在超同步运行模式下。双馈发电机的运行工况主要分为次同步电动、次同步发电、超同步电动和超同步发电 4 种。在不同的运行工况下，具有不同的功率传递关系，其功率传递关系可以表示成如下形式（忽略定、转子损耗）：

$$P_1 - P_M - P_S = 0 \tag{5-6}$$

$$P_1 = T\omega_0 \tag{5-7}$$

$$P_M = T\omega_r \tag{5-8}$$

式中　P_1——异步发电机定子侧的输出功率，W

P_M——转轴输入的机械功率，W

P_S——从异步发电机转子侧输入的转差功率，W

将式（5-7）、式（5-8）代入式（5-6），可得：

$$P_S = T(\omega_0 - \omega_r) = T\omega_0 s \tag{5-9}$$

在超同步转速发电工况时，由工作机械传到双馈发电机轴上的机械功率，一部分转变成转差功率，通过转子侧变流器馈回电网；另一部分正比于同步转速的功率，从双馈发电机定子侧（扣除定子损耗后）馈回电网。双馈发电机在不同工况时的能量传递关系如图 5-6 所示。

图 5-6 中（2）和（4）所示为超同步转速电动工况和次同步转速电动工况。它们都是定子侧输入功率，转子侧输出功率，但是变流器的功率方向与转速有关。图 5-6（2）为超同步转速电动工况，能量流动关系为：定子侧输入的电功率和变流器输入的电功率之和为转子的输出功率，即 $P_1 + sP_1 = (1+s)P_1$，各功率方向见图 5-6（2）；图 5-6（4）为次同步转速电动工况，输入到双馈异步发电机定子侧的电功率，一部分称为机械功率，另一部分馈回电网，即 $P_1 - sP_1 = (1-s)P_1$，各功率方向见图 5-6（4）。

图 5-6（1）和（3）所示为超同步转速发电工况和次同步转速发电工况。处于发电工况时，其特点是转子侧输入功率，定子侧输出功率，变流器的功率流动和转速有关。

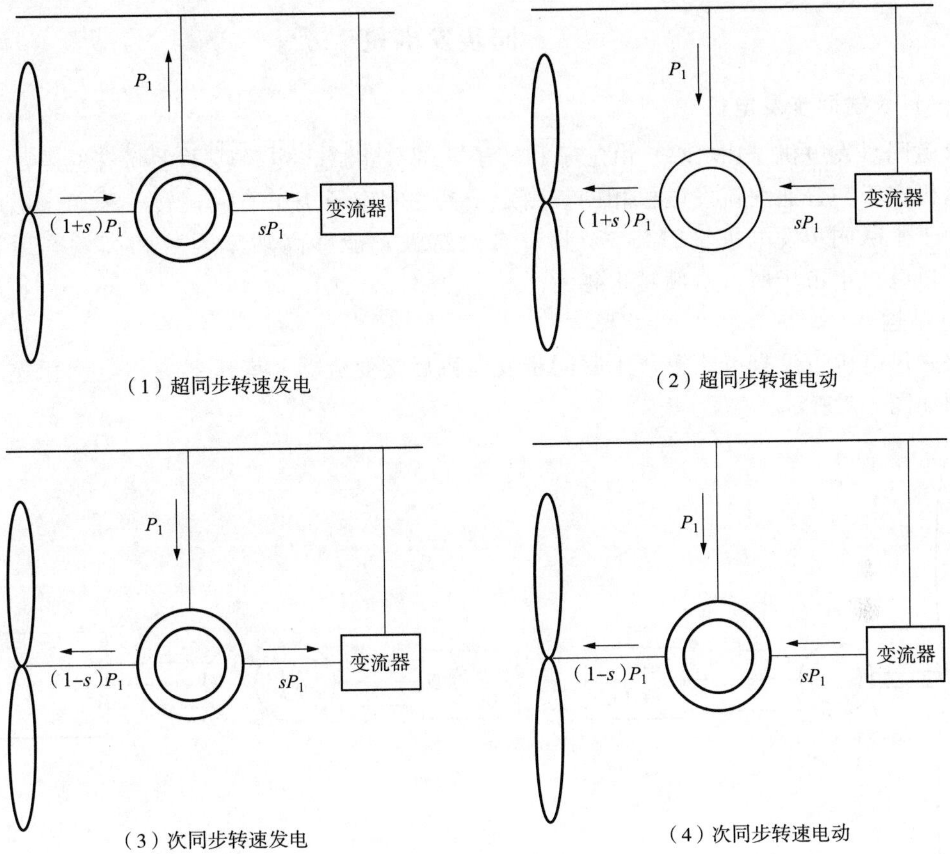

图 5-6　双馈发电机不同工况下能量传递关系

图 5-6（1）为超同步转速发电工况，变流器的功率流动方向为流向电网，能量流动关系为：转子侧输入的功率为定子侧输出功率与变流器输出功率之和，即 $(1+s)P_1=P_1+sP_1$，各功率方向见图 5-6（1）；图 5-6（3）为次同步转速发电工况，变流器功率流向转子，能量流动关系为：转子侧输入功率与变流器的功率之和即为定子侧输出的功率，即 $(1-s)P_1=P_1-sP_1$，各功率方向见图 5-6（3）。从上面的分析可以看出，双馈型风电机组能够变速恒频的关键是控制流过变流器的转差能量。

（4）优点

①转子侧背靠背变流器仅需要 25%的风电机组额定功率，降低了变流器的造价。

②双馈发电机的变流器的谐波含量只占整个系统的一小部分，降低了相应的滤波器容量和成本。

③通过对最佳转速的跟踪，在可发电的较大转速范围内均可获得最佳功率输出。

④通过对风电机组的有功和无功输出功率进行解耦控制，并采用一定的控制策略，可以分别单独控制风电机组有功、无功输出，具备电压的控制能力。

⑤由于采用了交流励磁，发电机和电力系统构成了“柔性连接”，即可以根据电网电压、电流和发电机的转速来调节励磁电流，准确调节发电机输出电压，使其满足要求。

二、同步发电机

（一）永磁同步发电机

永磁同步发电机（PMSG）由定子和转子两部分组成，定、转子之间有气隙。永磁同步发电机定子与普通交流发电机相同，由定子铁心和定子绕组组成，转子采用永磁材料励磁。由于永磁同步发电机（PMSG）具有自励特性，能够高功率因数和高效率运行，因此，在风电机组市场所占份额越来越大。

1. 结构

永磁风电机组没有齿轮箱，永磁同步发电机后接变流器、变压器并与电网相连，其结构简图如图 5-7 所示。

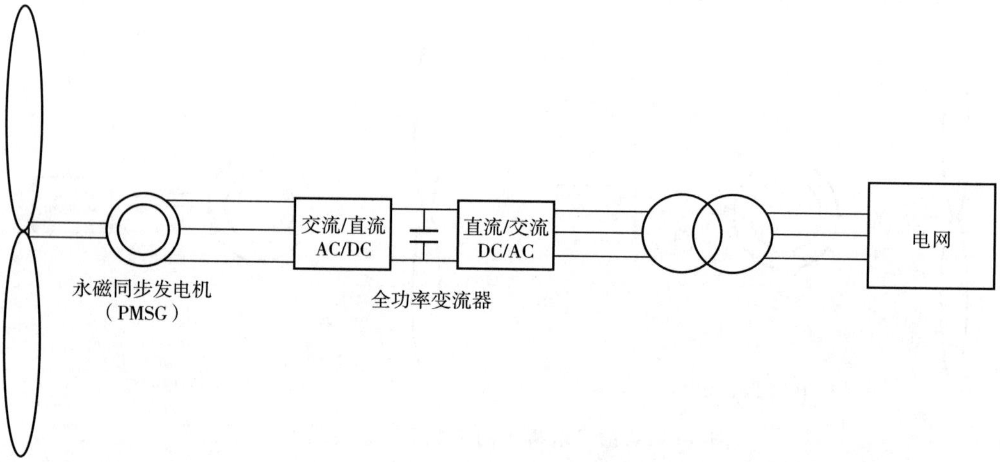

图 5-7　永磁同步风电机组结构简图

2. 原理

当风轮带动发电机转子旋转时，转子以同步转速旋转，转子上永磁体产生的磁场也以同步转速旋转，它切割定子绕组，在定子绕组中产生感应电动势，由此产生交流输出。定子旋转磁势也以同步转速旋转，从而使气隙磁场的大小和位置发生变化，则感应电动势发生变化，外电压也就随之变化。风作用在桨叶上推动风轮旋转，产生旋转力矩，因为永磁同步发电机组没有齿轮箱，故永磁同步发电机发出的电的频率为低频的，达不到工频要求的 50Hz，不可以直接并网。故采用变流器将电压幅值和频率都随风力变化的交流电经过整流逆变后变为频率与电压恒定的交流电送入电网。

3. 优点

（1）无齿轮箱，减少了购置与维修风电机组的成本，也减少了风电机组出故障的概率。

（2）同步发电机不但不消耗系统的无功功率，还可以提供无功功率给系统，保证系统的电压稳定性。

（3）采用的并网变流器与控制策略可以提高风能的利用率并保障系统稳定性。

（4）发电机采用的永磁励磁材料可以减小发电机体积和重量。

（二）高速永磁同步发电机

与双馈异步发电机相比，高速永磁发电机不仅克服了低电压穿越问题，而且转子无励磁绕组，损耗较小，使电机的热负荷减小。与直驱型永磁发电机比，高速永磁发电机不仅具有高电压穿越能力，而且体积及净重都大幅减小，克服了运输难题，且磁钢用量大幅减小，而永磁材料价格昂贵，这样就能极大地降低成本。

1. 结构

如图 5-8 所示高速永磁风力发电系统，该系统由齿轮箱、高速永磁同步发电机、变频器组成，并由变压器与电网相连。

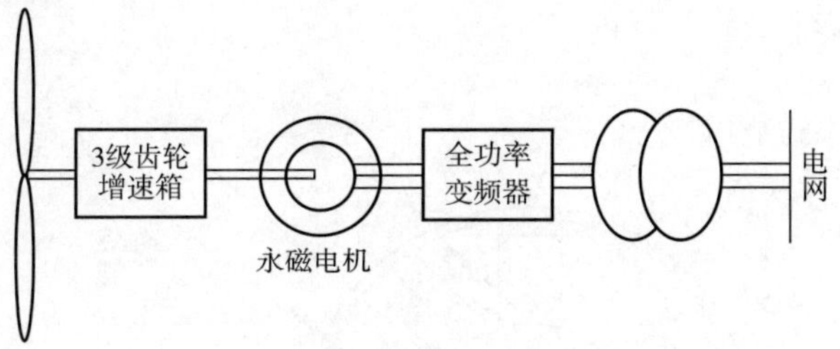

图 5-8　高速永磁风力发电系统

2. 原理

与永磁发电机类似，高速永磁风力发电机定子由硅钢片、三相 Y 形连接的对称分布在定子槽中彼此相差 120°电角度的电枢绕组、固定铁心的机壳以及端盖组成。转子由转子铁心、永磁体磁钢、套环和转子转轴组成。

高速永磁发电机为了更有效地利用有限的空间结构，提高气隙磁密，同时考虑稀土永磁体的矫顽力高，永磁体磁化方向长度可以较小，大多数会采用径向瓦片形永磁体转子磁路结构，如图 5-9 所示。瓦片形永磁体易于调节厚度和宽度，也就是易于调节极弧系数。但瓦片型永磁体加工费用相对矩形永磁体要高，因此在空间相对宽裕的场合，也可选用加工费用低、磁化均匀且磁化性能也很好的矩形结构永磁体。

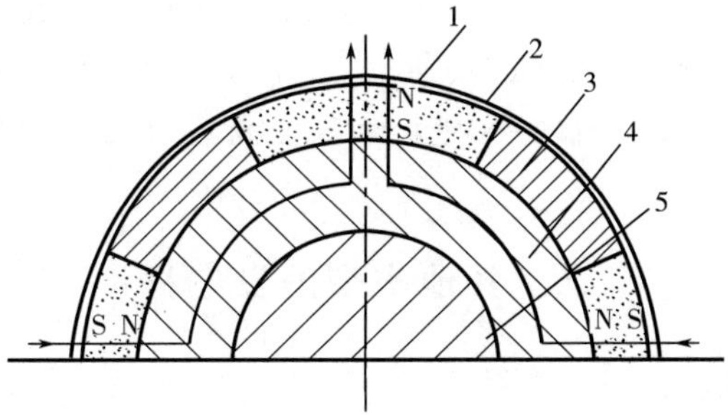

1—套环；2—永磁体；3—非磁性材料；4—磁性材料衬套；5—转轴

图 5-9　径向瓦片形永磁体转子磁路结构

高速永磁发电机在稳定运行时，转子高速旋转，因此会产生巨大的离心力，转子需要一定的强度和刚度。当线速度达到 200m/s 以上时，常规的叠片转子难以承受高速旋转产生的离心力，需要采用特殊的高强度叠片或实心转子。为了能够使永磁体安全运行，必须对其采取保护措施，以保证电机稳定运行。

永磁材料，特别是稀土钴永磁材料的抗拉强度很低，如果转子结构无防护措施，当发电机高速运行时，转子表面所承受的离心力已接近或超过永磁材料的抗拉强度，将使永磁体损坏，所以，高速发电机也可设计为套环式转子结构（图 5-10）。套环是一个高强度金属材料制成的薄壁圆环，紧紧套在转子外圆上，通过套环把永磁体、软铁极靴都固定在应有的位置上。套环的力学特点是：在它包容下的转子内部各组件在整个转速范围内处于压缩状态。因此，在静止状态装配套环时，需要采用过盈配合，给永磁体施加一个足够大的压应力。这样，转子内部虽然是由许多部件组合而成，但在高速旋转时，仍像一个实心体，可以保证其可靠运行。

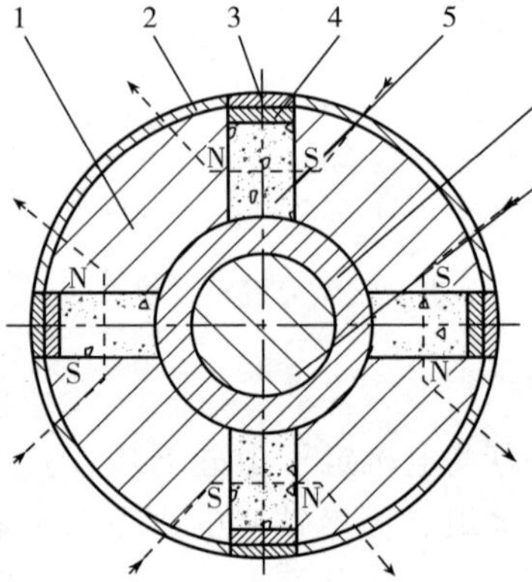

1—极靴；2—套环（磁性材料段）；3—套环（非磁性材料段）；4—垫片；5—永磁体；6—非磁性衬套；7—转轴

图 5-10 切向套环式转子磁路结构示意图

与一般的中低速永磁发电机相比，高速永磁发电机转子所受离心力较大。而且，此发电机采用的永磁材料虽然可以承受较大的压应力，但是却不能承受太大的拉应力，必须对磁钢采取相应的保护措施。因此，对于高速永磁同步发电机转子结构的选取和磁钢放置的考量是高速发电机可靠运行的关键，即在高速发电机设计阶段，电磁设计必须是以发电机转子结构可以高速旋转的前提下进行的。为了保证高速永磁同步发电机的机械和电磁性能，在设计发电机时必须重点考虑高速永磁发电机的转子结构以及磁钢保护。

三、其他类型的发电机

(一) 开关磁阻发电机

开关磁阻发电机各相在物理和电磁上相互独立，即使在缺相的情况下，仍可维持工作，具有很强的容错能力。普通的发电机，如异步发电机、同步发电机、永磁发电机要输出固定电压，其转速也须固定。而风速是时刻变化的，所以风轮机的转速必须固定不变，导致风能利用效率低下。显然，如果使用变速发电机就能提高风能利用效率（即变速恒频发电系统），而开关磁阻电机正满足了这样的要求。开关磁阻电机具有结构简单、成本低、运行可靠、控制灵活、调速范围宽等优点，在航天启动/发电机、混合动力汽车启动/发电机中的应用不断发展。

从风力发电的特点考虑，开关磁阻发电机（the switched reluctance generator，SRG）在适应风力发电的特点方面具有独特的优越性，这使得其在风力发电领域显示出良好的发展前景。

1. 结构

开关磁阻发电机风力发电系统如图 5-11 所示，以 SRG 为机电能量转换的核心。其主要由六部分组成：

（1）风力机，它是风能/机械能转换装置。

（2）SRG 及其功率变换器。

（3）控制器，包括驱动电路、过压过流保护电路、电压电流检测电路、转子位置检测电路、单片机或 DSP 最小系统电路等。

（4）蓄电池，它是系统的储能装置。

（5）逆变器和负载，如果负载是直流负载，则不需要逆变器。

（6）辅助电源，用来给控制器提供＋15V、＋5V 等多路电源。

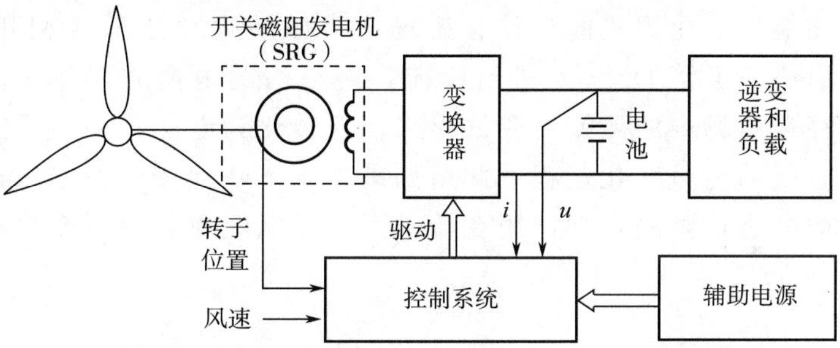

图 5-11 开关磁阻发电机风力发电系统的构成

SRG 采用凸极定子和凸极转子的双凸极结构，定、转子铁心均由冲成一定形状、齿槽的普通硅钢片叠压而成，并且定、转子极数不同。在发电机的转子上既无绕组也无永磁体，定子上设有集中绕组，径向正对两齿极上的线圈串联成一相绕组。因此该电机可以设计成多种不同的相数结构，且定、转子数也有多种不同的搭配，如四相 8/6 极、三相 6/4 极、三相 12/8 极等。图 5-12 给出了四相 8/6 级和三相 12/8 级的 SRG 的定、转子截面图。

2. 原理

SRG 的运行遵循磁阻最小原理，即磁通总要沿着磁阻最小的路径闭合。当转子凸极和定子凸极中心线对准时，相绕组电感最大，磁阻最小；当转子凹槽和定子凸极中心线对准时，相绕组电感最小，磁阻最大。转子和励磁定子的相对运动，使相绕组电感值周期性地进行变化，从而产生了电磁转矩和功率输出。为进一步阐述 SRG 的工作原理，下面以三相 12/8 极开关磁阻发电机为例进行说明。图 5-13 是该发电机的一相电路的工作原理示意图。假设 SRG 在外力的驱动下顺时针转动，在转动到图示位置时，开关 T_1、T_2 合上，A 相绕组通电，该相通过直流电源 E 进行励磁。发电机内建立起以 OA 为轴线的径向磁场，磁通通过定子轭、定子极、气隙、转子极、转子轭等处闭合。通过气隙的磁力线是弯

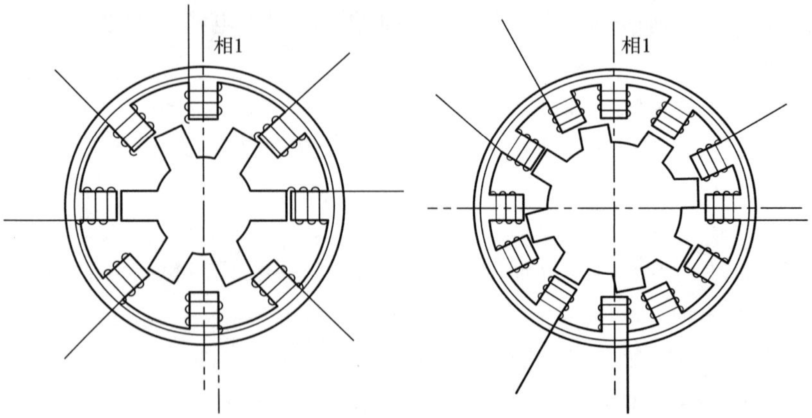

（1）四相8/6级　　（2）三相12/8级

图 5-12　开关磁阻发电机定、转子截面图

曲的，此时磁路的磁阻大于定、转子磁极轴线重合时的磁阻。因此，转子将受到气隙中弯曲磁力线的切向磁拉力产生的转矩作用，使得转子磁极的轴线 OA 有向定子 A 相磁极轴线 OA 运动的趋势，并受到该方向（即逆时针方向）的力矩作用，与驱动力矩方向相反，同时转子上的机械能将转化为磁能存储在磁场中。如果此时打开 A 相开关 T_1、T_2，则 A 相绕组的电流通过二极管 D_1、D_2 进行续流，绕组内的电流方向不变，电源极性与原来相反，此时储存在磁场中的磁能将释放出来，并转化为电能，回馈至电源，从而完成了机械能与电能之间的能量转化过程。此后如果连续不断地按 A-C-B-A 的顺序分别给定子各相绕组轮流通电进行励磁，则作用在转子上的机械能将源源不断地转化为电能，实现发电运行。

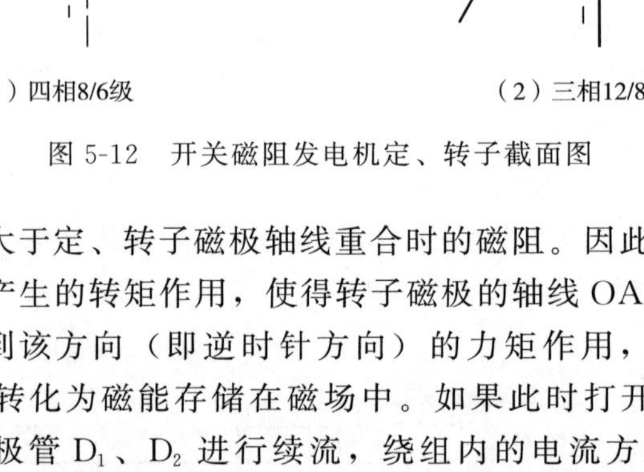

A、B、C—三相绕组电流流出；T_1、T_2—电力电子开关；D_1、D_2—二极管；E—直流电源

图 5-13　开关磁阻发电机工作原理

如要改变作用在 SRG 转子上的外力方向，只需改变电机各相的励磁顺序，即沿着 A-B-C-A 的方向进行通电励磁，即可维持其发电状态。另外，从图 5-13 也可看出，SRG 转子的受力方向与相绕组的电流方向无关，而仅取决于各相绕组通电的次序。

设计风力发电系统一般需要着重考虑以下几个问题：

(1) 将不断变化的风能高质量转换为频率、电压恒定的交流电或电压恒定的直流电。

（2）高效率地实现能量转换，以降低度电成本。

（3）稳定可靠地实现并网，并与柴油发电机及其他发电装置或储能系统联合运行，为用户提供稳定的电能。

据此衡量开关磁阻发电机，可以发现开关磁阻发电机用于风力发电的优势：

（1）开关磁阻发电机可以方便地发出电压恒定的直流电，尤其对于他励方式，输出电压直接由励磁电压决定，而与转速无关。在自励方式下，也可以通过自身的控制器实现电压恒定。

（2）开关磁阻发电机结构简单，转子上无刷、无绕组、无永久磁体，因此，成本低廉；不存在铜耗，发电效率高；同时转子的转动惯量小，启动转矩低，动态性能好。并且该系统是自同步运行，低频时，不会出现变频供电的异步电机在低频时有可能出现的不稳定和振荡问题。因此即使在风速较低的情况下，通过合理的设计，开关磁阻发电机也可以在风力直接驱动下实现较高的发电效率，从而省去了齿轮箱，系统结构更加轻便、可靠，这也正是风力发电系统的发展趋势。

（3）开关磁阻发电机具有优良的调速性能，能够在宽广的速度范围内稳定运行，因而可以适应不同风速的要求，更高效地利用风能。

（4）开关磁阻发电机可控参数多，如开通角、关断角、直流斩波限、励磁电压等，可方便地实现比较复杂的控制策略，灵活地控制输出直流电压和电流。

（5）若在直流输出的基础上采用逆变技术，则可以获得所需幅值和频率的交流电，进而实现并网发电，也可以单独或与其他发电装置或储能装置联合发电。

（6）开关磁阻发电机具有自励能力，在自励模式下，只需小容量的直流起励电源，就可以自动建立电压。若与蓄电池构成互补系统，更可以体现分时励磁和发电的优势。在风力充足时，一方面，开关磁阻发电机从蓄电池获得励磁；另一方面，又给负载供电，同时给蓄电池充电（SRG 发出的电流脉动有利于蓄电池的充电），将剩余的电能转换成化学能储存起来，当风力不足时，蓄电池的储能将释放出来，供负载使用。

（7）开关磁阻发电机各相在物理和电磁上相互独立，即使缺相的情况下，仍可维持工作，具有很强的容错能力。其功率变换器的开关器件与绕组相串联，不存在交流变频器中常出现的击穿事故故障，因而更加可靠。此外，开关磁阻发电机结构坚固、耐高温性能好，十分适合风力发电的野外作业环境。

综上所述，开关磁阻发电机在风力发电领域具有很大的发展潜力和研究价值。开关磁阻发电机已经出现多年，它坚固耐用且机械机构简单、效率高、成本低，而且可以不用齿轮箱。在发电机自身故障时它能降低功率输出连续运行，因此适合于航空应用。

（二）直驱型发电机

风电机组是低速旋转机械，一般转速为几十转每分钟，而发电机要保证发出 50Hz 的交流电，如采用 4 级发电机，其同步转速为 1500r/min，所以大型风电机组在风力机与交流发电机之间装有增速齿轮箱，借助齿轮箱提高转速。如果风力发电系统取消增速机构，采用风电机组直接驱动发电机，则必须应用低速交流发电机。

直驱式风电机组由风力直接驱动。采用无齿轮箱的直驱发电机虽然提高了发电机的设计成本，但却有效地提高了系统的效率以及运行可靠性，可以避免增速箱带来的诸多不利，降低了噪声和机械损失，从而降低了风电机组的运行维护成本，这种发电机在大型风电机组中占有一定比例。因发电机工作在较低转速状态，转子极对数较多，故发电机的直径较大、结构也更复杂。为保证风电机组的变速恒频运行，发电机定子需通过全功率变流器与电网连接。目前在实际风力发电系统中多使用低速多极永磁发电机。图 5-14 给出了直驱型变速恒频风力发电系统的结构示意图。

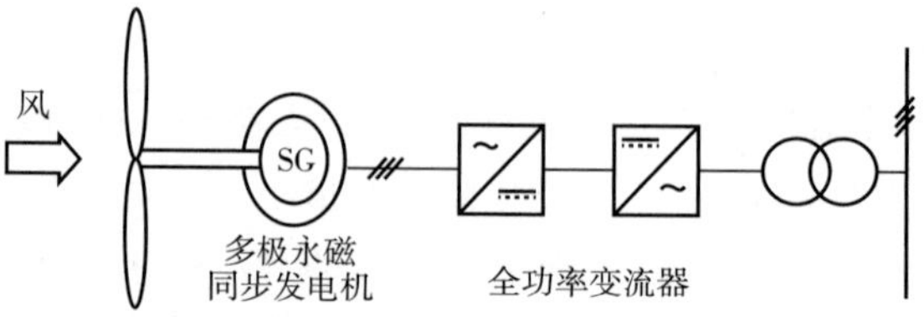

图 5-14　多极永磁直驱式变速恒频风电机组的结构示意图

1. 特点

（1）发电机的极对数多。根据电机理论知，交流发电机的转速 n 与发电机的极对数 p 及发电机发出的交流电的频率 f 有固定的关系，即

$$p = \frac{60f}{n} \tag{5-10}$$

当 f 为恒定值 50Hz 时，如若发电机的转速越低，则发电机的极对数应越多。从电机结构知，发电机的定子内径 D_i 与发电机的极数 $2p$ 及极距 τ（沿电枢表面相邻两个磁极轴线之间的距离称为极距）成正比，即

$$D_i = 2p\tau \tag{5-11}$$

因此，低速发电机的定子内径远大于高速发电机的定子内径。当发电机的设计容量一定时，发电机的转速越低，则发电机的直径尺寸越大。如某 500kW 直驱型风电机组，其发电机有 84 个磁极，发电机直径达到 4.8m。

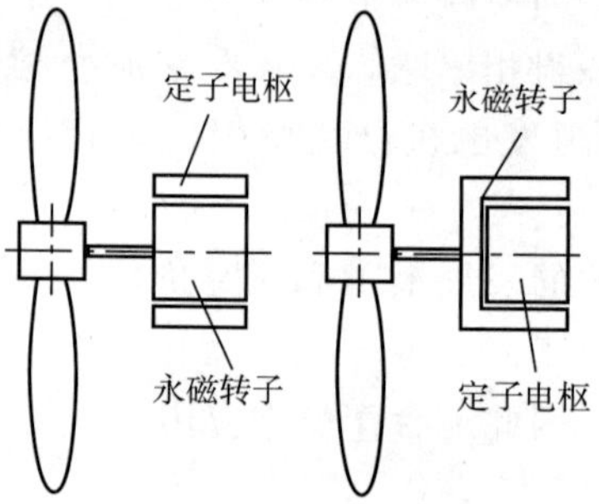

图 5-15　直驱永磁发电机类型

（2）转子采用永久磁铁转子，使用多极永磁体励磁。永磁发电机的转子上没有励磁绕组，因此无励磁绕组的铜损耗，发电机的效率比较高；转子上无集电环，运行更为可靠；永磁材料一般有铁氧体和钕铁硼两类，其中采用钕铁硼制造的发电机体积小、重量较轻，因此应用广泛。内转子型和外转子型直驱永磁发电机结构如图 5-15 所示。

（3）定子绕组通过全功率变流器接入电网，实现变速恒频。直驱式电机转子采用永久磁铁，为同步电机。当发电机由风力机带动出现变速运行时，为保证定子绕组输出与电网有一致的频率，定子绕组需经全功率变流器并入电网，实现变速恒频控制，因此变流器容量大、成本高。

2. 结构形式

大型直驱发电机布置结构可分为内转子型和外转子型，它们各有特点，图 5-16 和图 5-17 分别为直驱内转子型和外转子型永磁发电机结构示意图。

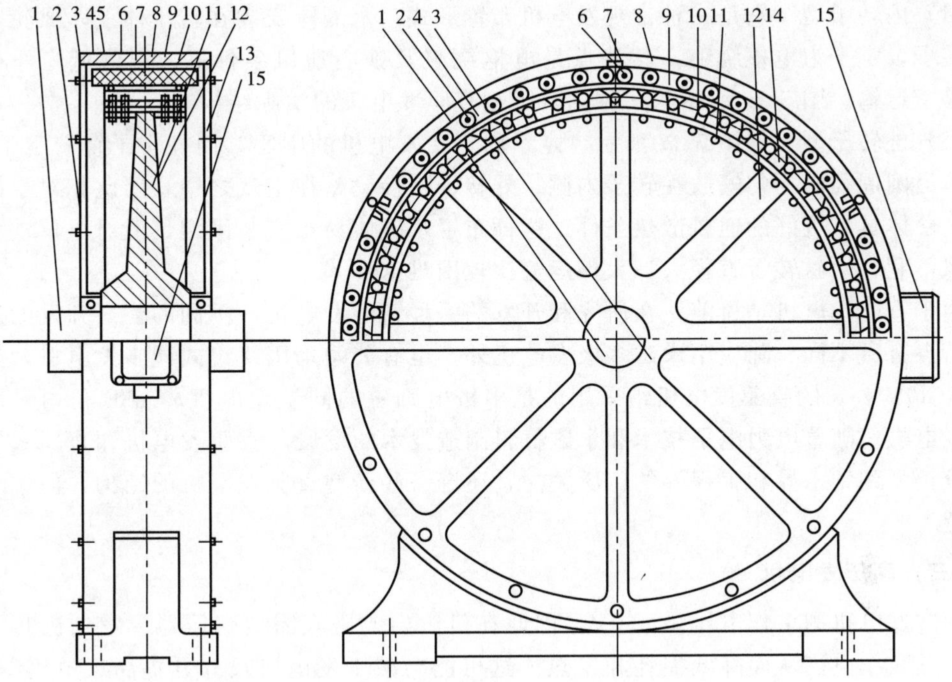

1—转子轴；2—轴承；3—前端盖；4—定子绕组；5—定子铁心；6—压块；
7—螺栓；8—机座；9—转子极靴；10—极靴心轴；11—螺栓；
12—轮毂；13—后端盖；14—钕铁硼永磁体；15—接线

图 5-16　直驱内转子型永磁发电机的结构

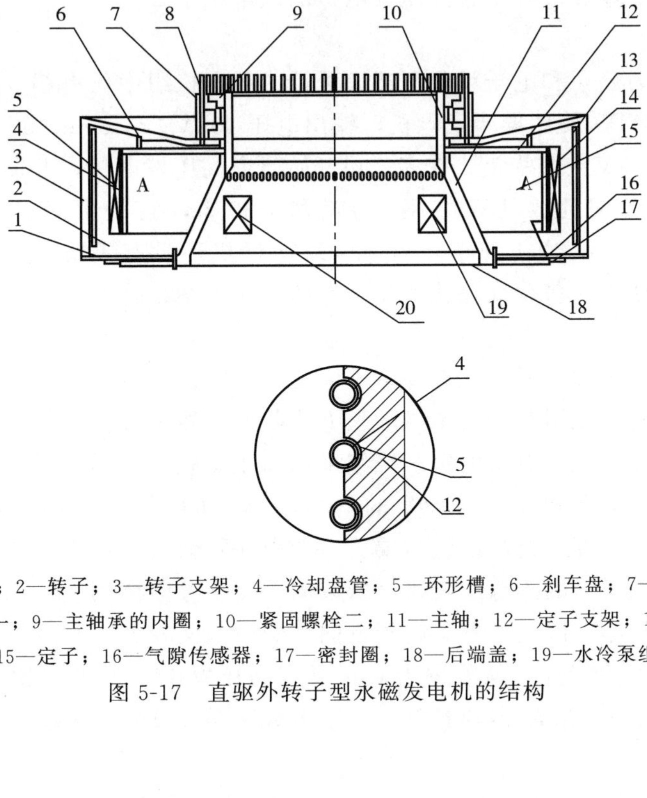

1—转子加强环；2—转子；3—转子支架；4—冷却盘管；5—环形槽；6—刹车盘；7—主轴承的外圈；
8—紧固螺栓一；9—主轴承的内圈；10—紧固螺栓二；11—主轴；12—定子支架；13—磁阻模块；
14—三相绕组；15—定子；16—气隙传感器；17—密封圈；18—后端盖；19—水冷泵组；20—刹车系统

图 5-17　直驱外转子型永磁发电机的结构

（1）内转子型　它是一种常规发电机布置形式。永磁体安装在转子体上，风轮驱动发电机转子，定子为电枢绕组。其特点是电枢绕组及铁心通风条件好、温度低、外径尺寸小、易于运输。图 5-16 所示为一种内转子型直驱发电机的实际结构。

（2）外转子型　如图 5-17 所示，定子固定在发电机的中心，而外转子绕着定子旋转。永磁体沿圆周径向均匀安放在转子内侧，外转子直接暴露在空气之中，因此相对于内转子结构，磁体具有更好的通风散热条件。这种布置永磁体易于安装固定，但对电枢铁心和绕组通风不利，永磁转子直径大，大件运输比较困难。

由于直驱发电机是目前正在研究和开发的一种新型发电机，不同的公司开发的发电机结构特点有所不同。除应用永磁多极发电机外，也有公司采用绕组式同步发电机，如德国 ENERCON 公司的直驱发电机组采用的是多极电励磁的同步发电机，ABB 公司采用高压同步发电机。随着电力电子技术和永磁材料制造技术的发展，直驱发电机和直驱式风力发电系统正受到学术界和工程界的广泛关注，还有一些新型直驱发电机的结构，但应用不是很广泛。

（三）高压发电机

通常发电机的工作电压是 690V，因此在机舱内或塔底需要变压器。发电机升压的主要目的是减小电流从而降低损耗和发热。这可能会减少发电机尺寸并提高风电机组效率，尤其是在高负荷情况下。如果发电机电压匹配电网电压，并网就无需变压器。

高压发电机可以用同步发电机也可以用异步发电机。它对于超过 3MW 的大型风电机组是值得关注的选择。它的缺点是整个系统的成本高，长期运行和安全需求有不确定性，这些都比低压发电机更复杂。高压发电机、电力电子设备、辅助设备如开关设备的价格随发电机容量的增长而增加。如果含高压发电机的风电机组数量显著增加，未来的价格可能下降。

迄今为止，电力公司和电子设备制造商设计的风电机组中仅有很少的样机应用高压发电机：Tjæreborg 2MW 使用异步发电机，输出电压 10kV；Growin 3MW 使用双馈异步发电机，输出电压 6.3kV。近些年，许多公司开始研究高压发电机，并取得了不同进展。例如，Lagerwey 开始系列生产 LW72 型 2MW 风电机组，它使用同步发电机，输出电压 4kV。与预期不同，ABB 公司 Windformer 3MW 样机还没有成功。但是，含高压发电机的风电机组到现在还没有多少商业化产品，它的替代方案是将升压变压器转移到发电机机舱中。

高压发电机与传统发电机相比有许多不同。在传统发电机中，大型旋转电机定子线棒由外包介电强度高的环氧树脂为主绝缘的长方形截面导体组成，并沿线棒和绕组端部进行复杂的形状换位。而高压发电机的定子绕组采用高压交联聚乙烯电缆绕制而成，电缆截面为圆形。由麦克斯韦方程可知，其产生的电场均匀分布，这是高压旋转电机所必须的条件。为产生高压，高压发电机的绕组需要更多的串联匝数，所以其槽很深，齿很长。由于靠近转子的电缆线圈所需的绝缘层较薄，所以向着转子方向槽的横截面较小，远离转子的电缆所需的绝缘层较厚。因此，背着转子方向槽的横截面较大，在运行中高压发电机与传统电机相比有其自身的特点。从效率上看，具有高压发电机的电厂比常规电厂的效率高 0.5%～2.0%。对于 120MW 容量的电厂，这个数字是 1.5%。这意味着装备高压发电机的电厂将比常规电厂多发电 1.8MW。很明显，这部分多的发电将提高电厂的经济效益。从维护成本上看，由于这种发电机省去了变压器，系统的结构大大简化，相应的维护工作也比以前简单，同时结构的简化也意味着系统的可靠性提高，这对于把“安全第一”作为首要准则的电力工业而言，吸引力非常大。从国外的运行经验来看，它还具有较好的短时过负荷能力、突然断路电流小、能为电站系统带来更少的无功损耗等一系列的优点。

高压发电机是在传统发电机的基础上进行结构上的改变，结合新型材料的完美创造。通过运行实践与传统发电机的对比分析，高压发电机具有诸多优点，已受到世界多数国家的专家和学者的好评，在老电站、电厂的机组改造和新建电站、电厂都可以选择高压发电机代替传统的发电机。在国外，高压发电机的应用领域已经越来越广。

高压发电机是一种不需要升压变压器便可以直接和现代电网相连接的新型发电机，传统发电厂中的普通发电机、发电机侧的开关、母线和升压变压器可全部由一台能量变换器代替，如图 5-18 所示。

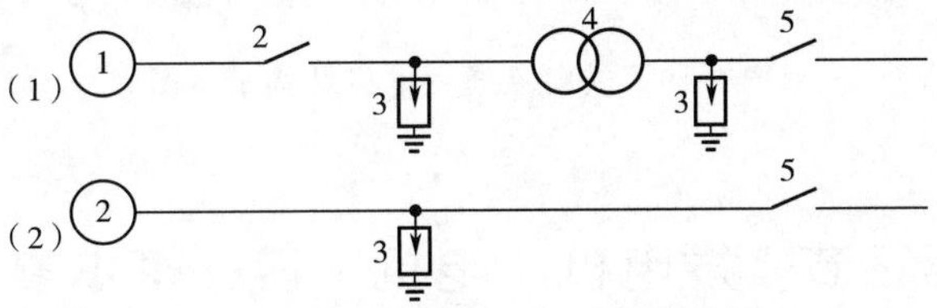

(1) 传统发电机系统　(2) 高压发电机

1—发电机；2—发电机侧断路器；3—电涌放电器；4—升压变压器；5—线路侧断路器

图 5-18　传统发电机系统和高压发电机

该新型电机的设计结构明显不同于常规电机，并入无穷大系统的过程中也将会呈现新的变化特征。国内对于高压发电机的运行经验是空白的。如果在并网投入运行过程中发生非同期等意外情况，是否导致像常规电机一样甚至更为严重的后果，尤其是机端电压高出常规发电机 2～15 倍，发电机与系统之间的瞬间压差引起冲击电流会如何变化，这些无疑是值得研究的重要问题。

(四) 横向磁通发电机

横向磁通发电机（TFG，见图 5-19）拓扑十分新颖，且很有发展前景。但是，在应用于风电机组之前，还需进行大量研究。

横向磁通原理可以应用到一系列发电机类型中。例如，它既可以用于永磁发电机，也可以用于开关磁阻发电机，此时发电机固有特性与一般发电机类型相同，但是也有横向磁通设计带来的特殊性，例如使得每千克有源材料具有更高的磁阻转矩率。

横向磁通发电机的运行本质与同步发电机相同，原理也与其他永磁发电机类似。它由大量的磁极组成，这使它适合于直接无齿轮应用。但横向磁通发电机有相对大的漏感，在磁阻发电机中会导致正常运行时功率因数很低，短路电流不足以启动正常的保护。在永磁发电机中也有同样的问题，但因为采用永磁材料，问题并不严重。

横向磁通发电机的缺点是需要大量的特殊部件，必须使用磁极冲片技术，随着磁粉生产技术的进步，今后情况可以改善。

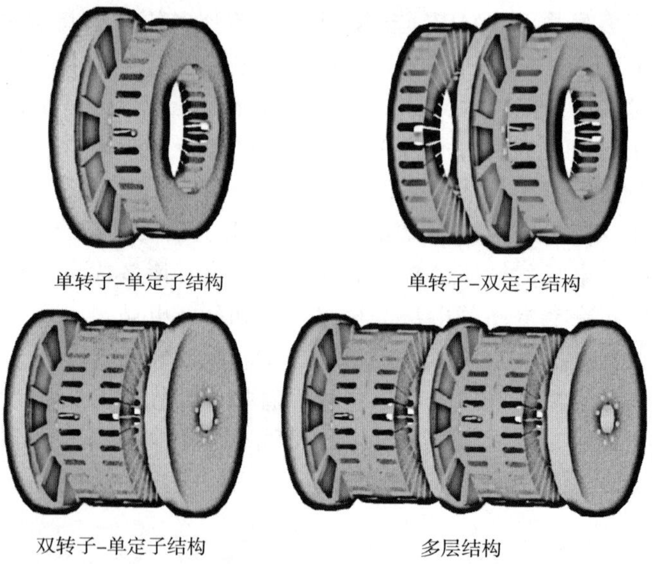

图 5-19 横向磁通发电机结构示意图

第三节 发电机（电机）设计基本参数

设计电机时起决定作用的是电机的主要尺寸设计。电机的主要尺寸是指电枢铁心的直径和长度。对于直流电机，电枢直径是指转子外径；对一般结构的异步电机，则是指定子内径。

电机的重量、价格、工作特性和运行可靠性等都和主要尺寸以及它们的比值有密切关系。所以确定主要尺寸是电机设计的第一步，主要尺寸确定后，其他尺寸也大体可以确定。

在电机的主要尺寸确定后，就要进行电磁设计计算，电磁设计计算之前就必须确定电机的结构方案诸如励磁方式、冷却系统等，否则电磁设计计算就无法进行。

本部分阐述确定主要尺寸时所依据的基本关系式、电磁负荷的选择和确定主要尺寸的一般方法。

一、电机的主要尺寸

电机在进行能量转换时，无论是从机械能变成电能（发电机），或是从电能变成机械能（电动机），能量都是以电磁能的形式通过定、转子之间的气隙进行传递的，与之对应的功率称为电磁功率。因此电机的主要尺寸与电磁功率有密切关系，后者可以用电机的计算功率表示。

交流电机的计算功率为：

$$P' = mEI \tag{5-12}$$

式中 m——电枢绕组的相数

E——电枢绕组的相电动势，V

I——电枢绕组的相电流，A

电枢绕组的相电动势为：

$$E = 4.44K_{Nm}K_{dp}W\phi f \tag{5-13}$$

式中，K_{Nm} 为气隙磁场的波形系数，当气隙磁场为正弦分布时，$K_{Nm} = \frac{E_{有效值}}{E_{平均值}} = \frac{E_m/\sqrt{2}}{2/\pi E_m} = 1.11$，其中 E_m 为相电动势最大值；f 为电流频率（Hz）；W 为电枢绕组的每相串联匝数；K_{dp} 为电枢绕组系数，由于其值与基波绕组系数 K_{dp1} 差别甚小，计算时，通常以 K_{dp1} 代入；ϕ 为每极磁通（Wb）。

电流频率 f 与转子转速 n（r/min）有以下数值关系：

$$f = \frac{pn}{60} \tag{5-14}$$

式中　p——极对数

每极磁通为：

$$\phi = B_{\delta av}\tau l_{ef} = B_{\delta}\alpha'_{p}\tau l_{ef} \tag{5-15}$$

式中　B_{δ}——气隙磁通密度的最大值（T），通常简称为气隙磁通密度

$B_{\delta av}$——气隙平均磁通密度，T

α'_{p}——计算极弧系数，$\alpha'_{p} = B_{\delta av}/B_{\delta}$

l_{ef}——电枢的计算长度，m

τ——极距，m

τ 与电枢直径 D 的关系为：

$$\tau = \frac{\pi D}{2p} \tag{5-16}$$

通常将沿电枢圆周单位长度上的安培导体数称为线负荷 A_S（A/m），即：

$$A_S = \frac{2mWI}{\pi D} \tag{5-17}$$

将式（5-13）代入式（5-12），考虑上述关系式后可得：

$$\frac{D^2 l_{ef} n}{P'} = \frac{5.5}{\alpha'_{p}K_{Nm}K_{dp}A_S B_{\delta}} \tag{5-18}$$

对于直流电机，计算功率为：

$$P' = E_a I_a \tag{5-19}$$

式中　E_a——电枢绕组的电动势，V

I_a——电枢绕组的电流，I

电枢绕组的电动势 E_a 可以按以下数值方程计算：

$$E_a = \frac{pn}{60}\frac{N_a}{a}\phi \tag{5-20}$$

式中　N_a——电枢绕组的总导体数

a——电枢绕组的并联支路对数

ϕ——电枢绕组的磁通，Wb

又因为线负荷为：

$$A_S = \frac{I_a N_a}{2a\pi D} \tag{5-21}$$

故：

$$I_a = \frac{2a\pi DA_S}{N_a} \tag{5-22}$$

将式（5-21）和式（5-22）代入式（5-18），并考虑式（5-15）和式（5-16）后可得直流电机主要关系式为：

$$\frac{D^2 l_{ef} n}{P'} = \frac{5.5}{\alpha'_p A_S B_\delta} \tag{5-23}$$

将式（5-23）和式（5-18）比较后可知，对于交流电机和直流电机，其主要尺寸和计算功率、转速、电磁负荷之间的关系是相似的，都可用式（5-18）表示，而对于直流电机，$K_{Nm}K_{dp}=1$。

现将式（5-18）重写如下，并令其等于 C_A，即

$$\frac{D^2 l_{ef} n}{P'} = \frac{5.5}{\alpha'_p K_{Nm} K_{dp} A_S B_\delta} = C_A \tag{5-24}$$

由于对一定功率和转速范围的电机，B_δ、A_S 的变化范围不大，而 α'_p、K_{Nm}、K_{dp} 的变化范围更小，所以把 C_A 称为电机常数。则式（5-24）可写成：

$$C_A = \frac{D^2 l_{ef} n}{P'} = \frac{60 D^2 l_{ef}}{2\pi T'} \tag{5-25}$$

式中 T'为计算转矩（N·m），且 $T'=P'/\Omega=60P'/2\pi n$，其中，Ω 为机械角速度（rad/s）。$D^2 l_{ef}$ 近似地表示转子有效部分的体积，定子有效部分的体积也与它有关。因而由式（5-25）可见，电机常数大体上反映了产生单位计算转矩所耗用的有效材料［铜（铝）和电工钢］的体积，并在一定程度上反映了结构材料的耗用量。

电机常数 C_A 的倒数为：

$$K_A = \frac{1}{C_A} = \frac{P'}{D^2 l_{ef} n} = \frac{T'}{D^2 l_{ef}} \frac{2\pi}{60} \tag{5-26}$$

由式（5-26）可见，K_A 表示单位体积有效材料所能产生的计算转矩，因此，它的大小反映了电机有效材料的利用程度，通常称为利用系数。在进行设计方案比较时，K_A 往往也是一项重要的比较指标。随着电机制造水平的提高、材料质量的改进，利用系数将不断增大。

此外，材料的利用还可按照作用于电枢圆周单位表面上的平均切向力（称为转切应力）τ_{rt}（τ_{rt} 的单位为 N/m^2）来判断，同理可推导出以下数值关系：

$$\tau_{rt} = \frac{F}{\pi D l_{ef}} = \frac{T'}{\frac{D}{2}\pi D l_{ef}} = \frac{60}{\pi^2} \frac{P'}{D^2 l_{ef} n} \tag{5-27}$$

式中　F——电枢受到的电磁力，N

比较式（5-26）与式（5-27）可知，$\tau_{rt} \propto K_A$ 。

已制成的电机表明，C_A 并非总是常数，在转速一定时，它随电机功率的增大而减小，系数 K_A 和转切应力 τ_{rt} 则随电机功率的增大而增大。通常做出 C_A 或 K_A 与 P'或 P'/n 之间的经验曲线，通过这些经验曲线可初步确定电机的主要尺寸 $D^2 l_{ef}$。

在无径向通风道的电机中，电枢的计算长度 l_{ef} 和铁心实际总长度 l_{ta} 相差很小；在有径向通风道的电机中，l_{ef} 略小于 l_{ta}，异步电机小 10%～15%，直流电机和同步电机小 5%～10%。极弧系数 α'_p 依据电机的类型和是否为均匀气隙等作综合考虑，一般取值在

0.63～0.72。

不同类型电机的计算功率可按给定的额定功率 P_N 来决定，方法如下：

(1) 对于异步电机：

$$P' = \frac{K_E P_N}{\eta_N \cos\varphi_N} \tag{5-28}$$

式中　K_E——额定负载时感应电动势与端电压的比值

η_N 和 $\cos\varphi_N$——额定负载时的效率与功率因数，可由技术条件或技术任务书（技术建议书）查得，也可参考已生产的相近规格电机作初步估计

(2) 对于同步发电机：

$$P' = \frac{K_E P_N}{\cos\varphi_N} \tag{5-29}$$

(3) 对于同步电动机：

$$P' = \frac{K_E P_N}{\eta_N \cos\varphi_N} \tag{5-30}$$

(4) 对于同步调相机：

$$P' = K_E P_N \tag{5-31}$$

以上各式中 K_E 与给定的 $\cos\varphi_N$ 有关；η_N 见式（5-28）说明。

(5) 对于具有并励绕组的直流发电机：

$$P' = K_0 P_N \tag{5-32}$$

式中　K_0——考虑发电机的电枢压降和并励绕组电流而引入的系数

(6) 对于具有并励绕组的直流电动机：

$$P' = \frac{K_m P_N}{\eta_N} \tag{5-33}$$

式中　K_m——考虑电动机的电枢压降和并励绕组电流而引入的系数

η_N——额定负载时电动机的效率，见式（5-28）说明

从式（5-24）和式（5-25）可以得出下列重要结论：

(1) 电机的主要尺寸由其计算功率 P' 和转速 n 之比 P'/n 或计算转矩 T' 所决定。因此在其他条件相同时，计算转矩相近的电机所耗用的有效材料也相近；功率较大、转速较高的电机有可能和功率较小、转速较低的电机体积较近，从而两者可能采用相同的电枢直径及某些其他尺寸，并通用机座、端盖等零部件。

(2) 电磁负荷 A_S 和 B_δ 不变时，相同功率的电机，转速较高的，尺寸较小；尺寸相同的电机，转速较高的，则功率较大。这表明提高转速可减小电机的体积和重量，但需指出，这种关系仅在一定的转速范围内才正确。因转速增高时，机械损耗随之增加，铁耗也将增加，于是电磁负荷只好降低。转速增高还会引起转动零部件所受的机械应力增加，这也会导致这种反比关系的破坏。

(3) 转速一定时，若直径不变而采用不同的长度，则可得到不同功率的电机。

(4) 由于式（5-24）中，系数 α'_p、K_{Nm} 与 K_{dp} 的数值一般变化不大，因此电机的主要尺寸在很大程度上和选用的电磁负荷 A_S、B_δ 有关。电磁负荷选得越高，电机的主要尺寸就越小。

最后指出，工厂中常参考已生产的电机，用“类比法”来确定主要尺寸，实际上“类

比法”依据的仍是主要尺寸关系式。

二、电机中的几何相似定律

为了进一步认识电机的主要尺寸和功率、转速、电磁负荷间的某些规律性，以下分析一系列功率递增而几何形状彼此相似的电机，它们具有相同的电流密度、磁通密度、转速和极数。所谓几何形状相似是指电机对应的尺寸间具有相同的比值，例如：若电机 A、B 几何形状相似，则 $\frac{D_A}{D_B}=\frac{l_A}{l_B}=\frac{h_{sA}}{h_{sB}}=\frac{b_{sA}}{b_{sB}}=\cdots$，其中 h_s 和 b_s 分别为槽高和槽宽。

再例如对于异步电机，通过“类比”，一般直接选取定子外径（和相应的机座号或轴中心高）、内径、长度及气隙尺寸、转子内径、定转子槽数等。若所设计的电机Ⅰ和已生产过的同类电机Ⅱ极数相同而额定功率不同，则由式（5-24）知，可近似认为 $\frac{D_{i1\,\mathrm{I}}^2 l_{ef\,\mathrm{I}}}{D_{i1\,\mathrm{II}}^2 l_{ef_{\mathrm{II}}}}=\frac{P_{N\,\mathrm{I}}}{P_{N\,\mathrm{II}}}$（$D_{i1\,\mathrm{I}}$ 和 $D_{i1\,\mathrm{II}}$ 分别为电机Ⅰ和Ⅱ的定子内径），一般选取 $D_{i1\,\mathrm{I}}=D_{i1\,\mathrm{II}}$，于是 $\frac{l_{ef\,\mathrm{I}}}{l_{ef_{\mathrm{II}}}}=\frac{P_{N\,\mathrm{I}}}{P_{N\,\mathrm{II}}}$，由此即可确定 $l_{ef\,\mathrm{I}}$。顺便指出，将电机Ⅱ的导体截面积乘以 $\frac{P_{N\,\mathrm{I}}}{P_{N\,\mathrm{II}}}$，绕组匝数除以 $\frac{P_{N\,\mathrm{I}}}{P_{N\,\mathrm{II}}}$，还可初步推算出所设计电机的导体截面积和匝数。

已知电机的计算功率和电枢电势 E 与电流 I 的乘积成正比，即

$$P' \propto EI \tag{5-34}$$

在频率（或转速和极数）一定时，E 和电枢绕组的串联匝数 W 及磁通 ϕ 成正比，即

$$E \propto W\phi \tag{5-35}$$

以 $\phi=BA_{Fe}$ 代入式（5-35），可得：

$$E \propto WBA_{Fe} \tag{5-36}$$

式中 B——磁路中铁的磁通密度，T

A_{Fe}——磁路中铁的截面积，m^2

又因：

$$I = jA_0 \tag{5-37}$$

式中 j——电流密度，A/m^2

A_0——导体的截面积，m^2

故式（5-34）可改写为：

$$P' \propto NBA_{Fe}jA_0 = BjA_{Fe}A_{Cu} \tag{5-38}$$

式中 A_{Cu}——N 根导体的总截面积，m^2

$$A_{Cu} = NA_0 \tag{5-39}$$

面积 A_{Fe} 和 A_{Cu} 分别与铁心长度 l 的二次方成正比，因此：

$$A_{Fe}A_{Cu} \propto l^2 l^2 = l^4 \tag{5-40}$$

按条件，B 和 j 一定，于是可得：

$$P' \propto l^4 \tag{5-41}$$

或：

$$l \propto P'^{1/4} \tag{5-42}$$

实际上，例如低速水轮发电机的极距与变压器的铁心直径（标称）确实是与 P'呈 1/4 次方的关系。

又因为有效材料的重量 G 与它们的体积成正比，也即和长度 l 的三次方成正比，而有效材料的成本 C_{ef} 和损耗 p 均与重量 G 成正比，故有：

$$G \propto P'^{3/4} \tag{5-43}$$

$$C_{ef} \propto G \propto P'^{3/4} \tag{5-44}$$

$$\sum_{i=1}^{n} p \propto G \propto P'^{3/4} \tag{5-45}$$

若换算到单位功率下的电机的重量、成本和损耗，则为：

$$\frac{G}{P'} \propto \frac{C_{ef}}{P'} \propto \frac{\sum_{i=1}^{n} p}{P'} \propto \frac{P'^{3/4}}{P'} = \frac{1}{P'^{1/4}} \tag{5-46}$$

式（5-46）即通常所说的几何相似定律，它表明，在 B 和 j 的数值保持不变时，对一系列功率递增、几何形状相似的电机，每单位功率所需有效材料的重量、成本及产生的损耗，均与功率的 1/4 次方成反比，也即随着单机容量的增大，其有效材料的利用率和电机的效率均将提高。这也说明为什么在可能情况下，近代电气设备上有采用大功率电机来替代总功率相等的数台小功率电机的趋势。此外，这一定律可用来大体上估计与已制成电机几何形状相似，但功率不同的电机的重量、成本或损耗，也可用来分析几何形状相似的系列中各规格电机之间的相应关系。

必须指出，上述几何相似定律和其他关系式都是十分近似的，在实际情况下，它们所反映出来的关系常会因其他条件限制而不得不放弃或被破坏。例如，电机的损耗是与长度的三次方成正比，但冷却表面却正比于长度的二次方。为保证电机温升不超过允许值，随着电机功率的增加，必须设法改变冷却系统或冷却方式等，从而放弃它们的几何形状相似。

三、电磁负荷的选择

现在进一步研究式（5-24）。由于正常电机中极弧系数（α'_p）、气隙磁场的波形系数（K_{Nm}）与电枢绕组系数（K_{dp}）实际上变化不大，因此在计算功率 P'与转速 n 一定时，电机的主要尺寸决定于电磁负荷 A_S 和 B_δ。电磁负荷越高，电机尺寸将越小，重量就越轻，成本也越低，这就是在可能情况下，一般总希望选取较高的 A_S 和 B_δ 值的原因。但电磁负荷值的选取与许多因素有关，不但影响电机有效材料的耗用量，而且对电机的参数、启动和运行性能、可靠性都有重要影响。下面先讨论电磁负荷对电机性能和经济性的影响，然后简单介绍具体的选择方法。

（一）电磁负荷对电机性能和经济性的影响

1. 线负荷 A_S 较高而气隙磁通密度 B_δ 不变

（1）电机的尺寸和体积较小，可节省钢铁材料。

（2）B_δ 一定时，由于铁心重量较小，铁耗随之减小。

（3）绕组用铜（铝）量将增加。这是由于电机的尺寸减小，在 B_δ 不变的条件下，每极磁通将变小，为了产生一定的感应电动势，绕组匝数必须增多。

（4）电枢单位表面上的铜（铝）耗增大，使绕组温升增高。这是因为绕组的有效部分（即槽内部分）的铜（铝）耗为：

$$P_{\text{Cut}} = 2mNR_{\text{cef}}I^2 = 2mN\rho\frac{l}{A_0}I^2 = 2mNIl\rho j \tag{5-47}$$

式中 R_{cef}——每根导体有效部分的电阻，Ω

ρ——导体材料的电阻率，Ω·m

l——导体有效部分的长度，m

A_0——导体截面积，m^2

j——导体电流密度，A/m^2

电枢单位表面的铜（铝）耗为：

$$q_a = \frac{P_{\text{Cut}}}{\pi Dl} = \frac{2mNIl\rho j}{\pi Dl} = \rho A_S j \tag{5-48}$$

从式（5-48）可见，电枢单位表面的铜（铝）耗在 ρ 与 j 一定时，随着线负荷 A_S 的增大而增加。且此式还表明，当绕组的选用材料一定（即 ρ 一定）时，电枢单位表面的铜（铝）耗与 A_Sj 成正比。由于 q_a 直接影响到电机的发热和温升，因此，电机的温升就与 A_Sj 的大小密切有关。在其他条件不变时，为了避免电机温升过高，A_S 与 j 的乘积就不能超过一定限度。A_S 若选择得较大，j 就要相应选小一些，但这会使绕组用料增加。

（5）交流绕组电抗（互感电抗或漏电抗）的标幺值可表示为：

$$X^* = K\frac{A_S}{B_\delta} \tag{5-49}$$

式中 K——比例值，近似为一常数

B_δ——对应于感应电动势等于额定电压时的气隙基波磁通密度幅值，T

A_S——线负荷，A/m

可见，随着 A_S 的增大，绕组电抗的标幺值将增大，这会引起电机工作特性的改变。例如：将使电机的最大转矩、启动转矩和启动电流降低；同步电机的电压变化率增大，短路电流、短路比、静态和动态稳定率下降。在直流电机中，这会使换向恶化，这是因为换向元件中的电抗电动势值为

$$e_x = 2N_e v_a A_S l_{\text{ef}}\xi \tag{5-50}$$

式中 N_e——换向元件的匝数

v_a——电枢的圆周速度，m/s

ξ——换向元件的平均磁导系数，H/m

即 $e_x \propto ADl_{\text{ef}}$。但由式（5-24）可知，其他条件不变时，随着线负荷 A_S 的增加，电枢体积 D^2l_{ef} 以一次方的关系减小，故 Dl_{ef} 将以低于一次方的关系减小，也就是 A_S 值增加的速度大于由此而引起的 Dl_{ef} 值减小的速度。这样，e_x 将随着 A_S 的增加而增大。而 A_S 的增加还会导致电枢反应增大，在无补偿绕组的直流电机中，这将引起电压变化率和片间电压最大值增加，后者可能使换向进一步恶化。

2. 气隙磁通密度 B_δ 较高而线负荷 A_S 不变

（1）电机的尺寸和体积将变小，可节省钢铁材料。

（2）电枢基本铁耗增大。这是因为 B_δ 提高后，在其他条件不变时，虽会使 D^2l_{ef} 与电枢铁心重量减小，但因电枢铁心中磁通密度与 B_δ 间有一定的比例关系，铁内磁通密度

将相应增加，铁的比损耗（即单位重量铁心中的损耗）是与铁内磁通密度的二次方成正比的。因此随着 B_δ 的提高，比损耗增加的速度比电枢铁心重量减小的速度更快。而电枢的基本损耗等于其铁心重量和比损耗的乘积，因此 B_δ 提高后，将导致电枢铁耗增加，效率降低，在冷却条件不变时，温升也将增高。

（3）气隙磁位降和磁路的饱和程度将增加。B_δ 提高后一方面直接增大了气隙磁位降的数值；另一方面，由于铁内磁通密度增大而使磁路饱和程度增加。这样，对于直流电机和同步电机，会因励磁电流增大而引起励磁绕组用铜量与励磁损耗增加，效率降低，在冷却条件不变时，使励磁绕组温升增大。有时还会因励磁绕组体积过大而使布置发生困难（内极式电机），或致使磁极与电机的外形尺寸加大（外极式电机）。对于异步电机，会因励磁电流增加而使功率因数减小。

（4）影响电机参数与电机特性。由式（5-49）可知，随着 B_δ 的增大，绕组电抗的标幺值减小，从而影响电机的启动特性和运行特性。

（二）线负荷 A_s 和气隙磁通密度 B_δ 的选择

可见设计过程中，应从电机技术经济应用指标出发来选取最合适的 A_S 和 B_δ 值，以便使制造和运行的总费用最小，而且性能良好。

除了不应选择过高的 A_S、B_δ 数值外，还应考虑它们的比值要适当。因为这一比值不仅影响电机的参数和特性，而且与铜（铝）耗、铁耗的分配密度有关，也会影响电机效率曲线上出现最高效率的位置。正因为这样，对经常处于轻载运行的电机，宜选用较大的 A_S 值和较低的 B_δ 值，以便在轻载时得到较高的效率。

电机的冷却条件对电磁负荷的选用也有重要影响。例如防护式电机，由于冷却条件较好，选用 A_S、B_δ 可比同规格封闭式电机的高，对于一般小型异步电机，通常可高出15％～20％。

电机所用的材料与绝缘结构的等级也直接影响电磁负荷的选择。所用绝缘结构和耐热等级越高，电机允许的温升也就越高。电机负荷越高，导磁材料（包括兼起磁路作用的某些结构部件的材料）性能越好，允许选用的磁通密度也可越高。电机绕组采用铝线时，由于其电阻率较大，为保证足够的安装空间以免损耗过大，往往选择比采用铜线时更低的电磁负荷。

A_S、B_δ 的选择还和电机的功率及转速有关，确切地说是与电枢直径（或极距）及转子的圆周速度有关。圆周速度较高的电机，其转子与气隙中冷却介质的相对速度较大，因而冷却条件有所改善，A_S、B_δ 可选得大些。电枢直径（或极距）越小，所选取的 A_S 和 B_δ 也应越小，这主要是空间是否充裕的问题，原因如下：在内电枢的电机（如直流电机）中，电枢直径越小，则在平行槽壁时，为保证一定的槽空间，齿根将越窄；在平行齿壁时，为保证一定的齿截面积，槽尺寸将受到限制。因此，当电机功率较小时（通常直径也较小），若为平行槽壁，则 B_δ 的数值将受齿根磁通密度限制而不能取得过高，因为通常齿部磁通密度最大值有一定限制，超过此值之后，励磁电流和铁耗将迅速增加；同时，还因齿根磁通密度的限制而使槽不能太深，从而限制了槽空间的大小和线负荷 A_S 的数值。若为平行齿壁，则在齿距、齿宽和槽深一定的情况下，直径小的电机中，槽的空间比直径大的电机要小，励磁绕组能够占用的空间也将变小，这就限制了励磁磁动势的数值，使电枢反应磁动势和与之密切相关的 A_S 及 B_δ 都不能取得太高。不但如此，电枢直径较小的电机，通常导线较细（因为电流小），绝缘所占比重就较大，使槽的空间利用变差，这时为了尽可能增加槽的空间，必须将齿宽取得狭窄些，这就要求 B_δ 不能取得太高。

电磁负荷选择时要考虑的因素很多，很难单纯从理论上来确定。通常主要参考电机工业长期积累的经验数据，并分析对比所设计电机与已有电机之间在使用材料、结构、技术要求等方面的异同后进行选取。电机工业的发展历史表明，随着材料，特别是电工材料性能、冷却条件和电机结构的不断改进，电机的利用系数和 A_S、B_δ 的数值一直在逐步提高，从而使电机的体积和重量不断减小，而性能指标仍能得到保证。

四、电机主要尺寸比及主要尺寸的确定

1. 主要尺寸比的选择

在选择 A_S 和 B_δ 后，由式（5-24）即可初步确定电机的 D^2l_{ef}。但 D^2l_{ef} 相同的电机可以设计得细长，也可以设计得粗短。为了反映电机这种几何形状关系，通常采用主要尺寸比 $\lambda=l_{ef}/\tau$ 这一概念。λ 的大小与电机运行性能、经济性、工艺性等均有密切联系，或对它们产生一定影响。现在分别说明不同类型电机的 λ 值的选择。

若 D^2l_{ef} 不变而 λ 较大，有如下特点：

（1）电机细长，即 l_{ef} 较大而 D 较小。这样，绕组端部变得较短，端部用的铜（铝）量相应减少，当 λ 仍在正常范围内时，可提高绕组铜（铝）的利用率。端盖、轴承、刷架、换向器和绕组支架等结构部件的尺寸较小，重量较轻。因此，单位功率的材料消耗较少、成本较低。

（2）如果电机的体积未变，因铁的重量不变，在同一气隙磁通密度下基本铁耗也不变。但附加铁耗有所降低，机械损耗则因直径变小而减小。再考虑到电流密度一定时，端部铜（铝）耗将减小，因此，电机中总损耗将下降，效率提高。

（3）由于绕组端部较短，因此，端部漏抗减小。一般情况下，这将使总漏抗减小。

（4）由于电机细长，在采用气体作为冷却介质时，风路加长，冷却条件变差，从而导致轴向温度分布不均匀度增大。为此必须采取措施来加强冷却，例如采用较复杂的通风系统。但在主要依靠机座表面散热的封闭式电机中，热量主要通过定子铁心与机座向外发散，这时电机适当做得细长些可使铁心与机座的接触面积增大，对散热有利（对于无径向通风道的开启式或防护式电机，为了充分发挥绕组端部的散热效果，往往将 λ 取得较小）。

（5）由于电机细长，线圈数目较粗短的电机少，因而使线圈制造工时和绝缘材料的消耗减少。但电机冲片数目增多，冲片冲剪和铁心叠压的工时增加，冲模磨损加剧；同时机座加工工时增加，并因铁心直径较小，嵌线难度稍大，可能使嵌线工时增多。此外，为了保证转子有足够的刚度，必须采用较粗的转轴。

（6）由于电机细长，转子的转动惯量与圆周速度较小，这对于转速较高或要求机电时间常数较小的电机是有利的。

选择 λ 值时，通常主要考虑：参数与温升、节约用铜（铝）、转子的机械强度、转动惯量等方面的限制或要求。具体到几种常用电机的选择方法如下：

（1）异步电机　在中小型异步电机中，通常 $\lambda=0.4\sim1.5$，少数 $\lambda=1.5\sim4.5$；大型异步电机则一般 $\lambda=1\sim3.5$；极数多时取较大值。异步电机的过载能力与功率因数等性能

都和漏抗有关，因而也就与λ有一定关系，计算经验表明，这方面较为合适的是$\lambda=1\sim1.3$，此时可得到铜（铝）量和铜（铝）耗方面较适宜的电机。

（2）同步电机

①对于凸极同步电机，一般λ随极数的增加而增大。通常，中小型同步电机的$\lambda=0.6\sim2.5$，其上限属于多极电机。对于高速或大型同步电机，由于转子材料机械强度的限制，极距不能太大，因而λ值较大，可达3～4。

②对于内燃机驱动的同步发电机或负载具有脉动转矩的同步电动机，为了避免因电机的电磁固有振荡频率与来自内燃机（或压缩机）转矩的强迫振荡频率相近而引起共振，以及为限制负载时功率振荡的幅值，要求电机具有较大的转动惯量。通常这类电动机的$\lambda=0.8\sim1.2$。

③对于一般同步电动机，λ的选择则应考虑异步启动和过载能力问题。由于其启动性能比异步电机的要差，而且需要同步，故转动惯量不应太大，即λ一般宜取得大些。

④对于风电机组常用永磁同步发电机，常规励磁发电机$\lambda=4$已经很大了，而永磁发电机特别是多极低转速永磁发电机的λ值可以达到12，这又是常规励磁发电机所达不到的。永磁发电机λ值可按表5-1选取，极数多、功率大的选大值，反之选小值。

表5-1　永磁发电机尺寸比λ值

极数$2p$	2～8极	8～20极	20～30极	30～60极	60～84极
尺寸比λ	2～4	4～6	6～8	8～12	>12

λ值选取合适，会使永磁发电机直径和长度匹配恰当，使永磁发电机重量较轻、绕组利用率高、单位功率消耗材料少、制造成本较低。在永磁发电机中，随着极数的增加，其λ也增加。在永磁发电机转子直径D_2不变时，增加λ值就是增加定子铁心有效长度l_{ef}，增加l_{ef}会增加永磁发电机功率。在发电机端盖等尺寸不变的情况下，增加λ值而增加功率，相对提高了绕组的利用率及材料的利用率，发电机效率也会有所提高。但λ又不能取值太大，λ太大会使永磁发电机变得细长，使冷却困难，零件加工困难，下线也增加了难度，机械可靠性变差。因此，选择λ值要合适，不宜过大，也不宜过小。选择过小，会使永磁发电机直径大而变得短粗。λ值小，虽然有利于冷却，但材料利用率会降低。λ值选择的原则是：兼顾各参数，温升确保低，省铜又节铁，机械要可靠，转动惯量合要求。

⑤对于水轮发电机，其飞逸转速较高（额定转速的1.6～2.6倍），为了保证飞逸时转子构件的机械应力不超过允许值，最好选用较大的λ；但另一方面，由于在运行中发电机突然卸去全部负载时，水轮导水机构不能立即关闭，为了控制机组转速上升值在一定范围内，并保证所有运行情况下转速变化率不大，从而使电力系统运行时的稳定性较高，又需要一定的转动惯量，也就是要求λ较小。这两个要求是互相矛盾的，但如根据具体情况正确选择λ，则矛盾是可以解决的。通常对于额定转速较高或容量特大的水轮发电机，λ宜选得大一些。额定转速较低的发电机，转子机械应力一般不大，这时转动惯量对尺寸的要求将起决定作用，所以λ宜选小些。

⑥对于汽轮发电机，其电极数通常为2极或4极，转速较高，转子外径增大时，离心

力迅速增大。转子本体及护环材料目前可能达到的机械性能限制了它们外径的加大。为了使转子机械应力不超过允许值，功率的增长主要只能在加强冷却的情况下通过增加电枢长度来达到，因此汽轮发电机的 λ 一般随功率的增大而增大。从用铜量的观点来看，$\lambda=1.91$（2 极电机）或 3.82（4 极电机）是其最佳数值；大于上述数值时，不会降低损耗和提高效率；小于上述数值，则会引起损耗显著增加、效率显著降低。实际上，由于容量、电压、使用材料和冷却方式的不同，2 极电机的数值范围仍旧相当大（为 1～4）。

（3）直流电机　λ 越大，则电枢越长，换向器片间电压和换向元件的电抗电动势均将增大，使换向条件变差。过大的 λ 还会导致磁极铁心的截面形状变得狭长，使励磁绕组的利用率下降。一般来说，小型直流电动机的换向问题不大，本来 λ 可以取大些，但为了在电枢上获得足够的槽数，仍常采用较低的 λ 值。频繁启动和可逆转的轧钢电动机，通常要求转动惯量较小，以减少启动和运行过程中的能量损耗，缩短过渡过程的时间，提高生产率，因此需选用较大的 λ 值。大型电机与高速电机，换向比较困难，而且为了避免因直径太大而使电枢圆周速度过高、机械应力超过允许值，λ 也应取得大些。通常中小型直流电机的 $\lambda=0.6\sim1.2$（或 1.5），大型直流电机 $\lambda=1.25\sim2.5$。

实际设计时，λ 值的选择往往需要通过若干计算方案的全面比较分析，才能做出正确的判断。

2. 确定主要尺寸的一般方法

这里只介绍确定电机主要尺寸的一般方法，某些电机可能根据其自身特点而采用不同的步骤，甚至将主要尺寸关系式写成其他形式。

首先根据电机的额定功率，利用式（5-28）～式（5-33）得出计算功率 P'。然后根据 P' 与 n（交流电机为同步转速，直流电机为额定转速），结合所设计电机的特点，利用推荐的数据或曲线选取电磁负荷 A_S、B_δ，代入式（5-24）即可算得 $D^2 l_{ef}$。计算时，交流电枢若采用单层整距绕组，可预取 $K_{dp}=0.96$；若为双层短距绕组（线圈节距 $y=5\tau/6$ 时），则可预取 $K_{dp}=0.92$。

然后参考推荐的数据选用适当的 λ，即可由已算得的 $D^2 l_{ef}$，分别求得主要尺寸 D 与 l_{ef}。对于异步电机和同步电机，同时还要确定它们的定子外径 D_1（初步可参照定子内外径的经验比值先做估计）。为了充分利用硅钢片，减少冲模工艺装备的规格与数量，加强通用性和考虑系列电机功率等级递增的需要，我国目前规定了交流电机定子铁心的标准外径 D_1（见表 5-2）与直流电机的标准电枢外径 D_a（见表 5-3）。算得 D_1 或 D_a 后，需将其调整到标准直径，然后对定子内径 $D_{\delta1}$（或转子内径 $D_{\delta2}$）与铁心计算长度 l_{ef} 进行必要调整。

表 5-2　我国交流电机定子铁心外径 D_1

机座号	1	2	3	4	5	6	7	8	9	10	11
定子外径/mm	120	130 145	155 167 175	210	245	248 260 290	327	368	400 423 445	520 560	590

续表

机座号	12	13	14	15	16	17	18	19	20	21	22
定子外径/mm	650	740	850	900	1180	1430	1730	2150	2600	3250	4250

表 5-3 Z4 直流电机的电枢外径 D_a

机座号	1	2	3	4	5	6	7	8	9	10	11	12	13	14	15
电枢外径/mm	105	120	130	132	160	185	210	240	260	300	340	340	390	450	510

需要指出的是，表 5-2 和表 5-3 的标准直径是根据我国当前生产水平规定的，并非一成不变。事实上，在一些新系列电机中也采用其他直径。

思考题

1. 试述励磁系统构成及其励磁原理。
2. 什么是同步发电机的同步转速？同步转速和频率之间有什么关系？
3. 试述异步发电机的基本工作原理，异步发电机和同步发电机的基本差别是什么？
4. 什么是转差率？异步发电机的工作状态和转差率之间有什么关系？
5. 试对比不同类型电机及发电机的计算功率决定式的区别，并思考造成该种差异的原因。
6. 简述线负荷和气隙磁通密度的变化会对电机主要尺寸设计结果产生哪些影响。

参考文献

[1] 徐大平，刘亦兵，吕跃刚．风力发电原理 [M]．北京：机械工业出版社，2014.
[2] 姚兴佳，宋俊．风力发电机组原理与应用 [M]．北京：机械工业出版社，2013.
[3] Hunt L J. A new type of induction motor [J]．Journal of the Institution of Electrical Engineers，1907，39 (186)：648-667.
[4] 黄丛慧．大容量鼠笼转子异步发电机的研究 [D]．青岛：青岛大学，2014.
[5] 杨俊华．无刷双馈风力发电系统及其控制研究 [D]．广州：华南理工大学，2006.
[6] 张兆强．MW 级直驱永磁同步风力发电机设计 [D]．上海：上海交通大学，2007.
[7] 肖慧慧．兆瓦级永磁风力同步发电机的研究与设计 [D]．长沙：湖南大学，2007.
[8] 许大中，贺益康．电机控制 [M]．杭州：浙江大学出版社，2001.
[9] 赵朝会，秦海鸿，宁银行．电机设计及实例 [M]．北京：机械工业出版社，2020.
[10] 苏绍禹，高红霞．永磁发电机机理、设计及应用 [M]．北京：机械工业出版社，2012.
[11] 黄坚，郭中醒．实用电机设计计算手册 [M]．2 版．上海：上海科学技术出版社，2014.

第六章　风力发电机组的控制及安全保护

第一节　风力发电机组的结构及控制

不同于常规发电厂，风电机组的原动力——风，具有不稳定性和随机性。随着风电机组单机容量与风电场容量的不断增加，电力系统对风电并网运行的要求也在不断提高。控制技术是风电机组安全可靠运行以及实现最佳运行的保证，风电机组所有的监视和控制功能都通过控制系统来实现，它们通过各种连接到控制模块的传感器来实现监视、控制和保护。控制系统不仅要监视电网、风况和机组的运行参数，对机组进行并网与脱网控制，以确保运行的安全性与可靠性，还要根据风速与风向的变化，对机组进行转速和转向的实时控制，以提高机组的运行效率和发电量；现代风电机组的运行控制不但注意到风电场正常状态下的遥测、监控，而且开始转向风电机组与电网系统相互协调一体化的运行控制研究，如风电机组有功功率控制、无功功率控制、低电压穿越以及对称和不对称故障下的安全运行（故障穿越）问题等。风力发电机组的正常运行及安全性取决于先进的控制策略和优越的保护功能。

初期进入风力发电市场的是恒速恒频风力发电机组，最早大规模使用的是定桨距失速型风力发电机组。定桨距失速型风电机组的最大优点是控制系统结构简单、制造成本低、可靠性高。但失速型风电机组的风能利用系数低，叶片上有复杂的液压传动机构和扰流器，叶片质量大，制造工艺难度大，当风速跃升时，会产生很大的机械应力，需要比较大的安全系数。此类型机组主要实现了风力发电机组的并网和运行的安全与可靠性方面的调控，例如风电机组的软并网技术、气动力刹车技术、偏航与自动解缆技术等，这些都是并网运行风力发电机组进入商业化运行阶段需要解决的最基本的问题。所谓失速型风力发电机组就是当风速超过风力发电机组额定值时，为确保风力发电机组不会产生过载，通过气动力学的失速特性，使叶片失速，控制风力发电机组的功率输出。因此，只要在允许的风速范围内，定桨距风力发电机组的控制系统在运行过程中对因风速变化而引起的输出功率的变化不需要控制。这就使得定桨距风力发电机组的控制技术和相应的伺服传动技术比现代风电机组简单，但其控制思想为后续风电机组控制系统的发展奠定了重要基础。

后期出现的另一种变速恒频机组是变桨距失速型风电机组。该机组的运行是通过改变桨距角，使叶片剖面的攻角发生变化来改变叶片的气动性能，使机组在低风速时能够更充分地利用风能，具有较好的气动输出性能。在高风速时，该机组可通过改变桨距角降低叶片吸收的风能，达到调速限制的目的，使桨叶和整机的受力状况大为改善。

风力发电机组中的发电机一般采用异步发电机，对于定桨距失速型风力发电机组，一般采用双绕组双速笼型异步发电机。目前用于风力发电机组的发电机在输出功率大于30%额定功率范围内，均有高于90%的效率，但当输出功率小于25%额定功率时，效率仍然会急剧下降。然而在风电机组整个运行风速范围内，风速在不断变化，如果风力发电机的转速不能随风速调整，必然导致风轮在低风速时的效率降低。为了提高风电机组低风速运行时的效率，引入了双速笼型风力发电机组，即通过改变笼型异步发电机定子绕组的连接方式，将发电机设计成可变极对数（4 极和 6 极）的形式，分别适用于高风速和低风速的情况。

现代并网型风力发电机组已从图 6-1 所示的定桨失速型和变桨失速型风力发电机组发展为变速恒频风力发电机组。目前变速恒频风力发电机组的主流机型是双馈异步式风力发电机组（采用双馈式异步发电机）和永磁同步风力发电机组（采用永磁式同步发电机）。变速恒频风力发电机组在变桨距风力发电机组的基础上采用了转速可以大范围变化的双馈式异步发电机或永磁式同步发电机及相应的电力电子技术，通过对最佳叶尖速比的跟踪，使风力发电机组在所有的风速下均可获得最佳的功率输出。

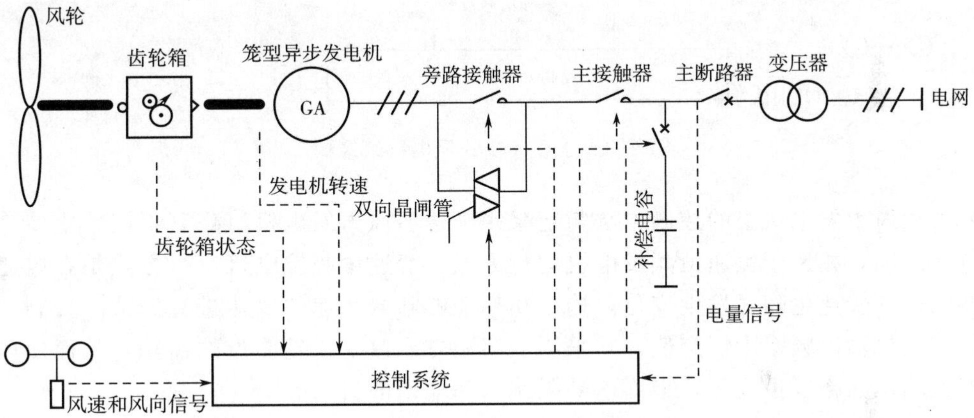

图 6-1　定桨距风力发电机组结构

如图 6-2 所示的双馈异步式变速恒频风力发电机组的发电机定子直接与电网相连，转子通过部分功率变流器与电网相连，变流器采用交流励磁变速恒频技术，控制发电机定子以恒压恒频向电网输电。

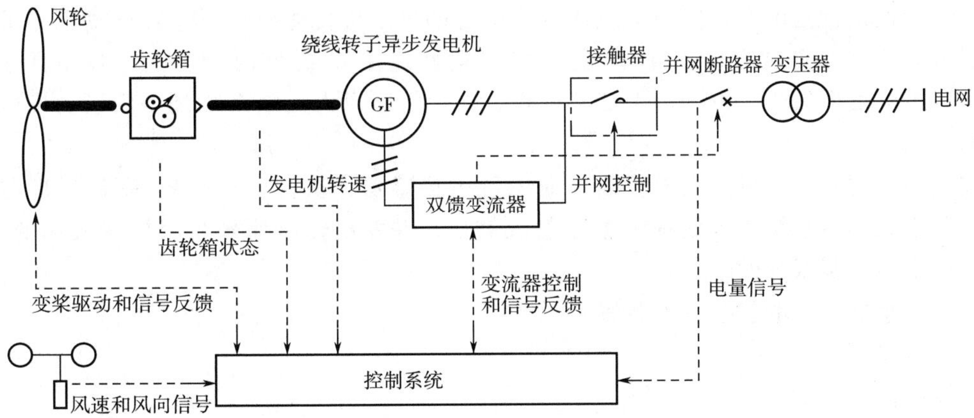

图 6-2　双馈异步式变速恒频风力发电机组结构

如图 6-3 所示为采用永磁同步发电机的风电机组，均由定子通过全功率变流器向电网输电，图中，风轮与发电机之间没有齿轮箱，称为直驱型风电机组。另一种半直驱风电机组兼有双馈式风电机组和直驱风电机组的优点，采用一级或两级增速齿轮箱，多极同步发电机。可见，变速恒频风电机组都可以由变流器实现无冲击并网和脱网。

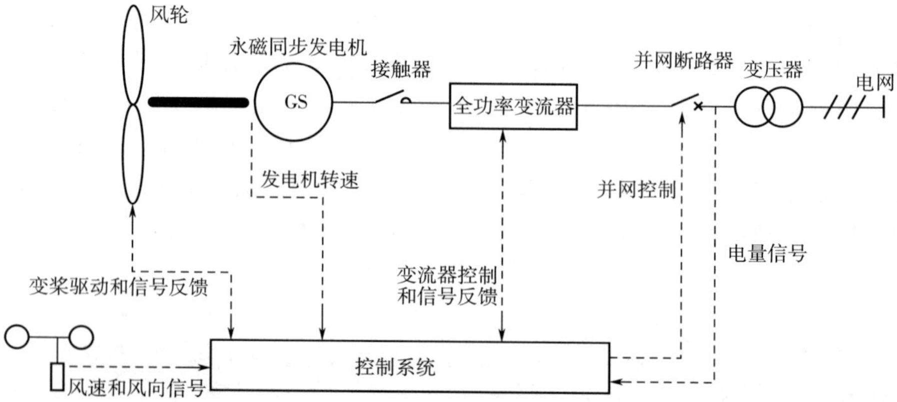

图 6-3 永磁同步式风电机组结构

变桨距风力发电机组的控制方法与定桨距失速型风力发电机组略有不同，主要是功率调节方式不同，相比于恒速恒频发电机运行方式，变速恒频发电机运行方式是在风速变化时，发电机的转速也随之发生变化，输出功率能够随着风速的变化进行调节，控制系统可以确保发电机输出频率为恒定值，它采用变桨距方式改变风轮能量的捕获，从而使风力发电机组的输出功率发生变化，最终达到限制功率输出的目的。

变速恒频风力发电技术最早出现于 20 世纪 70 年代，相比于恒速恒频风力发电，变速恒频风力发电的优点体现在：①风力机可以运行于最佳叶尖速比、可以工作在最大功率点附近，风力发电系统的效率较高，发电量比恒速恒频风力发电系统提高较多；②风速突变时，风力机的机械惯性元件可以用来储存多余的能量，从而减小风力机承受的机械应力和疲劳损耗，延长机组使用寿命；③励磁控制系统通常采用新型控制方法，使风力发电系统捕获最大风能，也可实现有功功率和无功功率的解耦控制，提高风力发电系统的动、静态性能；④转速运行范围宽，以适应风速变化引起的风力机转速变化；⑤转子励磁为可调的三相交流系统，可实现发电机和电网之间的“柔性连接”，并网时冲击电流较小且并网运行后一般不会发生失步。由于以上诸多优点，变速恒频风力发电系统是今后风力发电的主流方向。

在大多数情况下，风力发电机组控制系统由传感器、执行机构和软/硬件处理器系统组成，其中处理器系统负责处理传感器输入信号，并发出输出信号控制执行机构的动作。风力发电机组控制系统的组成：

(1) 传感器　一般包括以下装置：

①风速仪。

②风向标。

③转速传感器。

④电量采集传感器。

⑤桨距角位置传感器。

⑥各种限位开关。

⑦振动传感器。

⑧温度和油位指示器。

⑨液压系统压力传感器。

⑩操作开关、按钮等。

（2）执行机构　执行机构一般包括液压驱动装置或电动变桨距执行机构、发电机转矩控制器、发电机接触器、刹车装置和偏航电机等。

（3）软/硬件处理器系统　处理器系统通常由计算机或微型控制器和可靠性高的硬件安全链组成，以实现风机运行过程中的各种控制功能，同时必须满足当严重故障发生时，能够保障风电机组处于安全的状态。

第二节　风力发电机组的控制技术

一、风力发电机组的控制目标和功能

根据风力发电机组的特性，在低于额定风速时，需要对风力机进行变速运行控制，在运行中保持最佳叶尖速比以获得最大风能转换效率；在高于额定风速时，通过变桨距系统改变桨叶节距来限制风力机获取能量，保持功率输出稳定。风力发电机组的控制，除了对风力发电机组的能量输入和输出进行控制以外，还要通过控制技术降低风力发电机组的动态载荷。

风能是一种能量密度低、稳定性较差的能源，由于风速和风向的随机性，风力发电机组运行时产生一些特殊问题，如风力机叶片攻角不断变化，使叶尖速比偏离最佳值，对风力发电系统的发电效率产生影响；引起叶片的摆振与挥舞、塔架的弯曲与抖振等，影响系统运行的可靠性和使用寿命；发电机发出电能的电压和频率随风速而变，从而影响电能的质量和风力发电机组的并网等。这就对风力发电机机组的控制系统提出了很高的要求。

风力发电机组控制系统的目标主要有：

（1）保证系统的可靠运行；

（2）提高能量利用率；

（3）提升电能质量；

（4）延长机组寿命。

为了完成上述目标及要求，控制系统应具备以下具体功能：

（1）在运行的风速范围内，确保系统的稳定；

（2）根据风速信号自动进入启动状态或自动从电网切出；

（3）根据功率及风速大小自动进行转速和功率的控制。低风速时，能够跟踪最佳叶尖速比，获取最大风能；高风速时，能够限制风能的捕获，保持风力发电机组的输出功率为额定值；

（4）根据风向信号自动偏航对风；

（5）减小阵风引起的转矩波动峰值，减小风轮的机械应力和输出功率的波动，避免共振，减小功率传动链的暂态响应；

（6）发电机超速或转轴超速，能紧急停机；

（7）当电网发生故障，发电机脱网时，能确保机组安全停机；

（8）电缆扭曲到一定值后，能自动解缆；

（9）在机组运行过程中，能对电网、风况和机组的运行状况进行检测和记录，对出现的异常情况能够自行判断并采取相应的保护措施，并能够根据记录的数据，生成各种图表，以反映风力发电机组的各项性能；

（10）对在风电场中运行的风力发电机组还应具备远程通信的功能。

二、风力发电机组控制系统结构

风力发电机组的控制系统是一个综合性系统，尤其是对于并网运行的风力发电机组，控制系统不仅要监视电网、风况和机组运行数据，对机组进行并网与脱网控制，以确保运行过程的安全性和可靠性，还需要根据风速和风向的变化对机组进行优化控制，以提高机组的运行效率和发电质量。这正是风力发电机组控制中的关键技术。现代风力发电机组一般都采用微机控制。图 6-4 为风力发电机组控制系统的总体结构图。

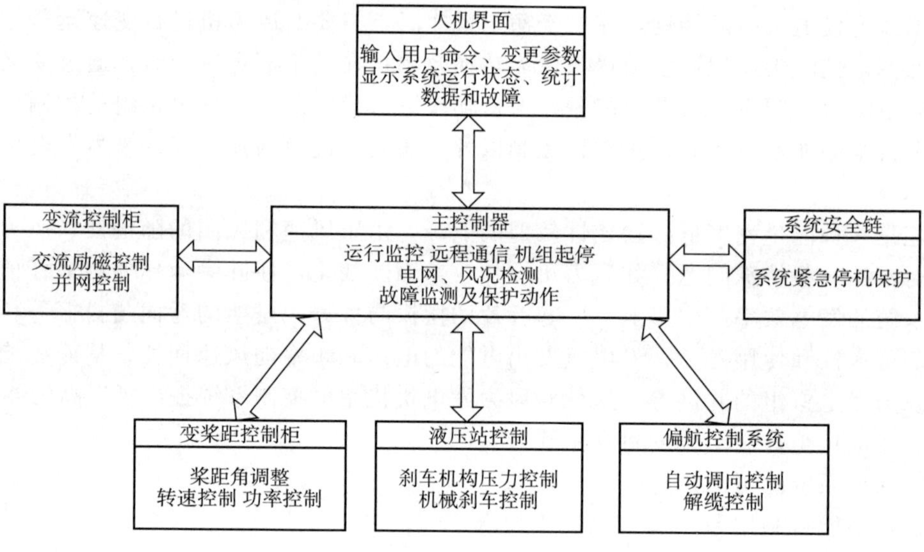

图 6-4　风力发电机组控制系统的总体结构

风力发电机组的微机控制属于离散控制，是将风向标、风速计、风轮转速，发电机的电压、频率、电流，电网的电压、电流、频率，发电机和增速齿轮箱等的温升，机舱和塔架等的振动，电缆过缠绕等传感器的信号经过模/数转换输送给微机，由微机根据设计程序发出各种控制指令。

风电控制系统的现场控制站包括：塔座主控制器机柜、机舱控制站机柜、变桨距控制系统、偏航控制系统、变流器控制系统、增速齿轮箱控制系统、发电机控制系统、液压控制系统、气象系统、现场触摸屏站、以太网交换机、现场总线通讯网络、UPS 电源等。

1. 塔座主控制器机柜

塔座主控制器机柜（即主控制器机柜）是风电机组设备控制的核心，主要包括控制器、I/O 模件等。控制器硬件采用 32 位处理器，系统软件采用强实时性的操作系统，运行机组的各类复杂主控逻辑通过现场总线与机舱控制器机柜、变桨距系统、变流器系统进行实时通讯，以使机组运行在最佳状态。

控制器的组态采用功能丰富、界面友好的组态软件，采用符合 IEC 61131—3 标准的组态方式，包括功能图（FBD）、指令表（LD）、顺序功能块（SFC）、梯形图、结构化文本等组态方式。

2. 机舱控制站机柜

机舱控制站机柜采集机组传感器测量的温度、压力、转速以及环境参数等信号，通过现场总线和机组主控制站通讯，主控制器通过机舱控制机架以实现机组的偏航、解缆等功能，此外还对机舱内各类辅助电机、油泵、风扇进行控制，以使机组工作在最佳状态。其中风力发电机组主控制器一般分置于机舱控制站机柜和塔座主控制器机柜中。

（1）主控制器　风力发电机组的主控制器是控制系统的核心。它一方面与各个功能块相联系，接收信息，并通过分析计算发出指令。另一方面与远程控制单元通信，沟通信息及传递指令。

主控制器可以选用 PLC 控制器。Mita 公司的 WP4000 系统是风力发电行业专用嵌入式控制器。控制模块通过光纤数据传输电缆和 RS485 串口分别与塔基变频器开关柜上的显示操作屏和变桨控制系统相连。主控柜中包含有高度集成的控制模块 WP4000（CPU 模块）、超速模块、转速模块、各种空气开关、电机启动保护开关、继电器、接触器等。

机舱控制柜和塔座控制柜为光纤通信，机舱控制柜与变桨距系统、UPS、WP4084（振动分析模块）为 RS-485 串行通信。塔座控制柜通信模块 WPL1l0 将光纤信号转为以太网信号；CAN 模块将以太网信号转为 CAN 信号，与变流器 CAN 通信；风电场与风力发电机组间的光纤通信通过以太网转光纤交换机实现风场的环网通信，远程监控为以太网通信。

（2）主控制器的功能

①采集机舱内振动开关、油位、压差、磨损、发电机 PTC 及接触器、中间继电器和传感器的反馈等开关量信号；采集并处理风轮转速、发电机转速、风速风向、温度、振动等脉冲、模拟量信号到 WPL351 模块。

②通过接收变桨系统温度反馈和顺桨反馈，发送信号使变桨距系统紧急顺桨和复位。通过变桨距系统 RS-485 通信，控制桨距角变化，实现最大风能捕获和功率控制。

（3）主控制器在塔座控制柜的功能

①控制器的处理模块（CPU 模块）位于塔座控制柜中，主要完成数据采集及 I/O 信号处理；逻辑功能判定；对外围执行机构发出控制指令；与机舱控制柜的光纤通信，接收机舱信号，返回控制信号；与中央监控系统通信，传递信息。

②对变流器、变桨距系统、液压系统、偏航系统、润滑系统、齿轮箱的状况及机组关键设备的温度及环境温度等进行监控；通过变流器和变桨距系统的耦合控制，与变流器通信，实现机组变速恒频运行、有功及无功调节、功率控制、高速轴紧急制动、偏航自动对风、自动解缆、发动机和主轴的自动润滑、主要部件的除湿加热和散热器的开停。

③实现对定子侧和转子侧的电压、电流测量，除了用于监控过电压、低电压、过电流、低电流、三相不平衡外，也用于统计发电量，以及并网前后的相序检测。

④通过和机舱控制柜相连的信号线实现系统安全关机、紧急关机、安全链复位等功能。

3. 变桨距控制系统

大型兆瓦级以上风电机组通常采用液压变桨系统或电动变桨系统。变桨距系统包括每个叶片上的电机、驱动器以及主控制 PLC 等部件，变桨系统由前端控制器对 3 个风力机叶片的桨距驱动装置进行控制，是风电控制系统中桨距调节控制单元，采用 CANOPEN 与主控制器进行通讯，以调节 3 个叶片的桨距工作在最佳状态。变桨系统有后备电源系统、安全链保护及后备顺桨控制接口。

变桨距控制系统主要功能如下：紧急刹车顺桨系统控制，在紧急情况下，实现风力机顺桨控制。通过 CAN 通讯接口和主控制器通讯，接受主控指令，变桨距控制系统调节桨叶的节距角至预定位置。

变桨距控制系统和主控制器的通讯内容包括：桨叶位置反馈；桨叶节距给定指令、桨距系统综合故障状态、叶片在顺桨状态、顺桨命令。

4. 偏航控制系统

偏航控制系统的主要任务是根据当前的机舱角度和测量的低频平均风向信号值，以及机组当前的运行状态、负荷信号，调节 CW（顺时针）和 CCW（逆时针）电机，实现自动对风、自动解缆控制。

自动对风：当机组处于运行状态或待机状态时，根据机舱角度和测量风向的偏差值调节 CW、CCW 电机，实现自动对风（以设定的偏航转速进行偏航，同时需要对偏航电机的运行状态进行检测）。

自动解缆控制：当机组处于暂停状态时，如机舱向某个方向扭转大于 720°时，启动自动解缆程序，或者机组在运行状态时，如果扭转大于 1024°时，实现解缆程序。

5. 变流器控制系统

大型风力发电机组目前普遍采用大功率的变流器以实现发电能源的变换，变流器系统通过现场总线与主控制器进行通讯，实现并网/脱网控制，转速、有功功率和无功功率的调节。

并网和脱网控制：变流器系统根据主控的指令，通过对发电机转子励磁，将发电机定子输出电能控制至同频、同相、同幅，再驱动定子出口接触器合闸，实现并网；当机组的发电功率小于某值持续几秒后或风力机（或电网）出现运行故障时，变流器驱动发电机定子出口接触器分闸，实现机组的脱网。

发电机转速调节：机组并网后在额定风速以下运行时，通过控制发电机转速实现机组在最佳叶尖速比（λ）处运行。

有功功率调节：当机组进入恒定功率区后，通过和变频器的通讯指令，维持机组输出恒定的功率。

无功功率调节：通过和变频器的通讯指令，实现无功功率控制或功率因数的调节。

6. 增速齿轮箱控制系统

齿轮箱系统用于将风轮转速增速至双馈发电机的正常转速运行范围内，需监视和控制齿轮油泵、齿轮油冷却器、加热器、润滑油泵等。

当齿轮油压力低于设定值时，启动齿轮油泵；当压力高于设定值时，停止齿轮油泵。当压力越限后，发出警报，并执行停机程序。

齿轮油冷却器/加热器控制齿轮油温度：当温度低于设定值时，启动加热器，当温度高于设定值时，停止加热器；当温度高于某设定值时，启动齿轮油冷却器；当温度降低到设定值时，停止齿轮油冷却器。

润滑油泵控制：当润滑油压低于设定值时，启动润滑油泵；当油压高于某设定值时，停止润滑油泵。

7. 发电机控制系统

监控发电机运行参数，通过 3 台冷却风扇和 4 台电加热器，控制发电机线圈温度、轴承温度、滑环室温度在适当的范围内。相关逻辑如下：当发电机温度升高至某设定值后，启动冷却风扇，当温度降低到某设定值时，停止风扇运行；当发电机温度过高或过低并超限后，发出报警信号，并执行安全停机程序。当温度低至某设定值后，启动电加热器，温度升高至某设定值后时，停止加热器运行：同时电加热器也用于控制发电机的温度端差在合理的范围内。

8. 液压控制系统

机组的液压控制系统用于偏航系统刹车、机械刹车盘驱动。机组正常时，需维持额定压力区间运行。液压泵控制液压系统压力，当压力下降至设定值后，启动油泵运行；当压力升高至某设定值后，停泵。

9. 气象系统

气象系统为智能气象测量仪器，通过 RS485 口和控制器进行通讯，将机舱外的气象参数采集至控制系统。根据环境温度控制气象测量系统的加热器以防止结冰。

10. 现场触摸屏站

现场触摸屏站是机组监控的就地操作站，实现风电机组的就地参数设置、设备调试、维护等功能，是机组控制系统的现场上位机操作员站。

11. 以太网交换机（HUB）

系统采用工业级以太网交换机，以实现单台机组的控制器、现场触摸屏和远端控制中心网络的连接。现场机柜内采用普通双绞线连接，和远程控制室上位机采用光缆连接。

12. 现场总线通讯网络

主控制器具有 CANOPEN、PROFIBUS、MODBUS、以太网等多种类型的现场总线接口，可根据项目的实际需求进行配置。

13. UPS 电源

UPS 电源（不间断电源）用于保证系统在外部电源断电的情况下，机组控制系统、危急保护系统以及相关执行单元的供电。

三、风力发电机组的运行控制过程

（一）风力发电机组工作运行过程

风力发电机组运行过程可分为：待机状态、自启动、风力发电机组并网过程、欠功率运行状态、额定功率运行状态、正常停机状态和紧急停机状态。其具体运行过程如下。

1. 待机状态

当风速大于 3m/s，但不足以将风力发电机组拖动到切入的转速，或者风力发电机组从小功率（逆功率）状态切出，没有重新并入电网，这时的风电机组处于待机状态。待机状态除了发电机没有并入电网，机组实际上处于工作状态，所有的执行机构和信号均处于实时监测状态。这时控制系统已做好切入电网的一切准备：

（1）控制叶尖扰流器的电磁阀打开，压力油进入液压缸，叶尖扰流器被收回，与叶片主体合为一体。控制器收到叶尖扰流器已回收的反馈信号后，压力油的另一路进入机械盘式制动器液压缸，松开机械制动器，制动状态解除。

（2）控制器允许风轮对风时，通过风向标信号实时监测风向变化，通过传感器测定风轮偏角。当风力机向左或右偏离风向确定时，需延迟 10s 后才执行向左或右偏航，以避免在风向扰动情况下的频繁启动。偏航制动松开 1s 后，偏航电动机根据指令执行左右偏航。偏航停止时，偏航制动卡紧，使风轮始终处于迎风状态。对于变桨距机组，机组叶片处于顺桨位置。

（3）液压系统的压力保持在设定值上，液压油位和齿轮润滑油位正常。

（4）发电机温度、增速器润滑油温度在设定范围以内。

（5）扭缆开关复位、维护开关在运行位置。

（6）非正常停机后显示的所有故障信息均已解除。

（7）控制系统电源正常。

（8）风况、电网和机组的所有状态参数均在控制系统检测之中，一旦风速增大，转速升高，发电机即可并入电网。

2. 自启动

风力发电机组的自启动是指风轮在自然风速的作用下，不依靠其他外力的协助，将发电机拖动到额定转速，为并入电网做好准备。早期的定桨距风力发电机组不具有自启动功能，风轮的启动是在发电机的协助下完成的，这时的发电机只作为电动机运行，通常称为“电动机启动”。现在，有一些定桨距风力发电机组的风轮具有良好的自启动性能。一般在风速大于 4m/s 的条件下，即可自启动到发电机的额定转速。自启动的条件如下：

正常启动前 10min，风力发电机组控制系统对电网、风况和机组的状态进行检测。

（1）电网检测　连续 10min 内电网没有出现过电压、低电压；电网电压 0.1s 内跌落值均小于设定值；电网频率在设定值之内；没有出现三相不平衡等现象。

（2）风况检测　连续 10min 风速在风力发电机组运行风速的范围内（$3m/s < v < 25m/s$），且控制器、执行机构和检测信号均正常。

（3）机组检测　机组叶片桨距角由 90°向 0°方向转至合适角度，风轮获得气动转矩使机组转速开始增加，上述条件满足时，按控制程序机组开始执行“风轮对风”与“制动解除”指令，机组启动。

3. 风力发电机组并网过程

并网是指控制机组转速达到额定转速，通过合闸开关将发电机接入电网的过程。当平均风速高于 3m/s 时，风轮开始逐渐启动；风速继续升高，当平均风速大于 4m/s 时，机组可自启动直到某一设定转速，此时发电机将按控制程序被自动地连入电网。一般总是小发电机先并网，当风速继续升高到7～8m/s，将切换到大发电机运行。如果平均风速处于8～20m/s，则直接使大发电机并网。对于不同的发电机其并网过程也不相同。

对于普通异步发电机的并网过程，是通过三相主电路上的三相晶闸管完成的。当发电机过渡到稳定的发电状态后，与晶闸管电路平行的旁路接触器合上，机组完成并网过程，进入稳定运行状态。为了避免产生火花，旁路接触器的开与关，都是在晶闸管关断前进行的。

对于双馈发电机，其并网过程是通过控制变流器来控制转子交流励磁完成的。对于直驱发电机，并网过程是通过控制全功率变流器来完成的。并网前首先启动网侧变流器调制单元给直流母线预充电，接着启动电机侧变流器调制单元检测机组转速，同时追踪电网电压、电流波形与相位。当电机达到一定转速时，通过全功率变流器控制的功率模块和变流器网侧电压之间的相位差为零或相等（过零点）时实现并网发电。

4. 欠功率运行状态

发电机并入电网后，由于风速低于额定风速，发电机在额定功率以下的低功率状态下运行。早期欠功率不加以控制，此时等同于定桨距风力机组，其功率输出取决于桨叶的气动性能。同时，通过调节机组的转速追踪最佳叶尖速比，达到最大风能捕获的目的。

5. 额定功率运行状态

当风速达到或超过额定风速后，风力发电机组进入额定功率状态。在传统的变桨距控制方式中，这时将转速控制切换到功率控制，变桨距系统开始根据发电机的功率信号进行控制，控制信号的给定值即是恒定额定功率。功率反馈信号与给定值进行比较，当功率超过额定功率时，桨距就向迎风面积减小的方向转动一个角度，反之就向迎风面积增加的方向转动一个角度。

6. 停机状态

停机一般要分为正常停机与非正常紧急停机。对于一般性设备及电网故障，当故障出现时将进行正常保护停机。需要停机时先将叶片顺桨，降低风力机输入功率；再将发电机脱离电网，降低机组转速；最后投入机械制动。当出现发电机超速严重故障时，将进行紧急停机。紧急停机时执行快速顺桨，并在发电机脱网的同时投入机械制动，因此，紧急停机对机组的冲击是比较大的。正常停机是在控制系统指令作用下完成的，当故障解除时机组能够自动恢复启动；紧急停机一般伴随安全链动作，重新启动需要工作人员参与。

（二）风力发电机组的启动

风力发电机组的启动功能包括自启动功能、本地启动功能和远程启动功能。

1. 自启动

风力发电机组在系统上电后，首先进行10min的系统自检，并对电网进行检测，系统无故障后，安全链复位。然后启动液压泵，液压系统建压，在液压系统压力正常且风电机组无故障的情况下，执行正常的启动程序。

2. 本地启动

即塔基面板启动。本地启动具有优先权。在进行本地启动时，应屏蔽远程启动功能。当机舱的维护按钮处在维护位置时，则不能响应该启动命令。

3. 远程启动

远程启动是通过远程监控系统对单机中心控制器发出启动命令，在控制器收到远程启动命令后，首先判断系统是否处于并网运行状态或者正在启动状态，且是否允许风力发电机组启动。若不允许启动，将对该命令不响应，同时清除该命令标志；若电控系统有顶部或底部的维护状态命令时，同样清除命令，并对其不响应；当风力发电机组处于待机状态并且无故障时，才能在收到远程开机命令后，执行与面板开机相同的启动程序。在启动完成后，清除远程启动标志。

（三）风力发电机组运行过程中的控制

1. 开机并网控制

风力发电机的并网控制直接影响到风力发电机能否向输电网输送电能以及机组是否受到并网时冲击电流的影响。并网控制装置有软并网、降压运行和整流逆变三种方式。

（1）软并网装置　异步发电机直接并网时，其冲击电流达到额定电流的 6～8 倍时，为了减少直接并网时产生的冲击电流及接触器的投切频率，在风速持续低于启动风速一段时间后，风力发电机才与电网解列，在此期间风力发电机处于电动机运行状态，从电网吸收有功功率。

（2）降压运行装置　软并网装置只在风力发电机启动时运行，而降压运行装置始终运行，控制方法也比较复杂。该装置在风速低于风力发电机的启动风速时将风力发电机与电网切断，避免了风力发电机的电动机运行状态。

（3）整流逆变装置　整流逆变是一种较好的并网方式，它可以对无功功率进行控制，有利于电力系统的安全稳定运行，缺点是造价高。随着风电场规模的不断扩大和大功率电力电子设备价格的降低，这种并网装置可能会得到广泛的应用。

2. 小风和逆功率脱网停机

小风和逆功率停机是将风力发电机组停在待风状态。当 10min 平均风速小于小风脱网风速或发电机输出功率负到一定值后，风力发电机组不允许长期在电网运行，必须脱网，处于自由状态，风力发电机组靠自身的摩擦阻力缓慢停机，进入待风状态。当风速再次上升，风力发电机组又可自动旋转起来，达到并网转速，风力发电机组又投入并网运行。

3. 普通故障脱网停机

机组运行时发生参数越限、状态异常等普通故障后，风力发电机组进入普通停机程序，机组投入气动刹车，软脱网，待低速轴转速低于一定值后，再抱机械闸。如果是由于内部因素产生的可恢复故障，计算机可自行处理，无需维护人员到现场，即可恢复正常开机。

4. 紧急故障脱网停机

当系统发生紧急故障如风力发电机组发生飞车、超速、振动及负载丢失等故障时，风力发电机组进入紧急停机程序，机组投入气动刹车的同时执行 90°偏航控制，机舱旋转偏离主风向，转速达到一定限制后脱网，低速轴转速小于一定转速后，抱机械闸。

5. 安全链动作停机

安全链动作停机指电控制系统软保护控制失败时，为安全起见所采取的硬性停机，叶尖气动刹车、机械刹车和脱网同时动作，风力发电机组在几秒内停下来。

6. 大风脱网控制

当风速 10min 平均值大于 25m/s 时，风力发电机组可能出现超速和过载，为了机组的安全，这时风力发电机组必须进行大风脱网停机。风力发电机组先投入气动刹车，同时偏航 90°，等功率下降后脱网，20s 后或者低速轴转速小于一定值时，抱机械闸，风力发电机组完全停止。当风速回到工作风速区后，风力发电机组开始恢复自动对风，待转速上升后，风力发电机组又重新开始自动并网运行。

7. 对风控制

风力发电机组在工作风速区时，应根据机舱的控制灵敏度，确定每次偏航的调整角度。用两种方法判定机舱与风向的偏离角度，根据偏离的程度和风向传感器的灵敏度，时刻调整机舱偏左和偏右的角度。

8. 偏转 90°对风控制

风力发电机组在大风速或超转速工作时，为了风力发电机组的安全停机，必须降低风力发电机组的功率，释放风轮的能量。当 10min 平均风速大于 25m/s 或风力发电机组转速大于转速超速上限时，风力发电机组做偏转 90°控制，同时投入气动刹车，脱网，转速降下来后，抱机械闸停机。在大风期间实行 90°跟风控制，以保证机组大风期间的安全。

9. 功率调节

当风力发电机组在额定风速以上并网运行时，对于失速型风力发电机组，由于叶片的失速特性，发电机的功率不会超过额定功率的 15%。一旦发生过载，必须脱网停机。对于变桨距风力发电机组，必须进行变距调节，减小风轮的捕风能力，以便达到调节功率的目的。通常桨距角的调节范围在－2°～86°。

10. 软切入控制

风力发电机组在进入电网运行时，必须进行软切入控制；当机组脱离电网运行时，也必须软脱网控制。利用软并网装置可完成软切入/出的控制。通常软并网装置主要由大功率晶闸管和有关控制驱动电路组成。控制目的就是通过不断监测机组的三相电流和发电机的运行状态，限制软切入装置通过控制主回路晶闸管的导通角，以控制发电机的端电压，达到限制启动电流的目的。在电机转速接近同步转速时，旁路接触器动作，将主回路晶闸管断开，软切入过程结束，软并网成功。通常限制软切入电流为额定电流的 1.5 倍。

第三节　发电机的控制

一、并网风力发电系统中的发电机及控制

在风力发电系统中，发电机是将风能转化为电能的关键装置。在并网发电的风电系统中，要求发电机的输出频率与电网的频率保持一致。随着风力发电系统控制技术的成熟和电力电子技术的发展，风力发电机组从定桨恒速运行发展到变速恒频运行方式，能够更加理想地向电网提供电能，这就需要不同类型的风力发电机与励磁变换器的配合来完成。如果按照转子速度划分，风力发电机可分为恒速、有限变速和变速三类。变速风力发电机按励磁变换器的功率划分又可分为全功率和非全功率变换器系统。由于脉宽调制（pulse width modulation，PWM）技术在整流、逆变电路中的应用非常广泛，现在风电机组中所

采用的，绝大部分都是PWM型整流、逆变电路，通常称为双PWM变流器。另外，从系统的传动部件考虑，风力发电机组又可以分为齿轮箱传动和直驱型两类。

风力发电系统常用的发电机有以下几种：

（1）笼型感应发电机；

（2）绕线转子异步发电机；

（3）双馈发电机；

（4）永磁同步发电机。

二、笼型异步变速恒频风力发电系统

1. 笼型感应风力发电系统结构

笼型异步变速恒频风力发电系统采用的发电机为鼠笼式转子，其变速恒频控制策略是通过定子电路实现的。采用全功率双PWM变换器并网运行的笼型感应风力发电系统的结构如图6-5所示。该系统通常需要多级增速齿轮箱，发电机的定子绕组通过双PWM变换器与电网相连，可见其变速恒频运行的控制策略均在定子电路中实现。由于风速是不断变化的，导致风力机以及发电机的转速也是变化的，所以，实际上笼型风力发电机发出电的频率是变化的，即为变频的，通过定子绕组与电网之间的双PWM变换器把频率变化的电能转化为与电网频率相同的恒频电能，实现并网运行。双PWM变换器的结构如图6-13（2）所示。双PWM变换器的主要功能为：与发电机定子侧连接的变换器，一般称为机侧变换器，主要实现整流功能，发电机发出的电通过该环节实现由交流到直流的转换；与电网侧连接的一般称为网侧变换器，其主要功能是将直流电转换为交流电。

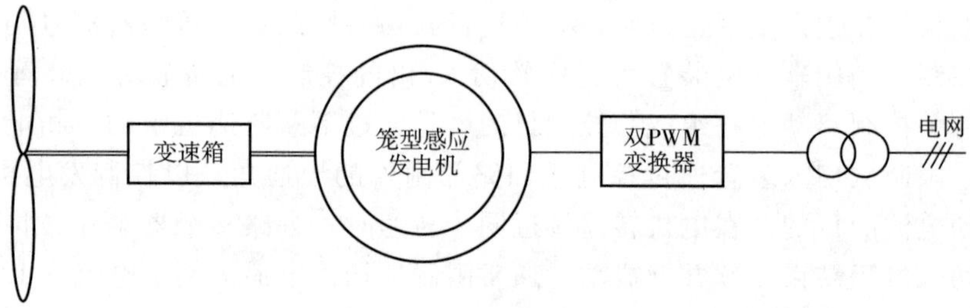

图6-5 双PWM变换器并网运行的笼型感应风力发电系统结构图

由图6-5可见，变频器在定子侧，所以变频器的容量需要与发电机的容量相同，使得整个系统的成本、体积和重量显著增加，尤其对于大容量的风力发电系统。另外，采用异步发电机的另一个缺点是需要从电网吸收滞后的无功励磁功率，导致电网功率因数降低，因此要附加额外的无功补偿装置，同时电压和功率因数控制也比较难。

2. 笼型感应电机的矢量控制

为了实现交流电机的高性能控制，1971年德国的F. Blaschke提出了矢量控制理论。矢量控制的基本思想是：感应发电机在三相坐标系下的数学模型变换到同步旋转坐标系下，得到和直流电机相似的控制量，将交流电机等效为直流电机进行控制，然后经过坐标逆变换，变换回交流电机相应的控制量，得到和控制直流电机一样好的效果。

异步电机的数学模型是一个高阶、非线性、强耦合的多变量系统，为了简化模型，做如下假设：

（1）忽略空间谐波，三相绕组对称，产生的磁动势沿气隙按正弦规律分布；

（2）假定励磁电感保持恒定，忽略磁通饱和效应；

（3）忽略铁心损耗；

（4）忽略绕组电阻随温度的变化。

则笼型感应发电机数学模型由以下的电压、磁链和转矩方程组成。三相静止坐标系下的数学模型为：

电压方程：

$$\begin{bmatrix} u_A \\ u_B \\ u_C \\ u_a \\ u_b \\ u_c \end{bmatrix} = \begin{bmatrix} R_s & 0 & 0 & 0 & 0 & 0 \\ 0 & R_s & 0 & 0 & 0 & 0 \\ 0 & 0 & R_s & 0 & 0 & 0 \\ 0 & 0 & 0 & R_r & 0 & 0 \\ 0 & 0 & 0 & 0 & R_r & 0 \\ 0 & 0 & 0 & 0 & 0 & R_r \end{bmatrix} \begin{bmatrix} i_A \\ i_B \\ i_C \\ i_a \\ i_b \\ i_c \end{bmatrix} + \frac{\mathrm{d}}{\mathrm{d}t} \begin{bmatrix} \psi_A \\ \psi_B \\ \psi_C \\ \psi_a \\ \psi_b \\ \psi_c \end{bmatrix} \tag{6-1}$$

式中 u_A、u_B、u_C、u_a、u_b、u_c——定子和转子相电压

i_A、i_B、i_C、i_a、i_b、i_c——定子和转子相电流

ψ_A、ψ_B、ψ_C、ψ_a、ψ_b、ψ_c——各相绕组的全磁链

R_s、R_r——定子和转子绕组电阻

由于笼型感应发电机转子绕组短接，所以 $u_a = u_b = u_c = 0$。

磁链方程为：

$$\begin{bmatrix} \psi_s \\ \psi_r \end{bmatrix} = \begin{bmatrix} L_{ss} & L_{sr} \\ L_{rs} & L_{rr} \end{bmatrix} \begin{bmatrix} i_s \\ i_r \end{bmatrix} \tag{6-2}$$

式中，$\psi_s = [\psi_A \psi_B \psi_C]^T$；$\psi_r = [\psi_a \psi_b \psi_c]^T$；$i_r = [i_a i_b i_c]^T$；$i_s = [i_A i_B i_C]^T$；

$$L_{ss} = \begin{bmatrix} L_{m1} + L_{l1} & -L_{m1}/2 & -L_{m1}/2 \\ -L_{m1}/2 & L_{m1} + L_{l1} & -L_{m1}/2 \\ -L_{m1}/2 & -L_{m1}/2 & L_{m1} + L_{l1} \end{bmatrix}；L_{rr} = \begin{bmatrix} L_{m2} + L_{l2} & -L_{m2}/2 & -L_{m2}/2 \\ -L_{m2}/2 & L_{m2} + L_{l2} & -L_{m2}/2 \\ -L_{m2}/2 & -L_{m2}/2 & L_{m2} + L_{l2} \end{bmatrix}；$$

$$L_{rs} = L_{sr}^T = L_{m1} \begin{bmatrix} \cos\theta & \cos(\theta - 120°) & \cos(\theta + 120°) \\ \cos(\theta + 120°) & \cos\theta & \cos(\theta - 120°) \\ \cos(\theta - 120°) & \cos(\theta + 120°) & \cos\theta \end{bmatrix}。$$

式中 L_{m1}——与定子绕组交链的最大互感磁通对应电感

L_{m2}——与转子绕组交链的最大互感磁通对应电感

L_{l1}——定子漏感

L_{l2}——转子漏感

θ——转子位置角

转矩方程为：

$$T_e = \frac{1}{2} n_p \left[i_s^T \frac{\partial L_{rs}}{\partial \theta} i_s + i_r^T \frac{\partial L_{sr}}{\partial \theta} i_r \right] \tag{6-3}$$

式中 T_e——电磁转矩

n_p——极对数

可以看出，发电机在三相静止坐标系下的数学模型相当复杂，为易于求解和分析，通常通过坐标变换使之简化。笼型感应发电机在 dq 旋转坐标系下的数学模型如式（6-4）～式（6-6）所示。

电压方程：

$$\begin{bmatrix} u_{ds} \\ u_{qs} \\ 0 \\ 0 \end{bmatrix} = \begin{bmatrix} R_s + L_s p & -\omega_1 L_s & L_m p & -\omega_1 L_m \\ \omega_1 L_s & R_s + L_s p & \omega_1 L_m & L_m p \\ L_m p & 0 & R_r + L_r p & 0 \\ \omega_s L_m & 0 & \omega_s L_r & R_r \end{bmatrix} \begin{bmatrix} i_{ds} \\ i_{qs} \\ i_{dr} \\ i_{qr} \end{bmatrix} \tag{6-4}$$

式中 u_{ds}——定子电压的 d 轴分量

u_{qs}——定子电压的 q 轴分量

L_m——定转子互感

L_s——定子自感

L_r——转子自感

ω_s——转差

ω_1——同步角速度

i_{ds}——定子电流的 d 轴分量

i_{qs}——定子电流的 q 轴分量

i_{dr}——转子电流的 d 轴分量

i_{qr}——转子电流的 q 轴分量

p——极对数

磁链方程为：

$$\psi_2 = \frac{L_m}{(L_r/R_r)p + 1} i_{ds} \tag{6-5}$$

转矩方程为：

$$T_e = n_p \frac{L_m}{L_r} i_{qs} \psi_2 \tag{6-6}$$

可见，笼型感应电机在旋转坐标系下的数学模型多了一个输入量 ω_1，提高了系统控制的自由度；常用的磁场定向矢量控制策略就是通过选择 ω_1 来实现的。

三、绕线转子异步发电机及控制

有限变速的全桨变距风力发电机组采用的发电机为绕线转子异步发电机，图 6-6 为异步电机等效电路，当图中 I_s 为输出方向时，电机运行于发电模式。由电机学可知，发电机的电磁转矩为：

$$\begin{cases} T_e = \dfrac{pm}{2\pi f_1} \dfrac{U_s^2 \dfrac{R_r}{s}}{\left(R_s + \sigma \dfrac{R_r}{s}\right)^2 + (X_s + \sigma X_r)^2} \\ \sigma = 1 + \dfrac{Z_s}{Z_m} \approx 1 + \dfrac{X_s}{X_m} \end{cases} \tag{6-7}$$

式中 m——相数

p——极对数

f_1——电网频率

s——转差率

Z_s——定子的漏阻抗

Z_m——激磁阻抗

X_s——定子每相的漏抗

X_m——激磁电抗

R_s——定子每相的电阻

R_r——转子每相的电阻

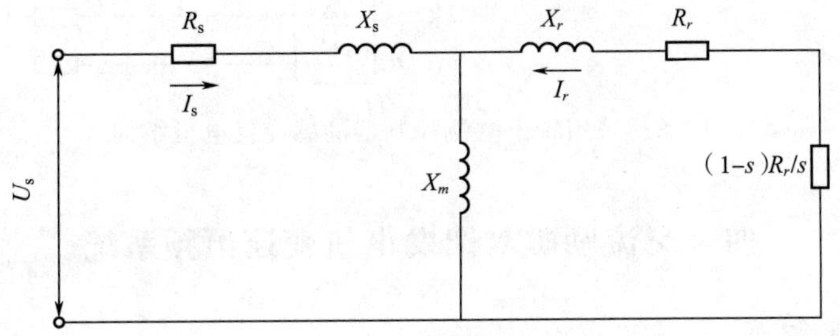

图 6-6　异步电机等效电路

为了优化输出功率，最新设计的变桨距风力发电机组都采用了转子电流控制技术，这样能够在一定范围内改变风轮转速，主要用于吸收由于瞬变风速引起的功率波动。转子电流控制与变桨距控制分别作用于风速中的高频和低频分量，可以使输出功率达到稳定状态，同时避免频繁变桨。

发电机转子电流控制系统如图 6-7 所示。转子电流控制器由快速数字 PI 控制器和一个等效变阻器构成。它根据给定电流值，通过集电环/电刷结构在外部以电力电子器件调节转子电阻，控制发电机转子电流，改变发电机转差率。在额定功率时，发电机转差率调节范围为 1%～10%（4 极发电机转速 1515～1650r/min），对应的转子平均电阻从 0～100% 变化。由公式（6-7）可知，只要维持 R_r/s 的数值不变，就能维持电磁转矩保持不变，从而保持发电机输出功率不变。因此，当风速增大，风轮及发电机转速上升，发电机转差率增大，只要改变转子电阻 R_r，使 R_r/s 保持不变就能维持发电机输出功率保持不变，从而实现了风速在额定风速以上变化时，发电机输出功率保持不变的目的。

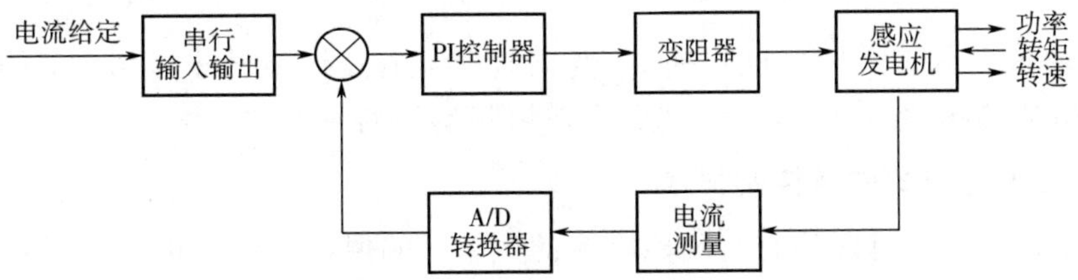

图 6-7　转子电流控制系统

转子电流控制器技术必须使用在绕线转子感应发电机上，用于控制发电机转子的电流，使感应发电机成为可变转差率发电机。采用转子电流控制器的感应发电机结构如图 6-8 所示。

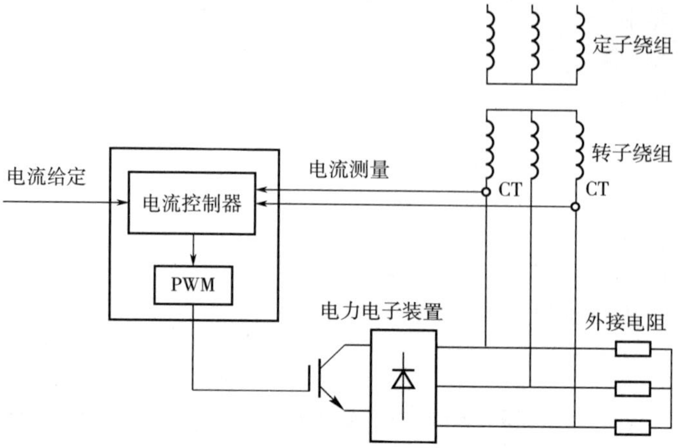

图 6-8 采用转子电流控制器的感应发电机结构

四、交流励磁双馈发电机变速恒频系统

（一）变速恒频技术

变速恒频风力发电机组目前广泛采用的是交流励磁变速恒频技术，机组采用双馈异步发电机，发电机的定子直接连接到电网，而转子通过一个功率变换器与电网相连，转子绕组的励磁电流频率、幅值、相位都是可调的，变换器通过控制转子侧电流来控制发电机运行。双馈发电机与常见的异步机类似，但是其转子是绕线式结构，可以单独进行励磁，通过励磁变换器，转子侧也可以同定子侧一样具有向电网馈电的能力，“双馈”的含义因此而得。双馈发电机的转速可以在同步转速的±30%之间变化，调速范围较宽，能够显著地提高机组在额定风速以下的风能利用率。由于双馈发电机转子侧变流器是部分功率变流器，它的容量为系统的转差功率，占发电机容量的30%左右，降低了系统的成本。

变速恒频的原理可用图 6-9 来说明，f_1、f_2 分别为双馈发电机定、转子电流的频率，n_1 为定子磁场的转速，即同步转速，n_2 为转子磁场相对于转子的转速，n_r 为转子的转速。双馈发电机在一般状态下是异步运行的，异步发电机中定、转子电流产生的旋转磁场始终是相对静止的，则有 $n_1=n_2+n_r$。

因 $f_1=n_1p/60$，$f_2=n_2p/60$，故有：

$$f_1=\frac{n_rp}{60}+f_2 \tag{6-8}$$

由式（6-8）可知，当发电机转速 n_r 变化时，可通过调节转子励磁电流频率 f_2 来维持定子输出电能的频率 f_1 恒定，这就是变速恒频运行的原理。

（二）双馈发电机的矢量控制技术

双馈发电机的励磁可调量有：励磁电流的频率、幅值和相位。可以通过接在转子侧的变流器来调节励磁电流的频率，保证在变速运行情况下定子侧电压频率恒定。也可以通过改变励磁电流的幅值和相位，调节输出的有功功率和无功功率。当转子电流相位改变时，由转子电流产生的转子旋转磁场位置就有了一个空间位移，这就使得双馈发电机定子感应电动势矢量相对于电网电压矢量的位置也发生了变化，即功率角发生了改变，使有功功率

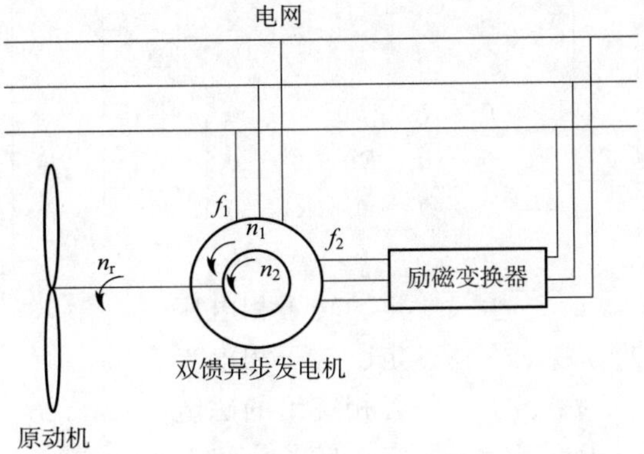

图 6-9　双馈发电机变速恒频运行原理

和无功功率可以调节。利用矢量变换控制技术，综合改变双馈发电机转子励磁电流的相位和幅值，可以实现双馈发电机输出有功功率和无功功率的解耦控制。双馈发电机的数学模型包括三相坐标系下的数学模型和同步旋转坐标系下的数学模型。

1. 三相坐标系下的数学模型

在建立双馈电机模型时，为便于分析，适当简化模型，假设三相定转子绕组空间分布对称，气隙磁场在空间为正弦分布，不考虑磁饱和，忽略磁滞和涡流损耗，不考虑温度和频率变化对电机参数的影响。

将双馈异步电机三相转子绕组折算到定子侧，折算后的定子和转子绕组匝数都相等。这样，电机绕组就等效成图 6-10 所示的三相异步电动机的物理模型。

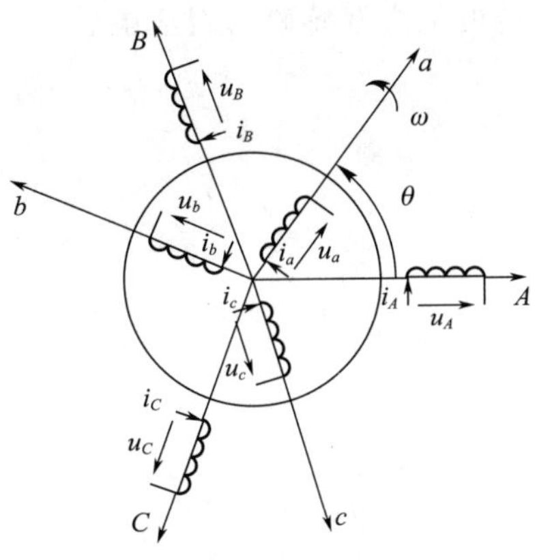

图 6-10　三相异步电动机的物理模型

定子三相绕组轴线 A、B、C 在空间是固定的，以 A 轴为参考坐标轴，转子绕组轴线 a、b、c 随转子旋转，转子 a 轴和定子 A 轴间的电角度 θ 为空间角位移变量。分析双馈电机的数学模型时，定子侧采用发电机惯例，定子电流流出为正。转子侧采用电动机惯例，转子电流流入为正。在三相静止坐标系下有：

电压方程：

$$\begin{bmatrix} u_A \\ u_B \\ u_C \\ u_a \\ u_b \\ u_c \end{bmatrix} = \begin{bmatrix} R_s & 0 & 0 & 0 & 0 & 0 \\ 0 & R_s & 0 & 0 & 0 & 0 \\ 0 & 0 & R_s & 0 & 0 & 0 \\ 0 & 0 & 0 & R_r & 0 & 0 \\ 0 & 0 & 0 & 0 & R_r & 0 \\ 0 & 0 & 0 & 0 & 0 & R_r \end{bmatrix} \begin{bmatrix} -i_A \\ -i_B \\ -i_C \\ i_a \\ i_b \\ i_c \end{bmatrix} + \frac{\mathrm{d}}{\mathrm{d}t} \begin{bmatrix} \psi_A \\ \psi_B \\ \psi_C \\ \psi_a \\ \psi_b \\ \psi_c \end{bmatrix} \tag{6-9}$$

式中 u_A、u_B、u_C、u_a、u_b、u_c——定、转子相电压

i_A、i_B、i_C、i_a、i_b、i_c——定、转子相电流

ψ_A、ψ_B、ψ_C、ψ_a、ψ_b、ψ_c——各相绕组的磁链

R_s、R_r——定、转子绕组电阻

磁链方程：

$$\begin{bmatrix} \psi_s \\ \psi_r \end{bmatrix} = \begin{bmatrix} L_{ss} & L_{sr} \\ L_{rs} & L_{rr} \end{bmatrix} \begin{bmatrix} i_s \\ i_r \end{bmatrix} \tag{6-10}$$

式中，$\psi_s = [\psi_A \psi_B \psi_C]^T$；$\psi_r = [\psi_a \psi_b \psi_c]^T$；$i_r = [i_a i_b i_c]^T$；$i_s = -[i_A i_B i_C]^T$；

$$L_{ss} = \begin{bmatrix} L_{m1}+L_{l1} & -L_{m1}/2 & -L_{m1}/2 \\ -L_{m1}/2 & L_{m1}+L_{l1} & -L_{m1}/2 \\ -L_{m1}/2 & -L_{m1}/2 & L_{m1}+L_{l1} \end{bmatrix};L_{rr} = \begin{bmatrix} L_{m2}+L_{l2} & -L_{m2}/2 & -L_{m2}/2 \\ -L_{m2}/2 & L_{m2}+L_{l2} & -L_{m2}/2 \\ -L_{m2}/2 & -L_{m2}/2 & L_{m2}+L_{l2} \end{bmatrix};$$

$$L_{rs} = L_{sr}^T = L_{m1} \begin{bmatrix} \cos\theta & \cos(\theta-120^\circ) & \cos(\theta+120^\circ) \\ \cos(\theta+120^\circ) & \cos\theta & \cos(\theta-120^\circ) \\ \cos(\theta-120^\circ) & \cos(\theta+120^\circ) & \cos\theta \end{bmatrix}。$$

式中 L_{m1}——与定子绕组交链的最大互感磁通对应电感

L_{m2}——与转子绕组交链的最大互感磁通对应电感

L_{l1}——定子漏感

L_{l2}——转子漏感

θ——转子位置角

转矩方程为：

$$T_e = \frac{1}{2} n_p \left[i_r^T \frac{\partial L_{rs}}{\partial \theta} i_s + i_s^T \frac{\partial L_{sr}}{\partial \theta} i_r \right] \tag{6-11}$$

式中 n_p——极对数

运动方程：

$$T_l - T_e = \frac{J_g}{n_p} \frac{\mathrm{d}\omega_r}{\mathrm{d}t} + \frac{D_g}{n_p} \omega_r + \frac{K_g}{n_p} \theta_r \tag{6-12}$$

式中 T_l——风力机提供的拖动转矩

J_g——发电机的转动惯量

ω_r——双馈发电机转子角速度

D_g——阻尼系数

K_g——扭转弹性转矩系数

θ_r——双馈发电机转子位置角

由以上在三相坐标系下的数学模型，可看出双馈发电机具有非线性、时变性、强耦合的特点，为进一步分析和求解，可以通过坐标变换的方法来简化模型。

2. 同步旋转坐标系下的数学模型

坐标变换的思想是将一个三相静止坐标系里的矢量，通过变换用两相静止坐标系或两相旋转坐标系里的矢量表示，在变换时可采取功率不变或幅值不变的原则。

空间坐标变换关系示意图如图 6-11 所示，其中，α-β 为两相静止坐标系；d-q 坐标系是两相旋转坐标系，以同步速 ω 逆时针旋转，图（2）中 θ 为 d 轴和 α 轴之间的夹角。

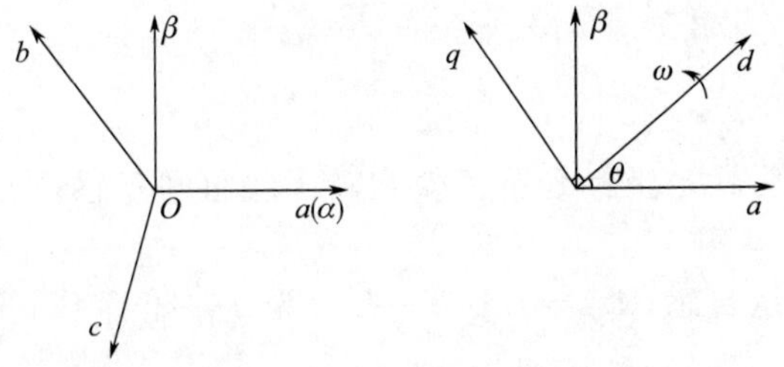

（1）三相静止坐标系到两相静止坐标系变换　（2）两相静止坐标系到两相旋转坐标系变换

图 6-11　坐标变换关系示意图

由三相静止 abc 坐标系变换到两相静止 α-β 坐标系（恒功率变换）的变换矩阵为 $T_{3s/2s}$，逆变换为 $T_{2s/3s}^{-1}$。

$$T_{3s/2s} = \frac{2}{3}\begin{bmatrix} 1 & -\frac{1}{2} & -\frac{1}{2} \\ 0 & \frac{\sqrt{3}}{2} & -\frac{\sqrt{3}}{2} \end{bmatrix} = T_{2s/3s}^{-1} \tag{6-13}$$

两相静止 α-β 坐标系变换到两相旋转 d-q 坐标系（角速度为 ω）采用的变换矩阵为 $T_{2s/2r}$，同理，逆变换为 $T_{2s/2r}^{-1}$。

$$T_{2s/2r} = \begin{bmatrix} \cos\omega t & \sin\omega t \\ -\sin\omega t & \cos\omega t \end{bmatrix} = T_{2s/2r}^{-1} \tag{6-14}$$

根据以上变换关系可以得到三相静止坐标系到两相旋转坐标系下的变换矩阵：

$$T_{3s/2r} = \frac{2}{3}\begin{bmatrix} \cos\omega t & \cos(\omega t - 120^\circ) & \cos(\omega t + 120^\circ) \\ -\sin\omega t & -\sin(\omega t - 120^\circ) & -\sin(\omega t + 120^\circ) \end{bmatrix} \tag{6-15}$$

利用上述坐标变换关系，最终可以得到双馈电机在 d-q 同步旋转坐标系下的数学模型：

$$\begin{cases} u_{ds} = -R_s i_{ds} + p\psi_{ds} - \psi_{qs}\omega_1 \\ u_{qs} = -R_s i_{qs} + p\psi_{qs} + \psi_{ds}\omega_1 \\ u_{dr} = R_r i_{dr} + p\psi_{dr} - \psi_{qr}\omega_s \\ u_{qr} = R_r i_{qr} + p\psi_{qr} + \psi_{dr}\omega_s \end{cases} \tag{6-16}$$

式中　u_{ds}、u_{qs}——定子电压的 d 轴、q 轴分量

u_{dr}、u_{qr}——转子电压的 d 轴、q 轴分量

p——微分算子

i_{ds}、i_{qs}——定子电流的 d 轴、q 轴分量

i_{dr}、i_{qr}——转子电流的 d 轴、q 轴分量

ω_1 ——同步角速度，$\omega_s=\omega_1-\omega_r$

ψ_{ds} 、ψ_{qs} ——定子磁链的 d 轴、q 轴分量

ψ_{dr} 、ψ_{qr} ——转子磁链的 d 轴、q 轴分量

同理，可以得到 d-q 坐标系下的磁链方程：

$$\begin{cases}\psi_{ds}=-L_s i_{ds}+L_m i_{dr}\\ \psi_{qs}=-L_s i_{qs}+L_m i_{qr}\\ \psi_{dr}=L_r i_{dr}-L_m i_{ds}\\ \psi_{qr}=L_r i_{qr}-L_m i_{qs}\end{cases} \tag{6-17}$$

其中，$L_m=\frac{3}{2}L_{ms}$ 为 d-q 坐标系下等效定转子绕组间互感；$L_s=L_{ls}+\frac{3}{2}L_{ms}$ 为 d-q 坐标系下等效定子每相绕组自感；$L_r=L_{lr}+\frac{3}{2}L_{mr}$ 为 d-q 坐标系下等效转子每相绕组自感。

转矩方程：

$$T_e=1.5n_p L_m(i_{qs}i_{dr}-i_{ds}i_{qr}) \tag{6-18}$$

两相同步 d-q 旋转坐标系下，双馈电机定子上的有功功率 P_s 和无功功率 Q_s 表达式为：

$$\begin{cases}P_s=1.5(u_{ds}i_{ds}+u_{qs}i_{qs})\\ Q_s=1.5(u_{qs}i_{ds}-u_{ds}i_{qs})\end{cases} \tag{6-19}$$

由上述内容可见，通过坐标变换，双馈感应发电机的数学模型得到了很大简化。在变速恒频双馈风电系统双馈感应发电机的矢量控制中，可选取的定向矢量较多，其中最常用的有定子电压定向和定子磁链定向的矢量控制。本节介绍基于定子磁链定向的矢量控制。本节讨论的双馈感应发电机励磁矢量控制策略是基于电网对称系统条件下的控制策略。

定子磁链定向时，将 ψ_s 定义在同步坐标的 d 轴上，则 d-q 轴上的磁链分量为：$\psi_{ds}=\psi_s$，$\psi_{qs}=0$。由于双馈发电机定子绕组直接连在无穷大电网上，可近似地认为定子的电压、频率都是恒定的，在这种情况下通常电机定子电阻 R_s 可以忽略不计，因此双馈发电机感应电动势近似等于定子电压。因为发电机端电压矢量 u_s 滞后磁链矢量 90°，故定子电压矢量 u_s 位于 q 轴负方向，且等于电网电压矢量，则有 $u_{ds}=0$，$u_{qs}=-u_s$。故双馈电机定子上的有功功率 P_s 和无功功率 Q_s 表达式变为：

$$\begin{cases}P_s=-1.5u_s i_{qs}\\ Q_s=-1.5u_s i_{ds}\end{cases} \tag{6-20}$$

由式（6-20）可知，在定子磁链定向下，双馈发电机定子输出有功功率 P_s 和无功功率 Q_s 分别与定子电流在 d、q 轴上的分量 i_{ds} 和 i_{qs} 成正比，调节这两个电流分量可分别独立调节有功功率和无功功率。

由 d-q 定子磁链方程可得：

$$\begin{cases}\psi_s=-L_s i_{ds}+L_m i_{dr}\\ 0=-L_s i_{qs}+L_m i_{qr}\end{cases} \tag{6-21}$$

由式（6-21）可得出定子电流与转子电流的关系如下：

$$\begin{cases} i_{dr} = \dfrac{\psi_s + L_s i_{ds}}{L_m} \\ i_{qr} = \dfrac{L_s}{L_m} i_{qs} \end{cases} \tag{6-22}$$

根据式（6-22）和转子电压方程、转子侧磁链方程，有：

$$\begin{cases} \psi_{dr} = a_1 \psi_s + a_2 i_{dr} \\ \psi_{qr} = a_2 i_{qr} \end{cases} \tag{6-23}$$

其中 $a_1 = L_m / L_s$，$a_2 = L_r - L_m^2 / L_s$。

定子磁场定向后，定子电压方程变为：

$$\begin{cases} p\psi_{ds} = 0 \\ \psi_{ds} = -\dfrac{u_s}{\omega_1} \end{cases} \tag{6-24}$$

将式（6-23）代入转子电压方程，可得：

$$\begin{cases} u_{dr} = u'_{dr} + \Delta u_{dr} \\ u_{qr} = u'_{qr} + \Delta u_{qr} \end{cases} \tag{6-25}$$

其中：

$$\begin{cases} u'_{dr} = (R_r + a_2 p) i_{dr} \\ u'_{qr} = (R_r + a_2 p) i_{qr} \end{cases} \tag{6-26}$$

$$\begin{cases} \Delta u_{qr} = (a_1 \psi_s + a_2 i_{dr}) \omega_s \\ \Delta u_{dr} = -a_2 i_{qr} \omega_s \end{cases} \tag{6-27}$$

由式（6-20）和式（6-22）可以看出，通过调节 q 轴转子电流，即可控制定子有功功率，而通过调节 d 轴的转子电流即可控制定子的无功功率。通过定子磁场定向，将转子电压分解为解耦项 u'_{dr} 和 u'_{qr}，补偿项 Δu_{qr} 和 Δu_{dr}，从而实现了有功功率和无功功率的独立控制。由变流器的 d、q 轴给定电流可得到 d、q 轴的给定电压，进而通过两相旋转坐标系到三相静止坐标系的变换，可得到发电机转子三相电压的给定值，从而生成变流器的 PWM 指令，实现对双馈发电机的控制。

控制系统框图如图 6-12 所示。整个控制系统采用双闭环结构，外环为功率环，内环为电流环。在功率环中，有功指令 P^* 按照最大风能获取原则给出，无功指令 Q^* 根据电网需求设定；功率实际值由发电机输出电压、电流和坐标变换后求得。P、Q 给定值与实际值比较，经功率 PI 调节器运算，分别输出发电机定子电流有功分量和无功分量参考指令 i_{qs}^* 和 i_{ds}^*，根据 i_{qs}^* 和 i_{ds}^* 计算得到转子电流的有功分量和无功分量参考指令 i_{qr}^* 和 i_{dr}^*，i_{qr}^*、i_{dr}^* 和转子电流实际值 i_{qr}、i_{dr} 比较后的差值送入 PI 控制器，输出电压解耦项 u'_{qr}、u'_{dr}，u'_{qr}、u'_{dr} 加上电压补偿分量 Δu_{qr}、Δu_{dr} 就可获得转子电压指令值 u_{qr}^*、u_{dr}^*，经坐标变换最终可得出励磁电源三相电压控制指令 u_{ar}^*、u_{br}^*、u_{cr}^*。通过 PWM 调制输出驱动脉冲，控制变流器通断，实现转子侧励磁电压的控制。控制系统中参考功率的给定值是通过发电机的转速功率输出曲线，给定不同风速、发电机转速下的功率值，额定风速以下按照最大功率跟踪原则运行，额定风速以上，以限制功率输出方式运行。图中 $u_{\alpha r}$、$u_{\beta r}$、$i_{\alpha r}$、$i_{\beta r}$ 为发电机转子三相电压、电流经过 3s/2s 变换后在两相静止坐标系下的发电机转子电压、电流。同理，$u_{\alpha s}$、$u_{\beta s}$、$i_{\alpha s}$、$i_{\beta s}$ 分别为发电机定子三相电压、电流经过 3s/2s 变换后在两相静止坐标系下的发电机定子电压、电流。坐标变换所需的定子磁链空间位置 θ_s、

转子位置角 θ_r 是通过定子磁链观测器和转子同轴光电编码器测得的。

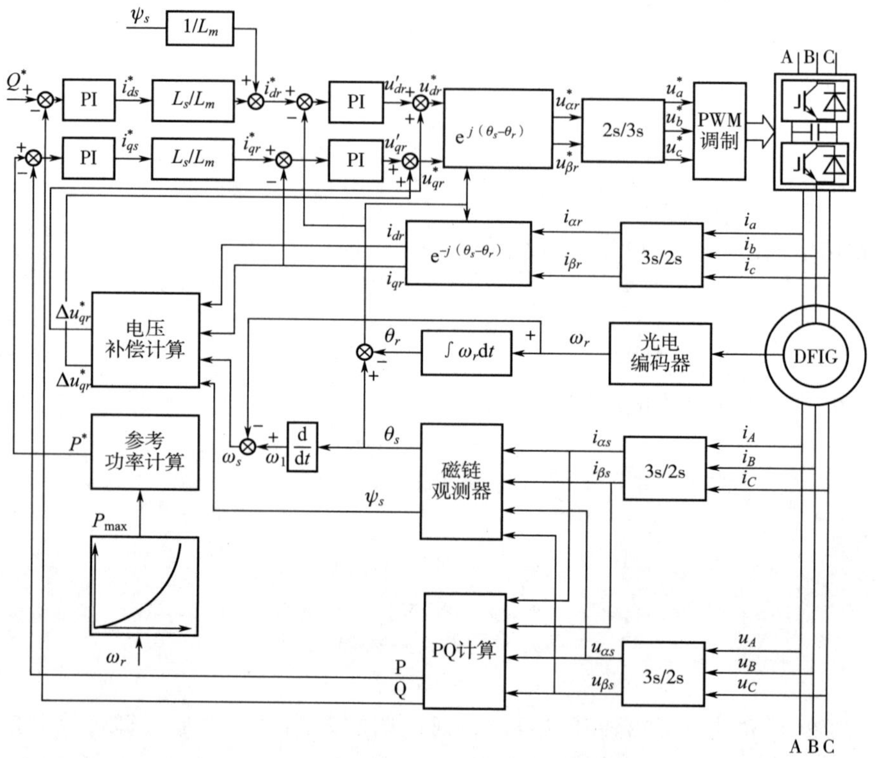

图 6-12　交流励磁变速恒频发电机定子磁链定向矢量控制框图

五、直驱型永磁风力发电机组的控制

（一）结构

直驱式并网运行风力发电系统采用了低速多极交流永磁发电机，同步转速较低，因此在风力机与交流发电机之间不需要安装升速齿轮箱，轴向尺寸较小，径向尺寸较大。在永磁同步发电机中，永磁体能产生发电所需的磁场，集电环和电刷装置可以省去，使得发电机结构更加简单、运行更加可靠。

直驱型永磁风力发电系统主要包含风力机、永磁同步发电机、电力电子变流系统、控制系统等。直驱型风电机组的变换器拓扑结构主要有两种方案，其结构如图 6-13 所示。其中，与发电机侧相连的变换器称为机侧变换器，与电网侧相连的变换器称为网侧变换器。

第一种为图 6-13（1）所示的不控整流＋Boost 升压电路＋可控逆变的方案。将永磁发电机发出的频率、幅值变化的交流电经过整流之后变为直流电，为消除直流侧电压变化对并网性能的影响，在直流侧增加一个 Boost 升压变换器，当风力机转速降低时，可以通过 Boost 变换器的升压功能，保持直流电压的稳定，三相逆变器将直流电逆变为三相恒频恒幅交流电连接到电网。逆变器的调制比可以不受风力机转速的影响。该方式下，整流侧由

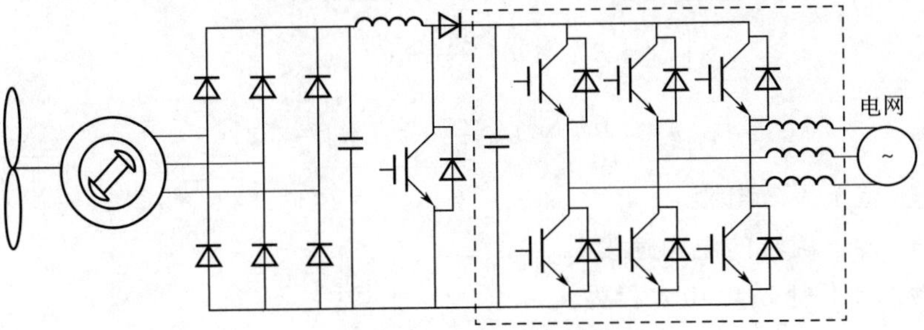

（1）不控整流+Boost升压电路+可控逆变

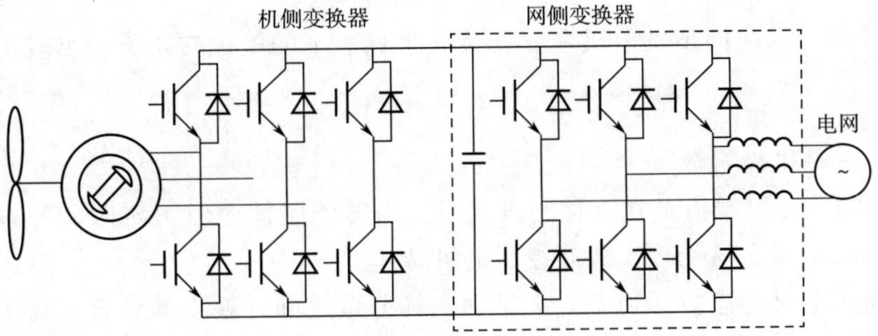

（2）可控整流+可控逆变

图 6-13　变换器拓扑结构图

大功率二极管构成，只控制直流升压部分和交流逆变部分，成本较低，控制简单，发电机定子绕组无需承受高的 du/dt 与电压峰值，但发电机转矩容易产生振荡，且续流电感和滤波电容的容量很大，直流环节谐波较大，逆变后会对交流电网产生影响。

第二种方案如图 6-13（2）所示，系统采用了背靠背双 PWM 变换器结构，发电机定子通过背靠背变换器和电网连接。这种拓扑结构的通用性较强，两侧变换器主电路完全一样，都可以采用矢量控制技术，控制方法灵活。可控整流方式可以控制发电机的转矩，同时减小整流输出电压的纹波，提高系统的运行特性，减小了滤波电容的容量，但由于整流及逆变均采用可控变换器，造价相对第一种方案较高，控制电路也相对复杂。

（二）永磁同步发电机的控制

永磁同步发电机的控制主要是通过发电机侧变流器的控制来实现的，通过控制变流器开关管的导通与关断来控制永磁同步发电机产生的电压，从而改变永磁同步发电机的电磁转矩，达到控制风力机转速的目的，实现最大功率输出。在发电机的转速控制方面，以双 PWM 变换器结构为例，目前常用的控制策略有矢量控制和直接转矩控制两类。

矢量控制是通过测量和控制电机定子电流矢量，根据磁场定向原理，在同步旋转坐标系下分别对电机的励磁电流和转矩电流进行控制，从而通过控制电机的电磁转矩达到控制转速的目的。例如零 d 轴电流（ZDC）控制就属于矢量控制的方法，该方法是将永磁同步发电机在三相静止坐标系下的数学模型，通过坐标变换，变换到 d-q 旋转坐标系下的数学模型［式（6-28）］，令 d 轴电流 $i_d = 0$。零 d 轴电流控制是一种最简单的矢量控制方法，同时使用该方法不会引起磁反应，并且永磁同步发电机不会出现退磁现象影响发电机的性能。

永磁同步发电机在 d-q 旋转坐标系下的数学模型为：

$$\begin{cases} u_d = R_s i_d + L_d \dfrac{\mathrm{d}i_d}{\mathrm{d}t} - \omega_e L_q i_q \\ u_q = R_s i_q + L_q \dfrac{\mathrm{d}i_q}{\mathrm{d}t} + \omega_e L_d i_d + \omega_e \psi_f \end{cases} \tag{6-28}$$

式中 R_s ——定子等效电阻

ω_e ——转子旋转的电角速度

那么，稳态条件下的电压方程为：

$$\begin{cases} u_d = R_s i_d - \omega_e L_q i_q \\ u_q = R_s i_q + \omega_e L_d i_d + \omega_e \psi_f \end{cases} \tag{6-29}$$

当 $i_d = 0$ 时，永磁同步发电机在 d-q 旋转坐标系下的电磁转矩方程可表示为：

$$T_e = \frac{3}{2} N_p \psi_f i_q \tag{6-30}$$

式中 N_p ——电机极对数

从式（6-30）可以看出，在该控制方式下，当转子磁体磁链恒定时，T_e 与 i_q 成正比，因此可通过控制 i_q 来调节 T_e，从而控制电机转速。

由永磁同步电机稳态方程可知，d 轴和 q 轴分量之间存在交叉耦合，为了更好地实现控制目标，必须对 d 轴和 q 轴解耦才能实现转矩和无功功率的控制。所以需要采用前馈补偿的方法消除二者之间的耦合。

永磁同步发电机的转速控制结构如图 6-14 所示。系统采用转速外环电流内环的双闭环控制结构，其中转速外环主要实现最佳转速的跟踪；电流内环控制直驱永磁同步发电机

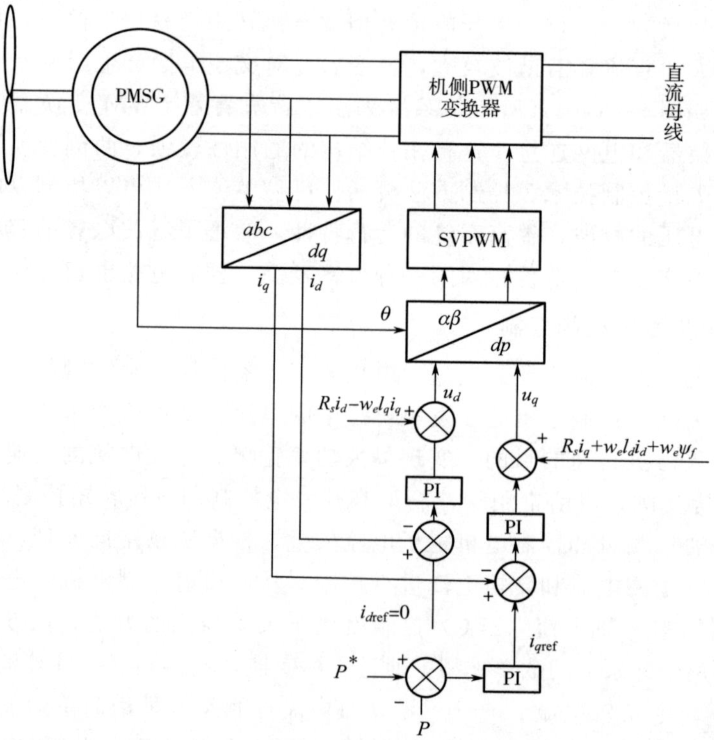

图 6-14 永磁同步发电机的转速控制结构

的转矩。使用 $i_d=0$ 的矢量控制策略，首先参考功率 P^* 与实际功率 P 做比较，通过 PI 控制器输出转矩电流参考值 $i_{q\mathrm{ref}}$，发电机输出的三相电流值经过坐标变换，变换到两相旋转坐标系中与参考电流 $i_{d\mathrm{ref}}$、$i_{q\mathrm{ref}}$ 比较，经过电流控制器和前馈补偿环节得到控制电压 u_d、u_q，最后经过 SVPWM 调制算法得到 PWM 整流器开关器件的开关控制信号。

第四节　风力发电机组信号检测

在风力发电机组运行过程中，必须对相关参数进行测量，并根据测量结果发出相应信号，将信号传递到主控系统，作为主控系统发出控制指令的依据。

一、电量信号测量

1. 电压与电流

电压和电流是两个最基本的电量。电压和电流的大小可以用有效值来表示，也可以用平均值或最大值来表示。通常交流电压和电流多用有效值表示，因此交流仪表多用有效值来进行标定；而直流电压和电流则多用平均值来表示，因此直流仪表也多用平均值来进行标定。电压与电流测量时，一般都直接测取线电压和线电流，暂态反应速度应低于 0.02s，精度高于 0.5 级。

在风力发电机组主电路中应设有过电压保护装置，当发生电压故障时，风力发电机组必须退出电网。而电流是风力发电机组并网时需要持续监视的参量，如果切入电流不小于允许极限，则晶闸管导通角不再增大。当电流开始下降后，导通角逐渐打开直至完全开启。并网期间，通过电流测量可检测发电机或晶闸管的短路及三相电流不平衡信号。如果三相电流不平衡超出允许范围，控制系统将发出故障停机指令，风力发电机退出电网。

电压测量值经平均值算法处理后可用于计算机组的功率和发电量的计算；电流测量值经平均值算法处理后与电压、功率因数合成为有功功率、无功功率及其他电力参数。

2. 功率和功率因数

功率因数通过分别测量电压相角和电流相角获得，经过移相补偿算法和平均值算法处理后，用于统计发电机有功功率和无功功率。由于无功功率导致电网的电流增加，线损增大，且占用系统容量，因而送入电网的功率，无功分量越少越好。功率因数直接影响风力发电机组发电量计量和补偿电容投入容量，要求精度较高，一般要求功率因数保持在 0.95 以上。

功率可通过测量的电压、电流和功率因数计算得出，还可以利用功率表和功率变送器测量，用于统计风力发电机组的发电量。

3. 电网频率

测量值经平均算法处理与电网上、下限频率进行比较，超出时风力发电机组退出电网。电网频率直接影响发电机的同步转速，进而影响发电机的瞬时出力。其值一般在工频附近，精度要求在±0.1Hz，反应速度快。另外，电量信号测量还包括接地故障、逆变器运行信息信号等。

二、速度信号测量

1. 转速测量

风力发电机组转速的测量包括发电机转速、风轮转速、偏航转速和方向等。其测量点有三个：即发电机输入端转速、齿轮箱输出端转速和风轮转速，还有两个转速传感器安装在机舱与塔筒连接的齿轮上，用来识别偏航旋转方向。转速测量信号用于控制风力发电机组并网和脱网，还可用于启动超速保护系统。当风轮转速超过设定值时，超速保护系统动作，风力发电机组停机。风轮转速和发电机转速可以相互校验，如果不符，则提示风力发电机组故障。

转速测量方法有很多种，在风力发电机组中，常采用光电转速传感器和电感式接近开关。

（1）光电转速传感器　其可分为投射式和反射式两种，风力发电机组中主要采用投射式。投射式光电转速传感器的测速原理如图 6-15 所示。

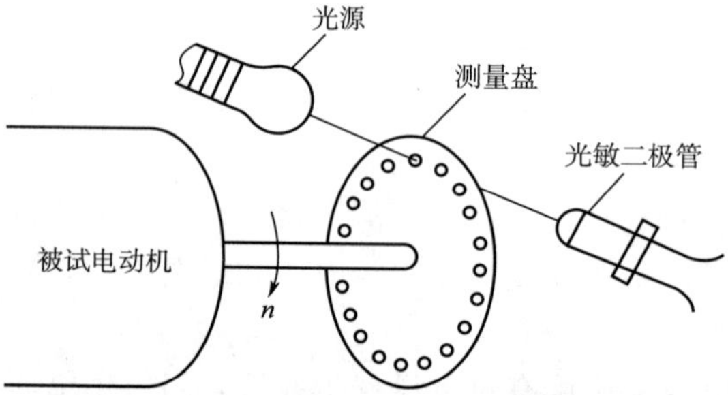

图 6-15　投射式光电转速传感器的测速原理

将一个圆周均匀分布着很多小圆孔或齿槽的圆盘（常称为齿盘）固定在被测轴上，齿盘两侧分别设置红外光源和光敏晶体管。当红外光束通过小孔或槽部投射到光敏晶体管上时，光敏晶体管导通；当光束被齿盘的无孔部分或齿部遮挡时，光敏晶体管截止。因此每当齿盘随转轴转过一个孔距（或一个齿距），光敏晶体管就会送出一个脉冲信号，显然，脉冲信号的频率与被测轴的转速成正比。一般齿盘圆周的孔数（或齿槽数）为 60 或 60 的整数倍。

（2）电感式接近开关　其也用于检测低速轴和高速轴的转速，外形如图 6-16 所示。当齿轮随转轴转过一个齿距，接近开关就会送出一个脉冲信号。显然，脉冲信号的频率与被测轴的转速成正比。

2. 风速测量

风机配有两个装在相配支架上的加热风速计，支架有一个接地环，对风速计提供避雷功能。电缆铺设在穿线管中。

图 6-16　电感式接近开关

风速计送出的信号为频率值，经光耦合器隔离后送至频率数字化模块，模块可处理最大输入频率值为 6.8kHz。模块采用 485 通信方式把数据送给工控机，计算机把传送来的频率信号经平均后转换成风速。由于频率-风速的轮换关系为非线性的，在转换过程中采用了分段线性的方法进行处理。风速值可根据功率进行校验，当风速在 3m/s 以下，功率高于 150kW 持续 1min 时，或风速在 8m/s 以上，功率低于 100kW 持续 1min 时，表示风速计有故障。

3. 偏航角度测量

偏航角度采用偏航计数传感器测量。从机舱到塔筒间布置的柔性电缆由于偏航控制会变得扭曲。如果在扭曲达到两圈后正好由于风速原因导致风力机停机，此时主控系统将会使机舱旋转，直到电缆不再扭曲。如果一直在扭曲达到 3 圈前还是不能进行解缠绕，系统执行正常停机程序，使电缆解缠绕。当电缆扭曲达到 ±4 圈后安全回路将会中断，紧急停机。

三、温度信号测量

温度信号测量主要包括：主轴承温度、齿轮箱油温、液压油油温、齿轮箱轴承温度、发电机轴承温度、发电机绕组温度、环境温度、电器柜内温度、制动器摩擦片温度等。

温度测量时使用的检温计主要有热电阻、热电偶和半导体热敏电阻等，在风力发电机组中，温度数据信号采集点相对集中，距离主控位置 50m。器件热容量较大，反映到温度变化较慢，多用热电阻测量。

热电阻检温计是利用金属导体的电阻随温度变化而变化的特性来测量温度的。对纯金属来说，电阻率 ρ 与温度 t 的关系可用下式表示：

$$\rho = \rho_0(1+\alpha t) \tag{6-31}$$

式中　ρ_0——导体在摄氏零度时的电阻率

　　α——电阻的温度系数

铂、铜等金属材料的温度系数可以在很宽的温度范围内保持恒定，使铂、铜导体的电阻值与温度的关系在很宽的温度范围内保持良好的线性度。另外，它们的物理、化学性能稳定，易于提纯，可以拉成细丝，是较好的热电阻材料。

热电阻和铜热电阻是工程上广泛应用的热电阻检温计，具有体积小、安装方便等优点，在并网运行的大中型风力发电机组中，普遍用于前、后主轴承、齿轮箱油温、发电机轴承以及定子绕组等的温度测量。

由 Pt100 铂热电阻对温度进行采样，其采集的信号经相关电路处理后形成 0～5V 电压。根据采样点空间布置和距离数据处理中心位置，在机舱上设计一个采集模块，就地将温度值转化成数字信号，并将数据送给计算机。

第五节　偏航和变桨距控制系统

一、偏航控制系统

偏航系统又称对风装置，是风力发电机组必不可少的重要组成部分。它一般由偏航驱动装置、偏航传动装置、偏航制动器、偏航计数器、风速风向仪、偏航轴承及扭缆保护装置等组成。它主要有两个功能：一是使风轮跟踪变化稳定的风向；二是当风力发电机组由于偏航作用，机舱内引出的电缆发生缠绕时，自动解除缠绕。

1. 偏航控制原理

偏航控制的原理为：

$$\theta_e = \theta_w - \theta_T \tag{6-32}$$

式中　θ_e ——偏航角度

θ_w ——风向角度

θ_T ——风电机组风轮角度

风向标作为感应元件将风向变化信号转换为电信号传递到偏航电动机控制回路的处理器中，处理器经过比较后给偏航电动机发出顺时针或逆时针的偏航指令。为了减少偏航时的陀螺力矩，偏航电动机转速将通过同轴连接的减速器减速后，将偏航力矩作用在回转体大齿轮上，带动风轮偏航对风，当对风结束后，风向标失去电信号，偏航电动机停止转动，偏航过程结束。

在偏航过程中，风力发电机组只有按最短路径将机舱转过相应角度，才能够提高发电效率，这就需要解决电动机的启动和转向问题。为确保电动机的转向使风力机转过最小路径，即偏航时间最短，需要得出偏航角 θ_e 与风向角度和风力发电机组机舱角度之间的相对关系。

风向角是相对于风轮迎风面法线方向的角，故 $\theta_T=0$。就水平轴风力发电机组而言，风向和风力发电机组风轮迎风面法线方向的夹角有以下两种情况：

①当风向与风力发电机组风轮迎风面法线方向角度差小于 180°时，偏航角为：

$$\theta_e=\theta_w-\theta_T=\theta_w \tag{6-33}$$

②当风向与风力发电机组风轮迎风面法线方向角度差大于 180°时，偏航角为：

$$\theta_e=360^\circ-|\theta_w-\theta_T|=360^\circ-\theta_w \tag{6-34}$$

2. 偏航计数器

在通常情况下，风力发电机组偏航计数器主要采用的是偏航编码器或偏航接近开关。其中，偏航编码器是一个绝对值编码器，可以准确计算偏航位置。由于该编码器是由机械位置决定的，而每个位置是唯一的，因此它无需记忆，无需找到参考点，而且不用一直计数，控制系统什么时候需要知道位置，什么时候就可以读取它的位置值。偏航接近开关是一个光传感器，它利用偏航齿圈齿的高低不同而使得光信号不同来进行工作。控制系统通过采集左右两个接近开关的信号以及变化规律，来判断机组的偏航方向，并通过偏航齿距间接计算出机组偏航位置。由于该传感器不具备记忆功能，因此，机组需要设置偏航零位参考点并且要保存机组偏航位置。

偏航系统是随动系统。其控制原理如图 6-17 所示，当风向与风轮轴线偏向一个角度时，控制系统经过一段时间确认后，控制器会发出指令，经过放大环节驱动偏航机构动作，将风轮调整到与风向一致的方位。

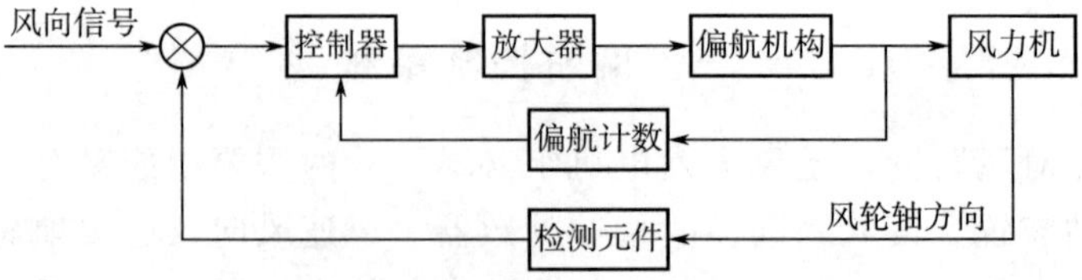

图 6-17　偏航控制系统框图

二、变桨距控制系统

由于目前风力发电机组的容量越来越大，变桨距是能够满足风电机组功率控制、载荷、气动安全制动等要求所必备的功能。因此本书该部分不再赘述定桨距风电机组的功率控制。

变桨距变速风力发电机组的一个重要运行特性就是运行工况随风速变化的切换特性，按照风电机组变桨控制需要，变桨距机构应满足以下要求：

（1）当风轮正常工作时，通过变桨距机构将叶片控制在某一气动角度以适合实际风速的运行状态，即保证风电机组运行中桨距的相对位置，实现电控系统的实时控制，使叶片上的气动力流动处于最佳状态。

（2）当风速超过限定值或得到其他控制指令需要停机时，三个叶片同时通过变桨距机构，迅速绕叶片轴旋转至顺桨位置。此时，叶片由推力面变成了气动阻力板，在叶片气动阻力作用下，风轮转速迅速降低，从而实现风轮叶片的气动制动。顺桨后，风轮迅速由额定转速降至极低转速，为实施机械制动创造条件。

变桨距风电机组的转速-功率曲线如图 6-18 所示，在并网前通过对桨距角的控制来控制转速，确保完成启动阶段的升速并网。并网后，在低于额定风速阶段进行转速控制，桨距角保持最优位置，系统根据风速的变化，控制发电机的转子转速，吸收尽可能多的风能，即进行最大功率跟踪控制（风能利用系数 C_P 保持最大并恒定不变）。在高于额定风速阶段进行恒功率控制，通过改变桨距角，减少吸收的风能，使输出功率稳定在额定功率附近。

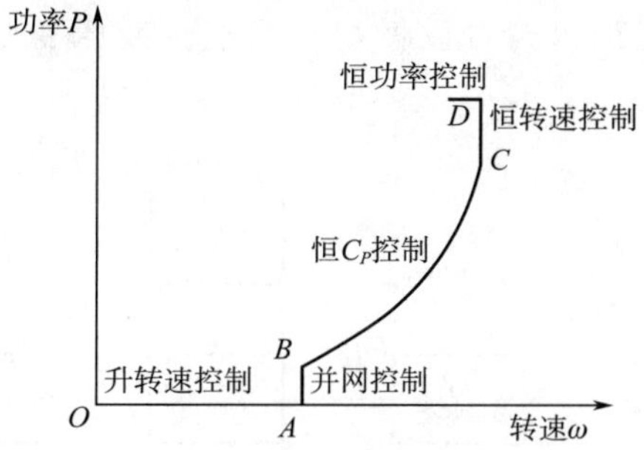

图 6-18　变桨距风电机组转速-功率曲线

变桨距控制系统框图如图 6-19 所示。风速小于额定风速，进行转速控制，桨距角 β 在 0°附近；当风速达到或超过额定风速后，风力发电机组进入额定功率控制状态。在传统的变桨距控制方式中，这时将转速控制切换到功率控制，变桨距系统根据发电机的输出功率进行控制。控制信号的给定值是恒定的，即发电机的额定功率。功率反馈信号与给定值进行比较，当功率超过额定功率时，桨叶桨距角 β 就向迎风面减小的方向转动一个角度，反之则向迎风面增大的方向转动一个角度。

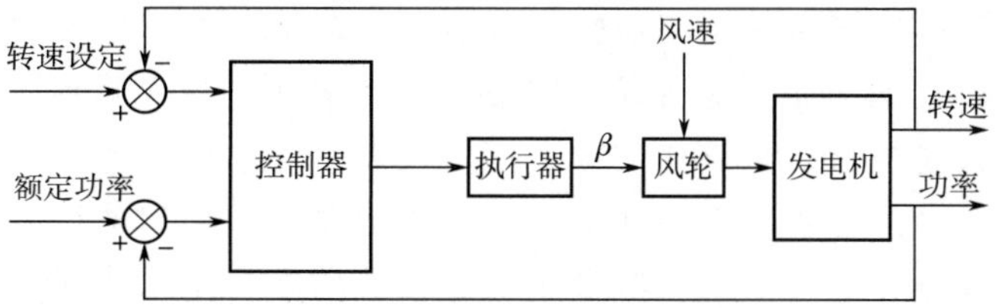

图 6-19　风电机组的变桨距控制系统

这种控制系统结构简单，控制算法一般采用经典 PI 控制，可以完成机组运行的基本要求，但因为功能单一，存在例如对并网设备要求过高，抗干扰性差、输出功率曲线不平稳等诸多缺点。由于变桨距执行系统的响应速度受到限制，对快速变化的风速，通过传统控制方法改变桨距来控制输出功率的效果并不十分理想。因此为了优化功率曲线，一些新设计的变桨距控制系统在功率控制过程中，虽然仍使用了经典 PI 控制算法，但其功率反馈信号不再作为直接控制桨距角的变量，而由风速低频分量和发电机转速进行控制。风速的高频分量产生的机械能波动，通过迅速改变发电机的转速来进行平衡，通过对发电机转差率进行控制，即当风速高于额定风速时，允许发电机转速升高，将瞬变的风能以风轮的动能形式储存起来；转速降低时，再将动能释放出来，使功率输出平稳。

目前变桨距机构主要有两种方案：液压执行机构和电机执行机构。液压执行机构以其响应速度快、转矩大、系统失电时自动顺桨保护等优点在目前的变桨距机构中应用较为普遍，它特别适合于大型风力机的场合。而电机执行机构以其结构简单、容易实现对叶片的单独控制，也受到许多厂家的青睐，但顺桨蓄电池一旦失效会给机组带来安全隐患。

液压驱动变桨距系统具有结构简单、操作方便的特点，在额定风速下，能提高风能利用率，在额定风速以上，限制功率输出，使其保持在额定功率点附近，保证机组的高效、安全、可靠运行。液压变桨距执行机构是利用液压缸作为原动机，通过偏心块推动桨叶旋转。由于液压系统出力大，变桨距机构可以做得很紧凑。液压变桨距系统工作原理如图 6-20 所示。

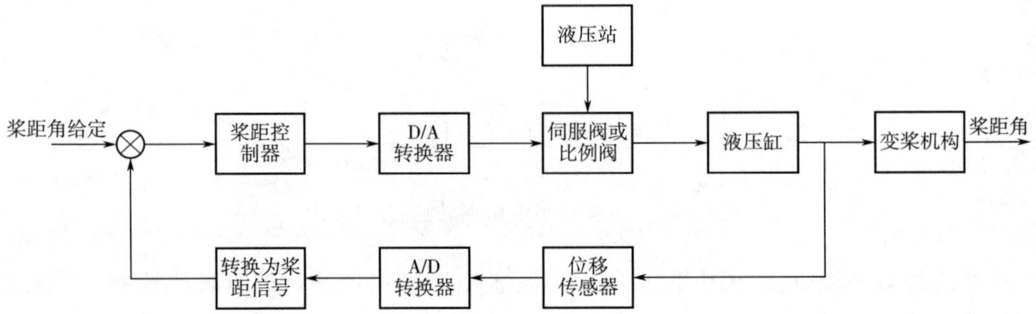

图 6-20　液压变桨距系统工作原理图

液压变桨距机构有两种方案：①通过安装在轮毂内的三个液压缸分别驱动三个叶片（独立变桨）；②液压站和液压缸放在机舱内，通过一套曲柄连杆机构同步推动三个桨叶旋转（统一变桨）。

该机构的工作过程一般为：控制系统根据当前风速，以一定的算法给出桨叶的桨距角信号→液压系统根据控制指令驱动液压缸→液压缸带动推动杆、同步盘运动→同步盘通过短转轴、连杆、长转轴推动偏心盘转动→偏心盘带动桨叶进行变桨距。

电动变桨控制系统执行机构结构简单、扭矩大、不存在漏油问题。带有电动变桨距机构的风电机组，三个叶片分别装有独立的电动变桨距系统，能对桨叶进行单独控制，有利于叶片根部载荷的控制，这对于现代容量越来越大的风电机组来说是十分重要的，所以越来越受到重视并开始得到广泛应用。在控制系统结构方面，与液压执行机构的区别就是执行器由液压机构变为变桨电机及减速机构。

第六节　风电机组的安全保护

风力发电机组的控制系统具有两种基本功能：一个是运行管理功能，另一个是安全保护功能。风力发电机组的安全保护系统包括运行安全保护系统、微控制器抗干扰保护系统、紧急故障安全链保护系统、防雷保护系统、接地保护系统等构成。这些部分都不同程度地与控制系统相关。

一、机组运行安全保护系统

1. 大风保护安全系统

多数机组取 10min 平均 25m/s 为切出风速，由于此时风的能量很大，系统必须采取保护措施。在关机前对失速型风力发电机组、风轮叶片自动降低风能的捕获，风力发电机组的功率输出仍然保持在额定功率左右。而对于变桨距风力发电机组，必须调解叶片桨距角，实现功率输出的调节，限制最大功率的输出，保证发电机运行安全。当大风关机时，机组必须按照安全程序关机。关机后，风力发电机组一般采取偏航 90°对风。

2. 电网失电保护

风力发电机组离开电网的支持是无法工作的。一旦失电，气动力制动和机械制动系统动作，相当于执行紧急关机程序。这时舱内和塔架内的照明可以维持 15～20min。对由于电网原因引起的停机，控制系统将在电网恢复正常供电 10min 后，自动恢复正常运行。

3. 参数越限保护

风力发电机组运行中，有许多参数需要监控。不同机组运行的现场，规定越限参数值不同。温度参数由计算机采样值和实际工况计算确定上下限控制；压力参数的极限采用压力继电器，根据工况要求确定和调整越限设定值，继电器输入触点开关信号给计算机系统，控制系统自动辨别处理。电压和电流参数由电量传感器转换送入计算机控制系统，根据工况要求和安全技术要求确定越限电流、电压的参数。具体例子有：

（1）超速保护

①当转速传感器检测到发电机或风轮转速超过额定转速的 110％时，控制器将给出正常关机指令；

②防止风轮超速，采取硬件设置超速上限，此上限高于软件设置的超速上限，一般在低速轴处设置叶轮转速传感器，一旦超出检测上限，就引发安全保护系统动作。对于定桨距风力发电机组，风轮超速时，液压缸中的压力迅速升高，达到设定值时，突开阀被打开，压力油泄回油箱，叶尖扰流器旋转 90°成为阻尼板，使机组在控制系统或检测系统以及电磁阀失效的情况下得以安全关机。

（2）过电压保护　过电压保护是指对电气装置元件遭到的瞬间高压冲击所进行的保护，通常对控制系统交流电源进行隔离稳压保护，同时装置加高压瞬态吸收元件，提高控制系统的耐高压能力。

（3）过电流保护　控制系统所有的电器电路（除安全链外）都必须加过电流保护器，如熔丝、断路器等。

4. 振动保护

机组一般设有三级振动频率保护：振动球开关、振动频率上限 1、振动频率极限 2，当振动开关动作时，系统将分级进行处理。

5. 开机保护

采用机组开机正常顺序控制，对于定桨距失速异步风力发电机组，采取软切控制限制并网时对电网的电冲击；对于同步风力发电机，采取同步、同相、同压并网控制，限制并网时的电流冲击。

6. 关机保护

风力发电机组在小风、大风及故障时需要安全关机，关机的顺序应先进行气动力制动，然后，软切除脱网关机。软脱网的顺序控制与软并网的控制基本一致。

二、微控制器抗干扰保护系统

微控制器抗干扰保护系统的作用是使微机控制系统或控制装置既不因外界电磁干扰的影响而误动作或丧失功能，也不向外界发送过大的噪声干扰，以免影响其他系统或装置正常工作。

干扰源有的来自系统的外部，例如，工业电器设备的电火花、高压输电线上的放电、通信设备的电磁波、太阳辐射、雷电以及各大功率设备开关时发出的干扰均属于这类干扰。另一类干扰来自微机应用系统内部，例如，电源自身产生的干扰，电路中脉冲尖峰或自激振荡，电路之间通过分布电容的耦合产生的干扰，设备的机械振动产生的干扰，大的脉冲电流通过地线电阻、电源内阻造成的干扰等均属这一类。微控制器抗干扰保护系统的组成如图 6-21 所示。

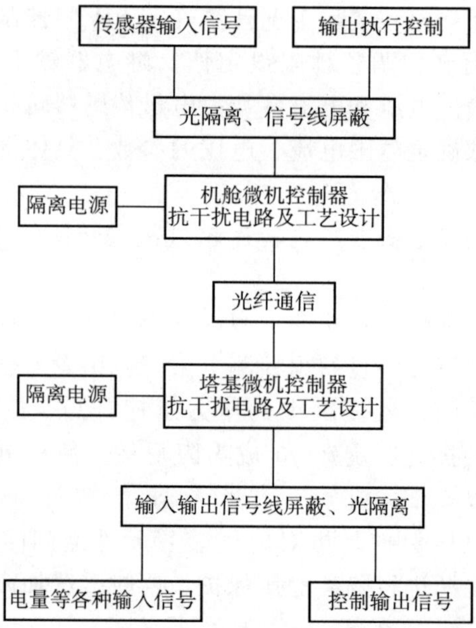

图 6-21　微控制器抗干扰保护系统的组成

1. 微控制器抗干扰保护系统要遵循的原则

（1）抑制噪声源，直接消除干扰产生的原因；

（2）切断电磁干扰的传递途径，或提高传递途径对电磁干扰的衰减作用，以消除噪声源和受扰设备之间的噪声耦合；

（3）加强受扰设备抵抗电磁干扰的能力，降低其噪声灵敏度。

2. 微控制器抗干扰保护系统抗干扰措施

（1）进入微控制器的所有输入信号和输出信号均采用光隔离器，实现微机控制系统内部与外界完全的电气隔离；

（2）控制系统数字地和模拟地完全分开；

（3）控制器各功能板的所有电源均采用隔离电源；

（4）输入输出的信号线均采用带护套的抗干扰屏蔽线；

（5）微控制器的系统电路板由带有屏蔽作用的铁盒封装，以防外界的电磁干扰；

（6）采用有效的接地系统等。

三、紧急故障安全链保护系统

紧急故障安全链保护系统是独立于计算机系统的最后一级保护措施。将可能对风力发电机组造成致命伤害的故障节点串联成一个回路，一旦其中有一个动作，便会引起紧急关机反应。此外，如果控制计算机发生死机，风轮过转速或发电机过转速，也会启动安全链。

此系统的设计原则与要求有：

（1）风电机组发生故障，或运行参数超过极限值而出现危险情况，或控制系统失效，风电机组不能保持在它的正常运行范围内，则应启动安全保护系统，使风电机组维持在安全状态。

（2）安全保护系统的设计应以失效—安全为原则。

（3）安全保护系统的动作应独立于控制系统。

以某双馈型风电机组为例，风力发电机组安全链系统如图 6-22 所示，其中包括紧急停机按钮、叶轮超速、发电机超速、扭缆开关、变桨安全链、振动开关、计算机故障（看门狗开关）等。其中任意一个节点动作，都将引起整个回路断电，机组进入紧急停机状态，并引起主控系统安全链、变流系统安全链、偏航系统安全链和变桨安全链失电闭锁。安全链打开后风电机组不能自启动，紧急停机后，如果所有安全链相关的故障均已排除，只能手动复位后才能解锁控制系统，使机组重新启动。

四、风力发电机组防雷保护系统

（一）外部防雷保护

外部防雷保护主要用来防直击雷破坏风力发电机组，一般采用避雷针、避雷线等作为接闪器，将雷电流引下，由风力机的金属部分引导，通过转动和非转动系统部件间的放电间隙过渡，引导至埋于大地起散流作用的接地装置再散泄入地。外部防雷保护一般安装在风力发电机组不同的位置：三个叶片、机舱盖顶部和塔架及引下线。

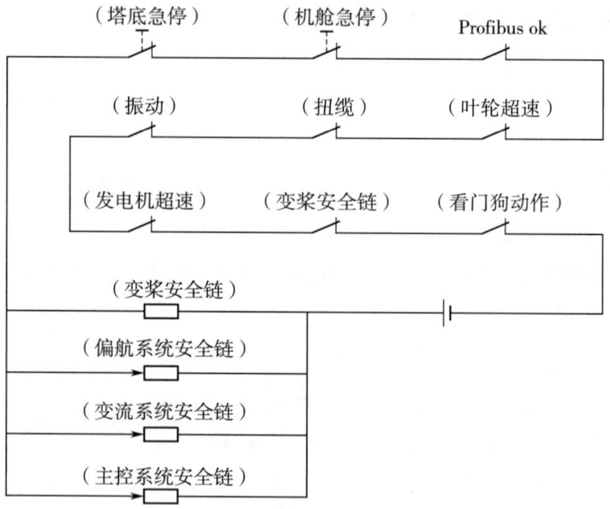

图 6-22 安全链系统

1. 叶片防雷保护

近年来，随着桨叶制造工艺的提高和大量新型复合材料的运用，雷击成为造成叶片损坏的主要原因。因此叶片的防雷保护至关重要。

雷击造成叶片损坏的原理是：

①雷电击中叶片叶尖后，释放大量能量，使叶尖结构内部的温度急骤升高，引起气体高温膨胀，压力上升，造成叶尖结构爆裂破坏，严重时使整个叶片开裂；

②雷击造成的巨大声波，对叶片结构造成冲击破坏。实际使用情况表明，绝大多数的雷击点位于叶片叶尖的上翼面上。

雷击对叶片造成的损坏取决于叶片的形式，与制造叶片的材料及叶片内部结构有关。如果将叶片与轮毂完全绝缘，不但不能降低叶片遭雷击的概率，反而会增加叶片的损坏程度，多数情况下被雷击的区域在叶尖背面（或称吸力面）。据统计，遭受雷击的风力发电机组中，叶片损坏的占20%左右。对于沿海高山或海岛上的风电场来说，地形复杂，雷暴日较多，应充分重视由雷击引起的叶片损坏现象，采取防雷措施。在风力发电机组三个叶片叶尖上装设接闪器，然后在叶片内腔敷设导引线至叶片根部，叶片根部通过电缆连接到轮毂，再通过放电间隙把雷电流从轮毂引至机舱主机架、塔架到大地。这种保护避免了雷电流直击叶片，减少叶片的损坏。

2. 机舱防雷保护

如果叶片采取了防雷保护措施，也相当于实现了对机舱的直击雷防护。但是，风力发电机组在运行过程中，叶片是旋转的，也需要对机舱采取防雷保护措施。

①在机舱首尾两端加装避雷针保护，机舱内全部采用等电位连接，以保护人身不会受到接触电压的危险；

②在机舱表面内部布置金属带或金属网，由金属带或金属网构成一个法拉第笼，对机舱内部起到良好的防雷保护。

3. 塔架及引下线

专门敷设引下线连接到机舱和塔架，引下线跨越偏航齿圈，将雷电流引入大地，因此雷击时偏航系统将不会受到损坏，对于钢塔架，雷电流可通过自身传导至接地系统。

（二）接地保护

风力发电机组接地保护是风电机组防雷保护的一个关键环节，Germanischer Lloyd 风电机组认证（GL 认证）要求在风力发电机组的塔架底部设置一个地电位连接带。它分别通过电缆与风机基础外部布置的环形接地电极、风力机的混凝土基础内部的环形接地电极和塔架连接。在土壤电阻率高的山区，可考虑采用铜导体作为环形接地电极，并增加垂直接地棒或把其他机组或配电站接地系统连接起来，以降低整个风电场的接地电阻，满足风电机组对接地电阻的要求。由于风电场机组间都布置有电力电缆，因此机组接地网的连接实际上可以通过这些电缆的屏蔽来实现。

（三）内部防雷保护

内部防雷保护主要用于减小和防止雷电流在风电机组部件内部产生电磁效应。其保护措施主要有：等地电位连接系统、屏蔽系统、合理的布线和过电压、过电流保护等。

（1）等地电位连接系统　一种风力发电机组防雷与接地保护装置，包括固定在机舱上的避雷针、组装在轮毂和机舱内的叶片根部防雷接地点、机舱电气接地点，以及塔底电气防雷接地点。其特征是：在机舱内部设置第一、第二等电位体，在塔底固定第三等电位体，第一等电位体通过电缆和与轮毂接触的碳刷连接叶片根部防雷接地点，第二等电位体通过电缆分别连接避雷针和机舱电气接地点，第三等电位体通过电缆连接塔底电气防雷接地点和两个防雷接地极，第三电位体分别用柔性电缆同第一等电位体和第二等电位体相连接。

（2）屏蔽系统　屏蔽可以减少元件间的电容性耦合，互相影响的元件间适当增加距离可以减少元件间的电容性耦合，使用屏蔽电缆可以减少电磁耦合的影响。

（3）合理布线　风电机组布线时，应尽可能地减小感应电压，通常采用的方法是：线路尽可能短而直，且尽可能靠近承载雷电流的构件；设置多个平行通道，使电流最小，并尽可能将线路靠近电流密度小的导体；敏感的线路应特殊处理，如布置在金属线槽；多重的搭接和最短的搭接长度可使电压差最小。

（4）过电压、过电流保护　主电路计算机电源进线端、控制变压器进线端和有关伺服电动机进线端，均设置过电压、过电流保护措施。一旦发生过电压、过电流情况，会切断输出回路，对其进行保护。

五、接地保护系统

接地保护是非常重要的环节。良好的接地将确保控制系统免受不必要的损害。在整个控制系统中通常采用工作接地、保护接地、防雷接地、防静电接地、屏蔽接地几种接地方式，来达到安全保护的目的。

接地的主要作用一方面是为保证电器设备安全运行，另一方面是防止设备绝缘被破坏时可能带电，以致危及人身安全。同时能使保护装置迅速切断故障回路，防止故障扩大。

思考题

1. 简述定桨距机组和变桨距机组在机组结构、气动制动机构、控制系统方面的不同。

2. 风力发电机组控制系统的控制目标主要有哪些？
3. 在变速恒频风力发电机组中，变流器的作用是什么？主要能够实现哪些控制功能？
4. 风电机组中常用的变流器结构怎么构成？
5. 偏航控制系统的控制逻辑是什么？
6. 机组运行安全保护系统包括哪些保护？
7. 什么是安全链？
8. 风电机组防雷保护包括哪些环节？

参考文献

[1] 徐大平．风力发电原理［M］．北京：机械工业出版社，2011.
[2] 霍志红．风力发电机组控制技术［M］．北京：中国水利水电出版社，2010.
[3] 叶杭冶．风力发电机组的控制技术［M］．北京：机械工业出版社，2006.
[4] 叶杭冶．风力发电机组监测与控制［M］．北京：机械工业出版社，2018.
[5] 张军利．双馈风力发电机组控制技术［M］．西安：西北工业大学出版社，2018.

第七章　风电场的规划与设计

风电场建设项目，其实施是一个较复杂的综合过程。风电场规划设计，属风电场建设项目的前期工作，需要综合考虑许多方面，包括风能资源评估、风电场选址、风力发电机组机型选择和设计参数、装机容量的确定、风电场风力发电机组微观选址、风电场联网方式选择、机组控制方式、土建及电气设备选择及方案确定、后期扩建可能性、经济效益分析等因素。其中，对风能资源进行精确的评估，则直接关系到风电场效益，是风电场建设成功与否的关键。本章就风能资源评估和风电场宏观选址和微观选址进行描述。

第一节　我国风能的特点

风能储量巨大，是太阳能的一种表现形式。风能是可再生的、对环境无污染、对生态无破坏的清洁能源。风能密度低是风能的弱点之一。在1个标准大气压（101325Pa）、0℃条件下，空气的密度是淡水密度的0.1293‰。风能与空气密度成正比，与风力发电机叶轮直径的平方成正比。因此，风电与水电相比，单位装机容量（kW）和单位发电量（kW·h）的机械设备较大，从而使风电度电成本增加。自然风是一种随机的湍流运动，风能的不稳定性是风能的弱点之一。风能的不稳定性也是造成风电度电成本较高的因素之一。

一、中国风能资源分布特点

研究各个地区风能资源的潜力和特征，一般都用有效风能密度和可利用的年累积小时数两个指标来表示。由于我国地形复杂，风能的地区性差异很大，即使在同一地区风能也有较大的不同。

1. 风能丰富区

该区风能密度大于200W/m²，年可利用风速累积小时数大于5000h，主要集中在三个地区。

（1）东南沿海、山东和辽东半岛沿海及其岛屿　这一区由于濒临海洋，风速较高。越向内陆风能越小，风力等值线与海岸线平行。这一区的风能密度是全国最高的，如平谭的风能密度可达750W/m²，年可利用风速累积最多可达7940h（全年为8760h）。

风能的季节分配，东南沿海和我国台湾及其黄海、东海诸岛秋季风能最大，冬季次之。山东和辽东半岛春季风能大，冬季次之。

（2）内蒙古和甘肃北部　该区为内陆连成一片的最好的风能区域。年平均风能密度在个别地区如朱日和、虎勒盖尔可达300W/m²，可利用风速的年累积小时数可达7660h左右。本区冬季风能最大，春季次之，夏季最小。

（3）松花江下游地区　该区风能密度在200W/m²以上，年可利用风速累积小时数在5000h以上。

2. 风能较丰富区

该区的有效风能密度为150～200W/m²，3～20m/s风速的年积累时长为4000～5000h，6～25m/s的为1500～2200h，8～25m/s的为500～1000h。风能较丰富区主要集中在三个地区，其中有两个地区是风能丰富区向内陆减小的延伸。

（1）沿海岸区　包括从汕头海岸向北沿东南沿海的20～50km地带（是丰富区向内陆的延展）到东海和渤海沿岸。该区风速6～25m/s的为1500h，8～25m/s的为800h左右。长江口以南，大致秋季风能大，冬季次之。

（2）三北地区的北部地区　包括从东北图门江口向西沿燕山北麓经河西走廊（是内蒙古北部区向南延伸）过天山到艾比湖南岸，横穿我国三北北部的广大地区。该区除天山以北地区夏季风能最大、春季次之外，都是春季风能最大。其次东北平原的秋季、内蒙古的冬季、河西走廊的夏季风能最大。

（3）青藏高原中部和北部地区　该区的风能密度在150W/m²以上，但可利用风速出现的小时数与东南沿海的丰富区相当，可达5000h以上，有些地区如茫崖可达6500h。但该地区由于海拔高度较高（平均在4000～5000m），空气密度较小。同样是8m/s风速，海拔4.5m（如上海）时的风能密度比海拔4507m（那曲）时高40%。因此，在青藏地区（包括高山）利用风能时必须考虑空气密度的影响。该区春季风能最大，夏季次之。

3. 风能可利用区

该区有效风能密度为50～150W/m²，年可利用风速累积时数2000～4000h，集中分布在三个地区。

（1）两广沿海　在南岭之南，包括福建海岸50～100km的地带。风能季节分配是冬季风能大，秋季风能次之。

（2）大、小兴安岭山地　该区有效风能和累积时数是由北向南趋于增加，这与内蒙古地区由北向南减少不同。春季风能最大，秋季次之。

（3）三北中部　黄河和长江中下游以及川西和云南一部分地区。东从长白山开始，向西穿过华北，经西北到新疆最西端。北从华北开始穿黄河过长江，到南岭北侧和从甘肃到云南的北部，这一大区连成一片，约占全国面积的一半。由于该区只是在春、冬季风能较大，夏、秋季风能较小，故又可称为季节风能利用区。

4. 风能欠缺地区

该区有效风能密度在50W/m²以下，可利用风速的年累积时数在2000h以下，集中分布在基本上四面为高山所环抱的三个地区。

（1）以四川为中心，西为青藏高原，北为秦岭，南为大娄山，东面为巫山和武陵山等。

（2）雅鲁藏布江河谷。

（3）塔里木盆地西部。

由于这些地区四周的高山阻碍了冷暖空气的入侵，所以风速都比较低。最低的是四川盆地和西双版纳地区，年平均风速在1m/s以下，如成都风能密度仅为35W/m²左右，风速3～25m/s的仅400h，6～25m/s的仅20多h，8～25m/s的在1年还不到5h。因此这一地区除高山和峡谷等特殊地形外，基本上无风能利用价值。

上述四区的划分仅适于总的趋势，并不代表各区。中小地形的风能潜力，如吉林天池

（海拔 2670m）处于风能可利用区内，事实上天池的年平均风速为 11.7m/s，居全国之冠，其风能应属最丰富区。又如新疆的阿拉山口艾比湖和哈密西部的百里风区都属风能较丰富区，该地区年可利用风速累积可达 6000h，属风能丰富区。

我国幅员辽阔，地形十分复杂。局部地形对风能有很大影响。这种影响在总的风能资源图上显示不出来，需要根据具体情况进行补充测量和分析。

二、影响我国风能资源分布的气象条件

1. 冷空气活动

冬季（12 月到翌年 2 月）整个亚洲大陆完全受蒙古高压控制，其中心位置在蒙古国的西北部，从蒙古高压中不断有小股冷空气南下并进入我国，同时还有移动性的高压不时南下，气温较低，形成大范围的大风降温天气。

影响我国的冷空气有 5 个源地，由这 5 个源地侵入我国的路线称为路径。第一条路径来自新地岛以东附近的北冰洋面，从西北方向进入蒙古国西部再东移南下影响我国；第二条是源于新地岛以西北冰洋面，经俄罗斯、蒙古国进入我国；第三条源于地中海附近，东移到蒙古国西部再影响我国；第四条是源于太梅尔半岛附近洋面，向南移入蒙古国，然后再向东南影响我国；第五条源于贝加尔湖以东的东西伯利亚地区，进入我国东北及华北地区。

这 5 条路径进入我国后分两条不同的路径南下，一条是经河套、华北、华中由长江中下游入海，有时可侵入华南地区，沿此路径入侵的寒潮可以影响我国大部分地区，出现次数占总次数的 60%以上，冷空气经过之地有连续的大风、降温，并常伴有风沙。另一条是经过华北北部、东北平原，冷空气路径东移进入日本海，也有一部分经华北、黄河下游向西南移入两湖盆地，这一条出现次数约占其中次数的 40%，它常使渤海、黄海、东海出现东北大风，也给长江以北地区带来大范围的大风、降雪和低温天气。

2. 热带气旋活动

在我国东南沿海每年夏秋季节经常受到热带气旋的影响。台风是一种直径 1000km 左右的圆形气旋，中心气压极低，台风中心 10～30km 范围内是台风眼，台风眼中天气较好，风速很小。在台风眼外壁天气最为恶劣，最大破坏风速就出现在这个范围内。所以一般只要不是在台风正面直接登陆的地区，风速一般小于 10 级（26m/s），它的影响平均有 800～1000km 的直径范围。每当台风登陆后我国沿海可以产生一次大风过程，而风速基本上在风力发电机组切出风速（25m/s）范围之内，可以充分利用。

在我国登陆台风平均每年有 7 个，而广东每年登陆台风最多为 3.5 次，海南次之为 2.1 次，台湾 1.9 次，福建 1.6 次，广西、浙江、上海、江苏、山东、天津、辽宁合计仅 1.7 次。由此可见，台风影响的地区由南向北递减。

三、影响风能利用的灾害性天气

1. 台风

台风具有暖性高湿和强烈辐合的特点，它能量很大，来势凶猛，常常伴有狂风、暴雨、风暴潮等强烈的天气，是影响我国的主要灾害性天气系统之一。台风移近海岸时，狂风可引起大范围巨大的海潮，使沿海地区受到猛烈冲击。登陆台风带来的狂风暴雨常使建

筑物、输电线路等地面设施遭受严重破坏，对裸露在大气中、对以自然风为动力的风力发电机组叶轮构成了很大的威胁，轻者引起发电机组部件损伤，重者造成叶片损坏甚至塔架倾覆。

2. 低温

温度条件也是风电场建设要考虑的一个重要因素。低温下发电机组的运行状况、零部件的性能、机组的可维护性等方面将受到影响。例如随着温度的降低，空气密度将增大，可能使风力发电机组出现过载现象；一般金属材料的疲劳极限随温度的降低而降低，许多主要零部件在高寒环境下存在低温疲劳问题，特别是焊缝处容易脆断破裂；电子电气器件功能受温度影响也较大；有些类型风力发电机组在正常运行时，当温度低于－20℃，风速超过额定值后，会产生无规律叶片瞬间振动现象，可导致机组振动迅速增加，影响机组正常发电，造成机组停机，同时也可能造成叶片损伤。另外，风力发电机组所使用的油品在低温时流动性变得很差，致使机组难以运转，进而危及设备安全运行。

3. 积冰

积冰是指地面树木、设施等物体表面产生的结冰现象，也称覆冰。积冰对风电场及导线线路有很大的危害，不仅增加了导线、杆件等的垂直载荷，而且使导线、杆件等的界面增大，从而增大机构的挡风面积，使风载荷增加，在积冰严重的地区有时会招致导线跳头、扭断甚至拉断或结构倒塌等事故。

4. 雷暴

雷暴是积雨云在强烈发展阶段产生的雷电现象。雷暴过境时，气象要素和天气变化都很剧烈，常伴有大风、暴雨以至冰雹和龙卷风，是一种局地性的但却很猛烈的灾害性天气。由于风力发电机组和电线线路多建在空旷地带，处于雷雨云形成的大气电场中，相对于周围环境，往往成为十分突出的目标，很容易发生尖端放电而被雷电击中。雷电释放的巨大能量会造成风力发电机组叶片损坏，发电机绝缘击穿，控制元件烧毁等，致使设备和线路遭受严重破坏。即使没有被雷电直接击中，也可能因静电和电磁感应引起高幅值的雷电压行波，并在终端产生一定的入地雷电流，造成不同程度的危害。

5. 沙尘暴

沙尘暴是指强风将地面大量沙尘卷入空中，使空气浑浊，水平能见度小于 1km 的天气现象。而强沙尘暴则是使空气非常浑浊，水平能见度小于 500m 的天气现象。

沙尘暴发生时，往往狂风大作，黄沙滚滚，遮天蔽日，天空呈土黄色甚至红黄色，阳光昏暗，能见度非常低，严重时甚至伸手不见五指；强风可吹倒或拔起大树、电杆，刮断输电线路，毁坏建筑物和地面设施，造成人畜伤亡，破坏力极大。

对于风电场来说，沙尘暴的危害是多方面的。首先，沙尘暴都伴随有大风，强沙尘暴风力达 8 级以上，甚至有的可达 12 级，相当于台风登陆的风力，大风对风电场的破坏力不言而喻。其次是大风夹带的沙粒及石块会击打、磨蚀建筑物和其他裸露物体的表面，不仅会使风电机组叶片的表面受到严重磨损，还会使叶片表面出现凹凸不平的坑洞，影响风电机组叶片气动性能，造成风电机组发电量降低。同时还会严重破坏叶片表面的机构和韧性，从而导致叶片整体的强度降低，对风电设备的运行安全造成威胁。另外，沙尘暴在向前移动时，还驱动着下层的沙粒也随之一起前行，遇到迎风和隆起的地形时，沙尘暴会对土壤造成不同程度的刮蚀，每次风蚀深度可达 1～10cm；遇到背风凹洼的地形或障碍物时，随风而至的大量沙尘又会造成沙埋，严重的沙埋深度可达 1m 以上。如果风电场建在迎风坡或地势较高的地区，沙尘暴对土地的刮蚀，会对塔基的牢固程度造成影响；在背风坡或地势低洼的地区，其沙埋作用又可使塔架的高度发生变化，影响风能吸收和转换。

第二节 风能资源测量与评估

风电场风能资源测量与评估是风能资源开发的一个重要环节，也是风能资源开发的前提和基础，对风电场的设计、建设具有重大影响，做好风电场的风能资源测量与评估对于风能开发具有重要的意义。随着风力发电技术的不断完善，根据国内外大型风电场的开发建设经验，为保证风力发电机组高效率稳定地运行，达到预期目的，风电场场址必须具有较丰富的风能资源。由此，对风能资源进行详细的勘测和研究越来越被人们所重视。

一、风能资源评估步骤

对某一地区进行风能资源评估，是项目考察和项目建设前期所必须进行的重要工作。风能资源评估分如下几个阶段：

1. 资料收集、整理分析

项目考察、资料收集的过程是项目开发体系中技术人员与开发人员相互配合协调的重要步骤，之前必须与当地相关部门做好对接工作，技术人员做好工作计划。主要内容包括：从地方各级气象台、站及有关部门收集有关气象、地理及地质的数据资料、电网接入情况、土地利用现状、周围风电发展情况等等（尽量收集周围已有的测风塔数据资料），对当地风资源资料进行分析和归类，从中筛选出具代表性的完整的数据资料，如能反映某地气候的多年（10 年以上，最好 30 年以上）平均值和极值，如平均风速和极端风速、平均和极端（最低和最高）气温、平均气压、雷暴日数以及地形地貌等。

2. 风能资源普查及风电场的宏观分区

对收集到的资料进行进一步分析，划分风能区域及其风功率密度等级，初步确定风能利用率较高的区域。根据风能资源调查与分区的结果，选择最有利的场址，以求增大风力发电机组的出力，提高供电的经济性、稳定性和可靠性；最大限度地减少各种因素对风能利用、风力发电机组使用寿命和安全的影响；结合项目考察所获得的当地电力需求及交通、电网、土地使用、环境等资料，根据风能资源查勘结果，初步确定几个风能可利用区，分别对其风能资源进行进一步分析，对地形地貌、地质、交通、电网及其他外部条件进行评价，并对各风能可利用区进行相关比较，从而选出并确定最合适的风电场场址。这一般通过利用收集到的该区气象台、站的测风数据和地理地质资料并对其分析、到现场询问当地居民、考察地形地貌特征（如长期受风吹而变形的植物、风蚀地貌等手段）来进行定性，从而确定风电场场址。

3. 风电场风况观测

一般情况下，气象台、站提供的数据只是反映较大区域内的风气候，而且，由于仪器本身精度等问题，数据不能完全满足风电场精确选址及风力发电机组微观选址的要求。因此，为正确评价已确定风电场的风能资源情况，取得具有代表性的风速风向资料，了解不同高度处风速风向变化特点，以及地形地貌对风的影响，有必要对现场进行实地测风，为风电场的选址及风力发电机组微观选址提供最准确有效的数据。

现场测风可以在场区设立单个或多个测风塔来进行，时间至少 1 年以上，有效数据不得少于 90%，内容包括风速、风向的统计值和温度、气压等。测风塔的数量依地形和项目的规模而定。

二、实地测风

风电场实地测风是风能资源开发的一个重要环节，也是风能资源开发的前提和基础，它对风电场的设计、建设具有重大影响，做好风电场的测风对于风能开发具有重要的意义。

（一）测风塔概述

目前使用的测风设备主要有测风塔（图 7-1），其主要由塔底座、横杆、斜杆、风速仪支架、避雷针、拉线、测风软件以及风杯式风速计、风向标等传感器（图 7-1）组成。测风塔架设在风电场场址内，多为桁架式结构和圆筒式结构，采用钢绞线斜拉加固方式，高度一般不低于拟安装风机的轮毂高度。在塔体不同高度处安装有风速计、风向标以及温度、气压等监测设备，全天候不间断地对场址风力情况进行观测，测量数据被记录并存储于安装在塔体上的数据记录仪中。此外，测风设备还有激光雷达测风仪和声波雷达测风仪等（图 7-2）。

（1）陆地测风用测风塔

（2）海上测风用测风塔

图 7-1　陆地测风用测风塔和海上测风用测风塔

（二）测风塔设备

测风塔应具备结构安全、稳定、轻便，易于运输、安装及维护，风振动小，塔影影响小及防腐、防雷电等特点，测风塔应能抗击当地最大阵风冲击以及 10～20 年一遇的自然灾害（如暴雨、洪水、泥石流、凝冻结冰等）。对于有结冰凝冻气候现象的风电场，在测

（1）激光雷达测风仪

（2）声波雷达测风仪

图 7-2　激光雷达测风仪和声波雷达测风仪

风塔设计、制作时应予以特别考虑。测风塔的形式可根据风电场的自然条件和交通运输条件，选用桁架形拉线塔、圆筒形拉线塔、桁架形自立塔中的一种，以满足测风要求为原则。测风塔的接地电阻应尽量满足规范要求（小于 4Ω），若接地确有困难，应尽可能采用降阻剂等措施降低接地电阻；对于多雷暴地区，测风塔的接地电阻应引起高度重视。

测风塔中安装的测风设备包括：风速计、风向标、测风软件、温度计、气压计和湿度计等。

1. 风速计

风速计是测量空气流速的仪器。它的种类较多，有风杯风速计、螺旋桨式风速计、热线风速计、声学风速计等。气象台站最常用的为风杯风速计。

（1）风杯风速计　它是最常见的一种风速计，其结构如图 7-3 所示。风杯式风速计最早由英国鲁宾孙发明，当时是四杯，后来改用三杯的。三个互成 120°固定在支架上的抛物形或半球形的空杯都顺一面，整个架子连同风杯装在一个可以自由转动的轴上。在风力的作用下风杯绕轴旋转，其转速正比于风速。转速可以用电触点、测速发电机或光电计数器等记录。

图 7-3　三杯式风速计示意图

（2）螺旋桨式风速计　它是一组三叶或四叶螺旋桨绕水平轴旋转的风速计。螺旋桨装在一个风标的前部，使其旋转平面始终正对风的来向，它的转速正比于风速。

（3）热线风速计　一根被电流加热的金属丝，流动的空气使它散热，利用散热速率和风速的平方根呈线性关系，再通过电子线路线性化（以便于刻度和读数），即可制成热线风速计。热线风速计分旁热式和直热式两种。旁热式的热线一般为锰铜丝材料的，其电阻温度系数接近于零，它的表面另置有测温元件；直热式的热线多为铂丝材料的，在测量风速的同时可以直接测定热线本身的温度。热线风速计在小风速时灵敏度较高，适用于对小风速进行测量。它的时间常数只有百分之几秒，是大气湍流和农业气象测量的重要工具。

（4）声学风速计　在声波传播方向的风速分量将增加（或减低）声波传播速度，利用这种特性制作的声学风速表可用来测量风速分量。声学风速表至少有两对感应元件，每对包括发声器和接收器各一个，使两个发声器的声波传播方向相反，如果一组声波顺着风速分量传播，另一组恰好逆风传播，则两个接收器收到声脉冲的时间差值将与风速的分量成正比。如果同时在水平和铅直方向各装上两对元件，就可以分别计算出水平风速、风向和铅直风速。由于超声波具有抗干扰、方向性好的优点，声学风速表发射的声波频率多在超声波段。

风速计安装在测风塔已确定的各个高度上。为减小测风塔的“塔影效应”对风速测量的影响，风速计应固定在由测风塔塔身水平伸出的牢固支架上，并与塔体保持一定的距离：桁架式结构测风塔为塔架平面尺寸的 3 倍以上、圆管形结构测风塔为塔架直径的 6 倍以上，固定风速计的支架应进行水平校正。安装风速计的支架与测风区主风方向的夹角控制在 30°～90°。

此外，一个被加热物体的散热速率与周围空气的流速有关，利用这种特性可以测量风速，这类测风仪器称为热力式或散热式风速计，主要用于测量小风速。声学风速计没有转动部件，响应快，能测定沿任何指定方向的风速分量，但造价太高。一般测量风速使用旋转式风速计。

2. 风向标

风向标是测量风向的最通用装置，有单翼型、双翼型和流线型等，风向标一般是由尾翼、指向杆、平衡锤及旋转主轴四部分组成的首尾不对称平衡装置。其重心在支撑轴的轴心上，整个风向标可以绕垂直轴自由摆动。常用于测风塔上的风向标为机械式风向标，其结构如图 7-4 所示。

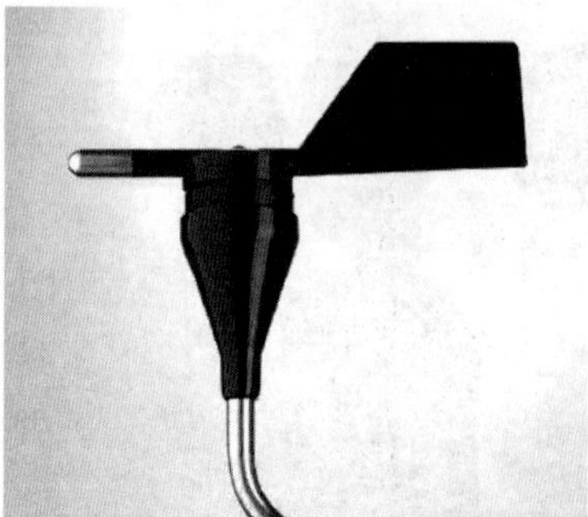

图 7-4　机械式风向标

风向标安装在测风塔已确定的高度上，应固定在桁架式结构测风塔直径的 3 倍以上、圆管形结构测风塔直径的 6 倍以上的牢固横梁处，迎主风向安装（横梁与主风向呈 90°），并进行水平校正。此外，风向标应根据当地磁偏角修正，按实际“北”方向安装。

风向的表示一般用 16 个方位表示，即为北北东（NNE）、东北（NE）、东北东（ENE）、东（E）、东南东（ESE）、东南（SE）、南南东（SSE）、南（S）、南南西（SSW）、西南（SW）、西南西（WSW）、西（W）、西北西（WNW）、西北（NW）、北北西（NNW）、北（N），静风即为（C）。

风向也可以用角度来表示，以正北为基准，顺时针方向旋转，东风为 90°，南风为 180°，西风为 270°，北风为 360°。

3. 测风软件

测风软件主要作用是将测风塔所测风速、风向、温度和大气压力等各项指标通过传感器以数据形式记录下来，以便风资源工程师对风资源数据进行后续分析。

目前我国所用测风塔测风软件主要为：NRG 软件、NOMAD 软件、Second-wind 软件和我国气象部门自主研发的测风软件等。

4. 测风设备的维护和数据管理

目前风电场测风数据的收集、传输一般采用自动方式，同时还可以远程监控。因此，在风电场测风运行期间，应随时注意测风数据、测风设备运行、数据传输是否正常，一旦发现异常，应及时进行处理。除了进行远程监控外，还应定期或不定期到测风现场对仪器设备进行检查，从测风记录存储卡上收集原始测风数据。

按照规范要求，风电场前期测风一般要持续 1 年以上，因此最好每个月对测风数据进行初步的整理分析，主要对测风数据完整性、合理性、平均风速、平均风功率密度、风向分布等进行统计分析，发现测风过程中存在的问题，及时提出解决的方法和建议。

三、测风塔的选址

1. 测风塔选址方法

对于前面工作中已确定的风电场区域，首先获取 1∶50000 的风电场区域地形图，根据风电场区域给定的各个拐点坐标，确定风电场在地形图上的具体位置，并扩展到外沿 5km 的半径范围，根据等高线的多少、疏密和弯曲形状以及标注的高程等对风电场的地形地貌进行分析，确定风电场区域内的高差和坡度，找出影响风力变化的地形特征，如高山、丘陵以及其他障碍物。

2. 测风塔选址原则

所选测风塔安装地点应在风电场中具有代表性，并且周围比较开阔；附近应无高的建筑物等障碍物，与单个障碍物距离应大于障碍物高度的 3 倍，与成排障碍物距离应保持在障碍物最大高度的 10 倍以上。

测风塔安装的数量应依风电场的地形复杂程度而定，对于地形较平坦的风电场，可选择在场址中央选择有代表性的位置建立 1～2 座测风塔；对于地形复杂的风电场，测风塔的数量应根据地形的复杂程度适当增加。

3. 测风塔的安装要求

风电场测风塔安装时应设在最能代表风电场风能资源的位置上，需远离高大树木和障碍物。如果测风塔必须位于障碍物附近，则在盛行风向的下风向与障碍物的水平距离不应小于该障碍物高度的 10 倍处安装；如果测风塔必须设立在树木密集的地方，则至少应高出树木顶端 10m。安装数量根据地形特征应能满足风资源评价的要求，一般在风电场区域内安装 2 台以上的测风塔。测风塔一般应至少布置 3 层的风速观测装置，同时要布置风向、温度、气压、湿度等气象要素观测以满足今后风能资源评估和设计的有关要求。例如：对于 100m 高的测风塔，风速观测通常设置为 7 层，一般在 10m、30m、50m、70m、80m、90m、100m（2 套）高度设置。测风塔的风向观测布置，一般布置两层，分别位于测风塔底层高度和顶层高度。对于特殊情况的风电场（如植被较高等）可适当调整或增加风向观测装置。其他设备如温度计、气压计和湿度计等一般安装在测风塔 5～10m 高度的设备箱中。测风塔测量内容为风速、风向、气压、温度及湿度等。

四、风能资源评估参数

建设风电场，选定合适的场址是至关重要的。场址选择的正确与否将直接关系到许多方面的因素，近则运输、施工、安装及环境等方面，远则将来的风力发电机组出力及产量至风电场效益。而这当中，风力发电机组发电量又是决定风电场效益好坏的最直接的决定因素。要确定正确的风电场址，进行精确的风能资源评估分析是非常关键的。只有对风能资源进行详细细致的考察评估并对其进行处理计算，才能了解当地的风势风况。风能资源分析评估是设计选择建设风电场首要的条件，进行风能资源评估及风电场选址要考虑评价以下几个主要指标及因素。

1. 平均风速

平均风速是最能反映当地风能资源情况的重要参数，分月平均风速和年平均风速。由于风的随机性，计算时一般按年平均来进行计算。年平均风速是全年瞬时风速的平均值。年平均风速越高，则该地区风能资源越好，安装风力发电机组的单机容量也相应可以提高，风力发电机组出力也好。一般来说，只有年平均风速大于 6m/s（合 4 级风）的地区才适合建设风电场。风能资源的统计分析及年平均风速的计算要依据该地区多年的气象站数据和当地测风设备的实际测量数据进行（气象资料数据要统计 30 年以上的数据，至少 10 年的每小时或每 10min 风速数据表，采样间隔为 1m/s；现场测风设备的实际测量数据统计方式要与气象站提供数据相一致，统计时间为至少 1 年）。

2. 风功率密度

由风能公式可知，风功率密度只和空气密度和风速有关，对于特定地点，当空气密度视为常量时，风功率密度只由风速决定。

由于风速具有随机性，其每时每刻都在变化，故不能使用某个瞬时风速值来计算风功率密度，只有使用长期风速观测资料才能反映其规律。

风功率密度越高，则该地区风能资源越好，风能利用率也越高。风功率密度的计算可依据该地区多年的气象站数据和当地测风设备的实际测量数据进行；也可利用 WAsP 软件对风速风向数据进行精确的分析处理后计算。

3. 主要风向分布

风向及其变化范围决定风力发电机组在风电场中的确切的排列方式，风力发电机组的排列方式很大程度地决定各台风力发电机组的出力从而决定风电场的发电效率，因此，主要盛行风向及其变化范围要精确。同平均风速一样，风向的统计分析也要依据多年的气象站数据和当地测风设备的实际测量数据进行。利用 WAsP 软件可对风向及其变化范围进行精确的计算确定。

4. 年风能可利用时间

年风能可利用时间是指一年中风力发电机组在有效风速范围（一般取 3～25m/s）内的运行时间。

第三节 风电场宏观选址

风电场宏观选址即风电场场址宏观选择，是在没有进行风资源测量的前提下，在研究国家及地区风电发展规划的基础上，详细调查地区风能资源分布情况，广泛收集区域风电场运行数据，通过对若干拟选场址的风能资源、电网接入和其他建设条件的分析比较，初步选择可建设风电场，并大致确定风电场的范围和建设容量，作为投资商进行资源测量、协议签订的基本依据。优质的宏观选址能够为投资商节省前期费用。风电场宏观选址是风电场开发的第一步，也是风电场开发的“根”!

一、风电场宏观选址程序

（1）参照国家风能资源分布区划，首先在风能资源丰富区内候选风能资源区，每个候选区应具备以下特点：有丰富的风能资源；在经济上有开发利用的可行性；有足够的面积；具备良好的场地形、地貌。

（2）将候选风能资源区再进行筛选，以确定其中有开发前景的场址。在这个阶段，非气象学因素，比如交通、通信、联网、土地投资等因素对该场址的取舍起着关键的作用（以上筛选工作须收集当地气象站的有关气象资料，灾害性气候频发的地区应该重点分析其建场的可能性）。

（3）对准备开发建设的场址进行具体分析，做好以下工作。

①进行现场测风，取得足够精确的数据，至少取得一年的完整测风资料，以便对风力机发电量进行精确估算。

②确保风能资源特性与待选风力发电机组设计的运行特性相匹配。

③进行场址初步工程设计，确定开发建设费用。

④确定风力发电机组输出对电网系统的影响。

⑤评价场址建设、运行的经济效益。

⑥对社会效益进行评价。

二、风电场宏观选址条件

风电场宏观选址，要结合风能资源及相关气候条件、地形和交通运输条件、土地征用与土地利用规划、工程地质、接入系统、环境保护以及风电场建设的其他因素，对候选风电场进行综合评估，并拟定场址。

1. 风能资源丰富、风能质量好

风力发电场是依靠风电机组转化风能来进行发电的，所以建设风力发电场最基本的条件就是要有丰富的风能资源，并且风能质量要好。这些地区应该满足以下条件：

（1）年平均风速较高而且可利用小时数高　一般平均风速达到 6m/s 以上。风速 3～25m/s 的累积小时数在 5000h 以上。

（2）风功率密度大　年平均风功率密度大于 300W/m^2。风功率密度是风在单位时间垂直通过单位面积所做的功，计算见式（7-1）。

$$w=\frac{E}{A\cdot t}=\frac{1}{2}\rho v^3 \tag{7-1}$$

式中　w——风功率密度，W/m^2

E——风的动能，N·m

A——单位面积，m^2

ρ——空气密度，kg/m^3

v——风速，m/s

t——时间，s

温度、气压、湿度及海拔的变化都会引起空气密度的变化，从而改变了风功率密度，由此改变风电机组的发电量，对于空气密度的计算采用式（7-2）。

$$\rho = \frac{1.276}{1+0.00366T} \times \frac{P-0.378e}{1000} \tag{7-2}$$

式中 ρ——累年平均空气密度，kg/m^3

P——累年平均气压，hPa

e——累年平均水汽压，hPa

T——累年平均气温，℃

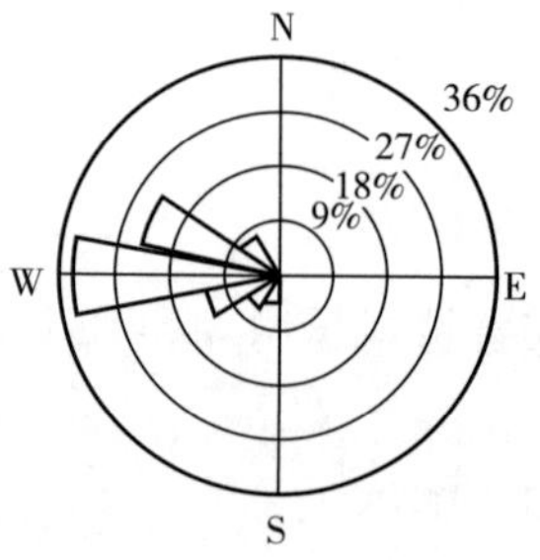

图 7-5 风向玫瑰图

（3）盛行风向稳定 一般来说，根据气候和地理特征，某一地区基本上只能有一个或者两个盛行主风向且几乎方向相反，这种风向对风机排布有利。但是，也有可能出现风况较好，但没固定盛行风向，这种情况会给风电机组排布带来较多不便。选址考虑风向影响时，可根据风向玫瑰图和风能玫瑰图来确定盛行主风向。如图 7-5 所示风向玫瑰图，其主导风向在 30％以上地区可以认为是风向稳定区。

（4）风速的日变化、季节变化小 风电场选址时尽量不要选在有较大的风速日变化和季节变化的地区。我国属于季风气候，冬季风大，夏季风小，所以在风场选择时依据该地区平均风速的年变化曲线和日变化曲线来判断，如图 7-6、图 7-7 所示。

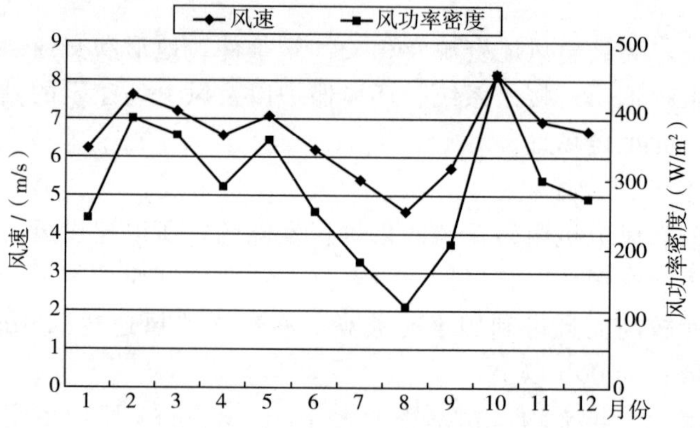

图 7-6 风速和风功率密度年变化曲线

（5）风切变要小 风机选址时要考虑地面粗糙度引起的不同风轮廓线，当风垂直切变非常大时，对风力发电机组运行十分不利。风切变是指风矢量在垂直方向上的空间变化。在近地面层中，空气运动受到地面的摩擦而使速度减小。离地面越高，摩擦越小，风速越大，故风速一般随高度而增大。风速与高度的关系，一般按幂律分布，即式（7-3）：

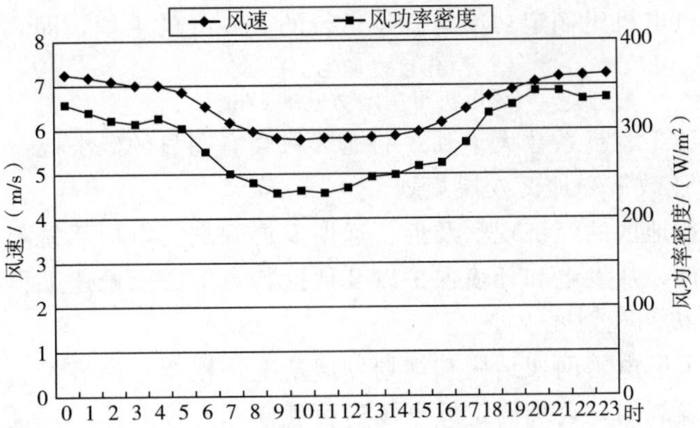

图 7-7　风速和风功率密度日变化曲线

$$\frac{V_n}{V_1} = \left(\frac{Z_n}{Z_1}\right)^{\alpha} \tag{7-3}$$

$$\alpha = \frac{\lg\left(\frac{V_n}{V_1}\right)}{\lg\left(\frac{Z_n}{Z_1}\right)} \tag{7-4}$$

式中　V_n——高度 n 处的风速，m/s

V_1——参考高度处的风速，m/s

Z_n——离地高度，m

Z_1——参考离地高度，m

α——地面粗糙度影响指数

准确计算得到预装轮毂高度处的风资源数据，是对风电场风资源评估及发电量估算的先决条件。但实际测风中测风仪器的安装高度并不是完全都与风机的轮毂高度一致，所以在估算风电机组发电量时需要根据测风塔的实际测风数据，利用风切变指数推算出实际轮毂高度的风速。风切变的计算准确性直接影响到风电场机组的选型、轮毂高度的选择以及风电场产量是否达标。

（6）湍流强度要小　由于风是随机的，加之场地表面粗糙和附近障碍物影响，由此产生的无规则的湍流会给风电机组带来无法预计的危害，主要表现在减小可利用风能、使风电机组产生振动以及缩短风电机组寿命。因此，在选址时，要尽量避开粗糙地表以及上风向地形有起伏和较大障碍物的地区。10min 湍流强度按照式（7-5）计算。

$$I_T = \frac{\sigma}{v'} \tag{7-5}$$

式中　σ——10min 风速标准偏差，m/s

v'——10min 平均风速，m/s

（7）极端风速小　风力机最大设计风速一般取当地最大风速。在此风速下，要求风力机能抵抗垂直于风的平面上所受到的压强，使风力机保持稳定、安全，不致产生倾斜或被破坏。因此极端风速大的地区，要求风电机组强度要高，导致成本变高，而且这种极端风速一旦出现，对风电机组的损害也是非常严重的。

（8）容量系数大　容量系数是指风机的年度电能净输出，也就是在真实负荷条件下的

年度电能输出除以风电机组额定功率与全年运行的8760h的乘积，即

$$C_f=\frac{\text{年度电能输出}}{\text{风电机组额定功率}\times 8760}\times 100\% \tag{7-6}$$

风力发电场选址于容量系数大于0.3的地区将会有明显的经济效益。

2. 符合国家产业政策和地区发展规划

根据风电场所在地区的经济现状及近、远期发展规划、电力系统现状及发展规划，结合地区能源供应条件，从发电和环境保护以及地区特点等方面论述工程的作用和意义。

3. 满足电网连接和规划要求

选址前应充分了解电网网架结构和规划发展情况，根据电网容量、电压等级、电网网架、负荷特性、建设规划，合理确定风电场建设规模和开发时序，保证风电场接得进、送得出、落得下。

4. 满足交通运输及施工安装条件

要考虑所选定的风场交通运输情况，设备供应运输是否便利，运输路段及桥梁承载是否合适风机运输车辆，风场的交通便利是否将影响风场建设等。项目宏观选址阶段需要工程、成本相关人员配合完成现场勘查工作，给出专业性建议。

5. 避开极端气候及地质灾害区域

在选址中，应对某些对风机有影响的灾害天气予以考虑。灾害性天气包括强暴风（雪）、雷电、沙暴、冰雹、霜冻、盐雾等。但是，选址时，有时不可避免地要将风机安装在这些地区，此时，在进行风机设计时就应该将这些因素考虑进去，要对历年来出现的冰冻、沙尘情况及出现频率进行统计分析，并在风机设计时采取相应措施。

6. 满足环境保护评价及土地占用要求

项目根据地区特点进行排查，规避自然保护区、林地属性、风机噪声等对环境有影响因素，对拟选区域基本农田、区域界线等进行排查规避。另外风场对动物特别是对飞禽及鸟类有伤害，对草原和树林也有些损害。为了保护生态，在选址时应尽量避开鸟类飞行路线。候鸟及动物停留地带及动物筑巢区，尽量减少占用植被面积。

7. 项目有效利用面积、地形建设条件与项目理论容量的匹配度

要考虑风场区域的复杂程度，地形单一的风场会减少对风电机组的干扰，有利于机组最佳状态运行；反之地形复杂多变，产生扰流现象严重，对风电机组出力不利。风场选址时要考虑选定场址的土质情况，如是否适合深度挖掘（塌方、出水等）、房屋建设施工、风机基础施工等。要详细地反映该地区的水文地质资料，并依照工程建设标准进行评定。从长远看，风场选址要远离地震带、火山频繁爆发区以及具有考古意义及特殊使用价值的地区。另外，风机运行会产生噪声，风场应远离人口密集区。

8. 满足投资收益率要求

根据项目容量、拟选机型、发电量估算、建设条件、成本估算等对项目收益率进行初步估算，判断项目是否满足投资收益率最大的要求。

三、风电场宏观选址步骤

1. 备选场址的初步确定

在一个较大范围内，如全国或一个省、一个县、一个电网辖区内，确定几个可能建设

风场的区域，寻找备选场址首先进行室内作业。

全国已经建成很多风电场，这些风电场的大致位置都可以在一些相关的网站和国家核准计划文件上找到，可以通过已建风电场的测风数据了解风速风向，或者发电运行情况，确定周围区域是否有开发前景、开发可能，比较拟选场址和已建场址的地形地貌，这是寻找备选场址的捷径。

中国气象科学研究院和一些地区的有关部门绘制了全国或地区的风能资源分布图，按照风功率密度和有效风速小时数进行了风能资源区划，还可以咨询一些有经验的风电场开发人员获得风能资料以指导宏观选址。

通过上述几种途径可以大致确定拟选风场场址。

2. 备选场址图上落实

在确定风电场大致范围的基础上，可以利用 Google earth 和 Global mapper 了解拟选风场范围的地形地貌和交通条件，这样可以在初步确定范围的基础上加以调整。可以从以下 6 个方面选择风资源较好的区域：

(1) 经常发生强烈气压梯度区域内的隘口和峡谷；

(2) 从山脉向下延伸的长峡谷；

(3) 高原和台地；

(4) 强烈高空风区域内暴露的山脊和山峰；

(5) 强烈高空风，或温度、压力梯度区域内暴露的海岸；

(6) 岛屿的迎风和侧风角。

在划定范围的同时我们可以初步考虑交通条件、土地属性，应避开矿藏、地下输油管道和通信线路、国家公园、自然保护区、军事基地、珍稀动植物区以及候鸟保护区和候鸟迁徙路径等法律法规保护的区域；尽量不把规划区域选在基本农田、森林茂密的地区，而应选在盐碱地、荒地、草地等区域。

有关土地属性中的基本农田、盐碱地、森林、居民区、工厂等资料可以从 Google earth 大致了解，但准确的土地属性还需要现场考察和从当地的国土局或土地局拥有的土地利用现状图才能最终确定。

3. 现场考察

现场考察这部分工作一般是在 10d 左右考察 3～4 个有代表性的区域，作用是快速验证之前的结论是否正确及到现场查看是否有遗漏或者是否有更好的区域可以选择，现场考察也能更好地把握地形条件，拟选的区域也有可能已经被其他单位圈定。现场考察时会出现许多没有预见到的问题，需根据不同的情况做出相应的抉择。宏观选址的现场考察主要做以下几方面的工作：

第一，现场判断风资源情况。可以通过上面中提到的 6 个方面进行直观的判断，也可以通过以下方法进行实地判断。

(1) 植物变形判别法　植物因长期被风吹而导致永久变形的程度可以反映该地区风力特性的一般情况。特别是树的高度和形状能够作为记录多年持续的风力强度和主风向证据。树的变形受几种因素影响，包括树的种类、高度、暴露在风中的程度、生长季节和非生长季节的平均风速、年平均风速和持续的风向。已经发现年平均风速是与树的变形程度最相关的因素。

（2）风成地貌判别法　地表物质会因风而移动和沉积，形成干盐湖、沙丘和其他风成地貌，表明附近存在固定方向的强风，如在山的迎风坡岩石裸露，背风坡砂砾堆积。在缺少风速数据的地方，利用风成地貌有助于初步了解当地的风况。

（3）当地居民调查判别法　有些地区由于气候的特殊性，各种风况特征不明显，可通过对当地长期居住居民的询问调查，定性了解该地区风能资源的情况。

第二，应该仔细地考察拟选区域的地形地貌。收集拟选场址周围地形图，可以从场址对应的 Global Mapper 地图上分析地形情况。场址选择时在主风向上要求尽可能开阔、宽敞，障碍物尽量少和没有高大障碍物如高大的山脉、建筑物，粗糙度低，对风速影响小；另外，应选择地形比较简单的场址，场址内地形起伏太大、沟壑多不利于设备的运输、安装和管理，装机规模也受到限制，难以实现规模开发，场内交通道路投资相对也大。

第三，应仔细考察拟选区域的土地属性情况。风电场选址时应注意与附近居民、工厂、企事业单位保持适当距离，尽量减小噪声污染；应避开矿藏、地下输油管道和通信线路、自然保护区、军事基地、珍稀动植物区以及候鸟保护区和候鸟迁徙路径等法律法规保护的区域；尽量不把规划区域选在基本农田、森林茂密的地区，而选在盐碱地、荒地、草地等区域。

第四，应该仔细考察拟选区域的交通条件。风能资源丰富的地区一般都在比较偏远的山区，如山脊、戈壁滩、草原、海滩和海岛等，大多数场址需要拓宽现有道路并新修部分道路，以满足设备的运输。在风电场选址时，应了解风场周围交通运输情况，尽量选择那些离已有公路较近，对外交通方便的场址，以利于减少道路的投资。

第五，向周围的气象站了解当地的大致风向、大风月和小风月。对变电站进行考察，了解电网的负荷消纳情况和未来电网的规划情况，向相关部门咨询，搜集相关资料。

第六，对周围已建风场情况进行考察，包括风场的位置、风机的排布、风机运行情况、风电的输出，这些资料和信息可以直接用于判断拟选区域的风资源情况，为拟选区域的选择与否起到至关重要的作用。

4. 宏观选址现场踏勘

宏观选址现场踏勘前，需要咨询机构先进行室内选址工作，主要是根据拟选场址的地形图分析当地风资源典型特征，包括对风机排布方式、风场规划容量做最初的估算。室内选址工作完成后，由项目业主组织，并邀请地方相关部门人员一道对拟选场址进行实地考察。考察的主要内容是风能的大小，同时至少包括土地的可用性（规划）、地形地貌、工程地质、交通运输、电网情况、初步确定的测风塔的位置。

5. 编制《风电场宏观选址报告》

通过图上选址和现场踏勘以后，咨询单位综合分析资源条件和其他建设条件，排除那些不具备一项或多项建设条件的地点，如风能很小、土地征用难度大、进场道路与场内道路造价高、接入系统造价很高甚至无法解决等。最后，确定若干备选场址，并编制《风电场宏观选址报告》。

第四节　风电场微观选址

风电场微观选址即风电机组位置的选择。通过对若干方案的技术经济比较，在确定的风电场区域选择合适的风力发电机组和风电场容量，使用合适的方法选定每台风力发电机的位置。最终的目标是使风电场项目获得最大的经济效益，机组运行载荷小和建设成本最低。

一、风电场微观选址基本原则

1. 尽量减小风电机组之间尾流的影响

有关研究成果表明，对于单台风电机组，如果叶轮直径记为 D，那么风流经风轮后 $2D$～$3D$ 位置处，风速减少 35%～45%；在距风轮 $8D$ 处，风速减少约 10%。风经过风轮后所产生的尾流直径也会随着流动距离的增大而增大，在距风轮 $8D$～$10D$ 位置处尾流直径增加到 $2.6D$～$2.8D$。对于行距为 $8D$～$11D$、列距为 $2D$～$3D$ 的布置，在 10m/s 风速时第二排的能量损失为 8%～20%。在平坦地区进行的 7 行布置的风电场的测量，其行距为 $9D$，列距 $2D$，第七排比第一排能量约损失 20%。综上表明，要减小尾流影响，就要增加风电机组之间的距离。而这和集中布置的原则是矛盾的，所以方案比较就要在矛盾中寻求最优。

一般而言，机组布置的行距为 $3D$～$5D$，列距为 $5D$～$9D$。单行风电场的风电机最小列距为 $3D$，多行风电场的风电机最小列距为 $5D$。风向集中的场址列距可以小一些，风向分散的场址列距就要大一些。多行布置时，呈梅花形布置尾流影响要小一些。

2. 满足风电机组的运输条件和安装条件

在平坦地形条件下，满足这一原则是很容易的；在山区，满足这一原则经常有难度。要根据所选机型需要的运输机械和安装机械的要求，机位附近要有足够的场地能够作业和摆放叶片、塔筒，道路有足够的坡度、宽度和转弯半径使运输机械能到达所选机位。

3. 视觉上要尽量美观

在与主风能方向平行的方向成列，垂直的方向上成行。行间平行，列距相同。行距大于列距发电量较高，但等距布置在视觉上较好。追求视觉上的美观，会损失一定的发电量。因此在经济效益和美观上，也要有一定的平衡。

二、风电场微观选址基本方法

风电场微观选址方法受风电场所在区域地形情况和主导风向影响较大，不同地形和风向所采取的选址方法不同。

（一）简单地形的风电场

简单地形可以定义为在风电场区及周围 5km 半径范围内其地形高度差小于 50m，同时地形最大坡度小于 3°的地形。实际上，对于周围特别是场址的盛行风的上（来）风方向，没有大的山丘或悬崖之类的地形，仍可作为平坦地形来处理。

对于简单地形，风电场可以简单按排布规则进行排布，比如非常平坦且开阔的草原和戈壁滩，采用“梅花形排法”。前后排的距离 H 通常等于 5～10 倍的叶轮直径；垂直主风向的相邻两台风机距离 L 通常等于 3～5 倍的叶轮直径。简单地形风电机组排布如图 7-8 所示。

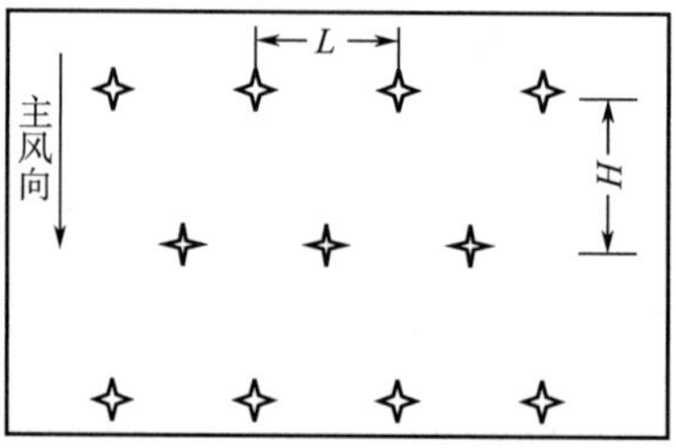

图 7-8 简单地形风电机组排布方法

（二）复杂地形

复杂地形是指平坦地形以外的各种地形，大致可以分为隆升地形和低凹地形两类。局部地形对风力有很大的影响。这种影响在总的风能资源分区图上无法表示出来，需要通过对风电场测风数据进行处理，结合实地测绘地图，选择多种不同排列间距，使用相关风电场微观选址软件进行结合处理，最终选择最佳的排布方案。

复杂地形下的风力特性的分析是相当困难的。但如果了解了典型地形下的风力分布规律和特性，就可以进一步分析复杂地形下的风电机组布置方法。

1. 山区风的水平分布和特点

在一个地区自然地形提高，风速可能提高。但这不只是由于高度的变化，也是由于受某种程度的挤压（如峡谷效应）而产生了加速作用。在河谷内，当风向与河谷走向一致时，风速将比平地大；反之，当风向与河谷走向相垂直时，气流受到地形的阻碍，河谷内的风速大大减弱。新疆阿拉山口风区，属中国有名的大风区，因其地形的峡谷效应，使风速得到很大的增强。山谷地形由于山谷风的影响，风将会出现较明显的日或季节变化。因此选址时需考虑到用户的要求。一般地说，在谷地选址时，首先要考虑的是山谷风走向是否与当地盛行风向相一致。这种盛行风向是指大地形下的盛行风向，而不能按山谷本身局部地形的风向确定。因为山地气流的运动，在受山脉阻挡情况下，会就近改变流向和流速，在山谷内风多数是沿着山谷吹的。然后考虑选择山谷中的收缩部分，这里容易产生狭管效应。而且两侧的山越高，风也越强。另一方面，由于地形变化剧烈，所以会产生强的风切变和湍流，在选址时应该注意。

2. 山丘、山脊地形的风电场

对山丘、山脊等隆起地形，主要利用它的高度抬升和它对气流的压缩作用来选择风力发电机组安装的有利地形。相对于风来说展宽很长的山脊，风速的理论提高量是山前风速的 2 倍，而圆形山包为 1.5 倍，这一点可利用风图谱中流体力学和散射实验中试验所适应的数学模型得以认证。孤立的山丘或山峰由于山体较小，因此气流流过山丘时主要形式是绕流运动。同时山丘本身又相当于一个巨大的塔架，是比较理想的风力发电机组安装场址。国内外研究和观测结果表明，在山丘与盛行风向相切的两侧上半部是最佳场址位置。这里气流得到最大的加速。其次是山丘的顶部。应避免在整个背风面及山麓选定场址，因为这些区域不但风速明显降低，而且有强的湍流。

3. 海陆对风的影响

除山区地形外，在风力发电机组选址中遇得最多的就是海陆地形。

由于海面摩擦阻力比陆地要小，在气压梯度力相同的条件下，低层大气中海面上的风速比陆地上要大。因此各国选择大型风力发电机组位置有两种：一是选在山顶上，这些站址多数远离电力消耗的集中地；二是选在近海，这里的风能潜力比陆地大50%左右，所以很多国家都在近海建立风电场。

从上面对复杂地形的介绍及分析可以看出，虽然各种地形的风速变化有一定的规律，但做进一步的分析还存在一定的难度。因此，应在当地建立测风塔，利用实际风和测量值来与原始气象数据比较，做出修正后再确定具体方案。

三、风电场微观选址的步骤

风电机组的布置和发电量的计算，一般都借助于 WAsP 和 WindFarmer 两个软件。具体步骤如下：

（1）确认风电场可用土地的界限。

（2）结合地形、地表粗糙度和障碍物等，利用风电场测量站所测并经过订正的风的资料，在风电场范围内绘制出一定轮毂高度的风能资源分布图。

（3）根据微观选址的基本原则和风电场的风能资源分布图，拟定若干布置方案，并用软件对各方案进行优化。

（4）对各方案的发电量、尾流影响、投资差异及其他相关因素进行经济技术综合比较，确定最终的布置方案，绘制风电机组布置图。

四、机组选型与布置

（一）风力发电机组选型

1. 风能资源分析

通过对测风塔的数据进行分析，得出代表 50～80m 高度的年平均风速、风功率密度。根据 GB/T 18710—2002《风电场风能资源评估方法》可以判断风功率密度等级，一般来说，风功率密度达到 3 级以上，风电场才有开发价值。各测风塔的风能主要集中于某几个扇区，盛行风向稳定，才有利于风能资源的有效利用。根据风电场 65～85m 轮毂高度处 50 年一遇最大风速，风电场风机轮毂高度处 15m/s 风速区间的湍流强度，判定风电场工程可以选择的风力发电机组类别。

2. 机型范围初选

（1）满足场址的气候条件　在 GB/T 18451.1—2022/IEC 61400—1:2019《风力发电机组　设计要求》中，根据轮毂高度的年平均风速 v_{ave}、50 年一遇 10min 平均最大风速 v_{ref}、湍流强度 I_{ref} 等将风电机组分为 4 个等级，同时还有一个特殊设计的 S 级，如表 7-1 所示。应根据场址的风况选择安全等级的级别。此外还应根据气温范围确定选用标准型或低温型机组。沿海和海岛地区，需注意是否对防腐和绝缘性能提出特殊要求。

表 7-1　各等级风电机组基本参数

风电机组等级	Ⅰ	Ⅱ	Ⅲ	S
v_{ave}/（m/s）	10	8.5	7.5	由设计者确定各参数
v_{ref}/（m/s）	50	42.5	37.5	
A+ I_{ref}（—）	0.18			
A I_{ref}（—）	0.16			
B I_{ref}（—）	0.14			
C I_{ref}（—）	0.12			

（2）满足单机功率要求　国内外风电场工程的经验表明，在现有的技术条件下，对于一个已知场区的风电场，单机容量选择在某个确定的范围内，项目的经济性会相对较高。在进行单机容量选择时，首先应确定一个适合于本项目的容量范围，然后在该范围内选择一种技术成熟、市场业绩良好并且经济性较高的机型。

（3）风力机的类型

①风轮输出功率控制方式：风轮输出功率控制方式分为失速调节和变桨距调节两种。两种控制方式各有利弊，各自适应不同的运行环境和运行要求。变速变桨距机型比定速定桨距机型更具优越性，它不仅能在低风速时根据风速变化，在运行中保持最佳叶尖速比以获得最大风能；也能在高风速时根据风轮转速的变化，储存或释放部分能量，提高传动系统的柔性，使功率输出更加平稳。从目前市场情况看，采用变桨距调节方式的风电机组居多。

②风电机组的运行方式：风电机组的运行方式分为变速运行与恒速运行。恒速运行的风电机组的好处是控制简单、可靠性好。缺点是由于转速基本恒定，而风速经常变化，因此风力发电机组经常工作在风能利用系数（C_P）较低的点上，风能得不到充分利用。

变速运行的风电机组一般采用双馈异步发电机或多极永磁同步发电机。变速运行方式通过控制发电机的转速，能使风力机的叶尖速比接近最佳，从而最大限度地利用风能，提高风力发电机组的运行效率。

③发电机的类型：发电机的类型包括异步发电机、双馈感应型发电机和多极永磁同步电机。风力发电机大多采用普通的异步发电机，正常运行中在发出有功功率的同时，需要从电力系统吸收一定的无功功率才能正常运行（机端的电容补偿只能减少从电力系统吸收无功功率的数量）。双馈感应型风力发电机的功率因数（$\cos\varphi$）可以在－0.95～＋0.95 变化，也就是说，可以根据电网的需要发出或者吸收无功功率，改善当地电网的电压质量，提高电力系统的稳定水平。

④风力发电机组的传动方式：风力发电机的传动方式包括齿轮传动方式与无齿轮箱直驱方式。目前，风力发电机大多采用齿轮传动，成本较低，但是降低了风电转换效率、产生噪声，是造成机械故障的主要原因，而且为了减少机械磨损需要润滑清洗等定期维护。采用无齿轮箱的直驱方式有效地提高了系统的效率以及运行可靠性，但同时也提高了电机的设计成本。

3. 轮毂高度优化

计算各机型不同轮毂安装高度下的发电量，随着轮毂高度增加，发电量增加的同时风机与塔架的运输与安装难度增大，塔筒与基础加固引起的基本投资增加。结合各风机厂家现在的生产情况、技术成熟程度和装机运行安全可靠性等因素对不同机型不同轮毂高度的发电量与经济性进行综合比较，确定候选机型的最优轮毂安装高度。

4. 风力发电机组布置

布置机位时需要考虑地形地貌、主导风向与主导风能方向、地面障碍物等影响因素。具体布置时因地制宜，根据风电场地形条件、建设规模、风力发电机组备选型号及装机的台数进行优化布置，实现在有限的场区范围内达到最大的上网发电量和最低成本的目标。

在软件优化的基础上手工调整风机位置，调整风机与防护林、村庄、线缆等地物之间的距离，考虑风机的相对集中布置，同时将尾流效应控制在合理范围内，以充分利用土地资源与风资源，减少集电线路长度，方便运输安装。

5. 不同机型发电量估算

（1）年理论发电量及单机尾流的计算　根据各机型单一机组的布置方案，利用软件，计算各种风机的年净发电量（尾流折减后），并计算风力发电机组的尾流损失。

（2）空气密度修正系数　由于风功率密度与空气密度成正比，在相同的风速条件下，空气密度不同则风电机组出力不一样，风电场年上网电量估算应进行空气密度修正。因此需要对软件在标准空气密度条件下计算得到的发电量进行修正。原理上可根据风功率密度与空气密度成正比的特点，将标准空气密度对应下的功率曲线估算的结果乘以空气密度修正系数进行空气密度修正。当实测空气密度偏离标准空气密度较大时，按正比关系进行修正的误差较大。

根据风电场具体风资源情况，结合各机型的功率曲线，计算不同机型在对应轮毂高度处能达到额定功率前的理论发电量所占比例，仅对风机满发前的发电量按照空气密度正比关系修正进行折减。

（3）控制和湍流折减　风电机组随风速风向的变化不断调整机组的运行状态，实际运行中机组控制总是落后于风的变化，使风机的输出功率减小。根据风电场湍流强度值大小情况，对控制和湍流折减系数取值，控制和湍流系数一般取97%左右。

（4）叶片污染折减　叶片表层污染使叶片表面粗糙度提高，翼型的气动性能下降。根据风电场风沙、降雨量大小、夏季昆虫多少、冬季叶片结冰等情况，判断可能造成的叶片污染程度，对叶片污染折减系数取值，一般污染系数取97%左右。

（5）风电机组利用率　风力机维护的好坏直接影响到发电量的多少和经济效益的高低。风力机本身性能的好坏，也要通过维护检修来保持，维护工作可以及时有效地发现故障隐患，减少故障发生概率，提高风机运行效率。风机维护可分为定期检修和日常排故维护两种方式。考虑到风力发电机组故障、检修对发电效率的影响，将常规检修安排在小风月。根据目前风力发电机组的制造水平和已建风电场的运行经验，一般风电场风力发电机组的可利用率为95%。

（6）功率曲线折减　考虑到风电机组厂家对功率曲线的保证率一般为95%，在计算发电量时应予以考虑，因此取风电机组功率曲线保证率为95%。

（7）场用电、线损等能量损耗　根据风电场地形复杂程度、地势起伏情况、集电线路能量损耗大小，估算场用电和输电线路、机组变电站损耗占总发电量的百分比，一般能量损耗系数为95%左右。

（8）气候影响停机　根据风电场区域冬季低温气温天数、风力发电机组适应的温度范围等情况，当风场的气温超出它的适应范围，风机将不再发电。低温环境下，风机的运行效率有所下降，且风机停机再启动需要温度回升区间。另外当气温下降到－10℃时风机的润滑系统也将会受到影响，0℃以下叶片表面结冰也会影响风机翼型的气动性能，使发电量降低。一般北方寒冷地区风电场低温气候影响折减按95%左右考虑。

（9）年上网电量测算　根据风电场各种机型风机年理论发电量扣除上述发电量损失，即得出年上网发电量，从发电量指标角度，对各种机型进行比较。

6．机型推荐

（1）不同机型综合经济比较　评价一种机型的优劣，不能仅从发电量和等效利用小时来考虑，应综合经济指标来评价。除发电量外，风电机组的价格、塔架、底座、箱变、电缆、公路以及变电站等也都是影响机型方案选择的重要因素。对风电机组进行综合指标比较，以最终确定风电场机组选型。

（2）机型选择推荐意见　确定风电项目机型最终推荐意见，主要考虑三个因素：一是所推荐机型方案的发电量指标优越；二是该方案投资经济指标合理，抗风险能力强；三是该方案上网电价低，即考虑综合技术经济指标优越的机型方案。

根据风机在发电量、机组投资、上网电价等各项综合指标上的明显优势，推荐一种风机作为选择方案，以此作为进一步工程设计的依据。

（二）风力发电机组布置

1．风电机组布置基本原则

根据风向和风能玫瑰图，以风机间距满足发电量较大、尾流影响较小为原则。

风电机的布置应根据地形条件，充分利用风电场的土地和地形，恰当选择机组之间的行距和列距，尽量减少尾流影响，并结合当地的交通运输和安装条件选择机位。

考虑风电场的送变电方案、运输和安装条件，力求输电线路长度较短，运输和安装方便。

各风机之间不宜过分分散，应便于管理、节省土地，充分利用风力资源。

2．风电机组布置指导原则

（1）盛行主风向为一个方向或两个方向且相互为反方向时，风力发电机组排列一般为矩阵式分布。风力发电机组群排列方向与盛行方向垂直，前后两排错位（图7-9）。

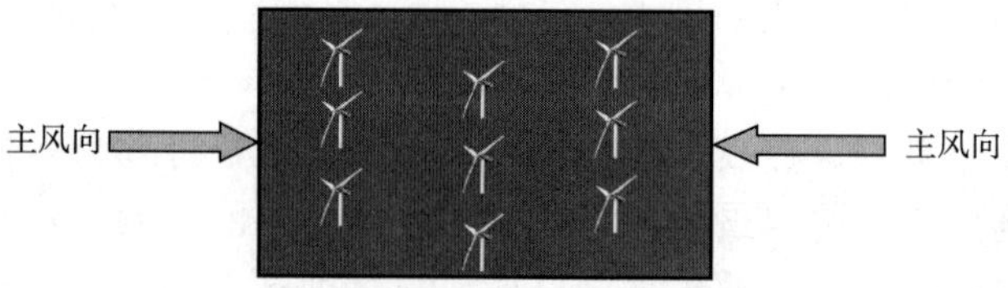

图7-9　单一风向的风电机组排布方式

（2）当场地存在多个盛行方向时，风力发电机组排布一般采用“田”字（图7-10）或圆形分布。

（3）风电场布置风电机组时，在行距（盛行风向）上要求机组间相隔5～9倍风轮直径，在列距（垂直于盛行风向）上要求机组间相隔3～5风轮直径（图7-11）。

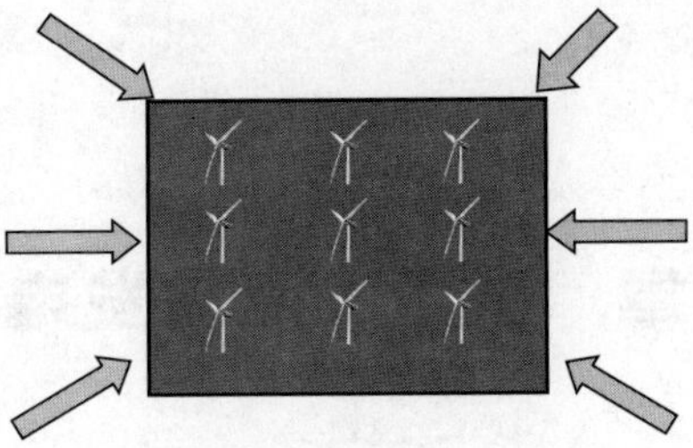

图 7-10 多个风向的风电机组排布方式

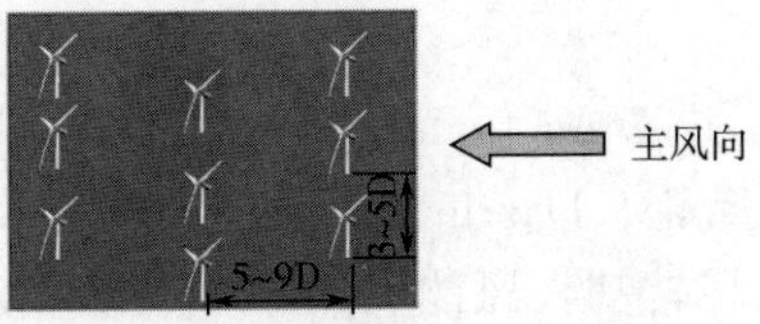

图 7-11 风电机组行列距基本要求

3. 风电机组布置推荐方案

对优选的机型进行进一步优化布置，考虑整体规划的影响，以获得较大发电量和最优经济效益为原则，既要保证风机间距以减小尾流损失，又要考虑风机的相对集中布置以减少集电线路及道路的投资；不仅考虑每个机位最优，而且考虑各风机之间的相互影响与风机长期稳定运行的安全性，从而保证整个风电场的发电量最大，效益最好。

思考题

1. 我国风能资源分布特点有哪些？
2. 风能资源测量步骤有哪些？
3. 风能资源评估参数有哪些？
4. 风电场宏观选址的基本原则和过程是什么？
5. 风电场微观选址的基本原则和过程是什么？

参考文献

[1] 刘永前．风力发电场 [M]．北京：机械工业出版社，2019.

[2] 曹云．风电场规划设计与施工 [M]．2 版．北京：中国水利水电出版社，2010.

[3] 郑源，张燎军，许昌，等．风电场规划与设计 [M]．北京：中国水利水电出版社，2021.

[4] 许昌，钟淋涓．风电场规划与设计 [M]．北京：中国水利水电出版社，2021.

[5] 田德，汪建文，许昌，等．风能转换原理与技术 [M]．北京：中国水利水电出版社，2018.

[6] 高虎．中国风资源测量和评估实务 [M]．北京：化学工业出版社，2009.

第八章　垂直轴风力发电机组

第一节　垂直轴风力发电机组概述

垂直轴风力机（vertical axis wind turbine，VAWT）风轮的转轴与风向垂直。20 世纪 20 年代开始出现 Savonius 风轮、Darrieus 风轮，如图 8-1 所示。常见的垂直轴风轮是风杯式风轮，其利用风驱动风杯转动，风能利用效率较低。对于升力型风轮（达里厄式风轮），其风能利用效率也与水平轴风力机相近。

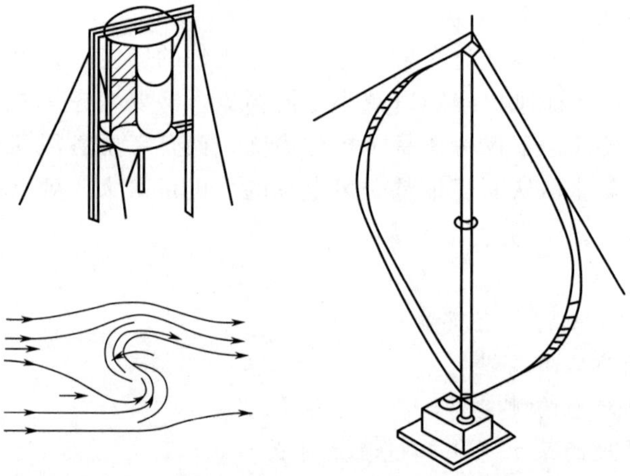

（1）Savonius风轮　　（2）达里厄Φ形风轮

图 8-1　垂直轴风力机

一、垂直轴风力发电机组的发展概况

风能，是人类最早使用的能源之一。最初的古代风机是一种简单的垂直轴风力机，公元 644 年波斯人制造了垂直轴式磨面用风力机。1219 年，我国有了关于垂直轴风力机的文献记载。宋代是中国应用风车的全盛时代，当时流行的垂直轴风磨，一直沿用至今。公元 1300 年，波斯也记载了具有多枚翼板的垂直轴风力机。

1929 年，芬兰工程师 S. J. Savonius 发明了后来以其名字命名的萨渥纽斯（Savonius）风力机［图 8-1（1）是其风轮］。Savonius 风轮将两个半圆柱侧面连接成 S 形，在回转中心处有一部分重叠区，两叶片端部之间形成一定间隙，风可以流过。由于其效率低，在小功率场合应用较多，如提水、通风换气及在冬季搅拌水塘防止结冰等。

1931 年，法国工程师达里厄（George Jeans Mary Darrieus）从美国专利局获得后来以其名字命名的达里厄风力机的专利，如图 8-1（2）所示。

20 世纪 80 年代，美国 Flowind 公司，主打机型是双叶片的 Darrieus_Φ 形垂直轴风力机，1985 年制造垂直轴风电机组 Flowind19，额定功率 250kW、旋转面积 340m^2、额定转速 61r/min、额定风速 17m/s。

1977 年 5 月，加拿大第一台大型达里厄风力机在魁北克省东部的马格达伦岛建成。1986 年，加拿大的 Lavalin 公司开始生产 Eole 系列达里厄风力机。其中 Eole-64 风力机直径达 64m，额定转速固定为 10r/min 和 11.35r/min，在风速 17m/s 时，其最大输出功率可达 3.6MW。

UGE（Urban Green Energy）风能公司，生产城市绿色能源，是全球领先的微型能源开发公司，其高效、高质量和更优美的垂直轴风电机组如图 8-2 所示。UGE 公司成功研发了磁悬浮系列的垂直轴风电机组，其叶轮易启动、噪声小、风能输出稳定。

图 8-2　屋顶风电机组

大型垂直轴风力机目前在我国还刚刚起步，与国外相比，我国对大型垂直轴风力机的研究比较少，虽然在 20 世纪 80 年代一些学者和研究机构曾经对达里厄风力机进行过研究，但并未受到广泛的重视。目前垂直轴风电机组以小型居多。

二、垂直轴风力机的类型

垂直轴风力发电机组的特征是旋转轴与地面垂直，风轮的旋转平面与风向平行。垂直轴风力机在风向改变时，无需对风，相对水平轴风力机是一大优点。这使得它结构简化，同时也减少了风轮对风时的陀螺力。

当风吹过风力机时，风轮就会旋转，风轮收到与风速平行的力为阻力、与风速垂直的力为升力，这样垂直轴风力机主要分为阻力型和升力型。阻力型垂直轴风力机主要是利用空气流过叶片产生的阻力作为驱动力，如图 8-3 所示。而升力型则是利用空气流过叶片产生的升力作为驱动力。

1. 阻力型风力机

萨渥纽斯（Savonius）风力机，是典型的阻力型垂直轴风力机。其优点是启动转矩较大，启动性能良好，但是它的转速低，尖速比小于 1，其风能利用系数低于水平轴风力机，并且在运行中围绕着风轮会产生不对称气流，从而产生侧向推力，影响其安全性。通常阻力型与升力型垂直轴机组结合应用。

2. 升力型风力机

升力型垂直轴风力发电机组利用翼型的升力做功。最典型的是达里厄（Darrieus）风

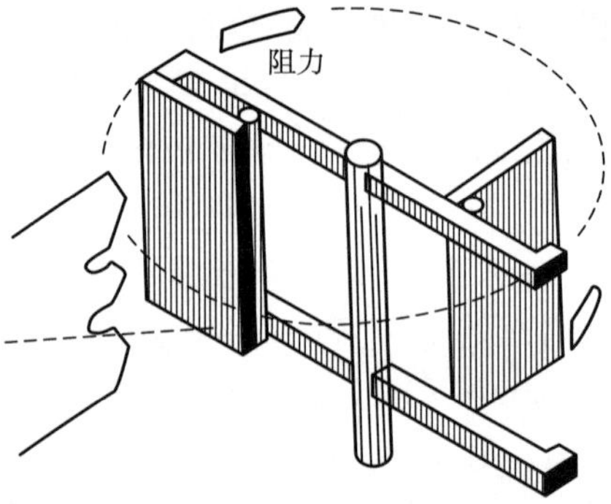

图 8-3　阻力型垂直轴风力机工作原理

力机。与其他垂直轴风力机相比，该机的风能利用系数最高。现在有多种达里厄式风力发电机，如 Φ 形、Δ 形、Y 形和 H 形等。这些风轮可以设计成单叶片、双叶片、三叶片或者多叶片。根据叶片的形状，达里厄风力发电机组可分为直叶片和弯叶片两种，叶片的翼型剖面多为对称翼型，其中以 H 形和 Φ 形风力机组最为典型，如图 8-4 所示。

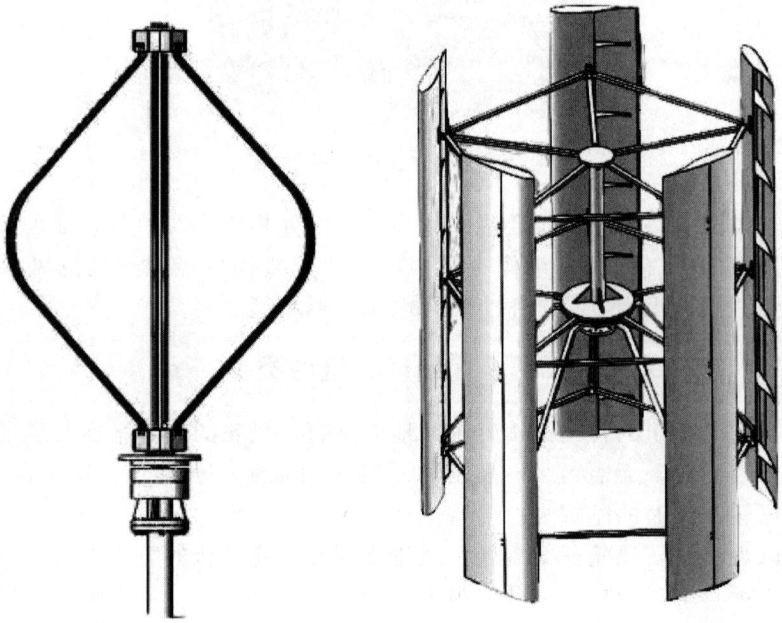

（1）Φ形　　（2）H形

图 8-4　升力型垂直轴风力机

弯叶片（Φ 形）的叶片形状，采用 Troposkien 曲线、抛物线、悬链曲线和 Sandia 型曲线。可形容为由一根柔软的绳子按一定角速度绕两端的固定点垂直旋转时所形成的曲线，这个形状可以保证叶片在离心力的作用下内弯曲应力最小。这样主要是使叶片只承受张力，因而其所受的弯曲应力很小，但其几何形状固定不变，不便采用变桨距方法控制转速。它的启动力矩低，尖速比可以很高，对于给定的风轮重量和成本，有较高的功率输出。

直线翼（H）型结构相对比较简单，但这种结构将产生离心力，使得叶片会在其连接点处产生严重的弯曲应力，所以一般都采用轮毂臂和拉索支撑，以防止离心力引起过大的弯曲应力。但这些支撑会产生气动阻力，降低效率。另外，对于高度和直径相同的风轮，Φ 形转子比 H 形转子的扫掠面积要小一些。达里厄风力机的大型商业化并网发电应用较多，直线翼垂直轴风力机主要用在中小型容量离网型发电中，其大型机还处于研究开发阶段。

三、垂直轴风力发电机的主要特点

1. 基本结构特征

垂直轴风力发电机组主要由风轮、传动机构、发电机等组成，图 8-5 所示为采用达里厄型风力机的机组图与结构简图。垂直轴风力发电机组的发电机可采用双馈型或永磁型发电机，因此其制动、保护与控制系统基本沿袭了水平轴机组的各项基本功能，但省去了偏航控制系统和变桨距控制系统。目前，大型垂直轴风电机组仍处在研发阶段。设计中还有一些技术难点尚未得到很好的解决，如发电机、增速齿轮箱以及垂向连轴机构布置；为实现启动要求，增速齿轮箱可以实现反向传动，即减速传动；对于主塔间支撑轴承，需要承受巨大的径向和轴向载荷，上下振动同样会产生一系列交变载荷等。

（1）实际机组

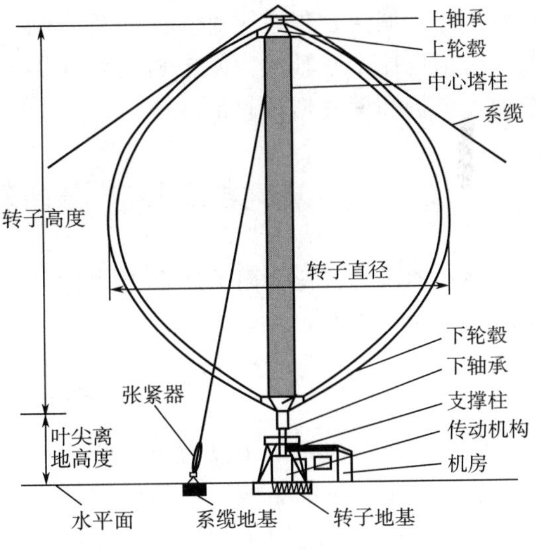

（2）结构简图

图 8-5　达里厄垂直轴风电机组

近年来，国外的许多风电设备公司都在大力开发中小型垂直轴风力发电系统。我国的十几家风电公司也相继推出了小型 H 形垂直轴风力发电系统，市场销量也在逐步增加。国内的一些科研院所也正在研究兆瓦级大型垂直轴风力发电系统。垂直轴风力机以其独有的特色正受到越来越多的关注。

2. 优点

（1）无需偏航对风　垂直轴风力发电机不需要迎风调节系统，可以接受 360°方位任何方向来风，吸收任意方向来的风能量，主轴永远向设计方向转动。

（2）叶片制造工艺简单　垂直轴风力机可以设计成低转速多叶片构造，这将大大地降低风力机对于叶片材质的要求。

（3）运行条件宽松　一般垂直轴风力机在水平轴切出风速下仍可运行，满负荷运行范围要宽得多，可以更有效地利用高年发电量。

（4）寿命长、易维护安装　由于垂直轴风力机的叶片接近地面，可采用斜拉索的悬臂梁结构，抗台风能力要强得多。垂直轴风力机的叶片在旋转过程中由于惯性力与重力的方向恒定，因此疲劳寿命要长于水平轴的疲劳寿命；垂直轴风力发电机可以放在风轮下部很远甚至在地面上，便于安装与维护。

（5）气动噪声小　应用于城镇等人口密集地区的小型风力发电设备对噪声和外观都有较高的要求。垂直轴风力发电机具备低噪声、外形美观、视觉安全性高等多种优点。阻力型风轮的尖速比远小于水平轴风轮，这样的低转速产生的气动噪声很小，甚至可以达到静音的效果。

3. 缺点

垂直轴风力机也有着明显的缺点，主要存在以下三个方面：对垂直轴二叶轮的 S 形风力发电机，理想状态下的风能利用系数为 15%左右，而达里厄型风力发电机在理想状态下的风能利用系数也不到 40%。垂直轴风轮的启动性能差，达里厄式 Φ 形风轮没有自启动能力，并且调速、限速困难。由于垂直轴风力机的尖速比较低，其增速箱的增速比就比较大，结构也比水平轴风力发电机的增速器复杂，增加了垂直轴风力发电机的制造成本，也增加了维护和保养增速箱的成本。

第二节　垂直轴风力机基本原理

垂直轴风力机分为阻力型和升力型两大类。本节主要介绍阻力型和升力型风力机的工作原理及功率特性。

一、阻力型垂直轴风力机

阻力型风力机是由于风力机的叶片在迎风方向形状不对称，引起空气阻力不同，从而产生一个绕中心轴的力矩，使风轮转动。

萨渥纽斯风轮是阻力型风力机中的经典形式，它的工作原理与风杯形风力机类似。当风吹向叶轮时，由于叶片迎风面形状不同，凹下的叶片驱动风轮旋转产生力 F_1，凸起的叶片阻碍风轮旋转产生力 F_2，有 $F_1 > F_2$，产生力矩 M，驱动风轮做逆时针方向旋转（俯视情况下）。两边叶片产生的力可以用下式计算：

$$F_1 = \frac{1}{2}\rho(v-U)^2 AC_d \tag{8-1}$$

$$F_2 = \frac{1}{2}\rho(v+U)^2 AC'_d \tag{8-2}$$

式中　ρ——空气密度

v——风速

U——叶片线速度

A——叶片的最大投影面积

C_d——叶片阻力系数，这是一个与翼型形状有关的系数，凹下的叶片 C_d 值取为 1.3，凸起的叶片 C_d' 值为 0.12～0.25

阻力型风力机没有被广泛应用的一个重要原因是其功率系数比较低，下面通过单一叶片受力模型（图 8-6）来分析其功率特性。

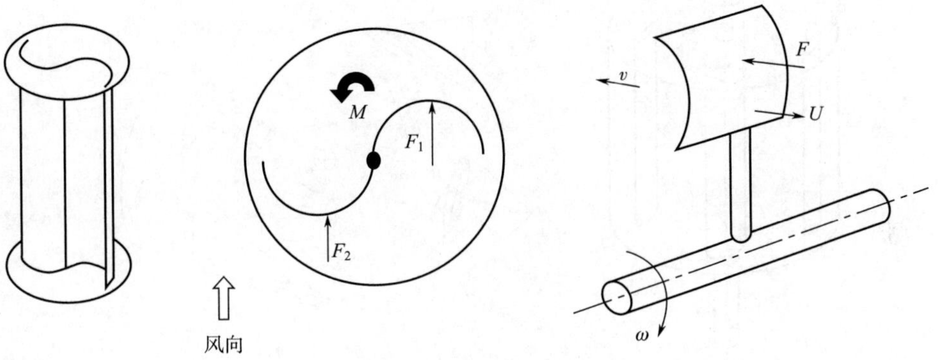

图 8-6　萨渥纽斯风轮受力分析

置于速度为 v 的风中的叶片，在风速 v 作用下，以速度 U 被推向后方运动，那么叶片处的相对风速可表示为 $v+U$（图中只画出凸面部分，凹面部分与 U 的方向相反），叶片所受阻力 F_1、F_2 如式（8-1）和式（8-2）所示。风力机的功率 P 等于阻力 F 与风力机叶片受推力产生的速度 U 之积。因此 P 可以写为：

$$P=(F_1-F_2)U=\frac{1}{2}\rho AC_d(v-U)^2U-\frac{1}{2}\rho AC'_d(v+U)^2U \tag{8-3}$$

由于 $C_d>>C'_d$，为了讨论方便省去上式中的后一项。根据风轮动量定理及风能利用效率定义，引入风速减少率 $\alpha=\dfrac{v-U}{v}$ 可得

$$C_P=C_d\alpha^2(1-\alpha) \tag{8-4}$$

对其进行求导，当 $\mathrm{d}C_P/\mathrm{d}\alpha=0$，可求出功率系数最大值。当 $\alpha=2/3$，可得最大风能利用系数：

$$C_{P\max}=\frac{4}{27}C_d \tag{8-5}$$

若 $C_d=1.3$，则它可能达到的最大功率系数为 $C_{P\max}=5.2/27=0.193$，与一般水平轴风力机叶片的功率系数相比，明显偏低。

阻力型风力机叶片所受阻力实际上是不断变化的，它不是总处于最佳值。旋转中叶片平面相对于风速有个与旋转角度有关的投影面，角度为 0°～90° 时，投影面积由 0 增加到叶片面积 A，做功也由 0 增加到最大；其后，做功阻力下降，至 180°时阻力降为 0；180°～360° 旋转中的平板要克服风的压力做负功。

二、升力型垂直轴风力机

升力型垂直轴风力机主要是达里厄式风轮。风轮由固定的数枚叶片组成，绕垂直轴旋转，翼型采用对称形的较多。它的工作原理如图 8-7 所示。

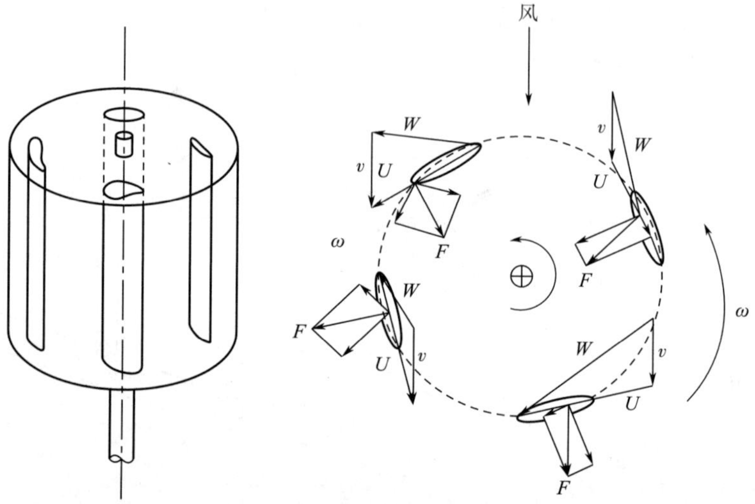

（1）轴侧图　　（2）俯视图

图 8-7　H 形升力型风力机工作原理

在风轮横截面上来流风速 v 是恒定的，风轮运转中该横截面各翼型的切向速度 U 的大小相等，而方向不同，它们与相对速度 W 一起构成了各翼型的速度三角形。W 与叶片弦线的夹角是有效攻角。对叶片在不同方位的速度三角形的研究表明，除了当叶片处于与风向平行或近似平行的位置外，在其他方位的气动力都产生一个驱动风轮旋转的力矩。当风轮静止时，相当于 $U=0$，这时相对风速 W 与来流风速 v 一致，叶片的攻角很大，甚至大于失速攻角，使得风力机的启动转矩非常低。因此，传统的垂直轴风力机启动性能比较差，不易自启动。

由于风速矢量和切向速度矢量已知，就可确定相对速度矢量以及叶片翼型所受的气动力。在某一横截面上各叶片翼型所受切向力与其半径乘积的叠加，即为该横截面叶片翼型对风轮驱动力矩的贡献，将每一断面产生的力矩沿风轮高度积分，就可得到整个风轮的推动力矩。

由升力型垂直轴风力机的工作原理可知，叶片在旋转一周的过程中，攻角是个变化值，而攻角的变化范围与翼型的升力、阻力系数曲线有很大的关系。根据叶片翼型的气动特性可知，当攻角的变化超过失速点后，其升力系数下降，阻力系数迅速增加，将会影响到垂直轴风力的气动性能，甚至产生反力矩。因此，整个风轮的总力矩与转动的位置有关。

第三节　达里厄风轮设计理论

一、达里厄风轮几何关系

设达里厄风轮所在坐标系为 $oxyz$，oz 与达里厄风轮的垂直旋转轴重合。穿过风轮的

风速绝对值为 v，方向与 ox 相同，如图 8-8（1）所示。

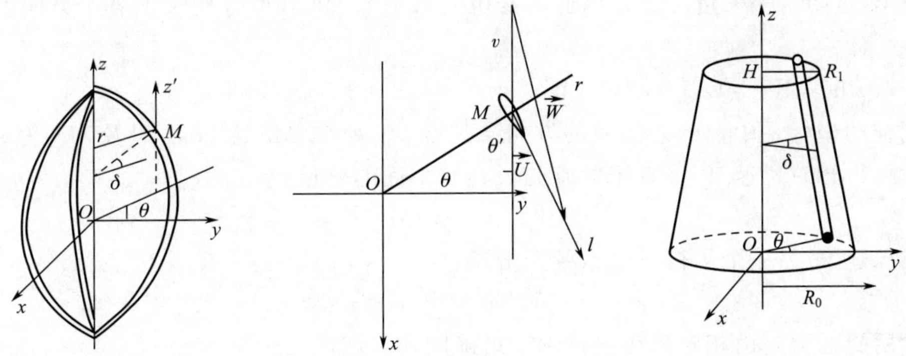

（1）主视图　（2）俯视图　（3）圆台形风轮

图 8-8　达里厄风轮及工作原理

在叶片上取一点 M，此处叶素翼弦的弦长为 l，长度为 ds。设 r 为叶素到转轴的距离，θ 为 oyz 平面与另一个铅垂平面的夹角，即方位角，该面包含转轴并在 M 处与叶素翼弦相垂直（假设这个铅垂面对同一叶片上的所有叶素都是唯一的）。θ' 为 M 点处回转半径与风速 v 之间夹角，$\overrightarrow{U}$ 为 M 点处线速度，$\overrightarrow{W}$ 为 M 点处由风速 v 与线速度 $\overrightarrow{U}$ 合成相对风速。设 δ 为叶素弦长的垂线与水平面的夹角，如图 8-8（1）、（2）所示。

对于高为 $2H$，中心在 O 点的抛物线风轮：

$$\frac{r}{R}=1-\frac{z^2}{H^2} \tag{8-6}$$

$$\delta=\tan^{-1}(2zR/H^2) \tag{8-7}$$

对于具有长方形垂直叶片的圆柱形风轮：

$$r=R \text{ 及 } \delta=0$$

对于圆台形风轮：

$$r=R_0-\frac{(R_0-R_1)z}{H} \tag{8-8}$$

$$\delta=\tan^{-1}[(R_0-R_1)/H] \tag{8-9}$$

式中　r——叶片回转半径

R_0——叶轮底端回转半径

R_1——叶轮顶端回转半径

二、风轮功率分析

现在来计算相对风速在叶素翼弦方向上的分量，以及与翼弦和前缘都垂直的另一个分量，如图 8-8（1）、（2）所示。Mz' 为竖轴，即图 8-8（1）中 Mz'，正方向朝上，Ml 沿翼弦轴，即图 8-8（2）中 l 方向，从前缘到后缘为正向，Mr 为水平轴，即图 8-8（2）中 OM 方向，与翼弦相垂直。

相对风速矢量 $\overrightarrow{W}$ 与线速度 $\overrightarrow{U}=\omega r$ 和绝对风速矢量 $\vec{v}$ 的关系为：

$$\vec{W} = \vec{v} - \vec{U}$$

矢量 $\vec{W}$ 是两水平矢量之和，因而本身也是水平的。$\vec{W}$ 在刚才定义的各个方向上的分量为：

$W_r = v\sin\theta$，$W_l = U + v\cos\theta$，$W_{z'} = 0$

在同样的坐标系中，叶素法线的方向余弦沿 Mt 为 0，Mr 为 $\cos\delta$ 以及 $M_{z'}$ 为 $\sin\delta$。

由此可得相对风速 W 垂直于叶素弦长在水平面的分量：

$$W_n = v\sin\theta\cos\delta \tag{8-10}$$

相对风速 W 另一个平行于叶素弦长分量：

$$W_l = U + v\cos\theta = r\omega + v\cos\theta \tag{8-11}$$

叶片所受的力是由相对速度合成 W_u 来确定的，即：

$$W_u^2 = W_n^2 + W_l^2 = v^2\sin^2\theta\cos^2\delta + (r\omega + v\cos\theta)^2 \tag{8-12}$$

迎角由式（8-13）来定义：

$$\tan i = \frac{v\sin\theta\cos\delta}{r\omega + v\cos\theta} \tag{8-13}$$

现在来估算作用在叶片上的气动分力。设动压力为：

$$p = \frac{1}{2}\rho W_u{}^2 \tag{8-14}$$

l 为翼型的弦长。C_n 和 C_t 分别为垂直和平行于翼弦方向的李连赛尔（Lilienthal）气动力系数。C_1 和 C_d 为翼型升力系数、阻力系数。

$$C_t = C_1\sin i - C_d\cos i \tag{8-15}$$

$$C_n = C_1\cos i + C_d\sin i \tag{8-16}$$

设 $\mathrm{d}s$ 为叶素的长度在前缘方向上的投影。

气动力在叶素法线和翼弦方向的分力为：

$$\text{升力}\quad \mathrm{d}N = C_n pl\,\frac{\mathrm{d}z}{\cos\delta} \tag{8-17}$$

$$\text{阻力}\quad \mathrm{d}T = C_t pl\,\frac{\mathrm{d}z}{\cos\delta} \tag{8-18}$$

$\mathrm{d}z$ 与 $\mathrm{d}s$ 的关系为　$\mathrm{d}z = \mathrm{d}s \cdot \cos\delta$

把以上算出的分力再分解到风速 v 的方向上，计算出风在该方向上作用于风轮的合力：

$$\begin{aligned} \mathrm{d}F &= \mathrm{d}N\cos\delta\sin\theta - \mathrm{d}T\cos\theta \\ &= pl\left(C_n\sin\theta - C_t\,\frac{\cos\theta}{\cos\delta}\right)\mathrm{d}z \end{aligned} \tag{8-19}$$

对于每一个叶片来说，叶素上的力随叶片的旋转而变化，因此有必要计算出平均值。

按照给定的这些条件并假设风轮叶片的弦长是恒定的，作用于整个风轮上沿风向的力可由式（8-20）求出：

$$F = \frac{bl}{2\pi}\int_{-H}^{+H}\int_0^{2\pi} p\left(C_n\sin\theta - C_t\,\frac{\cos\theta}{\cos\delta}\right)\mathrm{d}\theta\mathrm{d}z \tag{8-20}$$

式中　b——叶片数

作用于叶素上的气动力对旋转轴的力矩为：

$$\mathrm{d}M = \mathrm{d}Tr = \frac{C_t pl}{\cos\delta} r\mathrm{d}z \tag{8-21}$$

对于整个风轮，力矩为：

$$M = \frac{bl}{2\pi}\int_{-H}^{+H}\int_{0}^{2\pi} \frac{C_t pr}{\cos\delta}\mathrm{d}\theta\mathrm{d}z \tag{8-22}$$

因此可得功率：

$$P = M\omega = \frac{bl}{2\pi}\int_{-H}^{+H}\int_{0}^{2\pi} \frac{C_t pr\omega}{\cos\delta}\mathrm{d}\theta\mathrm{d}z \tag{8-23}$$

三、风轮风能利用系数

应用贝茨理论，在水平轴风力机上的力由下式给出：

$$F = \rho S v(v_1 - v_2) \tag{8-24}$$

式中　ρ——空气密度

S——叶片迎风面积

v_1——叶轮前方风速

v_2——叶轮后方风速

取 $v_2 = kv_1$，通过风轮处的风速可以写成：

$$v = \frac{1}{2}(v_1 + v_2) = v_1\frac{(1+k)}{2} \tag{8-25}$$

因此 F 的表达式成为：

$$F = \frac{1}{2}\rho S(v_1^2 - v_2^2) = \frac{1}{2}\rho S v_1^2(1-k^2) = 2\rho S v^2\frac{1-k}{1+k} \tag{8-26}$$

假设贝茨理论也使用于垂直轴风轮，令式（8-26）与垂直轴风轮受力 F 值的公式相等：

$$2\rho S v^2\left(\frac{1-k}{1+k}\right) = \frac{bl}{2\pi}\int_{-H}^{+H}\int_{0}^{2\pi} p\left(C_n\sin\theta - C_t\frac{\cos\theta}{\cos\delta}\right)\mathrm{d}\theta\mathrm{d}z \tag{8-27}$$

将 p 的值 $\frac{1}{2}\rho W_u{}^2$ 代入，设中间变量 G 得：

$$G = \frac{1-k}{1+k} = \frac{bl}{8\pi S}\int_{-H}^{+H}\int_{0}^{2\pi}\frac{W_u^2}{v^2}\left(C_n\sin\theta - C_t\frac{\cos\theta}{\cos\delta}\right)\mathrm{d}\theta\mathrm{d}z \tag{8-28}$$

其中：

$$\frac{W_u^2}{v^2} = \left(\frac{r\omega}{v} + \cos\theta\right)^2 + \sin^2\theta\cos^2\delta$$

由于：

$$\frac{\omega r}{v} = \frac{r}{R}\frac{\omega R}{v}$$

则上式可以写成：

$$\frac{W_u^2}{v^2} = \left(\frac{r}{R}\frac{\omega R}{v} + \cos\theta\right)^2 + \sin^2\theta\cos^2\delta$$

同理：

$$\tan i = \frac{\sin\theta\cos\delta}{\frac{\omega R}{v}\frac{r}{R} + \cos\theta} \tag{8-29}$$

因此可以用比率 $\omega R/v$ 来计算 G 和 k ：

$$k=\frac{1-G}{1+G} \tag{8-30}$$

知道 k 便可计算出速度比 λ_0：

$$\lambda_0=\frac{\omega R}{v_1}=\frac{\omega R}{v}\left(\frac{1+k}{2}\right)=\frac{\omega R}{v(1+G)} \tag{8-31}$$

功率系数定义为：

$$C_P=\frac{2P}{\rho S {v_1}^3}=\frac{bl}{2\pi S}\int_{-H}^{+H}\int_0^{2\pi}C_t\frac{W_u^2}{v_1^3}\frac{\omega r}{\cos\delta}\mathrm{d}\theta\mathrm{d}z \tag{8-32}$$

式中　P——风轮输出功率

由于：

$$\frac{W_u^2}{v_1^3}\omega r=\frac{W_n^2}{8v^2}\frac{\omega R}{v}\frac{r}{R}(1+k)^3$$

不同 $\omega R/v$ 值时的 C_P 便可以求出。每个 $\omega R/v$ 值对应于一个 λ_0 值。所以 C_P 作为速度比 λ_0 的函数关系。

扭矩系数 C_m 与功率系数的关系为：

$$C_P=C_m\lambda_0$$

因此已知功率系数自然就包括了扭矩系数。对于垂直轴风轮将定义为：

$$C_m=\frac{C_P}{\lambda_0}=\frac{2P}{\rho S v_1^3}\frac{v_1}{\omega R}=\frac{2M}{\rho S R v_1^2} \tag{8-33}$$

式中　M——风轮输出转矩

第四节　垂直轴与水平轴风力机的对比

通过从设计方法等几个方面和水平轴风力机进行对比，可更进一步地认识垂直轴风力机的特点。

1. 设计方法

垂直轴风力发电机的叶片设计，以前也是按照水平轴的设计方法，依靠动量-叶素理论来设计。由于垂直轴风轮的流动比水平轴更加复杂，是典型的大分离非定常流动，如果仅仅依靠叶素理论进行分析、设计，很难得出准确结果，这也是垂直轴风力发电机长期得不到发展的一个重要原因。随着计算机技术的不断发展，计算流体力学（computational fluid dynamics，CFD）得到了长足的进步。对于垂直轴风轮的叶片，已经可以用 CFD 方法来设计。水平轴叶片的设计目前主要采用动量-叶素理论。

2. 叶尖速比

水平轴风轮的叶尖速比一般在 5～10，风能利用效率较高，在这样的高速下叶片切割气流将产生很大的气动噪声。垂直轴风轮的叶尖速比一般在 1.5～2，风能利用效率低，这样的低转速产生的气动噪声很小。低叶尖速比具有一定的环保优势，对于机组的整体性能也是有利的。

从气动力学上分析，物体速度越快，其外形对流场的影响越大。当风力发电机在户外运行时，叶片上不可避免地受到污染，这种污染实际上改变了叶片的外形。对于水平轴风轮来讲，这样的影响在很大程度上降低了风轮的风能利用率，而垂直轴风轮因为转速低，叶片的污染基本上对风轮的气动性能没有影响。

3. 风能利用率

目前大型水平轴风轮尖速比可以较高，风能利用率一般在40%以上。但由于设计方法本身的缺陷、机组测得风速小于来流风速等原因，运行中很难实现最佳的风功率曲线。因此水平轴机组实际的风能利用率往往达不到设计值。由升力型垂直轴风力机的工作原理可知，叶片在旋转一周的过程中，每个叶片受到的气动力的方向不同，甚至产生反向，自身叶轮特点使得风能利用率低。

4. 启动风速

水平轴风轮可增大桨距角实现启动，启动风速一般在3～5m/s，其启动性能好。垂直轴风轮的重力与转动方向垂直，不能成为启动力矩，不利于启动。风轮的重量压到了转动轴承上，也不利于启动。大型机组通常由助起实现启动。

从比较中可以看出，相对于传统的水平轴风力发电机，垂直轴风力发电机具有低噪声的优点，而且垂直轴风力发电机组的发电机、传动机构和控制机构等装置在地面或低空，便于维护。此外，也不需要迎风装置，简化了结构。

思考题

1. 简述垂直轴风力机的特点。
2. 分析垂直轴风力机中升力型与阻力型风轮原理。
3. 思考垂直轴与水平轴风力机风轮设计原理差异。

参考文献

[1] 徐大平．风力发电原理［M］．北京：机械工业出版社，2011.

[2] Ion Paraschioiu. 垂直轴风力机原理设计［M］．李春，叶舟，高伟，译．北京：上海科学技术出版社，2013.

[3] 伊恩·帕拉斯基沃尤．垂直轴风力机原理与设计［M］．李春，叶州，高伟，译. 上海：科学技术出版社，2013.

[4] 蔡新．垂直轴风力机［M］．北京：中国水利水电出版社，2016.

第九章　分散式及离网型风力发电系统

风力发电可以分为并网型风力发电和离网型风力发电。前者与电网相连，单机容量较大，现今已发展至单机兆瓦级别；而后者独立于电网运行，单机容量较小。相比于并网型风力发电系统，离网型风力发电系统具有成本低、应用灵活、维护简便等优点，故适用于牧区、林区、通信基站、气象站、海岛及边防哨所等电网无法有效覆盖的地区。近些年来，随着全球风力发电产业的快速发展，离网型风力发电系统在上述应用场合发挥了越来越大的作用。为了保证独立运行的离网型风电机组能连续可靠地供电，风电机组经常与其他蓄能装置或其他电源联合使用，互为补充。

分散式风力发电就是在配电网负载端分散安装风电机组。对于风能资源比较丰富的地区，当配电电网供电半径较大时，可以考虑在配电网负载端分散安装风电机组。这样不但可以实现风力发电，可以通过就地补偿负载有功功率和无功功率，减少来自配电网的有功功率和无功功率，进而降低配电网电网损失。

第一节　离网型风电机组的发展情况

根据相关研究机构的报告显示，从累计装机数据来看，随着技术的发展与成熟，2013—2023 年全球小型风机的装机单台平均规模持续增长，累计装机容量总体保持稳定的增长态势，但增速显著减缓。而近三年全球小型风电装机速度出现明显的回升，这主要由中国区域发展所推动。

自中华人民共和国成立以来，70 年间中国小型风电行业跨越了五个发展阶段，目前已经步入了稳定发展阶段。

第一阶段：老式风车应用阶段（1949 年以来）。此阶段，传统类型的风力机主要用于发电或者提水，以改善生活条件和摆脱原始的劳动方式。

第二阶段：现代风力机械起步阶段（1960 年以来）。此阶段，国内各大科研机构进行了针对性研发工作，开发出多款产品，有效地满足了一些牧民的使用需求，也为下一阶段的研发工作积累了大量的工作经验。

第三阶段：科研攻关和示范应用阶段（1978 年以来）。此阶段，国家大力扶持风电机组的研制工作，不断投入专项经费用于风电自主研发。截至 1983 年，全国已经开发出超过 30 种风力机产品，其中有超过 10 种产品投入了批量生产和应用推广。

第四阶段：技术成熟和实用推广阶段（1984 年以来）。此阶段，风电机组被列入国家“七五”科技攻关计划，风电机组产业被列入重点产业。结合国外的先进技术，国内风电产品愈发成熟。同时财政补贴政策的出台，也推动了小型风电机组的大范围应用。

第五阶段：调整、巩固、走向稳定发展阶段（1990 年以后）。此阶段，补贴退坡，小型风电行业竞争加剧，部分企业通过改进技术，提高产品质量，抢占市场，行业进入调整阶段。随着西部大开发、新农村、城镇化等政策实行，我国小型风力发电产业重新焕发活力，进入稳步发展阶段。

表 9-1 为小型风电机组现行标准。

表 9-1　小型风电机组现行标准

标准编号	标准名称	发布部门	实施日期	状态
DB15/T 1319—2018	小型风力发电机组技术要求	内蒙古自治区质量技术监督局	2018-04-25	现行
GB/T 10760.1—2017	小型风力发电机组用发电机　第1部分：技术条件	国家质量监督检验检疫总局　国家标准化管理委员会	2018-05-01	现行
GB/T 10760.2—2017	小型风力发电机组用发电机　第2部分：试验方法	国家质量监督检验检疫总局　国家标准化管理委员会	2018-05-01	现行
GB/T 17646—2017	小型风力发电机组	国家质量监督检验检疫总局　国家标准化管理委员会	2018-02-01	现行
GB/T 19068.1—2017	小型风力发电机组　第1部分：技术条件	国家质量监督检验检疫总局　国家标准化管理委员会	2018-05-01	现行
GB/T 19068.2—2017	小型风力发电机组　第2部分：试验方法	国家质量监督检验检疫总局　国家标准化管理委员会	2018-05-01	现行
GB/T 19068.3—2019	小型风力发电机组　第3部分：风洞试验方法	国家质量监督检验检疫总局　国家标准化管理委员会	2020-03-01	现行
GB/T 34521—2017	小型风力发电机组用控制器	国家质量监督检验检疫总局　国家标准化管理委员会	2018-05-01	现行

第二节　离网型风电机组的应用

离网型风电机组可以为用户直接供电，通常有向大用户供电，或者向农户、村落、农牧场供电等多种情况，不同情况下对风电机组的要求有所不同。

一、向大用户直接供电

2016 年 6 月，国务院办公厅下发文件《国务院办公厅关于营造良好市场环境促进有色金属工业调结构促转型增效益的指导意见》（国办发〔2016〕42 号），鼓励符合政策的电力用户与发电企业直接交易，通过协商确定价格。2021 年 10 月，国家发展改革委办公厅下发文件《国家发展改革委办公厅关于组织开展电网企业代理购电工作有关事项的通知》（发改办价格〔2021〕809 号），鼓励新进入市场的电力用户直接参与市场形成用电价格，对暂未直接参与市场交易的用户，由电网企业通过市场化方式代理购电。

在风资源比较丰富的地区，如果工业企业对电压、电流的稳定性要求不是很高，则可以采用风电机组直接供电的方式；如果生产过程中需要保持持续供电状态，则可以采用储能设备或者电网等其他手段作为补充，以满足安全生产的最低供电负荷需求。这样，不仅节约了建设变电站、输配电线路的投入成本，而且提高了当地风资源的利用效率。国家出台了政策，优先鼓励有绿色电力需求的用户与新能源发电企业直接交易，电网公司只收取“过网费”，风力发电企业也可以通过电网直接向用户售电。

二、向农村、牧区、渔业供电

风力发电机按功率可分为大、中、小、微型风力发电机。功率<1kW 的为微型风力发电机，功率在 1～10kW 的为小型风力发电机，功率在 10～100kW 的称为中型风力发电机，功率在 100kW 以上的称为大型风力发电机，更大的如兆瓦级。随着单机容量的突破，1MW 及以上的逐渐被称为中、大型风力机，小型的风力机单机容量几百千瓦。根据国际电工委员会《IEC61400—2》标准，小型风力发电被定义为小型风电机组（small wind turbine，SWT），适用于风轮扫掠面积小于 $200m^2$，将风能转换为电能的系统（产生的电压低于 1000V 交流或 1500V 直流的小型风电机组），这大约相当于单机功率为 40～50kW。同时其他国际组织将其定义为功率小于 100kW 的风电机组。

小、微型风电机组由于具有使用范围广、投资小、对资源要求不高等特点也得到了快速发展，可以用于渔民渔船、渔排、偏远地区的小功率用电设施以及北方地区的农村家庭供暖等。常见较多的小型风电机组在偏远地区的家庭使用和城市道路以及景观照明使用等。随着电子技术和储能技术的提高，小型风力发电近年来呈现出蓬勃发展的态势。

第三节　微小型风电机组的技术特点

我国微小型风电机组在发展过程中，生产的机组额定功率包括 100W、200W、300W、500W、1kW、2kW、5kW、10kW、20kW、50kW 和 100kW 等；型式为 3～5 叶片、水平轴、上风向，配套永磁低速发电机，再配以尾翼、塔架、底座、锚和拉线；设计使用寿命 15 年；风轮的最大功率系数已从初期的 0.30 左右提升到 0.38～0.42，而且启动风速低；叶片材料已多样化，有木质、铁质、铝合金、玻璃钢复合型和全尼龙型等；风轮采用定桨距和变桨距两种，以定桨距居多；发电机选配的是具有低速特性的永磁发电机，永磁材料使用的是稀土材料，使发电机的效率从普通电机的 0.50 提高到 0.75 以上，有些可以达到 0.82。小型风电机组的调向装置大部分是上风向尾翼调向，调速装置采用风轮偏置和尾翼铰接轴倾斜调速、变桨距调速机构或风轮上仰式调速，功率较大的机组还装有手动刹车机构，以确保风力机在大风或台风情况下的安全。风电机组配套的逆变控制器，除可以将蓄电池的直流电转换成交流电外，还具有保护蓄电池过充、过放、交流泄荷、过载和短路保护等功能，以延长蓄电池的使用寿命。

小型风电机组的等级按照风速和湍流参数来定义。表 9-2 中详细列出了定义小型风电机组等级的基本参数。

表 9-2 小型风电机组等级的基本参数

小型风电机组等级	Ⅰ	Ⅱ	Ⅲ	Ⅳ	S
v_{ref}/（m/s）	50	42.5	37.5	30	参数由设计者确定
v_{ave}/（m/s）	10	8.5	7.5	6	
I_{15}	0.18	0.18	0.18	0.18	
a	2	2	2	2	

注：v_{ref}——10min 平均的参考风速；
v_{ave}——轮毂高度处的年平均风速；
I_{15}——平均风速为 15m/s，持续时间为 10min 时的轮毂高度湍流强度特征值；
a——湍流标准偏差模型斜率。

微小型风电机组中的发电机有直流发电机，也有交流发电机。第一步，利用风轮接收风力能量，并将其转变成机械能量，之后传递给发电机组系统，把机械能量转化为交流电能量，并进行导出。导出的交流电能必须通过整流器进行转化，将其转变为直流电，不过此时的直流电具有不稳定的波动性，所以必须再通过滤波装置，将多余波清除掉。经过处理之后的直流电再利用 DC/DC 转换器进行周期调整，把其转变成半周期电压，之后，就可以利用这种电能导入蓄电池，对其实施充电。因为通过滤波电容装置之后的直流电特别大，达到对蓄电池实施充电的标准，所以必须通过 DC/DC 转换器实施电压调整。对于蓄电池而言，其所储存的电力能量是直流电形式，能够应用在家用照明以及相关用电装置当中。如果要将其应用于三相交流类型用电载荷时，必须在储电装置导出侧加装 DC/AC 逆变器，与此同时，还需要清除其中的谐波扰乱。在整个体系当中设置卸荷电路，其目的是避免风轮转动速度过快时，超大电压会对风电机组形成伤害。风力发电系统如图 9-1 所示，其可分为：

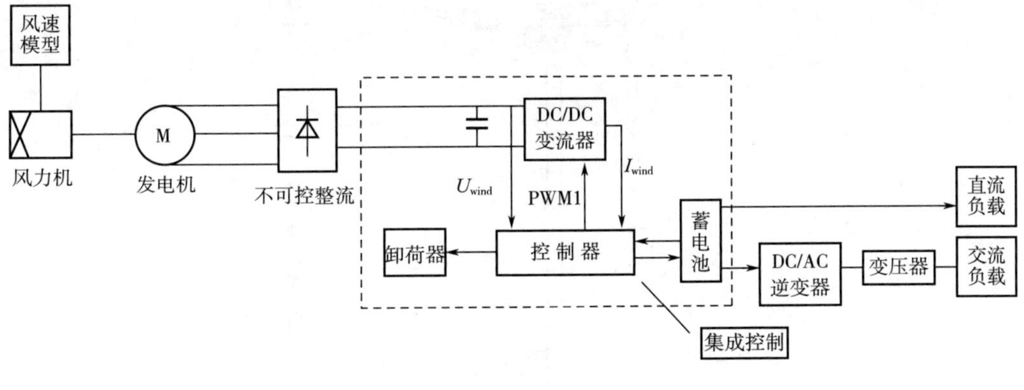

U_{wind}—直流电压　I_{wind}—直流电流　PWM1—逆变器

图 9-1　风力发电系统图

（1）直流风力发电系统　直流风力发电系统的最大不同在于采用中、高频 DC/DC 变流器，使升压变压器的体积、重量大大减小。DC/DC 变流器的功率较大，所以采用全桥变换方式。它的工作原理是由输入桥产生高频的方波信号，经过变压器转换电压幅值，输出桥对电压进行整流，通过滤波消除波纹，获得直流输出，改变方波信号的占空比可改变电压幅值。图 9-2 为独立运行的直流风力发电系统。

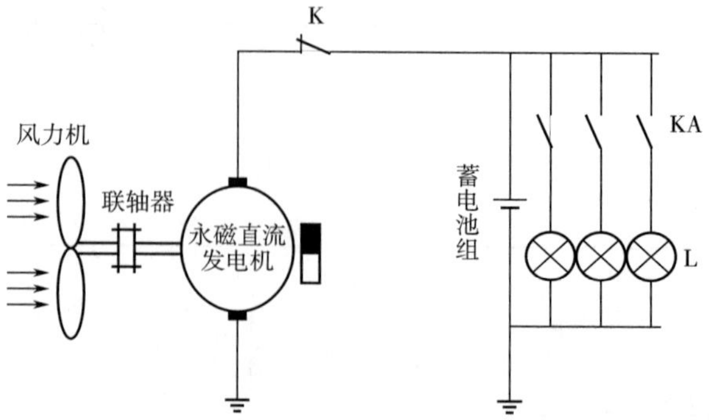

K—开关原件　KA—继电器　L—线圈

图 9-2　独立运行的直流风力发电系统

(2) 交流风力发电系统　交流风力发电系统可以分别向直流负载和交流负载供电，见图 9-1。

第四节　微小型风力发电机组结构

风电机组通常由风轮、对风装置、调速装置、发电机、塔架、制动机构等组成。其传动装置简单，不用增速齿轮箱，风轮与发电机直接用联轴器连接。图 9-3 为小型风电机组结构示意图。

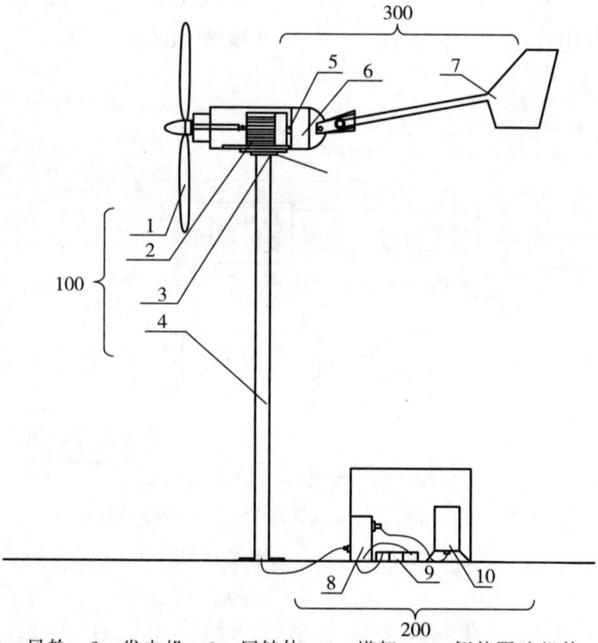

1—风轮　2—发电机　3—回转体　4—塔架　5—侧偏限速机构
6—失电电磁制动器　7—调向限速机构　8—逆变器（含控制器）　9—蓄电池　10—卸荷器
100—机械系统　200—电力系统　300—保护系统

图 9-3　小型风电机组结构示意图

一、风轮

风轮是风电机组的关键部件之一。风轮的作用是把风的动能转换成旋转机械能。这个二次能量可以用不同的方式加以利用，如发电、提水、制热或其他可能的能量转换方式等。风轮应尽可能设计得最佳，以提高其能量转换效率。

风轮之所以能从风中获得能量，是因为它能将经过风轮扫掠面积内的风速降低到一定程度。静止状态的风轮和以非常高的转速旋转的风轮都不会产生功率，在这两种极端情况之间，有一个使风电机组获得最大功率的转速。

风轮一般由一个、两个或两个以上几何形状一样的叶片和一个轮毂组成。风电机组的气动力特性取决于风轮的几何形式。风轮的几何形式取决于叶片数、叶片的弦长、扭角、相对厚度分布以及叶片所用翼型气动力特性等。

风轮的设计是一个多学科的问题，它涉及气动力学、机械学、气象学、结构动力学、控制技术、风载荷特性、材料疲劳特性、试验测试技术等多方面的知识。风轮的功率大小取决于风轮直径，对于风电机组来说，追求的目标是最经济的发电成本。

风轮的几何参数包括叶片数、风轮直径、轮毂高度、风轮扫掠面积、风轮锥角、风轮仰角、风轮偏航角、风轮实度等，风轮的物理特性包括风轮转速、风轮尖速比、风轮轴功率等。叶片的几何参数包括叶片长度、叶片面积、叶片弦长、叶片扭角等。

二、发电机

叶片捕获的风能传递给发电机，发电机是将风能转化为电能的设备。常用的发电机有直流发电机和交流发电机。

1. 直流发电机

直流发电机的工作原理就是把电枢线圈中感应产生的交变电动势，靠换向器配合电刷的换向作用，使之从电刷端引出时变为直流电动势。基于直流发电机原理可以得知：

$$E_e = F_g Øn \tag{9-1}$$

式中　E_e——感应电动势

F_g——电动势常数

$Ø$——磁通

n——转速

若发电机输出电阻以 E_e 表示，内阻以 f 表示，输出电流以 I_0 表示，负载阻抗以 U_L 表示，负载电阻以 R_0 表示（U_L 一般大于 R_0），那么直流发电机运行电路如图 9-4 所示。

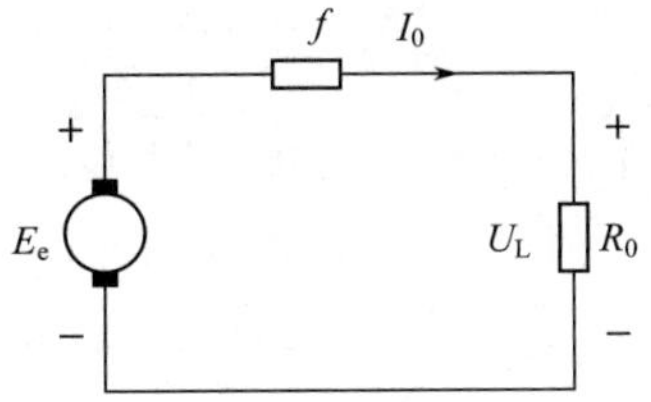

图 9-4　直流发电机运行电路

由图 9-4 可知，直流发电机输出电流具体表示为：

$$I_0=\frac{E_e-U_L\times I_0}{f} \tag{9-2}$$

基于式（9-2）可知，输出电流直接受发电机的感应电动势、内阻、负载阻抗影响。就发电机供电系统而言，内阻属于既定值，负载阻抗则因供电系统工况不同而阻值相对不同，因此为了有效控制输出电流，需适度调整感应电动势。而感应电动势与电动势、磁通、转速息息相关，电动势属于常数，因此通常以调节磁通或转速的方式进行感应电动势调整。

磁通与励磁电流之间的关系具体表示为：

$$Ø=H_aI_a \tag{9-3}$$

式中 I_a——励磁电流

H_a——比例常数

将式（9-3）代入式（9-1）则得出：

$$E_e=F_gH_aI_an \tag{9-4}$$

将式（9-4）代入式（9-2）则得出：

$$I_0=\frac{F_gH_aI_an-U_L\times I_0}{f} \tag{9-5}$$

由上述公式得知，直流发电机的输出电流与发电机参数（电动势、内阻等）密切关联，且直接受励磁电流、发电机转速、输出电压影响。当转速与输出电压既定时，可以适度改变励磁电流的方式，进行输出电流调整。

2. 交流发电机

在交流发电机运行的时候，三相定子绕组主要是按照一定的规律分布在发电机的电子槽中，彼此相差 120°，如图 9-5 所示。

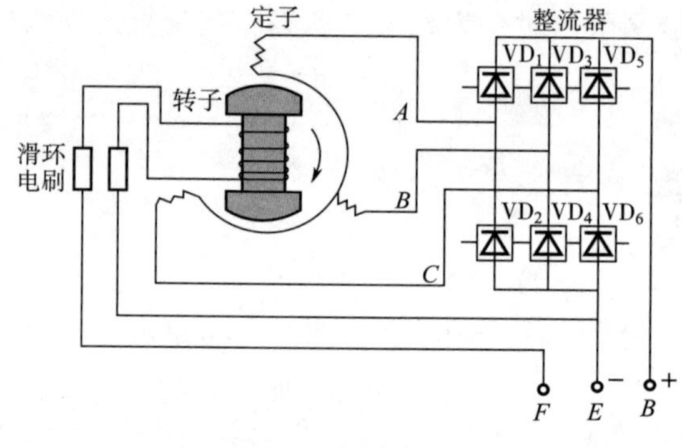

图 9-5 交流发电机运行原理

交流发电机磁路的运行，主要是以转子爪极的磁力线为主，并通过转子和定子之间气隙穿出，穿出以后进入定子铁心，并经过气隙进入相邻的 S 级，利用磁轭形成磁回路转子磁极。另外，在这样的状态下，定子绕组感应的交流发电机正弦曲线的波形呈现相似的状态。

因为定子绕组与磁力线呈现相对切割运动的状态，所以在三相绕组运行期间，会产生频率，并且各个频率以及幅值等方面都处于相同的状态，相位差依旧是 120°。同时，在交流发电机运行期间，电角度的正弦电动势为 e_A、e_B、e_C。

三、塔架

塔架是风电机组的主要承载部件之一，并将发电机组支撑到需要的高度，其稳定安全性对整个系统来说至关重要。一旦发生事故将对整个系统造成毁灭性破坏并将造成巨大的经济损失。塔架结构有别于普通高耸建筑结构，其坐落在各种不同地质条件的地基上，所处的环境条件复杂，不仅有风轮运行、调节和静止等不同运行工况，而且还受到随机性强、极端风况甚至地震的作用。在这些复杂的静动载荷、疲劳载荷作用下，结构的内力超过承受能力后，就会造成塔架筒壁的线性、非线性静动力屈曲，导致结构失稳。塔架系统结构的破坏形式主要有塔筒屈曲、折断、倾倒、基座与基础分离和螺栓破坏等，这些破坏对风电机组整体是致命的。

风电机组塔架是支撑高位布置风力发电机的架子，它要有一定的高度，使风力发电机处于较为理想的位置上运转，应有足够的强度和刚度，以保证在暴风或台风袭击时，不会使整机倾覆。塔架结钩属于特殊作用的高耸结构。但是风电机组塔架结构又不同于一般的建筑物，它具有高柔、外露、无维护的特点，顶部又有大质量、大刚度的旋转风轮和机舱结构，受力随风轮运转和运行方式不同而不同。

塔架的基本形式有 4 种：单杆拉线式、桁架拉线式、桁架式和塔筒式。微小型风力机多采用单杆拉线式、桁架拉线式。图 9-6 为风电机组塔架示意图。

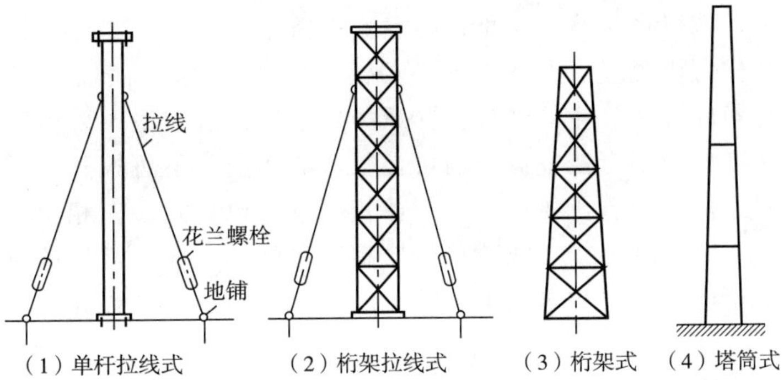

图 9-6　风电机组塔架示意图

单杆拉线式：塔架由一根钢管和 3～4 条拉线组成。它具有简单、轻便、稳定等优点。微型风力机几乎都采用这种形式的塔架。

桁架拉线式：它是由钢管或角钢焊接，再辅以 3～4 根拉线而成。桁架的断面形状常见的有等边三角形和正方形两种。中、小型风力发电机常常采用这种形式的塔架。

桁架式：它是由钢管或角钢焊接而成的底大顶小的圆台（或棱台）。

塔筒式：它是由钢管焊接而成的底大顶小的圆台。机组的动力盘或控制柜通常就安装在塔架的内壁上，无需再建控制室，塔内有直梯通向机舱。它结构紧凑、外形美观。上风式大型风力机多采用这种形式的塔架。

四、控制器与变流器

1. 控制器

酸性蓄电池抗过充电、过放电的能力较低。过充电不仅会造成蓄电池容量降低，并可能导致蓄电池失效；过放电将造成蓄电池亏电，严重影响蓄电池的使用寿命。因此，在风力发电系统中，需配备控制器，保证风力发电机对蓄电池的正常充电，防止蓄电池过充电、过放电，并控制输向电器的电压。有些控制器同时还具有防止负载短路、过载和自动恢复的保护功能，延长蓄电池及电器的使用寿命。

控制器是由电阻、电容、半导体器件、继电器等电子元件组成。控制器像个“开关”，当风力发电机向蓄电池充电时，如果蓄电池电压低于系统设定的电压，控制器使充电电路接通，当蓄电池电压上升达到保护电压时，充电控制开关电路截止，以免蓄电池过充电；当蓄电池放电时，无论负载用电还是蓄电池自己慢慢放电，当其电压下降到设定值时，充电控制开关又会接通，进行充电；用电设备启动时电流较大，会造成蓄电池电压突然下降，为避免错误保护，使启动一次成功，控制器有延时保护功能，延时时间在 0.5～1s 之内可调，以满足不同负载的启动要求。

当蓄电池已经充满时，如风力发电机仍在继续发电，通常配置一个卸荷器，给发电机提供一个放电通道。卸荷器一般由电阻丝组成，具有较强的抗氧化能力，并能适应风力发电机的最大输出功率要求，以防烧毁。

2. 变流器

现代风力发电机多数是交流发电机，当需要把风电变成直流向蓄电池充电或直接向直流用电设备供电时，就得将交流电用整流器变成直流电。

整流器一般可分为机械整流器和电子整流器两类。机械整流器一般为旋转型机械装置；电子整流器元器件皆为静止的部件。在风力发电机系统中主要采用后者。

电子整流器又可分为不可控整流器与可控整流器两类。不可控整流器主要由二极管组成，其整流电路形式常见的有：单相半波、单相全波、单相式、三相半波及三相桥式整流电路。可控整流器主要由晶闸管（或称可控硅整流元件）组成，常见的可控整流电路形式有：单相全波、单相桥式、三相半波可控整流电路、三相桥式半控整流电路、三相桥式整流电路等。

由于蓄电池或直流发电机输出的是直流电，然而很多用电设备是用交流电的，把直流电变成交流电的设备称为逆变器。如同整流器一样，逆变器也可分为静止型和旋转型两类。静止型逆变器使用晶闸管或晶体管组成的逆变电路，没有旋转部件，输出的波形多为矩形波，需要时也可给出正弦波。静止型逆变器的接线方式也很多，有单相、三相、零式、桥式等。风力发电系统中多采用静止型逆变器。旋转型逆变器输出的波形为正弦波。

五、蓄电池

风电平抑主要平抑其中高频段的风电能量，高频段的风电幅值小，中频段的风电幅值大，因此对储能设备的反应速度、充放次数、出力功率量、可容纳转移电量都有一定的要求。微小型风电机组多采用蓄能设备作为用户补充电源。风力发电系统需要配备蓄电池。蓄电池使用维护比较麻烦，酸性蓄电池寿命较短，碱性蓄电池价格较高。如果要多储能，就需要多配备蓄电池。

1. 铅酸蓄电池

铅酸蓄电池具有的特点：充放电过程基本上是可逆的，整个体系不会受到有害化学反应的影响，体积比能量和质量比能量较低，在很宽的温度范围内性能稳定。铅酸蓄电池能如此广泛地应用并在市场上占有主导地位，关键的因素是其相对较好的性能和循环寿命，价格低廉。

铅酸蓄电池以二氧化铅作为正极活性物质，高比表面积多孔结构的金属铅作为负极活性物质。其电解质在充电状态下是相对密度为1.28或质量分数为37%的硫酸溶液。

电池放电时，两个电极的活性物质分别转变为硫酸铅，充电时，反应向反方向进行。其反应式可见式（9-6）。

$$PbO_2+2H_2SO_4+Pb \underset{放电}{\overset{充电}{\rightleftharpoons}} PbSO_4+2H_2O+PbSO_4 \tag{9-6}$$

2. 硅胶铅酸蓄电池

硅胶铅酸蓄电池是对液态电解质的普通铅酸蓄电池的改进，用胶体电解液代换了硫酸电解液，在安全性、蓄电量、放电性能和使用寿命等方面较普通电池有所改善。

硅胶铅酸蓄电池采用凝胶状电解质，内部无游离液体存在，在同等体积下电解质容量大、热容量大、热消散能力强，能避免一般蓄电池易产生的热失控现象；电解质浓度低，对极板的腐蚀作用弱；浓度均匀，不存在电解液分层现象。

硅胶蓄电池和铅酸蓄电池的工作原理基本上一致。

3. 碱性蓄电池

凡是采用碱性电解液（如KOH、NaOH等）的电池，均属于碱性电池。常见碱性蓄电池包括镉镍电池、金属氢化物镍电池和锌氧电池等，它们都能在碱性溶液中可逆地工作。下面以镉镍电池为例介绍碱性蓄电池。

镉镍蓄电池电压稳定，能大电流放电，具有高能量、内阻小、循环寿命长、温度范围广、耐恶劣环境、使用和维护简单等优点，是目前使用面最广的电池系列之一。

镉镍电池中以β-NiOOH作为正极活性物质，海绵镉为负极活性物质，电解液一般选用KOH溶液。充电时，正极的氢氧化亚镍氧化成高价的β-NiOOH，即：

$$2Ni(OH)_2+2OH^- \rightarrow 2\beta\text{-}NiOOH+2H_2O+2e^- \tag{9-7}$$

负极中的氢氧化镉还原成金属镉：

$$Cd(OH)_2+2e^- \rightarrow Cd+2OH^- \tag{9-8}$$

放电时，反应逆向进行：

$$正极 \quad 2\beta\text{-}NiOOH+2H_2O+2e^- \rightarrow 2Ni(OH)_2+2OH^- \quad \varphi_1=0.49V \tag{9-9}$$

$$负极 \quad Cd+2OH^- \rightarrow Cd(OH)_2+2e \quad \varphi_2=-0.809V \tag{9-10}$$

$$电池电动势\ E^0=\varphi_1-\varphi_2=1.3V$$

充放电总反应如下：

$$2Ni(OH)_2+Cd(OH)_2 \underset{放电}{\overset{充电}{\rightleftharpoons}} 2\beta\text{-}NiOOH+Cd+2H_2O \tag{9-11}$$

镉镍电池的工作原理如图9-7所示。

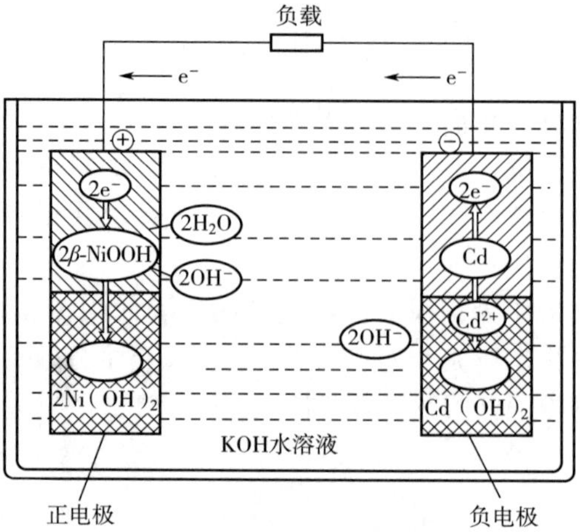

图 9-7　镉镍电池的工作原理

六、其他装置

1. 传动装置

风力发电机的传动装置包括增速器与联轴器。通常，风轮的转速低于发电机转子需要的转速，所以需要增速（有的微型风力发电机不设增速器而直接连接）。增速器与发电机之间用联轴器连接，为了减少占用空间，往往将联轴器和制动器设计在一起。风轮轴与增速器之间也有用联轴器的，称为低速联轴器。风力发电机的增速器属于大传动比形式，通常是多极传动结构。

2. 调向装置

自然界的风向和速度经常变化，为了使风力机能够有效捕捉风能，就应设置调向装置以跟踪风向的变化，保证风轮基本上始终处于迎风状态。常见的调向装置包括尾舵（尾翼）、舵轮、电动机构和自动对风 4 种。

尾舵也称尾翼，是常见的一种调向装置，微小型风电机组普遍应用。尾舵有三种基本形式，如图 9-8 所示。它的翼展与弦长比为 2～5，对风向变化反应敏感，跟踪性好。

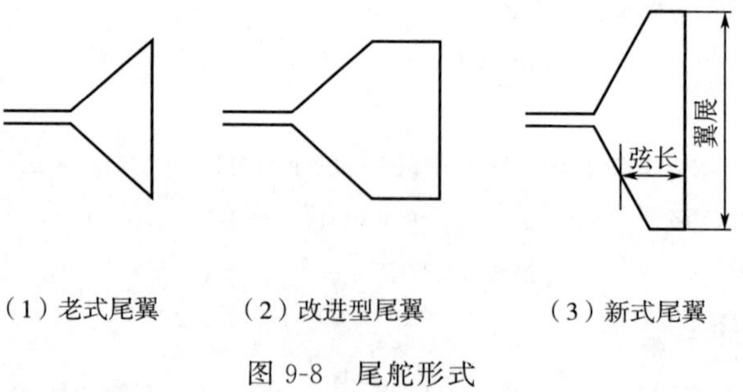

图 9-8　尾舵形式

尾舵常处于风轮后面的尾流区，为了避开尾流的影响，可以将尾舵翘起安装，高出风轮。有研究者将尾舵改进成图 9-8（2）所示的形式，既增加了尾舵面积，又使调向平稳。

尾舵到风轮的距离一般取为风轮直径的 0.8～1.0 倍。在高速风力发电机中，尾舵的面积可取为风轮旋转面积的 4%左右；而在低速风力发电机中，可取为 10%左右的风轮旋转面积。

3. 机舱

风电机组长年累月在野外运转，工作条件恶劣。风力机一些重要工作部件多数集中在塔架的上端，组成“机头”。为了保护这些部件，用罩壳把它们密封起来，此罩壳称为“机舱”。机舱应美观，尽量呈流线型，最好采用重量轻、强度高、耐腐蚀的玻璃钢制作，若用其他材料制造应考虑防锈措施。罩壳的结构应考虑对内部各部件的保养、维修方便。

七、功率控制装置

(一) 调速装置

自然界的风速经常变化，风轮的转速随风速的增大而变化。风轮转速的变化，将使发电机的输出电压、频率、功率增加；当风轮的转速超过设计允许值时，有可能导致机组的损坏或寿命的减少。为使风轮能稳定在一定转速内工作，风力发电机上设有调速装置。调速装置是在风速大于设计额定风速时才起作用。因此，又被称为限速装置。当风速增至停机风速时，调速装置能使发电机组顺桨停机（风向与风轮旋转平面平行）。微小型风电机组几乎不用变桨距调速方式，通常利用改变风轮迎风面积的方法。

1. 侧翼装置

如图 9-9 所示，在风轮后面向一侧伸出一支侧翼，翼柄平行地面和风轮旋转面；另一侧配有弹簧。当风速大于额定风速，风施加在侧翼对回转轴的力矩大于弹簧拉力对回转轴的力矩，风轮开始偏移，由（1）位置到（2）位置，若偏转 θ，则（2）位置风轮的迎风面积则变成了椭圆形，迎风面积减少了，尽管风速增大了，而风轮的转速并没有增加。风速再增大，风轮可能偏转到（3）位置，迎风面积就更小了。当风速逐渐减少时，在弹簧的拉力作用下，风轮又从（2）恢复到（1）的位置。

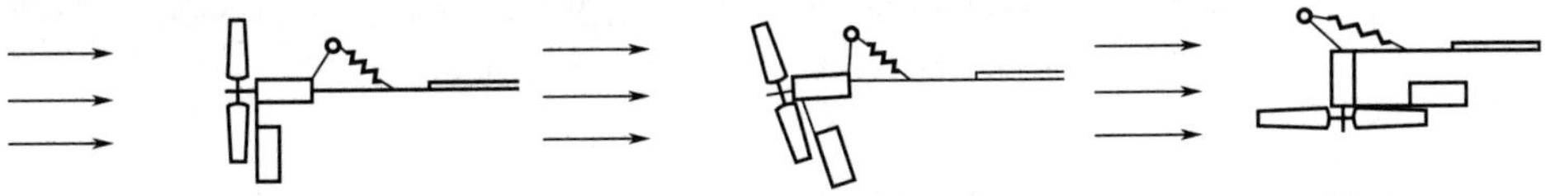

（1）未调速位置　　（2）调速位置　　（3）顺桨位置

图 9-9　侧翼装置调速原理示意图

2. 偏心装置

如图 9-10 所示，风轮轴线与机头座回转体的转向轴的轴线有一定的偏心距，另一侧亦设有弹簧。当风速超过额定风速，风作用在风轮上的正面压力的合力对转向轴的力矩克服弹簧的拉力，风轮偏转到（2）位置（迎风面呈椭圆形）；风再大，到（3）位置。当风速减小时，又依次从（2）恢复到（1）的位置。该图所示是风轮向下偏转的，按相同原理，也可以设计成侧向偏转或者向上偏转式的。

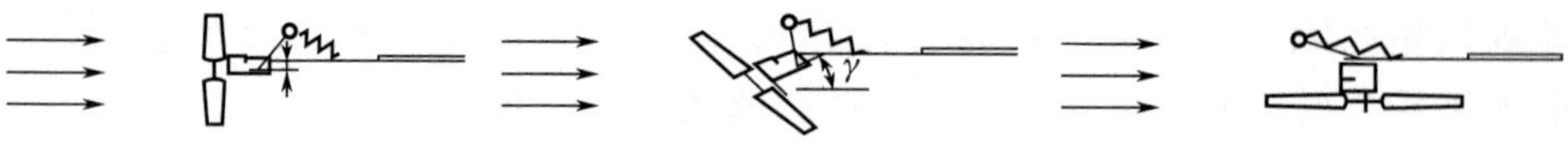

（1）未调速位置　（2）调速位置　（3）顺桨位置

图 9-10　偏心装置调速原理示意图

（二）制动器

制动器是使风力发电机停止运转的装置（也称刹车系统）。对于微型和小型风电机组，可采用如图 9-11 所示的刹车机构。

图 9-11（1）是手动停车，人手向下拉刹车绳，制动刹车带则将刹车鼓紧紧包住而实现停车；图 9-11（2）是自动停车，当风速超过限定的最大风速时，刹车风板被大风有力地推动（如图中箭头所示方向），从而带动了刹车杠杆，杠杆则拉动刹车绳向下并使制动刹车带紧紧抱住刹车鼓而实现自动停车。刹车风板面积的大小与限定的最大风速值之间的配合关系可通过试验来确定。

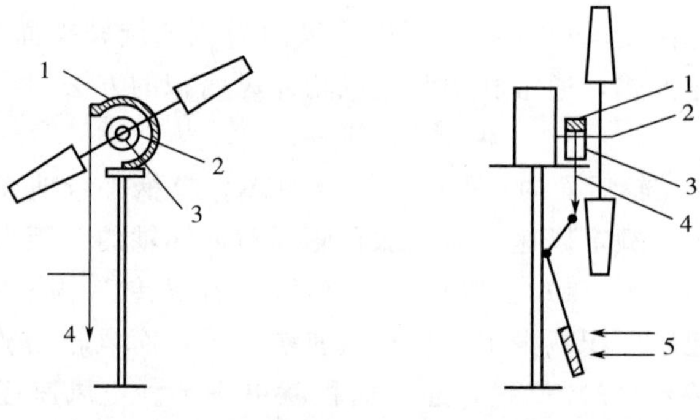

（1）手动停车　（2）自动停车

（1）1—制动刹车带　2—刹车鼓　3—风轮主轴　4—刹车绳

（2）1—制动刹车带　2—风轮旋转轴　3—刹车鼓　4—刹车绳　5—刹车风板

图 9-11　微小型风力发电机组刹车机构

此外，也有风力发电机组机械制动系统中使用盘式制动器的，盘式制动器是一种液压系统控制，由制动钳、制动盘、摩擦片、油缸构成的制动器。盘式制动器具备良好的散热性和水稳定性，同时在安全性和稳定性上也比鼓式制动器略胜一筹。制动盘在厚度方向上由于热量积聚产生的膨胀量比鼓式制动器小，相同的制动力矩作用下，盘式制动器的重量和结构尺寸更小一些。除此以外，盘式制动器的维修保养也相对简单。

第五节　互补发电系统

由于风力发电存在天然的不稳定性，不能实现持续稳定地供电，仅靠风力发电很难取代传统化石能源装机。通常风力发电系统需要与其他发电方式互补组成系统或者和储能装置联合应用。

一、风-光互补发电系统

随着能源危机日益临近，新能源已经成为今后世界上的主要能源之一，风-光互补系统应运而生。风-光互补系统是一套发电应用系统，该系统是利用太阳能电池方阵、风力发电机（将交流电转化为直流电）将发出的电能存储到蓄电池组中，当用户需要用电时，逆变器将蓄电池组中储存的直流电转变为交流电，通过输电线路送到用户负载处。风力发电机和太阳能电池方阵两种发电设备共同发电，构成分布式电源。

风-光互补发电系统主要由风电机组、太阳能光伏电池组、控制器、蓄电池、逆变器、交流直流负载等部分组成。该系统是集风能、太阳能及蓄电池等多种能源发电技术及系统智能控制技术为一体的复合可再生能源发电系统。风-光互补发电系统结构见图 9-12。

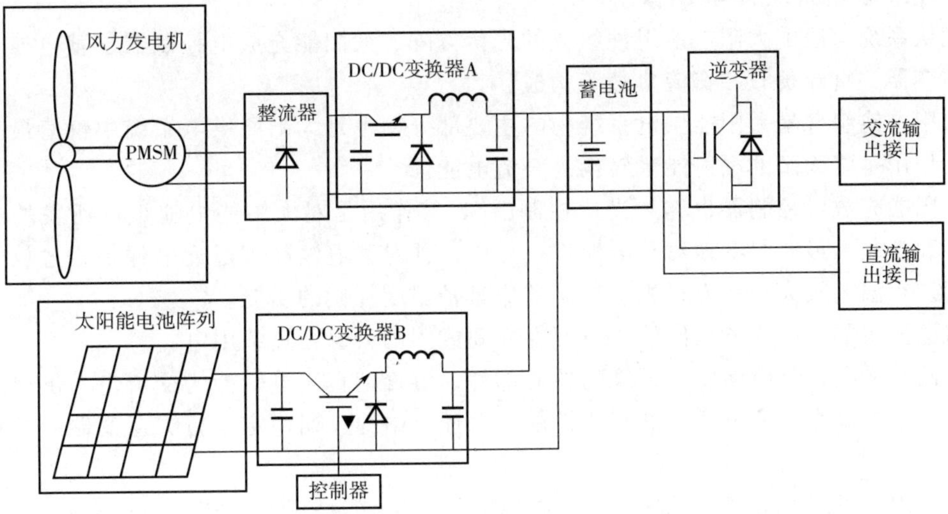

图 9-12　风-光互补发电系统

(一) 风-光互补发电系统的特点

风-光互补发电比单独风力发电或光伏发电有以下优点：

(1) 利用风能、太阳能的互补性，可以获得比较稳定的输出，系统有较高的稳定性和可靠性；

(2) 风电系统和光电系统在蓄电池组合逆变环节是可以通用的，可以显著降低成本，同时可以设计具有自动稳压功能的逆变系统，改善供电质量；

(3) 由于风-光互补系统的供电稳定性和保证率高，可以设计较低的光伏阵列容量和蓄电池容量，在保证同样供电的情况下，可大大减少储能蓄电池的容量，使整个系统的成本进一步降低；

(4) 通过合理地设计与匹配，可以基本上由风-光互补发电系统供电，很少或基本不用启动备用电源如柴油发电机组等，可获得较好的社会效益和经济效益。

风力发电和光伏发电都存在一个共同的缺陷，就是资源不确定性导致发电与用电负荷的不平衡，都必须通过蓄电池才能稳定供电。而每天的发电量受天气的影响很大，会导致系统的蓄电池组寿命降低。另外，小型风力机的可靠性问题也是制约风-光互补发电系统发展的原因之一。

（二）光伏发电系统

光伏发电系统，是利用半导体材料的光伏效应，将太阳辐射能转化为电能的一种发电系统。光伏发电系统的能量来源于取之不尽、用之不竭的太阳能，是一种清洁、安全和可再生的能源。光伏发电过程不污染环境，不破坏生态。

在我国，光伏系统的光电转化效率并不高，同时常规、小型的光伏系统普遍缺少高效率、高精度的最大功率跟踪算法，导致目前绝大多数的小型光伏系统输出效率低下，使得光伏系统无法发挥出最大的效能，从而无法在阴雨、大风等恶劣天气时持续给负荷提供优质的电能。

1. 光伏发电系统的构成

光伏系统一般由太阳电池组件组成的光伏方阵、太阳能充放电控制器、蓄电池组、离网型逆变器、直流负载和交流负载等构成。

太阳电池组件是太阳能供电系统中的主要部分，也是太阳能供电系统中价值最高的部件，其作用是将太阳的辐射能量转换为直流电能。

太阳能充放电控制器也称“光伏控制器”，其作用是对太阳能电池组件所发的电能进行调节和控制，最大限度地对蓄电池进行充电，并对蓄电池起到过充电保护、过放电保护的作用。在温差较大的地方，光伏控制器应具备温度补偿的功能。

蓄电池组的主要任务是储能，以便在夜间或阴雨天保证负载用电。

离网型逆变器是离网发电系统的核心部件，负责把直流电转换为交流电，供交流负荷使用。为了提高光伏发电系统的整体性能，保证电站的长期稳定运行，逆变器的性能指标非常重要。

2. 光伏发电系统的基本原理

当把光能采集到后，需要借助特定的转换装置来实现电能的利用，在光伏发电系统中，光伏电池就是实现这一途径的主要手段。它的基本原理是，在单体光伏电池的框架中部布置一定量的半导体 PN 结，具体如图 9-13 所示，在 PN 结中有 2 个不同的区域，分为 P 区和 N 区，在采集能量前整个 PN 结上的电荷分布处于动态平衡，当采集到一定的光能之后 PN 结会产生一个虚拟电场，使得此电场内的电子在电场力的作用下获得一定的动能，随后由于电子的移动，整个 PN 结将为一个导电设备，P 区和 N 区的电子在电场力的作用下发生位移，从而使得相互间的距离发生改变，从而产生一定的“光伏效应”。若此时将光伏电池接入回路中，则会在电路中产生“电流”，即光生电流，从而将采集到的光能转换成为可被利用的电能。

3. 光伏电池的电压-电流特性

影响光伏电池阵列输出特性的主要有光照强度和环境温度两个方面，这两个因素进而会影响光伏电池阵列的功率输出，因此需要对光伏电池板的电压-电流特性进行分析。电压-电流特性指的是太阳能电池的输出电压和电流之间的关系。光伏电池的电压-电流特性曲线见图 9-14。

当结温不变时，短路电流随着光照的增强逐渐增加，最大功率点也是逐渐增大，开路

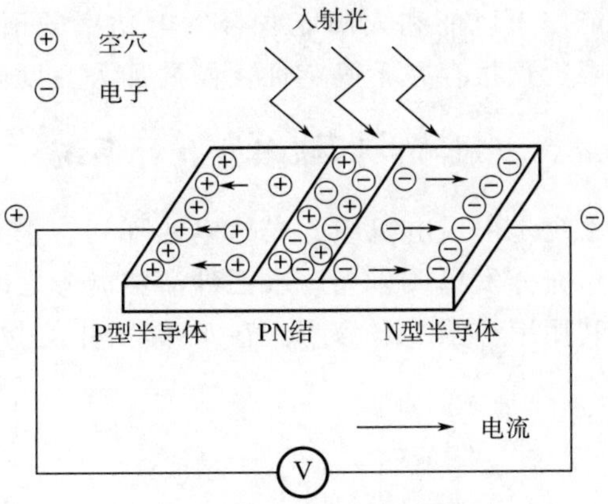

图 9-13 光伏电池工作原理示意图

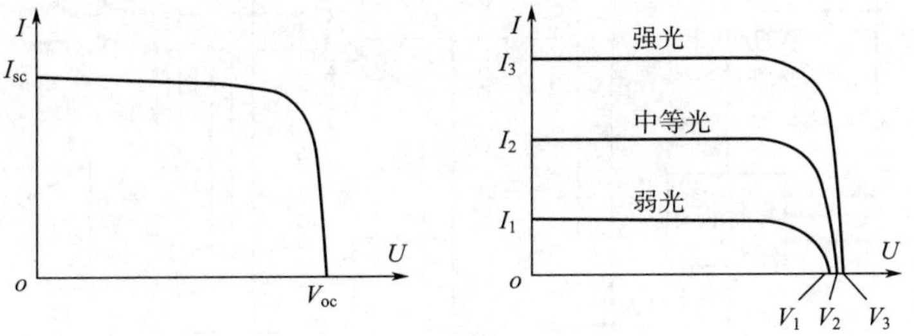

U—电压 I—电流 I_{sc}—短路电流 V_{oc}—开路电压 I_1、I_2、I_3—不同光照强度下的短路电流 V_1、V_2、V_3—不同光照强度下的开路电压

图 9-14 光伏电池的电压-电流特性曲线

电压变化不大；最大功率点对应的输出电压基本稳定，为开路电压的 0.8 倍左右。当光照强度一定的时候，温度变化对短路电流的影响不是很大，但对开路电压影响较大。开路电压随着温度的升高而变小，最大功率点随着温度的升高而下降，且最大功率点电压随之下降。

（三）风-光互补系统发展的趋势

风-光互补发电可以向槽式发电发展，其对比碟式和塔式发电形式效率更高，装容规模也比较大，商业化规模和技术方面的要求比较低，是当前最成熟和应用最广泛的聚光太阳能发电技术（CSP）技术。槽式发电主要由两部分构成，分别为由抛物面槽式反射镜形成的太阳能集热场和蒸汽涡轮发电装置，其可以充分利用太阳能中的热能，将热能汇聚起来，利用吸热管来加热传热介质，再加热水形成蒸汽带动或者直接带动发电机发电。同时设置出热管来存储热能，在恶劣条件下，若是风光发电无法发挥作用，可以将存储的热能释放出来，作为备用能源发电。这种新型的联合式发电系统具有广阔的发展前景，尽管在我国的发展比较慢，但是其为风光发电系统的完善奠定了基础。

风-光互补发电系统的优势不仅有利于解决风能和太阳能并网中的难题，而且能够建立新能源电力系统框架和解决方案，为新能源形成规模化利用开发起到了参考作用。该技术比较特殊，在开发应用时需要注意发电功率联合预报，部分光热发电技术本身具有储能装置，对此，需要通过储能修正风能和太阳能联合发电功率的预报曲线，保证曲线对称。同时，储能单元中能量有限，预报存在不确定性，需要加大力度研究一体化发电技术。

二、风-光-水-储多能互补系统

风-光-水-储互补发电系统是由风电机组、光伏电池阵列、水力发电机组、储能电池组和逆变系统等组成，它能够充分发挥风、光、水三种清洁能源之间的互补特性，将其结合在一起，有效提高资源的利用率。图 9-15 为风-光-水-储互补发电系统。

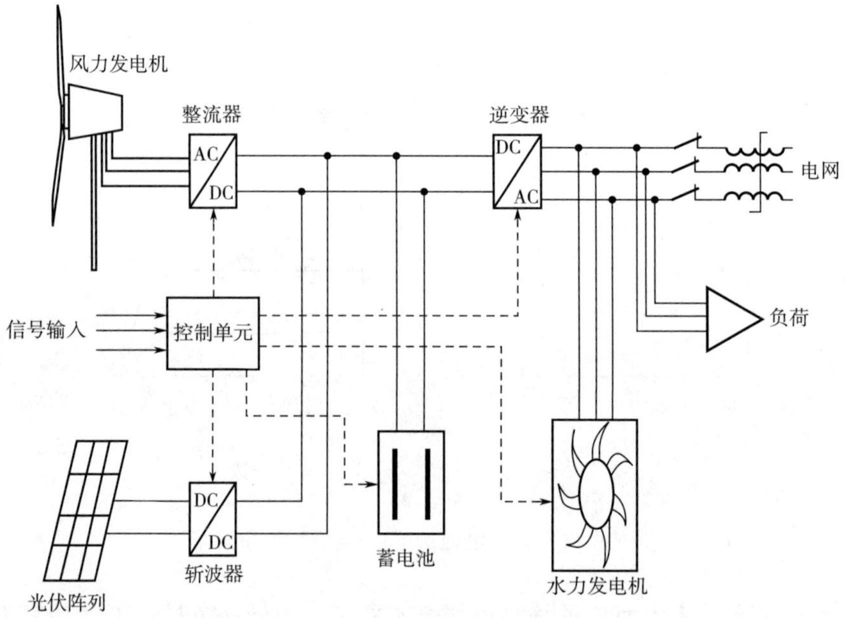

图 9-15　风-光-水-储互补发电系统

整流器和逆变器是沟通交直流电的桥梁。光伏阵列和风电机组在经过能量转换装置和控制器等设备后，都会输出直流电能，此时可直接向蓄电池充电；而在给交流负荷供电时，则需经过逆变器，将直流电变成交流电后才能完成输电操作；由于水轮机组会输出交流电，因此可直接给交流负荷供电，或者经过整流装置，将交流电转变为直流电后再向蓄电池充电；蓄电池储能及时反馈系统电量，维持功率平衡；整流器和逆变器不仅可以实现交直流电之间的转化，而且逆变系统还能够稳定系统输出电压，提高供电系统的电能质量；控制系统是多能互补发电系统的重要组成部分，它会依据风速、光照强度以及负荷变化，协调控制光电、风电的最大功率点跟踪以及蓄电装置的充放电，同时控制系统还能够保障电力系统的安全稳定运行，即当蓄电池已经充满电或电量过低时要将其迅速退出系统。

三、风-柴互补发电系统

风-柴互补发电系统是基于下面两个原因发展起来的：在枯风期弥补风力的不足；通过备用柴油发电来改进系统的可靠性。在风力发电系统中配备柴油发电机组，由于其替代了一部分风电机组和蓄电池组，系统的初期投资会稍有减少。而这一减少又被随后增加的柴油消耗、运行维护费用、备品备件以及较复杂的系统控制抵消掉。尽管如此，如果运行得当，风-柴混合发电系统能比风能独立发电系统或柴油独立发电系统提供更为优良的电力品质。风-柴互补发电系统中所有的设备（发电设备、控制设备和负载设备）都连接在总线上，根据总线类型的不同，其可分为直流总线型风-柴互补系统和交流总线型风-柴互补系统。

1. 直流总线型风-柴互补发电系统

直流总线型的风-柴互补系统是非常成熟的可再生能源互补发电系统。风电机组发出的可变交流电整流后直接输入逆变器或者充入蓄电池。蓄电池在风力资源不足时，根据负荷的要求向系统提供电力。柴油机组作为后备电源在风速较低时或者负荷达到用电高峰的时候启动。柴油发电机组一方面通过低压电网直接向负荷供电，同时还可将剩余的电能充入蓄电池，这样可使柴油机始终工作在较大负荷状态。当蓄电池充满电后或风力足够大时，柴油发电机组将停止运行。这样，柴油机组总是能够在高效率状态下运行并且不会频繁地启动或停止。系统能够最大限度地利用风能，而柴油机组也能始终在理想的工作点附近工作。大部分时间柴油机组是不工作的，因而和传统的柴油发电机组相比，这个系统能最大限度地减少柴油消耗。在风力资源非常丰富的地区，对 24h 不间断供电的风-柴互补发电系统，风能一般能提供总用电量 80%～90%的电力供应。

2. 交流总线型风-柴互补发电系统

交流总线的互补发电系统往往不采用蓄电池或蓄电池只是用来作为启动柴油发电机组以减少可再生能源设备输出的一个缓冲。在交流总线的互补发电系统中，交流总线是一个基本的汇合点，因此必须非常注意交流电的质量不应由于可再生能源发电设备的波动而受到影响。

由于交流总线型互补发电系统的储能能力相对于系统的发电能力来说是非常小的，因而需要用很高的系统控制手段来管理和调度系统的输出。交流总线互补发电系统使用至少 50kW 或者更大的风电机组，因此更适合大社区使用。

四、风-氢耦合发电系统

风-氢耦合发电系统包括清洁的风电、电解水制氢装置、压力储氢设备、燃料电池（fuel cell，FC）或氢燃料内燃机发电（H_2 internal combustion engines，H_2ICE）和氢输送与应用等。风-氢耦合发电系统基本结构示意图见图 9-16。通过控制系统调节风电上网与制氢电量比例，最大限度地吸纳风电弃风电量，缓解规模化风电上网“瓶颈”问题，利用弃风电量电解水制氢和副氧，通过压力储氢提高氢的存储密度。氢作为多用途、高密度的清洁能源，既可通过 FC 或 H_2ICE 反馈给电网以提高风电上网电能品质，又可作为能源载体通过车载或管道方式进入工业和商业领域，如氢进入燃气管道、冶金、化工等行业。与此同时，风-氢耦合发电系统也将极大地推动纯绿色能源汽车——氢燃料电池汽车产业的快速发展。

该系统中，风力机为主电源，电解槽为储能装置，燃料电池为辅电源，各单元分别通过变流器系统与电网相连。控制系统担负着功率平衡、弃风利用、品质优化和并离网切换的功能等。

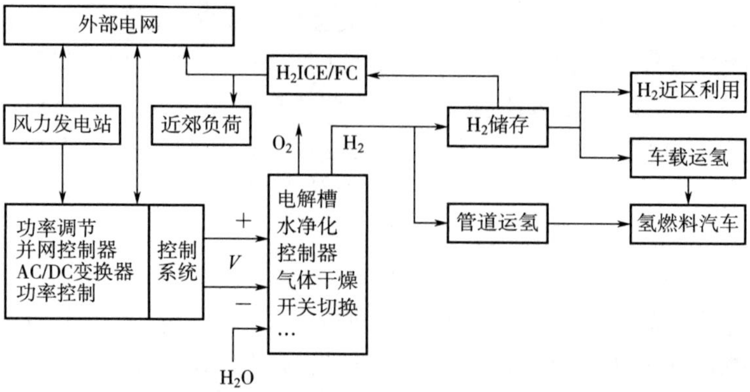

图 9-16 风-氢耦合发电系统基本结构示意图

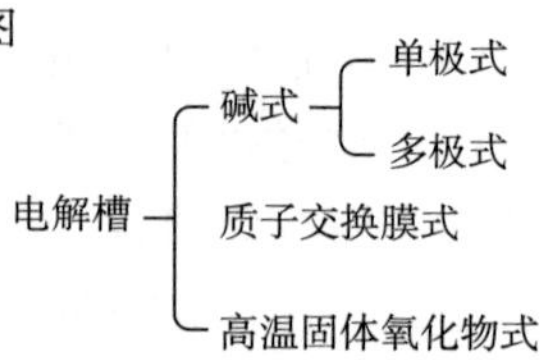

图 9-17 典型的电解槽分类

1. 电解槽分类和特点

水电解制氢电解槽是利用直流电极将水电解成氢和氧的一种设备，三类典型电解槽如图 9-17 所示。

不同种类电解槽的数据参数如表 9-3 所示，考虑压力存储设备情况下，其效率将降低 5%。

表 9-3 电解槽的特性参数

电解槽类型	电流密度/(A/cm^2)	电压范围/V	制氢量/(Nm^3/h)	电耗/[（kW·h）/Nm^3]	操作温度/℃	操作压力/MPa	效率/%
碱式							
单极式	0.1～0.2	2.04～2.14	≤80000	5.0	50～100	0.01～0.1	75～90
多级式	0.2～0.4	1.87～2.10	≤200000	4.3～4.6	50～100	0.01～0.1	75～90
质子交换膜式	0.4	1.65～1.85	≤25000	4.5	80～100	≤3.0	80～90
高温固体氧化物式	1.1～2.0	1.78～1.85	≤25000	3.9～4.0	120	0.2～6.0	80～90

传统电解槽是在稳定电能条件下，以固定氢生产率运行，而风-氢耦合发电系统中的风电具有间歇性、随机性等特点，因而电解槽应具有不稳定电能条件下安全、可靠和高效制氢的能力。目前世界上的风电制氢系统普遍采用的是碱式和质子交换膜式电解槽，因为这两种电解槽可在间歇波动性功率、大压力、高电流密度、低电压下稳定运行。

2. 燃料电池分类和特点

燃料电池分为高温和低温两类，如图 9-18 所示。各种 FC 的特性参数如表 9-4 所示。

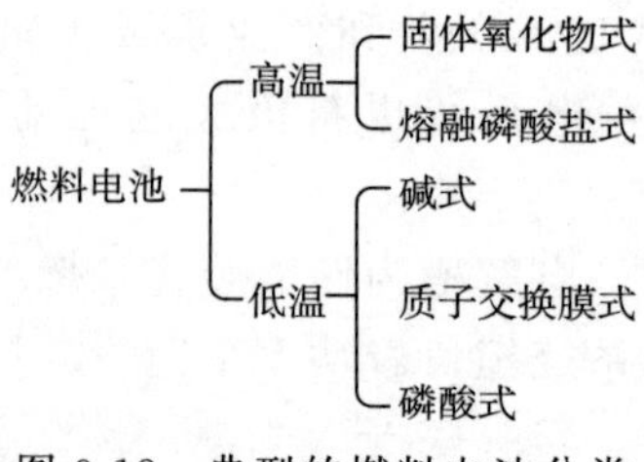

图 9-18 典型的燃料电池分类

表 9-4　燃料电池的特性参数

燃料电池类型	电流密度/（A/cm^2）	端电压/V	功率密度/（W/cm^2）	H_2 消耗/［Ncm^3/(min·A)］	O_2 消耗/［Ncm^3/(min·A)］	压力/MPa	温度/℃	效率/%	
								电池	系统
质子交换膜式	0.1～0.9	0.6～0.8	0.35～0.7	7.0	3.5	0.1～0.2	30～100	50～70	35～50
碱式	0.1～0.9	0.6～0.8	0.10～0.30	7.0	3.5	0.1	<80	60～70	62
磷酸式	0.1～0.9	0.6～0.8	0.12～0.14	7.0	3.5	0.1	150～200	55	40
熔融磷酸盐式	0.1～0.9	0.6～0.8	0.10～0.12	7.0	3.5	0.1～1	600～700	55	47
固体氧化物式	0.1～0.9	0.6～0.8	0.15～0.7	7.0	3.5	0.1	850～1100	60～65	55～60

3. 储氢方案和特点

氢作为一种能源载体，可替代传统的储能，是一种较具前途的新型储能方式。氢的存储方式有压缩气态、低温液态（如金属氢化物、碳材料等）和固态（如甲醇、氨等）。其中，压缩气体储氢是氢规模化存储的首选方式。氢存储方法及相应的泄露特性如表 9-5 所示。

表 9-5　不同氢存储方法下的效率及泄露特性参数

氢储存方法		效率/%	泄露比/（%/d）
压缩气态	30MPa	91.5	0.000024
	70MPa	90.5	0.00033
液态		62.5～77.0	1
活性炭（在 77K 时）		91.7～93.3	0.2
氧化物	低温（<100℃）	90.0～93.3	
	高温（>300℃）	79.0～83.3	

五、风-光-氢综合能源发电系统

风-光-氢综合能源发电系统结构如图 9-19 所示，其代表了典型风-光-氢综合能源发电系统的基本结构。

图 9-19 中包括清洁的风电、光伏、电解水制氢装置、压力储氢设备、燃料电池或氢燃料内燃机发电和氢输送与应用等。通过控制系统调节风电、光伏上网与制氢功率比例，最大限度吸纳风电弃风和光伏弃光电量，缓解大规模风电、光伏上网“瓶颈”问题，利用弃风和弃光电量电解水制氢和副氧，经过压力储氢提高氢的存储密度。氢作为多用途高密度的清洁能源，既可通过 FC 或 H_2ICE 反馈电网提高风电上网电能品质，又可作为能源载体通过车载或管道方式进入工业和商业领域，如氢进入燃气管道、冶金、化工等行业。与此同时，风-光-氢综合能源发电系统也将极大地推动纯绿色能源车氢燃料电池车产业的快速发展。

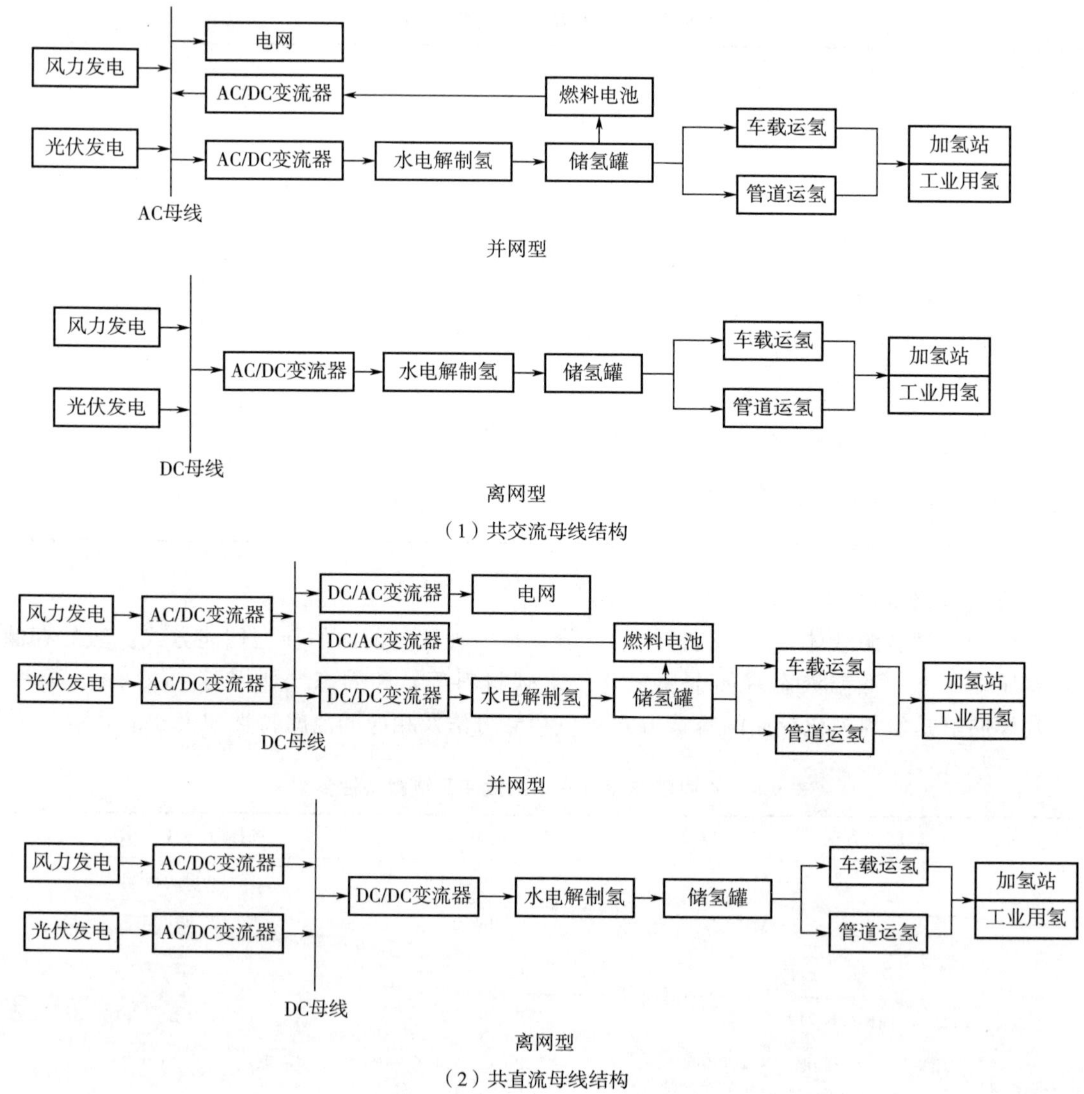

图 9-19　典型风-光-氢综合能源发电系统基本结构示意图

第六节　储能装置

广义上的储能是指能量的存储，即通过一种介质或者设备，把当前剩余的能量以其本身的形式，或者换成另一种能量形式存储起来，根据未来使用的需要以特定能量形式释放出来的一个过程。狭义上的储能是针对电能的存储，利用物理或化学等方法将电能存储起来的技术。储能是最重要的电力灵活性调节方式，包括物理储能、化学储能和电磁储能三大类。

物理储能主要包含抽水蓄能、压缩空气储能和飞轮储能三种类型。物理储能本质是在用电低谷或者新能源无法消纳时将产生的电能以水的重力势能、空气压缩势能以及飞轮旋转动能的形式存储起来，并在用电高峰时将存储能量释放转化为电能。

化学储能就是利用各类电池，其本质是运用不同物质之间的化学反应，通过电能和化学能之间的相互转换实现电能的存储。能量的储存与转化多依赖于电池。电池的基本结构主要由正负极、隔膜以及电解液等几个部分组成，但是由于所运用的电池材料和电化学反应机制不同，电池种类相对较多。电池充放电工作原理如图 9-20 所示，充电过程中，正极电子通过电外部电路汇集在负极上，而正极的活性材料也通过发生氧化反应游离到电解液中并透过隔膜到达负极同电子结合，电化学势能升高；放电过程与此相反，在负载接入后，电子经过外电路流向正极，正极电位降低负极电位升高，电化学势能转化为电能对负载供电。

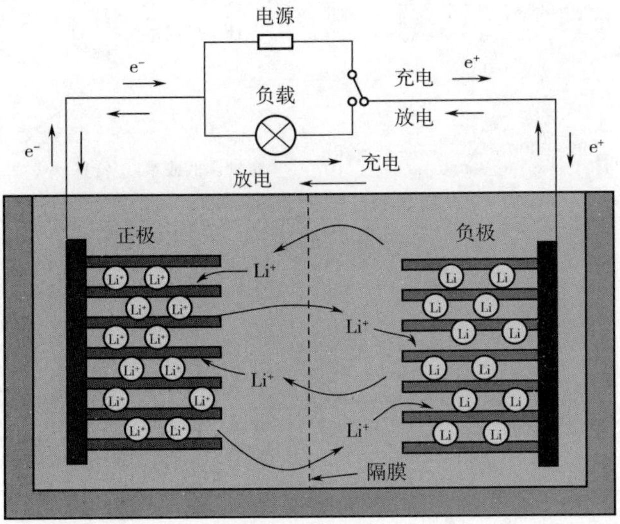

图 9-20　锂离子电池工作原理图

电磁储能主要是超级电容器和超导储能。

不同储能设备能量密度与功率密度见图 9-21，不同类型储能技术特性比较见表 9-6，典型国家重点电化学储能示范工程项目见表 9-7。

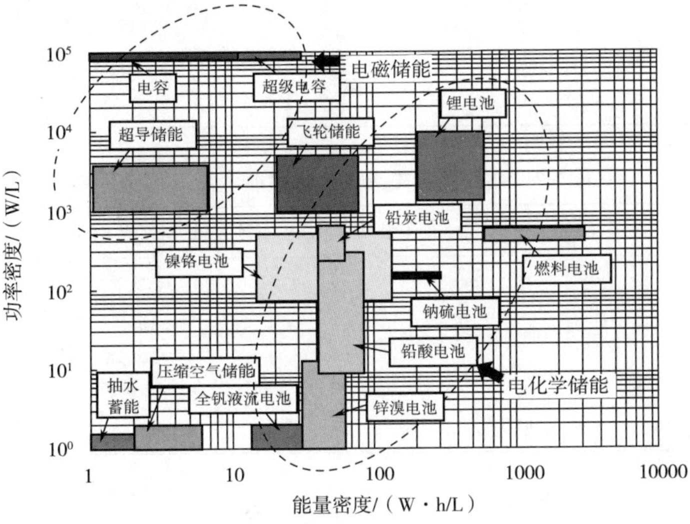

图 9-21　不同储能设备能量密度与功率密度图

表 9-6　不同类型储能技术特性比较

储能类型		典型功率	典型能量	优势	劣势	应用方向
物理储能	飞轮储能	5kW～1.5MW	15s～15min	大容量	低能量密度	调峰、频率控制，不间断电源，电能质量调节，输配电系统稳定
	微型压缩空气储能	10～50MW	1～4h	大功率、大容量、低成本	场地要求特殊，需要燃气	调峰
	抽水蓄能	100～2000MW	4～10h	大功率、大容量、低成本	场地要求特殊	日负荷调节，频率控制和系统备用
化学储能	铅酸电池	1kW～50MW	1min～3h	低投资	寿命短	电能质量，可靠性，频率控制，备用电源，黑启动，UPS
	先进电池技术：NaS、VRLA、Li 等	kW 级～MW 级	mins～hours	大容量、高能量密度、高效率	高制造成本，安全顾虑	各种应用
	液流电池：VRB、ZnBr、NaBr 等	10～100MW	1～20h	大容量、长寿命	低能量密度	电能质量，可靠性，备用电源，削峰，能量管理，再生能源集成
电磁储能	超导储能	10kW～1MW	5s～5min	大容量	高制造成本，低能量密度	UPS，电源质量调节，输配电系统稳定性
	超级电容储能	1～100MW	1s～1min	高效率、长寿命	低能量密度	电源质量调节，输配电系统稳定性

表 9-7　典型国家重点电化学储能示范工程项目

国家	安装地	储能类型	安装功率/MW	安装容量/（MW·h）	主要用途
美国	加利福尼亚州埃斯孔迪多（Escondido，CA）	锂电池	30	120	为电网提供调频和调峰服务
	佛罗里达州（Florida）	锂电池	10	40	光伏消纳，功率平滑接入

续表

国家	安装地	储能类型	安装功率/MW	安装容量/（MW·h）	主要用途
中国	镇江地区	磷酸铁锂电池	101	202	面向电力系统调控运行（调峰、调压、调频和黑启动）
中国	张家口地区	磷酸铁锂/全钒液流/铅酸电池/钛酸锂电池，超级电容	20（一期）	95（一期）	平抑新能源出力波动，辅助新能源按计划曲线出力及调峰填谷
日本	福冈县（Buzen）	钠硫电池	50	300	辅助新能源消纳，参与电网调峰
德国	石勒苏益格—荷尔斯泰因（Schleswiq-Holstein）	锂电池	48	50	为电网提供备用，消纳当地风电
英国	赫特福德群（Hertfordshire）	锂电池	50	50	参与电网辅助调节，储存当地光伏出力

一、抽水蓄能

抽水蓄能电站利用电力负荷低谷时的电能抽水至上水库，在电力负荷高峰期再放水至下水库发电的水电站，其又称蓄能式水电站。它可将电网负荷低时的多余电能，转变为电网高峰时期的高价值电能。抽水蓄能技术是目前最成熟、应用最广泛的大规模储能技术，具有容量大、寿命长（经济寿命 50 年）、运行费用低的特点，可为电网提供调峰、填谷、调频、事故备用等服务，其良好的调节性能和快速负荷变化响应能力，对于有效减少新能源发电输入电网时引起的不稳定性具有重要意义。

抽水蓄能电站选择上需要有水平间距小、上下水库高度差大的地形条件，岩石强度高、防渗水性能好的地质条件，以及充足的水源保证发电用水的需求。另外还需要考虑上下水库的库区淹没问题，水质的变化以及库区土壤碱化等一系列环保问题。

抽水储能的释放时间可以从几个小时到几天不等，综合效率在 70%～85%，主要用于电力系统的调峰填谷、调频、调相、紧急事故备用等。

二、压缩空气储能

压缩空气储能是利用电力系统负荷低谷时的剩余电量，由电动机带动空气压缩机，将空气压入作为储气室的密闭大容量地下空间，即将不可储存的电能转化成可储存的压缩空气的气压势能并储存于贮气室中。当系统发电量不足时，将压缩空气经换热器与油或天然气混合燃烧，导入燃气轮机做功发电，满足电力系统调峰需要。压气机、电动机、贮气室等组成的蓄能子系统将电站低谷的低价电能通过压缩空气储存在岩穴、废弃矿井等贮气室中，蓄能时通过联轴器将电动发电机和压气机耦合，与燃气轮机解耦合。电力系统高峰负荷时，利用压缩空气燃烧驱动燃气轮机发电，燃气轮机、燃烧室以及加热器等发电子系统，发电时电动发电机与燃气轮机耦合，与压气机解耦合。

压缩空气储能容量可达数十兆瓦至吉瓦，世界范围内已建成 440MW，系统运行维护成本低。但是建设需要大的岩洞以存储压缩空气，受地理条件限制，适合地点非常有限；压缩空气释放能量需耗燃料，且有二氧化碳排放；建设周期长，初次投资大。压缩空气储能电站原理图见图 9-22。

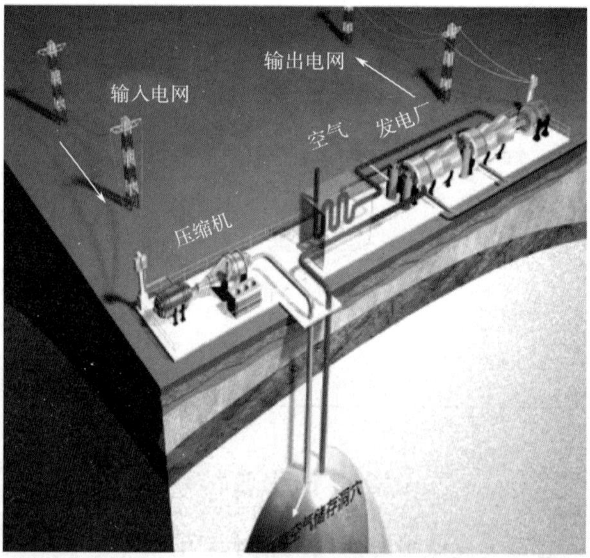

图 9-22 压缩空气储能电站原理图

三、飞轮储能

飞轮储能系统是一种机械能与电能量转换的储能装置，突破了化学电池的局限，用物理方法实现储能。通过电动/发电互逆式双向电机，电能与高速运转飞轮的机械动能之间相互转换与储存，并通过调频、整流、恒压与不同类型的负载接口。

在储能时，电能通过电力转换器变换后驱动电机运行，电机带动飞轮加速转动，飞轮以动能的形式把能量储存起来，完成电能到机械能转换的储存能量过程，能量储存在高速旋转的飞轮体中，之后，电机维持一个恒定的转速，直到接收到一个能量释放的控制信号；释能时，高速旋转的飞轮拖动电机发电，经电力转换器输出适用于负载的电流与电压，完成机械能到电能转换的释放能量过程。整个飞轮储能系统实现了电能的输入、储存和输出过程。

飞轮储存的能量 E 为：

$$E=0.5J\omega^2 \tag{9-12}$$

式中 J——飞轮的转动惯量

ω——飞轮旋转的角速度

飞轮储能的工作寿命长，可以达到 20 年 5 万次；动态响应快，<20ms；循环效率高，为 85%～98%；环境友好无污染、维护成本低；深度放电、能量可预测。其适合于配合配电系统运行以进行频率调节，可用作一个不带蓄电池的 UPS，提高电能质量（供电中断、电压波动等）。

飞轮储能系统结构如图 9-23 所示。

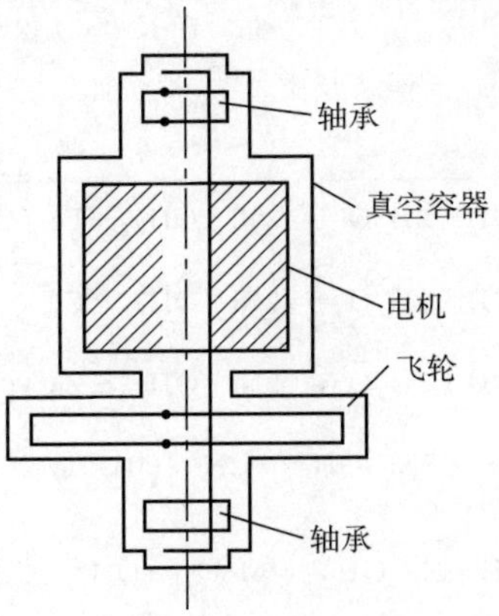

图 9-23　飞轮储能系统结构示意图

四、化学储能

化学电源是把氧化还原反应的能量转化成电能的装置。化学电源实现条件必须有两种电极，其上分别发生氧化（负极）和还原反应（正极）；两种电极之间必须有离子导体而非电子导体分隔；化学变化的电子传递需通过外电路。

按电池电解质种类分类，化学储能可分为碱性电池、酸性电池、中性电池、有机电解质电池。碱性电池电解质以 KOH 溶液为主，如碱性锌锰电池、镍镉电池和镍氢电池等；酸性电池电解质以硫酸水溶液为主，如铅酸电池；中性电池电解质为盐溶液，如锌锰电池和海水电池；有机电解质电池电解质为有机溶液，如锂电池、锂离子电池。

以电池所用正负极材料，化学储能可分为锌系列电池、镍系列电池、铅系列电池、锂系列电池、二氧化锰系列电池、空气（氧气）系列电池。锌系列电池包括锌锰电池和锌银电池等；镍系列电池包括镍镉电池和镍氢电池等；铅系列电池包括铅酸电池等；锂系列电池包括锂离子电池和锂锰电池等；二氧化锰系列电池包括锌锰电池和碱锰电池；空气（氧气）系列电池包括锌空气电池。

以电池工作特性和储存方式，化学储能可分为一次电池、二次电池、燃料电池、储备电池。一次电池又称原电池，即不能再次充电的电池，如锌锰电池等；二次电池又称蓄电池，即可充电电池，如铅酸电池、镍镉电池、镍氢电池和锂离子电池等；燃料电池正、负极本身不包含活性物质，活性材料需连续不断从外部加入；储备电池储备时不直接接触电解质，直到电池使用时，才加入电解液，如镁氯化银（海水电池）。二次电池见表 9-8，储备电池见表 9-9，燃料电池见表 9-10。

表 9-8　二次电池

电池类型	负极	正极	反应式	理论电压/V	理论比能量/(W·h/kg)	实际电压/V	实际比能量/(W·h/kg)
铅酸电池	Pb	PbO_2	$Pb+PbO_2+2H_2SO_4 \rightleftharpoons 2PbSO_4+2H_2O$	2.1	252	2.0	35

续表

电池类型	负极	正极	反应式	理论电压/V	理论比能量/（W·h/kg）	实际电压/V	实际比能量/（W·h/kg）
铁镍电池	Fe	NiOOH	$Fe+2NiOOH+2H_2O \rightleftharpoons 2Ni(OH)_2+Fe(OH)_2$	1.4	314	1.2	30
镉镍电池	Cd	NiOOH	$Cd+2NiOOH+2H_2O \rightleftharpoons 2Ni(OH)_2+Cd(OH)_2$	1.35	244	1.2	35
锌镍电池	Zn	NiOOH	$Zn+2NiOOH+2H_2O \rightleftharpoons 2Ni(OH)_2+Zn(OH)_2$	1.73	372	1.6	60
镍氢电池	H_2	NiOOH	$H_2+2NiOOH \rightleftharpoons 2Ni(OH)_2$	1.5	434	1.2	55
金属氢化物镍电池	MH	NiOOH	$MH+NiOOH \rightleftharpoons M+Ni(OH)_2$	1.35	240	1.2	75
锌银电池	Zn	AgO	$Zn+AgO+H_2O \rightleftharpoons Zn(OH)_2+Ag$	1.85	524	1.5	105
镉银电池	Cd	AgO	$Cd+AgO+H_2O \rightleftharpoons Cd(OH)_2+Ag$	1.4	318	1.1	70
锌溴电池	Zn	Br_2	$Zn+Br_2 \rightleftharpoons ZnBr_2$	1.85	572	1.6	70
锂离子电池	Li_xC_6	$Li_{1-x}C_OO_2$	$Li_xC_6+Li_{1-x}C_OO_2 \rightleftharpoons LiC_OO_2+C_6$	4.1	410	4.1	150
Li/MnO_2	Li	MnO_2	$Li+MnO_2 \rightleftharpoons LiMnO_2$	3.5	1001	3.0	120
Li/FeS_2	Li	FeS_2	$2Li(Al)+FeS_2 \rightleftharpoons Li_2FeS_2+2Al$	1.73	493	1.7	180
Li/FeS	Li	FeS	$2Li(Al)+FeS \rightleftharpoons Li_2S+Fe+2Al$	1.33	459	1.3	130
Na/S	Na	S	$2Na+3S \rightleftharpoons Na_2S_3$	2.1	792	2.0	170
$Na/NiCl_2$	Na	$NiCl_2$	$2Na+NiCl_2 \rightleftharpoons 2NaCl+Ni$	2.58	787	2.6	115

表 9-9 储备电池

电池类型	负极	正极	反应式	理论电压/V	理论比能量/（W·h/kg）	实际电压/V	实际比能量/（W·h/kg）
镁氯化亚铜电池	Mg	CuCl	$Mg+2CuCl \rightarrow MgCl_2+2Cu$	2.8	759	1.7	60
锌银电池	Zn	Ag_2O	$Zn+Ag_2O+H_2O \rightarrow Zn(OH)_2+Ag$	1.6	288	1.6	30

表 9-10 燃料电池

电池类型	负极	正极	反应式	理论电压/V	理论比能量/（W·h/kg）
H_2/O_2	H_2	O_2	$2H_2+O_2 \rightarrow 2H_2O$	1.23	3660
H_2/Air	H_2	O_2	$2H_2+O_2 \rightarrow 2H_2O$	1.23	3270
CH_3OH/O_2	CH_3OH	O_2	$2CH_3OH+3O_2 \rightleftharpoons 2CO_2+4H_2O$	1.24	2480

续表

电池类型	负极	正极	反应式	理论电压/V	理论比能量/（W·h/kg）
CH_3OH/Air	CH_3OH	O_2	$2CH_3OH+3O_2 \rightleftharpoons 2CO_2+4H_2O$	1.24	6225

镁氯化亚铜电池用海水激活；锌银电池用 KOH 水溶液激活；锂二硫化亚铁电池用高温熔融盐激活（俗称热电池）。储备电池用来满足储存时间极长的要求，主要用于在短时间内需要提供高功率的场合。

燃料电池是一种不受热机卡诺循环限制将化学能直接转换成电能的原电池，它的工作原理和电池一致，只是活性材料不是构成电池的一部分，而是按功率要求从外部供给。只要反应物质能够从外部源源不断供应，且内部电极及其他成分不发生变化，电池就能连续供电。

燃料电池可以分成两类：直接燃料电池，如燃料氢气、甲醇等直接参与反应；间接燃料电池，首先通过重整将天然气或其他化石燃料转换为富氢气体，然后提供给燃料电池。

1. 铅酸电池

铅酸蓄电池是 1859 年由普兰特（Plante）发明的二次电池，是化学电源中产量大、应用范围广的产品。图 9-24 为铅酸蓄电池结构示意图。

负极上的反应为：

$$Pb \underset{放电}{\overset{充电}{\rightleftharpoons}} Pb^{2+} + 2e^- \tag{9-13}$$

$$Pb^{2+} + SO_4^{2-} \underset{放电}{\overset{充电}{\rightleftharpoons}} PbSO_4 \tag{9-14}$$

正极上的反应为：

$$PbO_2 + 4H^+ + 2e^- \underset{放电}{\overset{充电}{\rightleftharpoons}} Pb^{2+} + 2H_2O \tag{9-15}$$

$$Pb^{2+} + SO_4^{2-} \underset{放电}{\overset{充电}{\rightleftharpoons}} PbSO_4 \tag{9-16}$$

单体铅酸蓄电池由正极、负极、硫酸、隔板和槽组成，正负极分别焊成极群。

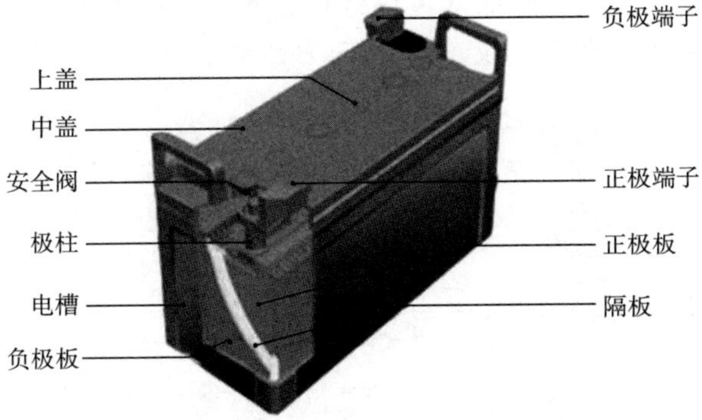

图 9-24　铅酸蓄电池结构示意图

铅酸电池主要特点包括：

①安全密封：在正常操作中，电解液不会从电池的端子或外壳中泄露出，没有自由酸

液；特殊的吸液隔板将酸保持在内，电池内部没有自由酸液，因此电池可放置在任意位置。

②泄气系统：电池内压超出正常水平后，VRLA 电池会放出多余气体并自动重新密封，保证电池内没有多余气体。

③维护简单：由于独一无二的气体复合系统使产生的气体转化成水，在使用 VRLA 电池的过程中不需要加水。

④质量稳定、可靠性高：采用先进的生产工艺和严格的质量控制系统，VRLA 电池的质量稳定、性能可靠。

⑤使用寿命不长，密度低，面积大。

2. 燃料电池

燃料电池是 1839 年由英国 Grove 发明的，是一种将储存在燃料和氧化剂中的化学能直接转化为电能的装置。当从外部不断地向燃料电池供给燃料和氧化剂时，它可以连续发电。表 9-11 中为燃料电池分类。

表 9-11　燃料电池分类

燃料电池类型	电解质	工作温度	效率	燃料、氧化剂	功率输出
碱性燃料电池	氢氧化钾溶液	室温～90℃	60%～70%	氢气、氧气	300W～5kW
质子交换膜燃料电池	质子交换膜	室温～80℃	40%～60%	氢气、氧气（或空气）	1～500kW
直接甲醇燃料电池	质子交换膜	室温～120℃	40%左右	甲醇	4.5kW
熔融碳酸盐燃料电池	碱金属碳酸盐熔融混合物	620～660℃	65%	天然气、沼气、煤气、双氧水、空气	2～10MW
固体氧化物燃料电池	氧离子导电陶瓷	800～1000℃	60%～65%	天然气、沼气、煤气、双氧水、空气	100kW

3. 锂离子电池

锂离子电池实际上就是一种锂离子浓差电池。当对电池充电时，锂离子从电池的正极脱出，经过电解液迁移到负极，并嵌入负极材料。同样，当电池对外放电时，嵌在负极材料中的锂离子脱出，又重新嵌入正极。图 9-25 为锂离子电池反应原理图。

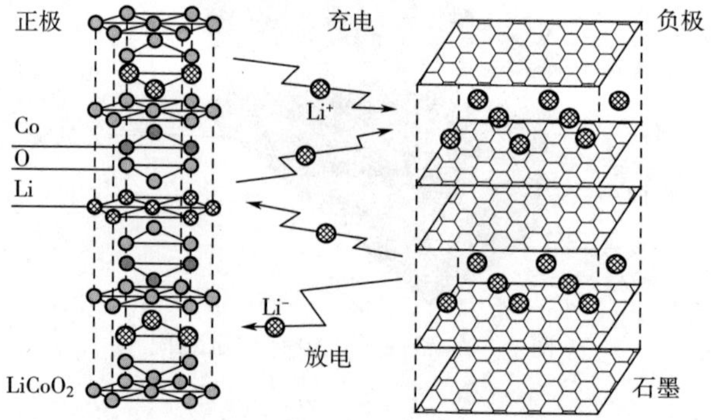

图 9-25　锂离子电池反应原理

锂离子蓄电池的一般特性：体积及质量的能量密度高，其能量密度大于 300W·h/L，比能量达 110～120W·h/kg，分别是 Ni/Cd、Ni/MH 电池的 2.5 和 1.5 倍；寿命长（大于 1200 次充、放电）；单电池的输出电压较高，为 2～4V；自放电率小，可实现快速充放电，也可做成大容量的电池组；在 60℃左右的高温下也可以使用；无记忆效应；不含有毒物质等。

4. 钠硫电池

钠硫电池是一种以金属钠为负极、硫为正极、陶瓷管为电解质隔膜的二次熔融盐电池。在一定的工作温度下，钠离子透过电解质隔膜与硫发生可逆反应，形成能量的释放和储存。

负极上的反应为：

$$2Na \underset{放电}{\overset{充电}{\rightleftharpoons}} 2Na^{+} + 2e^{-} \tag{9-17}$$

正极上的反应为：

$$xS + 2e^{-} \underset{放电}{\overset{充电}{\rightleftharpoons}} S_x^{2-} \tag{9-18}$$

钠硫电池具有以下优点：

①能量密度高：钠硫电池理论能量密度为 786W·h/kg，实际能量密度已达 300W·h/kg，是铅酸电池的 10 倍，镍氢电池的 4 倍，锂电池的 3 倍。

②功率特性好：钠硫电池可以大电流、高功率放电，其放电电流密度一般可达到 200～300mA/cm²。

③制造成本低：钠硫电池原材料 Na 和 S 在自然界的存储量非常丰富，价格低廉。

④钠硫电池相对绿色环保：单质 Na 和 S 元素本身对人体基本没有毒性。

⑤循环寿命长：正常使用条件下，理论上可连续充放电 20000 次，寿命可达 10～15 年。

5. 双液流电池

电池的活性物质分别溶解于装在正负储液罐的溶液中，通过正极泵和负极泵推动溶液流经液流电池对中隔膜（或离子交换膜）的两侧，在正负电极上发生还原和氧化反应，由此实现电池的充放电过程。图 9-26 为典型双液流电池单体结构示意图。

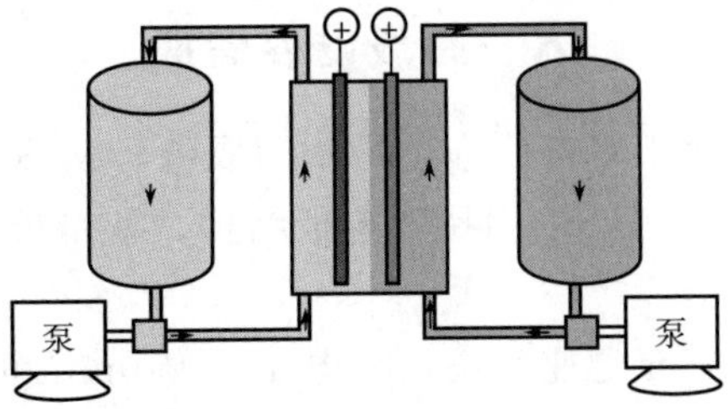

图 9-26　典型双液流电池单体结构

五、超导储能

20 世纪 70 年代国际上首次提出超导储能的概念。起初着重的是其储能能力，期望其可以作为一种平衡电力系统日负荷曲线的储能装置。随着技术的发展，超导储能已不仅仅是一个储能装置，而是一个可以参与电力系统运行和控制的有功、无功功率源，它可以主动参与电力系统的功率补偿，从而提高电力系统的稳定性和功率传输能力，改善电能质量。

超导储能是由于超导磁体环流在零电阻下无能耗运行持久地储存电磁能，且在短路情况下运行，所以称超导储能。超导线圈的优点在于，一次储能可长期无损耗地保存，又可瞬时放出，储存能量高，用低压电源励磁即可，且装置体积小，节省了常规所需的送变电设备和减少送变电损耗。

超导储能运行在超导状态下，无直流热损耗，能量效率高达 95%，充放电速度快（几毫秒到几十毫秒），不受地点限制，维护简单，污染小。但是超导线圈需要液氮使超导体维持在临界温度以下，投入昂贵。高温超导线材技术还不成熟，日常维护成本高，交流损耗大，安全稳定性低，成本还需要进一步降低。

超导储能适合用于调节电力系统的蜂谷，而且可用于降低甚至消除电网的低频功率振荡，从而改善电网的电压和频率特性。此外，它还可用于调节无功功率和有功功率，改善系统的稳定性。图 9-27 为超导磁储能系统应用示意图。

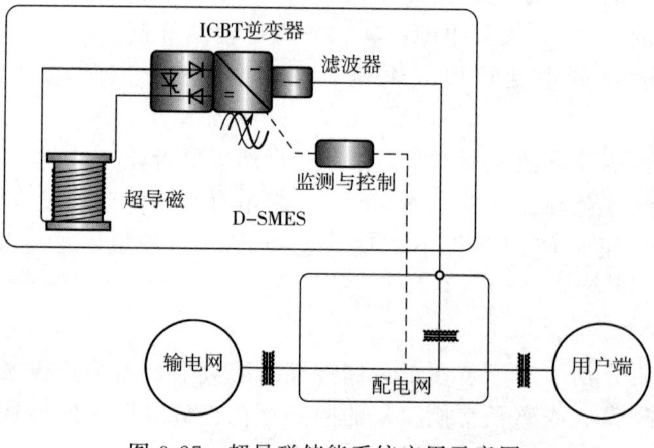

图 9-27 超导磁储能系统应用示意图

六、超级电容储能

超级电容储能是根据电化学双电层理论研制而成的，又称双电层电容器，两电荷层的距离非常小（一般 0.5mm 以下），采用特殊电极结构，使电极表面积成万倍地增加，从而产生极大的电容量。

超级电容具有以下优点：充电速度快，充电 10s～10min 可达到其额定容量的 95%以上；循环使用寿命长，深度充放电循环使用次数可达 1 万～50 万次；能量转换效率高，过程损失小，大电流能量循环效率≥90%；功率密度高，可达 300～5000W/kg，相当于电池的 5～10 倍；产品原材料构成、生产、使用、储存以及拆解过程均没有污染，是理想的绿色环保电源；超低温特性好，可工作于－30℃的环境中。

超级电容使用不当会造成电解质泄漏等现象，和铝电解电容器相比，内阻较大，因而不可以用于交流电路。此外，其价格较高。

超级电容适合用于改善电能质量，由于容量仍然较小，适合与其他储能手段联合使用（如用于电动汽车，和蓄电池联合使用）。

七、储热

热能储存（thermal energy storage）通过对储能材料的冷却、加热、熔化、固结、气化等方式实现储能目的，通过上述过程的可逆变化释放热能。它是一种平衡热量需求和使用的有效手段。

热能储存也就是通过三种热交换（导热、对流、辐射）方式将热量通过蓄热材料储存起来，进而达到利用目的。

按热能储存方式可分为显热储存、潜热储存、化学反应热储存。显热循存按照储能材料的不同可分为水蓄热、石块蓄热、土壤蓄热。潜热储存按照储能材料的不同可分为冰蓄热、水合盐相变材料蓄热。

八、储氢

氢储能作为其他类化学储能形式的代表，在近些年消纳新能源出力场景中也得到了一定的应用。该种储能一般应用在风电场或者光伏电站出力无法完全上网时，运用多余的电量电解水来制备氢气和氧气，并将生成的氢气存储起来。当外界需要供电时，通过内燃机、燃料电池等方式将存储的氢能转化为电能对外供应。当采用燃料电池转化供电时，在电池中的氢气和氧气将在催化剂的作用下以非燃烧的形式发生化学反应产生水和电能。

1. 高压气态储氢

高压气态储氢是指在氢气临界温度以上通过高压压缩方式存储气态氢，是目前广泛应用的储氢方式。通常采用气罐作为容器，简便易行，其优点是存储能耗低、成本低（压力不太高时），充放气速度快，在常温下就可放氢，零下几十度低温环境下也能正常工作，且通过减压阀即可调控氢气的释放。高压储氢罐主要包括金属储罐、金属内衬纤维缠绕储罐和全复合轻质纤维缠绕储罐。目前，高压气态储氢已成为较为成熟的储氢方案，在国内外实现了小规模商用。

目前高压储罐发展的热门方向是全复合轻质纤维缠绕储罐，而在这种材料的研发与商业化过程中存在以下几个方面的问题：在高压条件下，如何解决氢气易从塑料内胆渗透的现象；塑料内胆和金属接口间的连接、密闭问题；如何提高储氢罐的储氢压力以及储氢质量密度；如何进一步降低储罐的质量。

2. 活性炭吸附储氢

通过活性炭吸附储氢，是因其具有较高的比表面积、丰富的表面官能团和发达的孔隙结构。这些孔隙由石墨微晶之间交联作用形成，对氢气分子有强烈色散力作用，从而使其具有优良的吸附性能。活性炭吸附储氢的研究是在较低温度和中高压的条件下测试活性炭储氢性能。活性炭纤维储氢属于物理吸附储氢，结合力较弱，故吸脱附速度快、再生性能好。

活性炭吸附储氢目前存在以下问题：如何在室温、中等压力条件下尽可能增大氢吸附量；何种碳纳米管具有更好的吸附能力；如何制备结构较优的碳纳米管。

3. 金属氢化物储氢

金属氢化物储氢，是指在一定温度和氢气压力下，可逆地大量吸收、存储和释放氢气的金属间化合物。金属氢化物储氢是一种固态储氢方式，相比于高压气态储氢方式，避免了由于储氢罐压力太大可能带来的安全隐患，是比较安全节能的储氢方式。

金属氢化物储氢目前存在以下问题：如何提高质量储氢密度；如何提高材料快速吸放氢性能；如何降低分解氢的温度与压力；如何实现低热力学稳定性。

4. 水合物储氢

水合物法储氢方式，是指氢气在低温、高压条件下，通过生成固体水合物进行储存的方式。因水合物在常温、常压下即可分解，故该方法脱氢速度快、能耗低，同时，其储存介质仅为水，具有成本低、安全性高的特点。在不同温度、压力和不同添加剂条件下，可生成 4 种类型水合物：Ⅰ型水合物、Ⅱ型水合物、H 型水合物和半笼型水合物。

水合物法储氢目前存在以下问题：如何降低水合物形成条件；如何提高储能密度；促晶措施对水合物储氢的影响。

5. 低温液态储氢

低温液态储氢方式，是指在低温条件下，将氢气进行液化从而进行储存运输。其具有储氢量大、储氢密度高的优点。在常温常压下，液氢的密度是气态氢密度的 845 倍，单从储氢密度上考虑，这是一种理想的储氢方式。然而，液氢的沸点极低（20.37K），对容器的绝热要求较高，且氢的液化成本高、耗能大，目前，仅在航空航天领域得到较多的应用，在汽车领域尚无较多应用。

低温液态储氢目前存在以下问题：如何解决氢气液化成本高的问题；如何解决氢气蒸发率高造成的潜在危险；如何解决容器的绝热问题；如何保持容器内的低温。

思考题

1. 离网型风电机组适用于哪些场景？
2. 微、小型风力发电机包括哪些结构？
3. 简述几种互补发电系统的原理。
4. 储能技术包括哪些？

参考文献

[1] 张燎军．风力发电机组塔架与基础 [M]．北京：中国水利水电出版社，2017.

[2] 姚兴佳，田德．风力发电机组设计与制造 [M]．北京：机械工业出版社，2012.

[3] 久保大次郎（日）．小型风力发电机设计与制作 [M]．姚兴佳，王益全，译．北京：科学出版社，2012.

[4] 陈军，陶占良，苟兴龙．化学电源：原理、技术与应用 [M]．北京：化学工业出版社，2006.